위상수학입문

이병무 지음

KM 경문사

머리말

수학을 전공할 때는 물론, 자연과학이나 공학을 공부할 때도 기초지식으로 위상수학에 대한 이해는 필수적이다. 이 책은 학생들이 위상수학에 대한 내용을 폭넓게 익히도록 하되, 내용이 어렵지 않고 이론 전개가 다소 수월한 위상수학 입문서로써 집필되었다. 특히 오랜 강의 경험을 바탕으로, 위상수학에서 반드시 이수해야 할 내용을 상세히 설명하고 다양한 예제를 수록함으로써 학생들로 하여금 위상수학의 효용성을 느끼고 문제해결에 대한 적응력을 향상시키도록 하는 데 초점을 두었다.

제1장에서는 '집합론'의 기본개념을 서술하고, 제2장에서는 '실수계'의 기본 구조와 '직선과 공간'에 대한 간단한 위상구조를 도입한다. 제3장에서는 '일반위상공간'에 대하여, 제4장에서는 '거리공간과 노름선형공간'에 대하여 각각 설명한다. 제5장에서는 '가산성과 분리공리'에 대한 내용을 소개하고, '콤팩트 공간과 적공간'에 관한 내용은 제6장에서 서술한다. 제7장에서는 연결공간에 대하여, 제8장에서는 완비거리공간에 관한 내용을 각각 소개하고, 끝으로 제9장에서는 함수공간에 대하여 서술하였다.

이 책에서는 기본개념과 정리에 대한 이해를 돕고 위상수학을 광범위한 영역에 걸쳐 활용하기 위하여 반드시 갖추어야 할 기본기능을 익히도록 하였다. 많은 예제를 이용하여 혼자서도 쉽게 본문의 내용을 충분히 이해하고 활용할 수 있는 능력을 배양할 수 있도록 서술하였다. 다만 간단한 보기를 '예'로, 증명이나 풀이가 뒤따르는 것은 '예제'로 구분하였다. 특히 각 절의 마지막에 연습문제를 제시하고 풀이과정을 자세히 제공함으로써 스스로 효과적으로 활용할 수 있도록 하였다.

이 책은 현 교과과정에 맞추어 체제를 꾸미고 기본개념과 이론을 알기 쉽고 이해하기 쉽도록 기술하였으니, 아무쪼록 이 책을 통하여 위상수학에 흥미를 느끼고, 기본개념을 응용하여 미래의 고도 정보사회를 능동적으로 이끌어 갈 수 있는 능력을 배양할 수 있기를 바란다. 다만 내용상 미비한 부분이나 시정을 요하는 점은 보완하여 앞으로 완전한 교재로 발전시킬 것을 다짐한다.

끝으로 본 교재가 출판되기까지 적극적으로 도움을 주신 도서출판 경문사 관계자에게 진심으로 감사드린다. 특히 편집에 수고를 아끼지 않은 편집부와 집필하는 동안 끊임없이 조언하며 원고를 수정해준 김엘라 씨를 포함한 많은 분들께도 감사와 함께 행운이 깃들기를 기원한다.

2014년 8월
지은이

차례

제1장
집합론

- 1.1 집합과 함수
- 1.2 기수와 순서

1.1 집합과 함수

집합론은 19세기 말 칸토어(Cantor)에 의해 본격적으로 연구되기 시작하였지만, 오늘날 수학의 모든 분야는 집합론에 기초를 두고 이론을 전개한다. 여기서는 집합과 함수에 대한 기본적인 내용을 간략하게 서술한다.

1. 집합

모든 수학적 대상과 구성은 집합론에 기반을 두고 있기 때문에, 집합의 개념은 수학의 모든 분야에서 기초가 된다. '집합'을 엄밀하게 정의하려면 공리론적 방법을 따라야 하지만, 집합의 간단한 활용이 목적이므로 칸토어가 1895년 그의 저서에서 기술한 다음 집합론의 정의로써 만족하기로 한다.

"**집합**(set)이란 우리들의 직관 또는 사고의 대상으로써 확정되어 있고, 서로 명확히 구별되는 것들의 모임이다."

(1) 집합과 원소

집합은 수학의 모든 분야에서 나타나는 중요한 개념으로 대문자 A, B, X, Y, $\cdots$로 나타낸다. 또한 집합을 구성하는 대상을 원소(element)라 하고 소문자 a, b, x, y, $\cdots$로 나타낸다. 이때 'x가 집합 X의 원소이다.' 또는 'x가 집합 X에 속한다.'를 $x \in X$로 표기하고, $x \in X$의 부정, 즉 x가 X의 원소가 아니면 $x \notin X$로 표기한다.

집합을 표기하는 표시법에는 원소나열법(tabular form)과 조건제시법(set-builder form)이 있다.

참고 어떤 성질 $p(x)$가 참이 되는 모든 $x \in A$의 집합, 즉 $p(x)$가 참이 되는 A의 부분집합을 $\{x \in A \mid p(x)\}$ 또는 $\{x \in A : p(x)\}$로 표시한다. □

두 집합 A, B에 대하여 A의 각 원소가 또한 B에 속할 때, 즉 모든 $x \in A$에 대하여 $x \in B$일 때 A를 B의 부분집합(subset)이라 하고, 이 경우 B를 A의 **초집합**(superset) 또는 **포함집합**이라 하며 기호 $A \subset B$로 나타낸다. 이때 기호 '$\subset$'를 포함관계라 한다. 특히 $A \subset B$이고 $A \neq B$일 때, A는 B의 진부분집합(proper subset) 또는 B는 A의 **진초집합**(proper superset)이라 하고, $A \subsetneq B$로 표기한다.

한편 두 집합 A, B에 대하여 $A \subset B$이고 $B \subset A$일 때, A와 B는 갈다(equal) 또는 상등이라 하고 $A = B$로 나타낸다.

예 A, B, C가 임의의 집합일 때, 다음이 성립한다.

(1) $A \subset A$

(2) $A \subset B$이고 $B \subset C$이면, $A \subset C$

수학에서 이론을 전개할 때, 연구대상의 모든 집합은 특정한 집합의 부분집합이다. 이 특정한 집합을 전체집합(universal set)이라 한다. 공집합(empty set 또는 null set)은 원소를 하나도 갖지 않는 집합으로 $\varnothing$ 또는 $\{\ \}$로 표시하고, 유한집합으로 생각한다. 공집합 $\varnothing$는 다른 모든 집합의 부분집합이다. 한편 단 하나의 원소만으로 이루어진 한 원소 집합을 **단원집합**(singleton set)이라 한다.

예 $B = \{\varnothing\}$일 때, B는 공집합 $\varnothing$를 하나의 원소로 갖기 때문에 $B \neq \varnothing$이다.

집합 X의 모든 부분집합을 원소로 하는 집합을 X의 **멱집합**(power set)이라 하고, $\mathscr{P}(X)$ 또는 2^X, 즉

$$\mathscr{P}(X) = 2^X = \{A \mid A \subset X\}$$

로 표현한다. 이와 같이 집합을 원소로 하는 집합을 **집합족**(family of sets)이라 한다. X가 유한이고 n개의 원소를 가지면 멱집합 $\mathscr{P}(X)$는 2^n개의 원소를 갖는다.

공간(space)이라는 용어는 어떤 형태의 수학적 구조를 갖는 공집합이 아닌 집합을 의미한다. 예를 들면 벡터공간, 거리공간, 위상공간 등이다.

이 책을 기술함에 있어 다음 기호를 미리 정의해 둔다(2.1절 참조).

$$R = \{x \mid x\text{는 실수}\},\quad Z = \{x \mid x\text{는 정수}\},\quad Q = \{x \mid x\text{는 유리수}\}$$
$$N = \{n \mid n\text{은 자연수}\},\ N_k = \{1, 2, \cdots, k\}$$

참고 실직선 R(2.1절 참조)상의 구간(interval)은 수학에서 매우 유용한 개념이다. R의 임의의 두 원소 a, b (단, $a < b$)에 대하여 $\{x \in R \mid a < x < b\}$를 열린구간(open interval)이라 하고 (a, b)로 나타내며, $\{x \in R \mid a \leq x \leq b\}$를 닫힌구간(closed interval)이라 하고 $[a, b]$로 표기한다. 또한 $\{x \in R \mid a \leq x < b\}$와 $\{x \in R \mid a < x \leq b\}$를 반열린구간(half open interval)이라 하고 $[a, b)$와 $(a, b]$로 나타낸다. 이때 각 구간의 길이는 $b - a$로 정의한다. 한편 두 열린구간

$\{x \in R \mid x > a\}$와 $\{x \in R \mid x < b\}$를 각각 (a, ∞), $(-\infty, b)$로 표기하고, 무한열린구간(infinite open interval)이라 한다. 마찬가지로 두 닫힌구간 $[a, \infty)$, $(-\infty, b]$를 무한닫힌구간(infinite closed interval)이라 한다. □

(2) 집합의 연산

집합 X의 부분집합들 사이에 몇 가지 **집합연산**(set-theoretic operation)을 정의한다. 이 집합연산은 멱집합 $\mathscr{P}(X)$에서 정의되는 연산이다.

정의 1 합집합과 교집합

X의 부분집합 A, B에 대하여

(1) **합집합**(union) : $A \cup B = \{x \mid x \in A$ 또는 $x \in B\}$

(2) **교집합**(intersection) : $A \cap B = \{x \mid x \in A$ 이고 $x \in B\}$

로 정의한다. 두 집합 A, B에 대하여, $A \cap B = \varnothing$일 때 A와 B는 **서로소**(disjoint)라고 한다.

집합 A에 관한 집합 B의 **차집합**(difference)을 $A - B$, 즉

$$A - B = \{x \mid x \in A \text{이고 } x \notin B\}$$

로 정의한다. 앞으로 특별한 언급이 없는 한, $A - B$를 $A \setminus B$로 표기하기로 한다. 특히 X가 전체집합이고 $A \subset X$일 때, X에 관한 A의 차집합 $X \setminus A$를 A의 **여집합**(complement)이라 하고 A^c로 나타낸다.

정리 2 집합의 대수법칙(laws of the algebra of sets)

전체집합 X의 부분집합 A, B, C에 대하여, 다음이 성립한다.

(1) 항등법칙(identity law) : $A \cup \varnothing = A$, $A \cap X = A$, $A \cup X = X$, $A \cap \varnothing = \varnothing$

(2) 멱등법칙(idempotent law) : $A \cup A = A$, $A \cap A = A$

(3) 교환법칙(commutative law) : $A \cup B = B \cup A$, $A \cap B = B \cap A$

(4) 결합법칙(associative law) :

$A \cup (B \cup C) = (A \cup B) \cup C$, $A \cap (B \cap C) = (A \cap B) \cap C$

(5) 분배법칙(distributive law) :

$A \cap (B \cup C) = (A \cap B) \cup (A \cap C)$, $A \cup (B \cap C) = (A \cup B) \cap (A \cup C)$

(6) 여집합법칙 (complementary law) :

$A \cup A^c = U,\ A \cap A^c = \varnothing,\ (A^c)^c = A,\ X^c = \varnothing,\ \varnothing^c = X$

(7) 드모르간 법칙 (De Morgan's law) : $(A \cup B)^c = A^c \cap B^c,\ (A \cap B)^c = A^c \cup B^c$

집합에 관한 명제에서 합집합 $\cup$과 교집합 $\cap$, 전체집합 U와 공집합 $\varnothing$는 서로 쌍대관계를 이룬다. 따라서 집합에 관한 임의의 참명제에 대한 쌍대명제는 항상 참이 된다.

참고 두 집합 A와 B의 **대칭차** (symmetric difference)를

$$A \triangle B = (A \cap B^c) \cup (A^c \cap B)$$

로 정의한다. □

집합연산은 임의의 집합족에 대해서도 확장하여 정의할 수 있다.

정의 3 첨자집합족

집합의 모든 원소들이 모두 집합들로 구성된 집합, 즉 '집합들의 집합'을 **집합족**이라 한다. 특히 집합 Γ의 각 원소 $\gamma \in \Gamma$에 대하여 집합 A_γ가 대응될 때, 모든 A_γ를 모아 놓은 집합족

$$\{A_\gamma \mid \gamma \in \Gamma\}$$

를 Γ에 의해 첨자가 주어진 **첨자집합족** (indexed family of sets)이라 하고, 이때 집합 Γ를 **첨자집합** (index set)이라 한다.

특히 첨자집합 Γ가 모든 자연수의 집합일 때, 집합족 $\{A_1, A_2, \cdots\}$을 **집합열** (sequence of sets)이라 한다.

이제 합집합 $\cup$과 교집합 $\cap$의 개념을 임의의 집합족으로 확장한다.

정의 4 집합족의 합집합과 교집합

X의 부분집합으로 주어진 집합족 $\mathscr{F}$에 대하여

(1) 합집합 : $\bigcup_{A \in \mathscr{F}} A = \{x \mid \exists A \in \mathscr{F},\ x \in A\}$

(2) 교집합 : $\bigcap_{A \in \mathscr{F}} A = \{x \mid {}^\forall A \in \mathscr{F},\ x \in A\}$

로 정의한다.

참고 집합족 $\{A_\gamma\}_{\gamma\in\Gamma}$에 대하여, 합집합과 교집합을 각각

$$\bigcup_{\gamma\in\Gamma} A_\gamma = \{x \mid \exists\gamma\in\Gamma,\ x\in A_\gamma\},\quad \bigcap_{\gamma\in\Gamma} A_\gamma = \{x \mid {}^\forall\gamma\in\Gamma,\ x\in A_\gamma\}$$

로 정의한다. 이때 $\mathcal{F}=\{A_n \mid n\in N\}$이면 $\bigcup_{A\in\mathcal{F}} A$를 $\bigcup_{n=1}^{\infty} A_n$으로, $\bigcap_{A\in\mathcal{F}} A$를 $\bigcap_{n=1}^{\infty} A_n$으로 각각 나타낸다. □

집합의 연산에 관한 정리는 임의의 집합족의 연산에 관한 정리로 일반화한다.

예 집합 A와 임의의 집합족 $\{B_\gamma\subset X \mid \gamma\in\Gamma\}$에 대하여, 다음이 성립한다.

(1) $(\bigcup_{\gamma\in\Gamma} B_\gamma)^c = \bigcap_{\gamma\in\Gamma} B_\gamma{}^c$　　(2) $(\bigcap_{\gamma\in\Gamma} B_\gamma)^c = \bigcup_{\gamma\in\Gamma} B_\gamma{}^c$

(3) $A\cap(\bigcup_{\gamma\in\Gamma} B_\gamma) = \bigcup_{\gamma\in\Gamma}(A\cap B_\gamma)$　　(4) $A\cup(\bigcap_{\gamma\in\Gamma} B_\gamma) = \bigcap_{\gamma\in\Gamma}(A\cup B_\gamma)$

예제 A가 임의의 집합일 때, 각 $p\in A$에 대하여 G_p를 $p\in G_p\subset A$를 만족하는 A의 부분집합이라 하면 $A=\cup\{G_p \mid p\in A\}$가 성립한다.

증명 $x\in\cup\{G_p \mid p\in A\}$라 하자. 그러면 $x\in G_{p_0}\subset A$를 만족하는 $p_0\in A$가 존재한다. 따라서 $x\in A$이므로, $\cup\{G_p \mid p\in A\}\subset A$가 성립한다. 한편 $y\in A$라 하면 $y\in G_p$이므로, $y\in\cup\{G_p \mid p\in A\}$, 즉 $A\subset\cup\{G_p \mid p\in A\}$이다. 그러므로

$$A=\cup\{G_p \mid p\in A\}$$

가 성립한다. ■

집합과 관련된 여러 분야에서 전체집합을 고려할 때, 첨자집합이 공집합 $\varnothing$인 경우에도 합집합 $\bigcup_{\gamma\in\varnothing} A_\gamma$와 교집합 $\bigcap_{\gamma\in\varnothing} A_\gamma$는 의미를 갖는다.

정리 5

공집합족 $\{A_\gamma \mid \gamma\in\varnothing\}$에 대하여, 다음이 성립한다. 이때 U는 전체집합이다.

(1) $\bigcup_{\gamma\in\varnothing} A_\gamma = \varnothing$　　(2) $\bigcap_{\gamma\in\varnothing} A_\gamma = U$

증명 여기서는 (2)만을 증명하고 (1)의 증명은 독자에게 남긴다.

$$x \in \bigcap_{\gamma \in \varnothing} A_\gamma \Leftrightarrow (\forall \gamma \in \varnothing,\ x \in A_\gamma)$$
$$\Leftrightarrow (\gamma \in \varnothing \to x \in A_\gamma)$$

이다. 그런데 마지막 부분이 항상 참이므로, 모든 $x \in U$에 대하여 $x \in \bigcap_{\gamma \in \varnothing} A_\gamma = U$가 참이다. 따라서 $\bigcap_{\gamma \in \varnothing} A_\gamma = U$가 성립한다. ■

(3) 관계

① 관계

원소 a와 b의 순서쌍(ordered pair) $\langle a, b \rangle$의 개념은 $\langle a, b \rangle = \{\{a\}, \{a, b\}\}$로 정의된다. 이 정의로부터

$$\langle a, b \rangle = \langle c, d \rangle \text{이면, } a = c\text{이고 } b = d$$

가 성립함을 증명한다. 이때 a와 b를 각각 순서쌍 $\langle a, b \rangle$의 첫째 원소(first element), 둘째 원소(second element)라고 한다.

정의 6 카테시안 곱

두 집합 A와 B의 카테시안 곱(cartesian product) 또는 데카르트 곱 $A \times B$는

$$A \times B = \{\langle a, b \rangle \mid a \in A,\ b \in B\}$$

로 정의된다. 보통 $A \times B$를 A와 B의 적집합(product set) 또는 곱집합이라고 한다. 특히 $A \times A$를 A^2으로 표현한다.

두 집합 A, B에 대하여, $A \times B$의 부분집합을 A로부터 B로의 관계(relation)라 한다. 이때 $\Re \subset A \times B$이 A로부터 B로의 관계이면 $\langle a, b \rangle \in \Re$를

$$a \Re b$$

로 표기하고, 기호 $a\Re b$는 "a는 $\Re$에 의하여 b와 관계된다."고 읽는다. 특히 $A = B = X$일 때, "$\Re$을 X에서의 관계", 즉 X에 대하여 $X^2 = X \times X$의 부분집합 $\Re$을 X에서의 관계라고 한다.

집합 A로부터 집합 B로의 임의의 관계 $\Re$의 정의역(domain)은 $\Re$에 속하는 순서쌍의 첫째 원소의 집합이고, 그 치역(range)은 둘째 원소의 집합이다. 즉 집합

$$\mathrm{Dom}(\Re) = \{a \in A \mid \exists b \in B,\ \langle a, b \rangle \in \Re\}$$

는 $\Re$의 정의역이고, 집합

$$\mathrm{Im}(\Re) = \{b \in B \mid \exists a \in A,\ \langle a, b \rangle \in \Re\}$$

는 $\Re$의 치역이다. 관계 $\Re$에 대한 **역관계**(inverse relation) $\Re^{-1}$은

$$\Re^{-1} = \{\langle b, a \rangle \mid \langle a, b \rangle \in \Re\}$$

로 정의되는 B로부터 A로의 관계이다. 따라서 $a\Re b \Leftrightarrow b\Re^{-1}a$가 성립한다.

참고 임의의 집합 A에 대하여, A 상의 **항등관계**(identity relation) $\triangle$ 또는 $\triangle_A$는

$$\triangle_A = \{\langle a, a \rangle \mid a \in A\}$$

로 정의된다. 때로는 항등관계를 **대각집합**(diagonal)이라고 한다. □

② 동치관계

정의 7 동치관계

$\Re$이 집합 X에서의 관계일 때, 다음 세 조건

$[E_1]$	모든 $x \in X$에 대하여, $x\Re x$	반사적(reflexive)
$[E_2]$	$x\Re y$이면, $y\Re x$	대칭적(symmetric)
$[E_3]$	$x\Re y$이고 $y\Re z$이면, $x\Re z$	추이적(transitive)

를 만족하면 $\Re$을 **동치관계**(equivalence relation)라 한다.

예 모든 실수의 집합 R에서 상등관계 '$=$'는 동치관계이다. 또한 유클리드 기하에서 삼각형의 닮음은 동치관계이다. 그러나 $x \leq y \not\Rightarrow y \leq x$이므로, 부등호 '$\leq$'는 동치관계가 아니다. 또한 집합의 포함관계 '$\subset$'는 반사적이고 추이적이지만 대칭적이 아니므로, 동치관계가 아니다.

예제 $N \times N$ 상의 관계 $\Re$을

$$\langle a, b \rangle \simeq \langle c, d \rangle \Leftrightarrow ad = bc$$

로 정의되는 관계 $\simeq$라 할 때, $\Re$은 동치관계이다.

증명 모든 $\langle a, b\rangle \in N\times N$에 대하여 $ab=ba$이다. 따라서 $\langle a, b\rangle \simeq \langle a, b\rangle$이므로, $\Re$은 반사적이다. 이제 $\langle a, b\rangle \simeq \langle c, d\rangle$라 가정하자. 이때 $ad=bc$이므로, $cb=da$가 성립한다. 따라서 $\langle c, d\rangle \simeq \langle a, b\rangle$이다. 그러므로 $\Re$은 대칭적이다. 마지막으로 $\langle a, b\rangle \simeq \langle c, d\rangle$, $\langle c, d\rangle \simeq \langle e, f\rangle$라 가정하면 $ad=bc$이고 $cf=de$이므로

$$(ad)(cf)=(bc)(de)$$

이다. 따라서 $af=be$이다. 즉 $\langle a, b\rangle \simeq \langle e, f\rangle$이므로, $\Re$은 추이적이다. 그러므로 $\Re$은 동치관계이다. ■

예제 $\Re$이 집합 X에서의 관계일 때, 다음이 성립한다.

(1) $\Re$이 반사적일 필요충분조건은 $\Delta_X \subset \Re$이다.

(2) $\Re$이 대칭적일 필요충분조건은 $\Re=\Re^{-1}$이다.

증명 (1) $\Delta_X=\{\langle x, x\rangle \mid x\in X\}$이므로, 모든 $x\in X$에 대하여 $\Re$이 반사적일 필요충분조건은 $\langle x, x\rangle \in \Re$, 즉 $\Delta_A \subset \Re$이다.

(2) $\Re^{-1}$의 정의와 $\Re$의 대칭성으로부터 성립한다. ■

정의 8 동치류와 상집합

$\Re$이 공집합이 아닌 집합 X에서의 동치관계일 때, 각 $x\in X$에 대하여 $\Re$에 관한 x의 **동치류**(equivalence class) $[x]$를

$$[x]=\{y\in X \mid y\Re x\}$$

로 정의한다. 때로는 $[x]$를 $x/\Re$로 표기한다. 한편 동치류의 집합족

$$X/\Re=\{[x] \mid x\in X\}$$

를 'X의 $\Re$에 대한 **상집합**(quotient set)'이라고 한다.

참고 $\Re$이 공집합이 아닌 집합 X에서의 동치관계일 때, $[x]$를 각 $x\in X$에 대하여 $\Re$에 관한 x의 동치류라 하면 다음이 성립한다.

(1) 모든 $x\in X$에 대하여, $x\in[x]$

(2) $y\Re x$이면, 그때에 한하여 $[x]=[y]$

(3) $[x]\neq[y]$이면, $[x]$와 $[y]$는 서로소이다. □

③ 분할

정의 9　분할

X가 공집합이 아닌 집합일 때, 다음 두 조건

(1) $A_i \neq A_j$이면, $A_i \cap A_j = \varnothing$　　　(2) $\bigcup_{A_i \in \mathscr{A}} A_i = X$

를 만족하는 X의 공집합이 아닌 부분집합족 $\mathscr{A} = \{A_i\}_{i \in I}$를 X의 분할(partition)이라 한다. $\mathscr{A} = \{A_i\}_{i \in I}$가 X의 분할일 때, 각 A_i를 분할 $\mathscr{A}$의 류(class)라 한다.

예 m이 임의의 고정된 자연수일 때, 각 정수 j (단, $0 \leq j < m$)에 대하여

$$Z_j = \{x \in Z \mid \text{적당한 } k \in Z\text{에 대하여, } x - j = km\}$$

로 주어진 집합 $\{Z_0, Z_1, Z_2, \cdots, Z_{m-1}\}$은 Z의 분할이 된다. 이때 동치류 Z_i를 잉여류(residue class)라 한다.

공집합이 아닌 집합 X에서의 모든 동치관계는 반드시 X의 하나의 분할에 대응된다. 역으로 X의 분할은 X에서의 하나의 동치관계를 형성한다.

참고 동치관계의 기본정리(fundamental theorem of equivalence relation) : 공집합이 아닌 집합 X에 대하여 $\mathfrak{R}$이 X에서의 동치관계일 때, 상집합 $X/\mathfrak{R}$은 X의 분할이 된다. □

④ 관계의 합성

정의 10　관계의 합성

U가 A에서 B로의 관계이고, V가 B에서 C로의 관계일 때, 즉 $U \subset A \times B$이고 $V \subset B \times C$일 때, U와 V의 합성(composition) $V \circ U$를

$$V \circ U = \{\langle a, c\rangle \in A \times C \mid \exists\, b \in B, \langle a, b\rangle \in U, \langle b, c\rangle \in V\}$$

로 정의한다.

G, H, J가 A에서의 관계일 때, $(G \circ H) \circ J = G \circ (H \circ J)$가 성립한다.

예 모든 자연수의 집합 N에서의 관계 $\Re$이

$$\Re = \{ \langle x, y \rangle \mid x + 2y = 12 \}$$

로 정의될 때, $\Re \circ \Re$과 $\Re^{-1} \circ \Re$은 각각

$$\Re \circ \Re = \{ \langle 8, 5 \rangle, \langle 4, 4 \rangle \}$$
$$\Re^{-1} \circ \Re = \{ \langle 10, 10 \rangle, \langle 8, 8 \rangle, \langle 6, 6 \rangle, \langle 4, 4 \rangle, \langle 2, 2 \rangle \}$$

로 주어진다.

예제 $\Re$이 집합 X에서의 관계일 때, $\Re$이 추이적일 필요충분조건은 $\Re \circ \Re \subset \Re$이다.

증명 $\langle x, z \rangle \in \Re \circ \Re$라 하면, $\langle x, y \rangle \in \Re$이고 $\langle y, z \rangle \in \Re$로 되는 $y \in X$가 존재한다. 그런데 $\Re$이 추이적이므로, $\langle x, y \rangle \in \Re$이고 $\langle y, z \rangle \in \Re$이면 $\langle x, z \rangle \in \Re$가 된다. 따라서 $\Re \circ \Re \subset \Re$이 성립한다. 역으로 $\Re \circ \Re \subset \Re$이라 가정하자. 이때 $\langle x, y \rangle \in \Re$이고 $\langle y, z \rangle \in \Re$이면 $\langle x, z \rangle \in \Re \circ \Re \subset \Re$이다. 그러므로 $\Re$은 추이적이다. ■

(4) 수학적 증명

수학에서는 어떤 구체적 사실로부터 귀납적 추론을 거쳐 수학적 문제를 제기하고, 그 문제를 연역적 추론을 통한 엄밀한 수학적 논리 전개 과정을 거쳐 해결하게 된다. 이러한 수학적 방법론이 다른 과학에서도 이용되고 있는 것이다.

수학에서 정리의 타당성을 밝히는 일을 **증명**(proof)이라 한다. 즉 참인 전제로부터 타당한 추론을 이용하여 결론을 유도하는 것을 증명이라 한다. 수학적 증명에는 연역법, 배리법, 대우증명법과 수학적 귀납법 등이 있다. 특히 수학적 귀납법(mathematical induction)은 자연수로써 만들어진 명제의 타당성을 보이는 데 사용되는 방법이다. 수학적 귀납법은 자연수에 관한 페아노 공리 중의 하나의 결과로써, 수학과 논리학에서 매우 중요한 역할을 한다.

2. 함수

함수는 관계의 특별한 경우로 정의한다. 함수에 대한 개념은 수학의 모든 분야에서 중심이 되는 부분이다.

(1) 함수와 그래프

정의 11 함수

두 집합 X, Y에 대하여, 다음 두 조건

(1) 모든 $x \in X$에 대하여, $\langle x, y \rangle \in f$를 만족하는 $y \in Y$가 존재한다.
(2) $\langle x, y \rangle \in f$이고 $\langle x, z \rangle \in f$이면, $y = z$이다.

를 만족하는 $f \subset X \times Y$를 X에서 Y로의 **함수**(function) 또는 **사상**(mapping)이라 하고, $f : X \to Y$로 나타낸다.

X에서 Y로의 함수 $f : X \to Y$는 X의 각 원소에 Y의 원소가 유일하게 대응됨을 의미한다. 이때 X를 함수 f의 정의역이라 하고 $D(f)$로 표시하며, Y를 f의 공역(codomain) 또는 공변역이라 한다. 만약 $\langle x, y \rangle \in f$이면 $y = f(x)$로 표기하고, y를 함수 f에 의한 x의 함숫값(value of function) 또는 x의 **상**(image)이라 한다. 함수 $f : X \to Y$에서 $y \in Y$가 $x \in X$의 상, 즉 $y = f(x)$일 때, x를 y의 **역상**(inverse image) 또는 **원상**이라 하고 $x = f^{-1}(y)$로 정의한다.

참고 역함수의 기호와 역상의 기호를 혼동해서는 안 된다. 역상의 기호는 모든 함수에 대하여 사용할 수 있지만, 역함수의 기호는 전단사함수일 경우에만 사용할 수 있음에 유의한다. □

함수 $f : X \to Y$에서 정의역과 공역을 명시하지 않아도 혼동을 일으킬 우려가 없을 때는 $f : X \to Y$를 $y = f(x)$ 또는 간단히 함수 f로 표기한다.

예 공집합이 아닌 집합 X에 대하여 $I_X : X \to X$를

$$\forall x \in X,\ I_X(x) = x$$

로 정의할 때, I_X를 X에서 **항등함수**(identity function)라고 한다.

예 공집합이 아닌 집합 $A \subset X$에 대하여

$$\chi_A(x) = \begin{cases} 1, & x \in A \\ 0, & x \notin A \end{cases}$$

으로 주어지는 함수 $\chi_A : X \to \{0, 1\}$를 집합 A의 X에 관한 **특성함수**(characteristic function)라고 한다.

참고 두 집합 X, Y에 대하여, $X=\varnothing$이면 X에서 Y로의 함수는 오직 하나 존재한다. 이때 **공집합 함수**(emptyset function)라고 한다. 한편 $X \neq \varnothing$이고 $Y=\varnothing$이면 X에서 Y로의 함수는 존재하지 않는다. □

정의역이 X인 함수 f의 **그래프**(graph)는 순서쌍들의 집합 $\{\langle x, f(x)\rangle \mid x \in X\}$로 주어진다. 또한 $f: X \to Y$가 함수이고 $A \subset X$일 때, f에 의한 A의 **상**을

$$f[A]=\{f(x) \mid x \in A\}$$

로 정의한다. 특히 $f[X]=\{f(x) \mid x \in X\}$를 f의 치역이라고 하고, $R(f)$로 표시한다. 한편 $f: X \to Y$가 함수이고 $B \subset Y$일 때, f에 의한 B의 **역상**은

$$f^{-1}[B]=\{x \in X \mid f(x) \in B\}$$

로 정의한다. 여기서 $f[A]$와 $f^{-1}[B]$는 관련된 집합함수의 값을 나타낸다.

예 공집합이 아닌 두 집합 X, Y와 고정된 원소 $b \in Y$에 대하여, $f: X \to Y$를

$$\forall x \in X,\ f(x)=b$$

로 정의할 때, f를 **상수함수**(constant function)라고 한다. 따라서 임의의 상수함수 f의 치역 $f[A]$는 단원집합, 즉 $f[A]=\{b\}$이다.

참고 함수 $f: X \to Y$는 X의 멱집합 $\mathscr{P}(X)$에서 Y의 멱집합 $\mathscr{P}(Y)$로의 함수 f와 $\mathscr{P}(Y)$에서 $\mathscr{P}(X)$로의 함수 f^{-1}를 유도한다. 이때 유도함수 f와 f^{-1}를 처음 주어진 함수 f의 **관련된 집합함수**(associated set function)라 한다. □

관련된 집합함수에는 여러 가지 성질이 있다.

정리 12

함수 $f: X \to Y$에 대하여, 다음이 성립한다.

(1) $A \subset B \subset X$이면, $f[A] \subset f[B]$

(2) $C \subset D \subset Y$이면, $f^{-1}[C] \subset f^{-1}[D]$

참고 임의의 $x \in X$에 대하여 $f(x)=g(x)$일 때, 그때에 한하여 두 함수 $f: X \to Y$와 $g: X \to Y$는 같다. 이때 $f=g$로 표기한다. □

정리 13

$f: X \to Y$가 함수이고 $\{A_\gamma \mid \gamma \in \Gamma\}$가 X의 부분집합족일 때, 다음이 성립한다.

(1) $f[\bigcup_{\gamma\in\Gamma} A_\gamma] = \bigcup_{\gamma\in\Gamma} f[A_\gamma]$ (2) $f[\bigcap_{\gamma\in\Gamma} A_\gamma] \subset \bigcap_{\gamma\in\Gamma} f[A_\gamma]$

참고 $f: X \to Y$가 함수이고 $A, B \subset X$일 때

(1) $f[A] \setminus f[B] \subset f[A \setminus B]$ (2) $f[A \cap B] \subset f[A] \cap f[B]$

가 된다. 이때 포함관계는 일반적으로 등호로 대치될 수 없다. □

예 평면 R^2의 부분집합 $A=[1, 2] \times [1, 2]$와 $B=[1, 2] \times [3, 4]$에 대하여, x축으로의 사영 $\pi: R^2 \to R$를 생각하면 $\pi[A]=[1, 2]$, $\pi[B]=[1, 2]$이므로

$$\pi[A] \cap \pi[B]=[1, 2], \ \pi[A]-\pi[B]=\varnothing$$

이다. 이때 $A \setminus B = A$이므로 $\pi[A \setminus B]=[1, 2]$이고, $A \cap B = \varnothing$이므로 $\pi[A \cap B] = \varnothing$이다. 따라서

$$\pi[A \cap B] \neq \pi[A] \cap \pi[B]$$

이고, 또한 $\pi[A \setminus B] \neq \pi[A] \setminus \pi[B]$가 된다.

정리 14

$f: X \to Y$가 함수이고 $\{B_\gamma \mid \gamma \in \Gamma\}$가 Y의 부분집합족일 때, 다음이 성립한다.

(1) $f^{-1}[\bigcup_{\gamma\in\Gamma} B_\gamma] = \bigcup_{\gamma\in\Gamma} f^{-1}[B_\gamma]$ (2) $f^{-1}[\bigcap_{\gamma\in\Gamma} B_\gamma] = \bigcap_{\gamma\in\Gamma} f^{-1}[B_\gamma]$

참고 함수 $f: X \to Y$에 대하여 $A \subset X$, $B \subset Y$일 때, 다음이 성립한다.

(1) $A \subset f^{-1}[f[A]]$ (2) $f[f^{-1}[B]] \subset B$ □

정리 15

$f: X \to Y$가 함수일 때, Y의 부분집합 B, C에 대하여 다음이 성립한다.

$$f^{-1}[B \setminus C] = f^{-1}[B] \setminus f^{-1}[C]$$

예 $f : X \to Y$이고 $B \subset Y$일 때

$$f^{-1}[B^c] = (f^{-1}[B])^c$$

가 성립한다. 왜냐하면 정리 15의 특수한 경우로, $f^{-1}[Y] = X$이기 때문이다.

함수 $f : X \to Y$와 $A \subset X$에 대하여 A를 정의역으로 하는 함수, 즉

$$f|_A : A \to Y$$

를 f의 A로의 **제한**(restriction) 또는 **축소함수**라고 한다. 역으로 $f|_A$에 대하여, f를 X로의 **확장**(extension) 또는 **확대함수**라고 한다.

참고 공집합이 아닌 집합 X에 대하여, $X \times X$에서 X로의 함수를 X에서의 **이항연산**(binary operation)이라고 한다. 이때 집합 X상에서 이항연산 $*$가 정의되어

$$\text{모든 } x,\ y \in X \text{에 대하여, } x * y \in X$$

를 만족하면, 집합 X는 $*$에 대하여 '닫혀있다.'고 한다. □

(2) 단사, 전사와 전단사

함수 $f : X \to Y$에서 $f(x_1) = f(x_2)$인 모든 $x_1,\ x_2 \in X$에 대하여 $x_1 = x_2$를 만족할 때, f를 **일대일**(one-to-one) 또는 **단사**(injective)라고 한다.

예 $f : X \to Y$가 단사일 때, 다음이 성립한다.

(1) $\{A_\gamma \mid \gamma \in \Gamma\}$가 X의 부분집합족이면, $f[\bigcap_{\gamma \in \Gamma} A_\gamma] = \bigcap_{\gamma \in \Gamma} f[A_\gamma]$

(2) $A,\ B$가 X의 부분집합이면, $f[A \setminus B] = f[A] \setminus f[B]$

예제 함수 $f : X \to Y$가 단사이면, 관련된 집합함수 $f : \mathscr{P}(X) \to \mathscr{P}(Y)$는 단사이다.

증명 먼저 $X = \varnothing$라 하면 $\mathscr{P}(X) = \{\varnothing\}$이므로, 관련된 집합함수 $f : \mathscr{P}(X) \to \mathscr{P}(Y)$는 단사이다. 왜냐하면 $\mathscr{P}(X)$의 서로 다른 원소는 같은 상을 가질 수 없고, $\mathscr{P}(X)$에 속하는 두 서로 다른 원소는 존재하지 않기 때문이다. 이제 $X \neq \varnothing$라 하자. 그러면 $\mathscr{P}(X)$는 적어도 두 개의 원소를 갖는다. 이때 $A \neq B$ (단, $A,\ B \in \mathscr{P}(X)$)라 하면

$$p \in A,\ p \notin B \ (\text{또는 } p \in B,\ p \notin A)$$

를 만족하는 $p \in X$가 존재한다. 그런데 $f: X \to Y$가 단사이므로

$$f(p) \in f[A],\ f(p) \notin f[B]\ (\text{또는 } f(p) \in f[B],\ f(p) \notin f[A])$$

이다. 따라서 $f[A] \neq f[B]$이므로, 관련된 집합함수 $f: \mathscr{P}(X) \to \mathscr{P}(Y)$는 단사이다. ■

참고 $X \neq \varnothing$일 때, 함수 $f: X \to Y$에 대하여 다음은 서로 동치이다.

(1) f는 단사이다.

(2) $g \circ f = I_X$를 만족하는 함수 $g: Y \to X$가 존재한다. □

함수 $f: X \to Y$에서 임의의 $y \in Y$에 대하여 $y = f(x)$를 만족하는 $x \in X$가 존재하면, f를 **위로**(onto) 또는 **전사**(surjective)라고 한다. 즉 $f[X] = Y$일 때, 그때에 한하여 f는 전사이다.

예 적집합 $\Pi\{A_i \mid i \in I\}$가 공집합이 아니면, 사영함수

$$\pi_{i_0}: \Pi\{A_i \mid i \in I\} \to A_{i_0}\ (\text{단, } A_{i_0} \neq \varnothing)$$

는 위로의 함수, 즉 전사이다.

참고 함수 $f: X \to Y$에 대하여, 다음은 서로 동치이다.

(1) f는 전사이다.

(2) $f \circ g = I_Y$를 만족하는 함수 $g: Y \to X$가 존재한다. □

정리 16

$f: X \to Y$가 임의의 함수일 때, 다음이 성립한다.

(1) f가 단사일 때, 그때에 한하여 $\forall A \subset X,\ f^{-1}[f[A]] = A$

(2) f가 전사일 때, 그때에 한하여 $\forall B \subset Y,\ f[f^{-1}[B]] = B$

함수 $f: X \to Y$가 단사이고 전사일 때, f를 **전단사**(bijective) 또는 **일대일 대응**(one-to-one correspondence)이라고 한다.

예 함수 $f : X \to Y$와 모든 $A \subset X$에 대하여 $f[A^c] = (f[A])^c$일 때, 그때에 한하여 함수 f는 전단사가 된다.

참고 $f : X \to Y$가 함수이고 $A \subset X$일 때, $x \in A$이면 $f(x) \in f[A]$이지만, 그 역은 성립하지 않는다. 그러나 f가 전단사이면

$$x \in A \Leftrightarrow f(x) \in f[A]$$

이다. 또한 $f : X \to Y$가 전단사이고, $B \subset Y$일 때

$$y \in B \Leftrightarrow f^{-1}(y) \in f^{-1}[B]$$

가 성립한다. □

일반적으로 함수 $f : X \to Y$의 역관계 f^{-1}는 함수가 아니다. 그러나 함수 f가 전단사이면, 역관계 $f^{-1} : Y \to X$도 함수가 된다. 더욱이 f^{-1}는 전단사이다. 이때 $f^{-1} : Y \to X$를 f의 **역함수**(inverse function)라 하고

$$f^{-1}(y) = x \Leftrightarrow f(x) = y$$

로 정의한다.

(3) 합성함수

정의 17 합성함수

임의의 두 함수 $f : X \to Y$, $g : Y \to Z$에 대하여

$$\forall x \in X, \ (g \circ f)(x) = g(f(x))$$

로 정의되는 함수 $g \circ f : X \to Z$를 f와 g의 **합성함수**(composite function)라고 한다.

두 함수 f와 g의 합성함수 $g \circ f$가 정의되려면, f의 공역과 g의 정의역이 같아야 함에 유의한다.

참고 두 함수 $f : X \to Y$, $g : Y \to Z$의 합성함수 $g \circ f : X \to Z$에서

(1) $g \circ f$가 단사이면, f는 단사　　　(2) $g \circ f$가 전사이면, g는 전사

가 성립한다. □

정리 18

함수 $f : X \to Y$ 에 대하여, 다음이 성립한다.

(1) $g \circ f = I_X$ 를 만족하는 함수 $g : Y \to X$ 가 존재할 때, 그때에 한하여 $f : X \to Y$ 는 단사이다.

(2) $f \circ h = I_Y$ 를 만족하는 함수 $h : Y \to X$ 가 존재할 때, 그때에 한하여 $f : X \to Y$ 는 전사이다.

참고 두 함수 $f : X \to Y$ 와 $g : Y \to X$ 에 대하여

$$g \circ f = I_X, \quad f \circ g = I_Y$$

이면, f 는 전단사이고 $g = f^{-1}$ 가 된다. 따라서 전단사함수 $f : X \to Y$ 와 그 역함수 $f^{-1} : Y \to X$ 에 대하여

$$f^{-1} \circ f = I_X, \quad f \circ f^{-1} = I_Y$$

가 성립한다. □

(4) 실가함수의 대수

공집합이 아닌 집합 X 상에서 정의된 모든 실가함수족(실숫값 함수족)을 $\mathscr{F}(X, R)$ 로 나타낼 때, 임의의 $k \in R$ 와 $f, g \in \mathscr{F}(X, R)$ 에 대하여 연산

$$f + g, \; kf, \; f + k, \; fg, \; f \circ g, \; |f|$$

를 정의할 수 있다. 이때 $k \in R$ 와 $f, g \in \mathscr{F}(X, R)$ 에 대하여, 덧셈 $f + g$ 와 스칼라배 kf 를 각각 모든 $x \in X$ 에 대하여

$$(f + g)(x) = f(x) + g(x), \; (kf)(x) = kf(x)$$

로 정의하면, 실가함수족 $\mathscr{F}(X, R)$ 은 **벡터공간**(vector space)이 된다(4.2절 참조).

정의 19 유계함수

$f \in \mathscr{F}(X, R)$ 일 때, 모든 $x \in X$ 에 대하여 $|f(x)| \le M$ 을 만족하는 $M \in R$ 이 존재하면 함수 f 를 **유계**(bounded)라 한다.

참고 벡터공간 $\mathscr{F}(X, R)$ 에 포함되는 모든 유계인 실가함수족을 $\mathscr{B}(X, R)$ 로 나타내

면 $\mathscr{B}(X, R)$은 다음 두 성질

(1) $f, g \in \mathscr{B}(X, R)$이면, $f + g \in \mathscr{B}(X, R)$

(2) $fg \in \mathscr{B}(X, R)$이고 $k \in R$이면, $kf \in R$

를 갖는다. 이때 $\mathscr{B}(X, R)$을 벡터공간 $\mathscr{F}(X, R)$의 **부분공간**(subspace)이라 한다. □

연습문제 1.1 EXERCISES

1. $\Re$이 집합 X에서의 관계일 때, 다음이 성립함을 보이시오.

(1) $\Re$이 반사적이면, $\Re \circ \Re$은 반사적이고 $\Re \subset \Re \circ \Re$을 만족한다.

(2) $\Re$이 대칭적이면, $\Re \circ \Re^{-1} = \Re^{-1} \circ \Re$을 만족한다.

(3) $\Re$이 추이적이면, $\Re \circ \Re$은 추이적이다.

2. 열린구간족 $\left\{(0, 1), \left(0, \frac{1}{2}\right), \left(0, \frac{1}{3}\right), \cdots\right\}$에 대하여

$$\bigcap_{n \in N}\left(0, \frac{1}{n}\right) = \varnothing$$

가 성립함을 보이시오.

3. 함수 $f : X \to Y$에 대하여 $A \subset X$, $B \subset Y$일 때, 다음 등식이 성립함을 보이시오.

(1) $f[A \cap f^{-1}[B]] = f[A] \cap B$ (2) $f[f^{-1}[B]] = f[X] \cap B$

4. $f : X \to Y$가 함수일 때, Y의 부분집합족 $\{B_\gamma \mid \gamma \in \Gamma\}$에 대하여 다음 등식이 성립함을 보이시오.

(1) $f^{-1}[\bigcup_{\gamma \in \Gamma} B_\gamma] = \bigcup_{\gamma \in \Gamma} f^{-1}[B_\gamma]$ (2) $f^{-1}[\bigcap_{\gamma \in \Gamma} B_\gamma] = \bigcap_{\gamma \in \Gamma} f^{-1}[B_\gamma]$

5. $f : X \to Y$가 단사일 때, X의 부분집합족 $\{A_\gamma \mid \gamma \in \Gamma\}$에 대하여

$$f[\bigcap_{\gamma \in \Gamma} A_\gamma] = \bigcap_{\gamma \in \Gamma} f[A_\gamma]$$

가 성립함을 보이시오.

6. 함수 $f : X \to Y$가 전단사이면, 역관계

$$f^{-1} : Y \to X$$

도 전단사임을 보이시오.

7. $f : X \to Y$가 임의의 함수일 때, 다음이 성립함을 보이시오.

(1) f가 단사일 때, 그때에 한하여 $^{\forall} A \subset X,\ f^{-1}[f[A]] = A$

(2) f가 전사일 때, 그때에 한하여 $^{\forall} B \subset Y,\ f[f^{-1}[B]] = B$

1.2 기수와 순서

'부분이 전체와 원소가 같은 경우'라는 성질이 칸토어를 포함해서 많은 수학자들을 놀라게 했다. 데데킨트(Dedekind)는 이와 같은 성질로부터 무한집합을 정의하였다.

1. 유한집합과 무한집합

정의 1 집합의 대등

두 집합 X, Y에 대하여 일대일 대응인 함수 $f : X \to Y$가 존재할 때, X와 Y를 대등(equipotent) 또는 **동치**(equivalent)라고 하고 $X \sim Y$로 나타낸다. 이때 일대일 대응인 함수 $f : X \to Y$를 $f : X \sim Y$로 정의한다.

두 집합 X, Y가 대등할 때, X와 Y는 **농도**(cardinality)가 같다고 한다.

참고 집합족 $\mathscr{F}$에 대하여 $\Re$을 "X, $Y \in \mathscr{F}$이고 $X \sim Y$일 때, 그때에 한하여 ${}_X\Re_Y$"로 주어지는 $\mathscr{F}$에서의 관계이면, $\Re$은 $\mathscr{F}$에서 동치관계가 된다. 즉 "두 집합의 농도가 같다."는 관계는 동치관계이다. □

예 모든 짝수의 집합 $E = \{2, 4, 6, \cdots\}$에 대하여 $f(x) = 2x$로 정의된 함수 $f : N \to E$는 일대일 대응이므로, $N \sim E$이다. 또한 열린구간 $(-1, 1)$에 대하여

$$f(x) = \frac{x}{1 - |x|}$$

로 정의된 함수 $f : (-1, 1) \to R$는 일대일 대응이므로, $(-1, 1) \sim R$이다.

정의 2 유한집합과 무한집합

$Y \subsetneq X$에 대하여, $X \sim Y$일 때 집합 X를 **무한집합**(infinite set)이라 하고, 무한이 아닌 집합을 **유한집합**(finite set)이라 한다.

참고 집합 X가 공집합이거나 또는 어떤 N_k와 일대일 대응일 때 X를 유한집합이라고 하고, X가 유한집합이 아닐 때 X를 무한집합이라고 정의하기도 한다. □

2. 가부번집합과 가산집합

정의 3　가부번집합과 가산집합

집합 X가 $X \sim N$일 때 X를 **가부번집합**(denumerable set)이라 하고, X는 기수 $\aleph_0$ (aleph zero 또는 aleph null)를 갖는다고 한다. 또한 유한이거나 가부번이면 **가산집합** (countable set)이라 하고, 가산이 아닐 때 **비가부번집합**(nondenumerable set) 또는 **비가산 집합**(uncountable set)이라고 한다.

가산집합의 모든 부분집합은 가산이고, 또한 모든 무한집합은 가부번부분집합을 부분집합으로 갖는다.

예　모든 정수의 집합 Z는 가부번이다. 왜냐하면

$$f(n)=\begin{cases} -\dfrac{n-1}{2}, & n \text{ 이 홀수} \\ \dfrac{n}{2}, & n \text{ 이 짝수} \end{cases}$$

으로 정의된 함수 $f: N \to Z$는 일대일 대응이기 때문이다.

예　두 집합 A, B에 대하여 $A \cup B$가 무한집합이면 A와 B 중에 적어도 하나는 무한집합이 되고, 가부번집합의 모든 무한부분집합은 가부번이다. 또한 A가 무한집합이고 B가 가부번집합일 때, $A \sim (A \cup B)$가 성립한다.

참고　집합 B가 가산집합일 필요충분조건은 정의역이 B이고 치역이 N에 포함되는 단사함수가 존재하는 것이다. □

정리 4

N이 모든 자연수의 집합일 때, $N \times N$은 가부번이다.

참고　두 집합 A와 B가 가부번이면 $A \times B$는 가부번이다. 따라서 n개의 집합 A_1, A_2, $\cdots$, A_n이 모두 가부번이면, $A_1 \times A_2 \times \cdots \times A_n$도 가부번이다. □

모든 자연수의 집합 N에서 모든 짝수의 집합 N_e와 모든 홀수의 집합 N_0는 N과 대등하

므로 가부번집합이고, 이들 두 가부번집합의 합 $N_e \cup N_0$도 가부번임을 알 수 있다.

정리 5

$\{A_k\}$가 가부번집합의 가부번집합족이면, $\bigcup_{k \in N} A_k$는 가부번집합이다.

참고 유한집합의 유한족의 합집합은 유한이고, 가산집합의 가산족의 합집합은 가산이다. □

정리 6

모든 유리수의 집합 Q는 가부번집합이다.

집합 A가 비가부번임을 보이기 위해서는 N에서 A로의 일대일 대응이 존재하지 않음을 보여야 한다. 일반적인 방법은 그러한 함수의 존재를 가정하고 모순을 유도한다. 1891년에 칸토어는 **대각선논법**(diagonal method)에 의해 단위 열린구간 $(0, 1)$이 비가부번임을 증명하였다.

정리 7

실수의 단위 열린구간 $(0, 1)$은 가산이 아니다.

집합 A가 비가부번일 때 집합 A와 집합 B 사이에 일대일 대응이 있으면, B도 비가부번이 된다.

참고 모든 실수의 집합 R은 단위 열린구간 $(0, 1)$과 대등하므로 비가부번이다. 이때 R은 **연속체농도**(power of continuum) 또는 **기수 $\mathbf{c}$** ('체'라고 읽음)를 갖는다고 한다. 일반적으로 모든 구간은 기수 $\mathbf{c}$를 갖는다. □

예제 모든 무리수의 집합 $R \setminus Q$는 비가부번이다.

증명 $R \setminus Q$가 가부번이면, $(R \setminus Q) \cup Q = R$은 가부번이 된다. 그러나 이것은 모순이다. 따라서 모든 무리수의 집합 $R \setminus Q$는 비가부번이다. ■

3. 집합의 기수

(1) 집합의 기수

집합의 기수란 '대등한 모든 집합이 공통으로 갖는 성질'이다. 모든 집합 A는 기수 $\#(A)$를 갖는다.

정의 8 집합의 기수

집합의 기수(cardinal number)란 다음 네 성질, 즉 **기수의 공리**(axiom of cardinality)

(1) 각 집합 A에는 $\#(A)$로써 표시되는 하나의 기수가 대응되고, 각 기수 a에 대해서는 $\#(A)=a$인 집합 A가 존재한다.

(2) $A=\varnothing$일 때, 그때에 한하여 $\#(A)=0$

(3) 임의의 $k \in N$에 대해서 $A \sim N_k$일 때, 그때에 한하여 $\#(A)=k$

(4) 임의의 집합 A, B에 대하여 $A \sim B$일 때, 그때에 한하여 $\#(A)=\#(B)$

를 갖는 개념이다.

참고 $A \sim N$이면 $\#(A)=\aleph_0$로 나타내고, $A \sim R$이면 $\#(A)=\mathbf{c}$로 나타낸다. 따라서 만일 I가 구간이면, $\#(I)=\mathbf{c}$이다. □

정의 9

두 집합 A, B에 대하여, A가 B의 적당한 부분집합과 대등, 즉 단사함수 $f: A \to B$가 존재할 때, $\#(A)$는 $\#(B)$보다 작거나 같다고 하고

$$\#(A) \le \#(B)$$

로 나타낸다.

두 집합 A, B에 대하여, $\#(A) \le \#(B)$가 성립하는 것과 B에서 A로의 전사가 존재한다는 것과는 동치이다.

예 임의의 세 집합 A, B, C에 대하여, 다음이 성립한다.

(1) $\#(A) \le \#(A)$

(2) $A \subset B$이면, $\#(A) \le \#(B)$

(3) $\#(A) \le \#(B)$이고 $\#(B) \le \#(C)$이면, $\#(A) \le \#(C)$

참고 A가 B의 진부분집합이라 하더라도, $\#(A) < \#(B)$가 성립하지 않음에 유의한다. 실제로 모든 짝수의 집합 N_e는 모든 자연수의 집합 N의 진부분집합이지만

$$\#(N_e) = \#(N)$$

이 성립한다. □

임의의 두 기수 a, b에 대하여, $a \leq b$이고 $a \neq b$일 때 $a < b$로 표기하고, "a는 b보다 작다." 또는 "b는 a보다 크다."라고 한다.

정의 10

두 집합 A, B에 대하여, A가 B의 적당한 부분집합과 대등하지만, B가 A의 임의의 부분집합과 대등하지 않을 때, $\#(A)$는 $\#(B)$보다 작다고 하고

$$\#(A) < \#(B)$$

로 나타낸다.

정의 10은 무한기수를 비교할 수 있도록 정의되었으나, 이것은 또한 유한기수에 대해서도 그대로 적용될 수 있다.

참고 $\#(A) \leq \#(B)$이지만 $\#(A) \neq \#(B)$일 때, $\#(A) < \#(B)$로 나타낸다. □

예 모든 자연수의 집합 N이 모든 실수의 집합 R의 부분집합이므로 $\#(N) \leq \#(R)$로 주어진다. 한편 모든 실수의 집합 R은 가부번집합이 아니므로 $\#(N) \neq \#(R)$이다. 따라서 $\#(N) < \#(R)$이 성립한다.

예제 임의의 무한기수 a에 대하여, $\#(N) \leq a$가 성립한다. 따라서 $\#(N)$은 가장 작은 무한기수이다.

증명 집합 A에 대하여 $\#(A) = a$라고 하면, 무한집합 A는 가부번부분집합 B를 포함한다. 그러므로 $N \sim B \subset A$이다. 따라서 $\#(N) \leq a$가 성립한다. ■

(2) 슈뢰더-베른슈타인 정리

지금까지 집합 A가 집합 B의 부분집합과 대등하고 집합 B가 집합 A의 부분집합과 대

등할 때, $\#(A)$와 $\#(B)$의 두 기수를 어떻게 비교하는가에 대해서는 밝히지 않았다. 이와 같은 경우, 칸토어는 $\#(A)$와 $\#(B)$는 같을 것이라고 추측하였다. 이 추측은 베른슈타인(Bernstein)과 슈뢰더(Schröder)에 의하여 각자 독립적으로 증명되었는데, 이 결과는 오늘날 슈뢰더-베른슈타인 정리로 알려져 있다.

보조정리 11

B가 A의 부분집합일 때, 단사함수 $f : A \to B$가 존재하면 전단사함수 $h : A \to B$가 존재한다.

집합 A를 모든 실수의 집합이라 하고, 집합 B를 단위 열린구간이라 하면

$$\#(A) = \#(B)$$

이므로, 임의의 집합 $B \subset A$에 대하여 $h : A \to B$인 전단사가 존재함을 안다.

정리 12 **슈뢰더-베른슈타인 정리** (Schröder-Bernstein theorem)

임의의 두 집합 A, B에 대하여, A가 B의 부분집합과 대등하고 B가 A의 부분집합과 대등하면, A와 B는 대등하다.

증명 $f_0 : A \sim B_0 \subset B$, $g_0 : B \sim A_0 \subset A$라 하고, 함수 $f : A \to A_0$를

$$f(x) = g_0(f_0(x))$$

로 정의하면, f는 단사이다. 그러므로 보조정리 11에 의하여, 전단사함수 $h : A \sim A_0$가 존재한다.

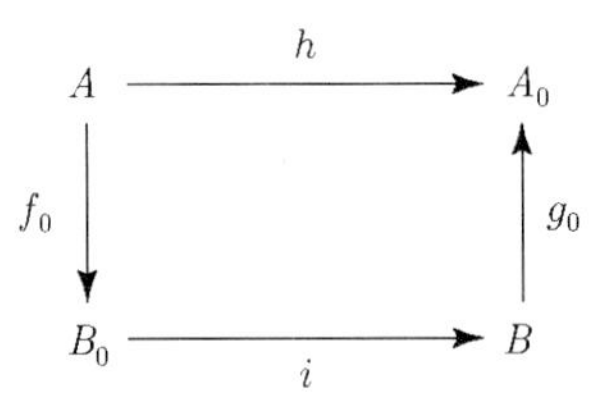

그림 1.1

따라서 두 전단사함수

$$h : A \sim A_0, \; g_0^{-1} : A_0 \sim B$$

의 합성함수

$$g_0^{-1} \circ h : A \sim B$$

는 전단사이다. 결국 A와 B는 대등하다. ∎

따름정리

$\#(A) \le \#(B)$이고 $\#(B) \le \#(A)$이면

$$\#(A) = \#(B)$$

가 성립한다.

따름정리로부터 두 기수 사이의 관계 '$\le$'는 반대칭임을 보였다. 또한

$$\#(A) < \#(B)$$

가 성립하기 위한 필요충분조건은 단사 $f : A \to B$가 존재하지만, 단사 $f : B \to A$가 존재하지 않는 것이다.

예 공집합 $\varnothing$에 대하여, 다음 각 집합

$$\varnothing, \{\varnothing\}, \{\varnothing, \{\varnothing\}\}, \{\varnothing, \{\varnothing\}, \{\varnothing, \{\varnothing\}\}\}, \cdots$$

는 각각 유한기수 0, 1, 2, 3, $\cdots$ 를 갖는다. 한편 $\#(N) = \aleph_0$이고 $\#(R) = \boldsymbol{c}$이다. 따라서 $0 < 1 < 2 < 3 < \cdots < \aleph_0 < \boldsymbol{c}$임을 알 수 있다.

예 실수의 임의의 닫힌구간 $[a, b]$는 모든 실수의 집합 R과 대등하다. 왜냐하면 닫힌구간 $[a, b]$는 R의 부분집합인 자기 자신과 대등하고, 또한 R은 $[a, b]$의 부분집합인 열린구간 (a, b)와 대등하므로, $[a, b]$와 R은 대등하다.

참고 기수 사이의 관계 '$\le$'는 반순서관계이다(정의 15 참조). □

임의의 두 기수 a, b에 대하여

$$a < b, \quad a = b, \quad a > b$$

라는 세 관계(**삼분성질**)는 어느 경우도 동시에 성립하지 않고, 어느 한 경우만 만족한다. 즉

임의의 두 기수는 반드시 '비교가능'이다.

정리 13

기수들의 임의의 집합에는 최소원이 존재한다.

(3) 멱집합의 기수

$\aleph_0$와 c 이외의 무한기수가 존재하느냐 하는 의문은 당연히 나타난다. 이 해답은 긍정적이다. 실제로 X가 임의의 집합일 때, 칸토어는

$$\#(X) < \#(\mathscr{P}(X))$$

즉 임의의 기수보다 큰 기수가 존재함을 밝혔다. 따라서 무한히 많은 새로운 무한기수가 존재한다.

정리 14 **칸토어 정리**(Cantor's theorem)

임의의 집합 X에 대하여

$$\#(X) < \#(\mathscr{P}(X))$$

가 성립한다. 즉 멱집합 $\mathscr{P}(X)$의 기수는 집합 X의 기수보다 크다.

예제 임의의 가부번집합 A에 대하여, A의 멱집합 $\mathscr{P}(X)$는 비가부번집합이다.

증명 멱집합 $\mathscr{P}(X)$를 가부번이라고 가정하면, $\#(A) = \#(\mathscr{P}(X))$가 된다. 그런데 이것은 칸토어 정리에 모순이다. 따라서 $\mathscr{P}(X)$는 비가부번집합이다. ∎

칸토어 정리의 의의는 무한히 많은 새로운 무한기수를 구성할 수 있음을 보이는 데 있다. 이를테면

$$\#(R) < \#(\mathscr{P}(R)) < \#(\mathscr{P}(\mathscr{P}(R))) < \cdots$$

와 같이 무한기수들을 얼마든지 생각할 수 있음을 의미한다.

따름정리

임의의 기수보다 큰 기수가 반드시 존재한다. 따라서 최대 기수는 존재하지 않는다.

(4) 연속체 가설

칸토어 정리를 적용하면 주어진 무한집합보다 큰 집합이 언제든지 존재한다. 따라서 무한히 많은 초월수가 존재함을 알 수 있다. 그러나 집합 A의 기수가 a라면, A의 멱집합의 기수가 a 바로 다음의 기수인지는 알 수 없다. **연속체 문제**(continuum problem)로 알려진

"$\aleph_0$과 $2^{\aleph_0}$ 사이에 어떤 다른 기수의 존재성?"

에 대한 의문이 칸토어에 의해 제기되었고, 칸토어를 비롯한 많은 수학자들이 이 문제를 해결하려고 많은 노력을 기울였으나 모두 무위로 끝났다. 실제의 집합에서 그런 기수는 찾을 수가 없었다. 1878년에 칸토어는 다음 연속체 가설을 제안했다.

연속체 가설(continuum hypothesis) : 두 무한기수 $\aleph_0$와 $\boldsymbol{c}\ (= 2^{\aleph_0})$에 대하여

$$\aleph_0 < x < \boldsymbol{c}$$

를 만족하는 기수 x는 존재하지 않는다.

연속체 문제와 밀접하게 관계된

"무한기수 a와 2^a 사이에 놓이는 임의의 기수가 존재하느냐?"

하는 의문도 역시 해결될 수가 없어 "이와 같은 기수도 존재하지 않는다."는 추측이 곧 일반 연속체 가설이다.

일반 연속체 가설(generalized continuum hypothesis) : 임의의 무한기수 a에 대하여

$$a < x < 2^a$$

를 만족하는 기수 x는 존재하지 않는다.

참고 1938년에 괴델(Gödel)이 연속체 가설은 집합론의 공리와 모순되지 않음을 밝혔다. 또한 1963년에 코헨(Cohen)은

"일반 연속체 가설은 집합론의 공리 안에서는 증명이 불가능하다."

는 것을 증명하였다. 이들은 평행선에 관한 유클리드 제5공준이 1~4공준들과 독립이라는 것과 같은 뜻에서, 연속체 가설도 공리론적 집합론의 다른 공리들과 독립적이라는 것을 밝힌 것이다. 따라서 집합론에 있어서 연속체 가설은 기하학에 있어서 유클리드의 평행선 공리와 성질이 비슷하다. □

4. 집합의 순서

(1) 순서집합

정의 15 반순서집합

집합 X상의 관계 $\precsim$가 모든 $x,\ y,\ z \in X$에 대하여, 다음 세 조건

(1) $x \precsim x$ 반사적

(2) $x \precsim y$이고 $y \precsim x$이면, $x = y$ 반대칭적 (anti-symmetric)

(3) $x \precsim y$이고 $y \precsim z$이면, $x \precsim z$ 추이적

을 만족할 때 관계 $\precsim$를 **반순서** (partial order) 또는 간단히 **순서** (order)라 하고, 집합 X에 반순서가 정의될 때 $(X,\ \precsim)$를 **반순서집합** (partially ordered set)이라고 한다.

예 집합의 포함관계는 공집합이 아닌 집합 X의 멱집합상의 반순서이다. 따라서 공집합이 아닌 집합 X의 멱집합 $\mathscr{P}(X)$는 포함관계 $\subset$에 의한 반순서집합이다.

반순서집합에서 $x \precsim y$일 때, x는 y보다 **앞선다** (precedes) 또는 "y보다 작다."고 하고, 또한 y는 x보다 **뒤선다** (follows) 또는 "x보다 크다."라고 한다. 한편 $x < y$는 $x \precsim y$이고 $x \neq y$인 의미로 사용된다.

정의 16 전순서집합

$(X,\ \precsim)$가 반순서집합일 때, 임의의 두 원소 $x,\ y \in X$가

$$x \precsim y \quad \text{또는} \quad y \succsim x$$

중 반드시 하나를 만족하면 이 두 원소는 **비교가능** (comparable)이라 한다. 반순서집합 X에서, 임의의 두 원소가 비교가능하면 X를 **전순서집합** (totally ordered set) 또는 **선형순서집합** (linearly ordered set)이라고 한다.

집합 A상의 관계 $\Re$이 반순서이면, 역관계 $\Re^{-1}$도 반순서이다. 이것을 **역순서** (inverse order)라 한다. 또한 반순서집합 $(X,\ \precsim)$에 있어서, $S \subset X$가 X에 주어진 반순서에 대하여 전순서집합이면 S를 X의 **전순서부분집합** (totally ordered subset)이라고 한다.

예 임의의 $x,\ y \in R$에 대하여, $x \leq y$에 의하여 정의된 R상의 대소관계 $\leq$는 전순서이

다. 이것을 R에 있어서 **자연순서**(natural order) 또는 **보통순서**(usual order)라 한다.

예 그림 1.2의 도표에 의해 정의되는 $W=\{a, b, c, d, e\}$상의 반순서를 생각할 때, 집합 $\{a, c, d\}$와 $\{b, c\}$는 전순서집합이지만, 집합 $\{a, b, c\}$와 $\{d, e\}$는 전순서집합이 아니다.

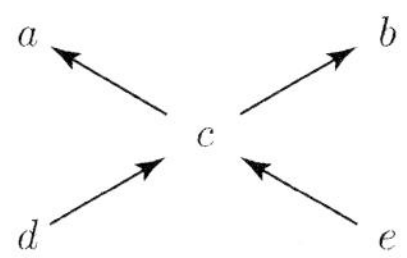

그림 1.2

참고 두 집합 A, B가 반순서집합일 때, $\langle a_1, b_1 \rangle \in A\times B$, $\langle a_2, b_2 \rangle \in A\times B$에 대하여 $\langle a_1, b_1 \rangle < \langle a_2, b_2 \rangle$이기 위한 필요충분조건이

(1) $a_1 < a_2$이거나, 아니면

(2) $a_1 = a_2$이고 $b_1 < b_2$

로 정의되는 순서관계를 $A\times B$의 **사전식순서**(lexicographic order)라고 한다. 사전식순서는 전순서관계이다. □

전순서는 반순서이지만, 그 역은 성립하지 않는다. 한편 이론에 따라서는 하나의 집합 위에 여러 가지 순서가 정의되는 경우도 있다.

정의 17 부분순서집합

반순서집합 $(X, \precsim)$의 공집합이 아닌 부분집합 M의 원소 a, b에 대하여

$$a \precsim b \text{일 때, 그때에 한하여 } a \precsim_M b$$

로 관계 $\precsim_M$을 정의하면, $\precsim_M$은 M에서 반순서가 된다. 이때 반순서집합 $(M, \precsim_M)$을 $(X, \precsim)$의 **부분순서집합**이라 한다. 그런데 $\precsim_M$은 X에서 반순서 $\precsim$를 M 위로 제한해서 생각한 것에 지나지 않으므로, $\precsim_M$을 보통 $\precsim$로 표현한다.

반순서집합 X의 어떤 부분집합은 실제로 전순서로 될 수 있다. 분명히 X 자신이 전순서이면, X의 모든 부분집합은 또한 전순서이다.

(2) 극대원과 극소원

정의 18 극대원과 극소원

반순서집합 $(X, \precsim)$에서, $a \in X$에 대하여 $a \neq x$이고 $a < x$인 $x \in X$가 존재하지 않을 때, 즉 a 자신을 제외하고 a에 뒤서는 원소가 없을 때 a를 X의 **극대원**(maximal element)이라 한다. 마찬가지로 $a \neq x$이고 $x > a$인 $x \in X$가 존재하지 않을 때, 즉 a 자신을 제외하고 a에 앞서는 원소가 없을 때 a를 X의 **극소원**(minimal element)이라 한다.

예 자연순서 '$\leq$'가 주어진 모든 실수의 집합 R은 전순서집합이지만, 극대원과 극소원을 갖지 않는다.

임의의 유한인 반순서집합은 반드시 극대원과 극소원을 갖고, 이것이 전순서집합이면 정확히 하나씩의 극대원과 극소원을 갖는다. 극대원도 되고 극소원도 되는 원소가 있다면, 그것은 다른 원소와 순서관계가 전혀 없는 고립된 원소이다.

예 유한집합 $A = \{a_1, a_2, \cdots, a_n\}$이 전순서집합일 때, A는 하나씩의 극대원과 극소원을 갖는다. 이때 극대원과 극소원은 각각

$$\max\{a_1, a_2, \cdots, a_n\}, \ \min\{a_1, a_2, \cdots, a_n\}$$

으로 표시된다.

(3) 최대원과 최소원

정의 19 최대원과 최소원

반순서집합 $(X, \precsim)$에서, 모든 $x \in X$에 대하여 $x \precsim a$를 만족하는 $a \in X$가 존재하면 a를 X의 **최대원**(greatest element)이라 하고, 모든 $x \in X$에 대하여 $a \precsim x$를 만족하는 $a \in X$가 존재하면 a를 X의 **최소원**(least element)이라 한다.

예 자연순서 '$\leq$'가 주어진 모든 자연수의 집합 N은 최소원으로 1을 갖는다. 그러나 모든 정수의 집합 Z는 최소원과 최대원을 갖지 않는다.

반순서집합 X에 최대원(또는 최소원)이 존재하면 그것이 유일한 극대원(또는 극소원)이지만, 최대원(또는 최소원)이 없으면 극대원(또는 극소원)은 많이 있을 수도 있고 하나도 없을 수도 있다. 최대원(또는 최소원)이 존재하면 그것은 오직 하나뿐이다.

정의 20　정렬집합

반순서집합 $(X, \precsim)$에 있어서 공집합이 아닌 모든 $S \subset X$가 항상 최소원을 가지면 $(X, \precsim)$를 **정렬집합**(well-ordered set)이라 하고, $(X, \precsim)$가 정렬집합일 때 관계 $\precsim$를 **정렬관계**(well-order relation)라 한다.

참고 (정렬정리) : 모든 자연수의 집합 N의 공집합이 아닌 부분집합은 항상 하나의 최소원을 갖는다. □

예 자연순서 '$\leq$'가 주어진 모든 자연수의 집합 N은 정렬집합이다. 그러나 모든 정수의 집합 Z에 자연순서 '$\leq$'를 준 전순서집합은 정렬집합이 아니다.

X가 정렬집합이면, X는 전순서집합이다. 왜냐하면 임의의 $x, y \in X$에 대하여 $\{x, y\}$가 X의 부분집합이므로 최소원 x 또는 y를 가지기 때문이다.

(4) 상계와 하계

정의 21　상계와 하계

S를 반순서집합 $(X, \precsim)$의 부분집합이라 하자. 이때 모든 $s \in S$에 대하여 $u \succsim s$를 만족하는 $u \in X$가 존재하면 S는 **위로 유계**(bounded above)라 하고, u를 X에서 S의 **상계**(upper bound)라 한다. 또한 모든 $t \in S$에 대하여 $b \precsim t$를 만족하는 $b \in X$가 존재하면 S는 **아래로 유계**(bounded below)라 하고, b를 X에서 S의 **하계**(lower bound)라 한다.

S가 상계와 하계 모두를 가질 때 S를 **유계**(bounded)라 한다.

정의 22　최소상계와 최대하계

반순서집합 $(X, \precsim)$의 부분집합 S에 대하여, S의 상계의 집합 $U(S)$가 최소원을 가질 때, 이 원소를 X에서 S의 **최소상계**(least upper bound) 또는 **상한**(supremum)이라 하고 $\sup S$로 표기한다. 또한 S의 하계의 집합 $L(S)$가 최대원을 가질 때, 이 원소를 X에서 S의 **최대하계**(greatest lower bound) 또는 **하한**(infimum)이라 하고, $\inf S$로 표기한다.

예 공집합 $\varnothing$는 유계이지만, $\varnothing$의 상한과 하한은 존재하지 않는다. 왜냐하면 모든 $a \in R$는 공집합 $\varnothing$의 상계이고 하계이기 때문이다. 그러나 모든 유계인 R의 부분집합은 자연순서에 관하여 상한과 하한을 갖는다.

예 모든 유리수의 집합 Q에 대하여 $B=\{x \in Q \mid x > 0,\ 2 < x^2 < 3\}$라 하면, B는 상한과 하한을 갖지 않는다. 이때 $\sqrt{2}$와 $\sqrt{3}$은 Q에 속하지 않으므로, B의 상한, 하한이 될 수 없다.

반순서집합에서 상계(또는 하계)를 갖는 모든 부분집합의 상한(또는 하한)이 존재하는 것은 아니며, 최대원이 존재하지 않더라도 상한은 존재할 수가 있다. 그러나 상한과 하한이 존재한다면 오직 하나뿐이다.

참고 (완비) : 반순서집합 X에 대하여 X(단, $X \neq \varnothing$)의 부분집합이 상계(또는 하계)를 가질 때, 이 부분집합의 상한(또는 하한)이 존재하면 X를 주어진 반순서에 대하여 **완비**(complete)라고 한다. □

정리 23

S가 모든 실수의 집합 R의 공집합이 아닌 부분집합일 때, 다음 (1), (2)는 동치이다.

(1) S의 한 상계 u가 S의 상한이다.

(2) 임의의 실수 $\varepsilon > 0$에 대하여, $u-\varepsilon < s_\varepsilon$을 만족하는 $s_\varepsilon \in S$이 존재한다.

증명 $u=\sup S$라 하고 $\varepsilon > 0$을 임의의 실수라 하자. $u-\varepsilon < u$이므로, $u-\varepsilon$은 S의 상계가 아니다. 따라서 S의 어떤 원소 s_ε이 $u-\varepsilon$보다 커야 한다. 즉 $u-\varepsilon < s_\varepsilon$이다.

역으로 u가 (2)를 만족한다고 가정하고, v가 $v \neq u$인 S의 임의의 상계라 하자. 그러면 $v < u$라고 가정하고 $\varepsilon = u-v > 0$을 취할 때, $v=u-\varepsilon < s_\varepsilon$을 만족하는 $s_\varepsilon \in S$이 존재한다. 이것은 v가 S의 상계인 것에 모순이므로, $u < v$가 되어야 한다. 따라서 $u=\sup S$가 성립한다. ■

참고 S가 모든 실수의 집합 R의 공집합이 아닌 부분집합일 때, 다음 (1), (2)는 동치이다.

(1) S의 한 하계 v가 S의 하한이다.

(2) 임의의 실수 $\varepsilon > 0$에 대하여, $s_\varepsilon < v+\varepsilon$을 만족하는 $s_\varepsilon \in S$이 존재한다.

□

반순서집합에 관한 명제를 추론하는 데 있어 '$\precsim$'를 '$\succsim$'로, '$\succsim$'를 '$\precsim$'로, '극대'를 '극

소'로, '극소'를 '극대'로, '최대'를 '최소'로, '최소'를 '최대'로, '하계'를 '상계'로, '상계'를 '하계'로, '상한'을 '하한'으로, '하한'을 '상한'으로 각각 바꾸어서 얻어진 명제를 **쌍대명제**라 한다. 정리가 증명될 때마다 쌍대도 참이 되므로 반순서집합에 관한 명제를 추론하는 데 있어 쌍대개념은 매우 유용하다.

(5) 선택공리

집합론을 전개하기 위하여 공리로 받아들여야 하는 중요한 원리 중의 하나가 선택공리이다.

정의 24 선택공리 (axiom of choice)

공집합이 아닌 집합을 원소로 갖는 임의의 공집합이 아닌 집합족 $\mathscr{F}$에 대해서, 각 $A_\alpha \in \mathscr{F}$에 A_α의 한 원소를 대응시키는 함수, 즉

$$^\forall A_\alpha \in \mathscr{F},\ f[A_\alpha] \in A_\alpha$$

를 만족하는 함수 $f : \mathscr{F} \to \bigcup_{A_\alpha \in \mathscr{F}} A_\alpha$가 존재한다. 이때 함수 f를 **선택함수** (choice function)라 하고, $f[A_\alpha] = x_\alpha$를 A_α의 **대표원**이라 한다.

이 선택공리는 $\mathscr{F}$가 비가산인 집합족이라 하더라도 모든 $A_\alpha \in \mathscr{F}$에서 한 원소씩을 선택할 수 있음을 공리로써 보장해 주는 것이다.

수학의 여러 분야에서, 많은 어려운 문제들이 선택공리로부터 손쉽게 해결될 수 있다.

참고 다음 세 정리는 수학적 증명에 있어서 광범위하게 활용되는데, 이들은 모두 선택공리와 동치이다.

(1) 하우스도르프의 극대원리 (Hausdorff's maximal principle) : 임의의 반순서집합$(A, \preceq)$에는 극대인 전순서 부분집합이 존재한다. 즉 A의 모든 전순서부분집합의 집합을 $\mathscr{F}$라고 할 때, 포함관계 $\subset$에 의한 반순서집합 $(\mathscr{F}, \subset)$는 극대원을 갖는다.

(2) 조른의 보조정리 (Zorn's Lemma) : $(A, \preceq)$가 모든 전순서부분집합이 상계를 갖는 반순서부분집합이면, A는 적어도 하나의 극대원을 갖는다.

(3) 정렬원리 (well-ordering principle) : 모든 집합은 적당한 순서를 주어 정렬집합이 되게 할 수 있다. □

연습문제 1.2

EXERCISES

1. f, g가 공통인 정의역 $D \subset R$를 갖는 실가함수라 하고, 그들의 치역

$$f[D] = \{f(x) \mid x \in D\},\ g[D] = \{g(x) \mid x \in D\}$$

가 R에서 유계집합이라 가정할 때, 모든 $x \in D$에 대하여 $f(x) \leq g(x)$이면

$$\sup f[D] \leq \sup g[D]$$

가 성립함을 보이시오.

2. 임의의 기수 x, y, z에 대하여, 다음이 성립함을 보이시오.

$$x + y = y + x, \quad xy = yx$$

3. $f : X \sim Y$이고 $g : S \sim T$이면 $(X \times S) \sim (Y \times T)$임을 보이시오.

4. 임의의 집합 X에 대하여, $C(X)$가 X상의 특성함수족, 즉 $f : X \to \{1, 0\}$인 함수족이면 X의 멱집합 $\mathscr{P}(X)$는 $C(X)$와 대등, 즉 $\mathscr{P}(X) \sim C(X)$임을 보이시오.

5. 가산집합의 모든 부분집합은 가산임을 보이시오.

6. $a, b \in R$에 대하여 $a < b$일 때, 다음 각 구간은 모두 연속체농도, 즉 기수 $\boldsymbol{c}$를 가짐을 보이시오.

$$[a, b], \quad (a, b), \quad [a, b), \quad (a, b]$$

7. 집합의 포함관계에 의한 반순서집합족 $\mathscr{A}$에 대하여 $\mathscr{B}$가 $\mathscr{A}$의 부분족일 때, $A \in \mathscr{A}$가 $\mathscr{B}$의 상계이면 $\cup\{B \mid B \in \mathscr{B}\} \subset A$임을 보이시오.

제2장
직선과 공간의 위상

2.1 실수의 성질

위상에 사용되는 여러 가지 개념은 실수계 R의 성질을 추상화한 것이다. 실수계 R은 위상공간의 중요한 예로써 다루어진다. 실수계 R을 도입하는 방법에는 실수계를 직접 구성하는 구성적 방법(constructive method)과, 그 존재성을 공리적으로 인정하는 공리론적 방법(axiomatic method)이 있다. 이 절에서는 공리론적 방법을 이용하여, 완비순서체로써 실수계 R을 도입한다. 집합이론을 이용하여 이러한 공리를 만족하는 실수계를 만들 수 있음을 켈리(Kelly)와 란다우(Landau)가 증명하였다. 실제로 보통위상이 주어진 실수계 R은 완비인 아르키메데스 순서체(Archimedian ordered field)로써 특징화할 수 있다.

1. 완비순서체

(1) 체의 공리

① 체의 공리

정의 1 체의 공리

공집합이 아닌 집합 X에 두 이항연산 덧셈(addition)+과 곱셈(multiplication) · 이 정의되어 닫혀있고, 다음 공리

A. 덧셈의 공리

[A_1] 교환법칙 : 임의의 $a,\ b \in X$에 대하여, $a+b=b+a$

[A_2] 결합법칙 : 임의의 $a,\ b,\ c \in X$에 대하여, $(a+b)+c=a+(b+c)$

[A_3] 항등원의 존재성 : 모든 $a \in X$에 대하여, $0+a=a+0=a$를 만족하는 $0 \in X$이 존재한다.

[A_4] 역원의 존재성 : 각 $a \in X$에 대하여, $a+(-a)=(-a)+a=0$을 만족하는 $-a \in X$가 존재한다.

M. 곱셈의 공리

[M_1] 교환법칙 : 임의의 $a,\ b \in X$에 대하여, $a \cdot b=b \cdot a$

[M_2] 결합법칙 : 임의의 $a,\ b,\ c \in X$에 대하여, $(a \cdot b) \cdot c=a \cdot (b \cdot c)$

[M_3] 단위원의 존재성 : 모든 $a \in X$에 대하여, $1 \cdot a=a \cdot 1=a$를 만족하는 0이 아닌 $1 \in X$이 존재한다.

[M_4] 역원의 존재성 : 각 $a \in X$ (단, $a \neq 0$)에 대하여, $a \cdot \dfrac{1}{a}=\dfrac{1}{a} \cdot a=1$을 만

족하는 $\frac{1}{a} \in X$ 이 존재한다.

D. 분배법칙

[*D*] 임의의 $a,\ b,\ c \in X$ 에 대하여

$$a \cdot (b+c) = a \cdot b + a \cdot c, \ \ (b+c) \cdot a = b \cdot a + c \cdot a$$

를 만족할 때, *A*, *M*과 *D*를 **체의 공리** (field axiom)라 하고 집합 X를 **체** (field)라 한다.

$a, b \in X$일 때, $a-b=a+(-b)$로 정의하고 $a \cdot b$ 대신 ab로 정의한다. 또한 $a, b \in X$ (단, $b \neq 0$)에 대한 나눗셈(division)을 $a \div b = a \cdot \frac{1}{b}$로 정의한다.

$[A_3]$와 $[A_4]$, $[M_3]$와 $[M_4]$, 그리고 *D*의 두 번째 주장은 $[A_1]$과 $[M_1]$을 이용하면 첫 번째 주장으로부터 유도될 수 있으나, 편의상 나열한 것에 불과하다. $[A_3]$와 $[M_3]$에서 그 존재성이 주장된 항등원(identity) 0과 단위원(unit) 1은 유일하고, $[A_4]$와 $[M_4]$에서 $a \in X$에 대하여 역원(inverse) $-a$와 $1/a$ (단, $a \neq 0$)이 일의적으로 결정됨을 보일 수 있다.

참고 공집합이 아닌 집합 X가 덧셈에 관하여 가환군(additive commutative group)이고, $X-\{0\}$이 곱셈에 관하여 가환군이며 분배법칙을 만족하면, X를 체라고 한다. 특히 공집합이 아닌 집합 X에 두 이항연산 덧셈과 곱셈이 정의되어 닫혀있고, $[M_1]$, $[M_3]$, $[M_4]$를 제외한 모든 체의 공리를 만족할 때, 집합 X를 **환**(ring)이라 한다. □

예 모든 유리수의 집합 Q, 모든 실수의 집합 R과 모든 복소수의 집합 C는 체의 공리를 만족한다. 그러나 모든 정수의 집합 Z는 환이지만 체는 아니다.

정리 2

X가 체일 때, 임의의 $a,\ b,\ c \in X$에 대하여 다음이 성립한다.

(1) $a+b=a+c$이면, $b=c$이다.

(2) $a+b=a$이면, $b=0$이다.

(3) $a+b=0$이면, $b=-a$이다.

증명 (2)와 (3)은 (1)로부터 얻어지므로, 여기서는 (1)만을 증명한다. $a+b=a+c$라면 덧셈의 공리로부터

$$b = 0 + b = (-a + a) + b = -a + (a + b)$$
$$= -a + (a + c) = (-a + a) + c = 0 + c = c$$

가 성립한다. ■

정리 3

X가 체일 때, 임의의 $a, b \in X$에 대하여 다음이 성립한다.

(1) $a \cdot 0 = 0$

(2) $a \cdot (-b) = (-a) \cdot b = -(a \cdot b)$

(3) $-(-a) = a$

(4) $(-a) \cdot (-b) = a \cdot b$

증명 (1)과 (2)만 증명하고, (3)과 (4)의 증명은 독자에게 남긴다.

(1) $0 \cdot a + 0 \cdot a = (0 + 0) \cdot a = 0 \cdot a$이므로, $0 \cdot a = 0$이 성립한다.

(2) $a + (-a) = 0$이므로

$$ab + (-a)b = [a + (-a)] \cdot b$$
$$= 0 \cdot b = 0 = ab + [-(ab)]$$

이다. 따라서 $(-a) \cdot b = -ab$이다. ■

정리 4

X가 체일 때, 임의의 $a, b, c \in X$에 대하여 다음이 성립한다.

(1) $a \neq 0$이면, $\frac{1}{a} \neq 0$이고 $1/\frac{1}{a} = a$이다.

(2) $a \cdot b = a \cdot c$이고 $a \neq 0$이면, $b = c$이다.

(3) $a \cdot b = 0$이면, $a = 0$ 또는 $b = 0$이다.

증명 (1)과 (2)만 증명하고, (3)의 증명은 독자에게 남긴다.

(1) $a \neq 0$이므로, $\frac{1}{a}$이 존재한다. $\frac{1}{a} = 0$이면

$$1 = a \cdot \frac{1}{a} = a \cdot 0 = 0$$

이 성립하여야 하지만 이것은 $[M_3]$에 모순이므로, $\frac{1}{a} \neq 0$이 성립한다. 또한 $\frac{1}{a} \cdot a = 1$이므로, $1/\frac{1}{a} = a$이다.

(2) $a \neq 0$이므로, $\frac{1}{a}$이 존재한다. 이때 $a \cdot b = a \cdot c$의 양변에 $\frac{1}{a}$를 곱하고 $[M_3]$를 적용하면

$$\left(\frac{1}{a}\cdot a\right)\cdot b=\left(\frac{1}{a}\cdot a\right)\cdot c$$

이므로, $1\cdot b=1\cdot c$로부터 $b=c$를 얻는다. ■

② R의 부분집합

정의 5 바로 뒤의 원소집합

R이 모든 실수의 집합일 때, 다음 두 성질

(1) $1\in X$ (2) $n\in X$이면, $n+1\in X$

를 만족하는 R의 부분집합 X를 **바로 뒤의 원소집합**(successor set)이라고 한다.

예 모든 실수의 집합 R은 바로 뒤의 원소집합이다. 또한 $\mathscr{F}$가 공집합이 아닌 바로 뒤의 원소집합이면, $\cap\mathscr{F}$도 바로 뒤의 원소집합이다.

정의 6 자연수의 집합

모든 바로 뒤의 원소집합족의 교집합을 모든 **자연수**(natural number)의 집합이라 하고, N으로 표기한다. 따라서 N은 가장 작은 바로 뒤의 원소집합이다. N에 속하는 원소를 양의 정수(positive integer)라고도 한다.

기호 Z와 N은 R의 부분집합을 나타내는 데 사용된다.

정의 7 정수의 집합

집합 $\{0\}\cup N\cup -N$을 모든 **정수**(integer)들의 집합이라고 하고, Z로 표기한다. 여기서 $-N=\{-n\mid n\in N\}$이다. Z에 속하는 원소를 유리정수(rational integer)라고도 한다.

정수로부터 유리수를 정의한다.

정의 8 유리수의 집합

$\frac{b}{a}$ (단, $a,\ b\in Z,\ a\neq 0$) 형태인 수를 **유리수**(rational numbers)라 하고, 모든 유리수의 집합을 Q로 나타낸다. 따라서 Z는 Q의 부분집합이다.

참고 $r^2 = 2$를 만족하는 유리수 r은 존재하지 않지만, 실수는 존재하므로 모든 유리수의 집합 Q가 모든 실수의 집합 R의 진부분집합임을 알 수 있다. 유리수가 아닌 실수를 **무리수**(irrational number)라고 한다. □

고대 그리스의 피타고라스학파는 한 변이 1인 정사각형의 대각선이 정수의 비로 표시할 수 없음을 발견하였는데, 그 결과 Q 안에 있지 않은 R의 원소가 무리수로써 알려지게 되었다. 무리수란 유리수가 아닌 실수이다. 따라서 Q의 R에 대한 여집합 Q^c는 모든 무리수의 집합을 나타낸다.

참고 직선상의 각 점은 유일한 실수를 나타내고 각 실수는 유일한 점으로 표현되므로, R을 **실직선**(real line)이라 한다. 이때 점과 수를 서로 같은 뜻으로 사용함에 유의한다. □

(2) 순서공리

① 순서공리

정의 9 순서공리

임의의 체 X에 대하여, 다음 두 성질

(1) 임의의 $a,\ b \in P$에 대하여, $a + b \in P$이고 $ab \in P$이다.

(2) 각 $a \in X$는 다음 중에서 반드시 하나만 성립한다.

$$a \in P,\ \ a = 0,\ \ -a \in P \qquad \text{삼분성질 (trichotomy property)}$$

를 만족하는 공집합이 아닌 $P \subset X$가 존재할 때, (1)과 (2)를 **순서공리**(axiom of order)라 하고, 이때 P를 양원의 집합이라고 한다.

양원(positive element)의 집합 P가 존재하는 체를 **순서체**(ordered field)라 한다. 이때 $-P$를 음원(negative element)의 집합이라 한다.

예 모든 순서체는 모든 유리수의 집합 Q (실제로 Q와 동형인 순서체)를 포함하므로, Q는 최소의 순서체이다.

정리 10

X가 순서체일 때, 임의의 $a,\ b \in X$에 대하여 다음이 성립한다.

(1) $a > b$, $b > c$이면, $a > c$

(2) $a > b$, $a = b$, $a < b$ 중 단 하나만 성립한다.

(3) $a \geq b$, $b \geq a$이면, $a = b$

증명 (2)는 삼분성질에 의하여 당연하므로, 여기서는 (1)과 (3)만 증명하기로 한다.

(1) $a-b \in P$이고 $b-c \in P$이면 R의 순서공리에 의하여

$$(a-b)+(b-c)=a-c \in P$$

이므로, $a > c$이다.

(3) $a \neq b$이면 $a-b \neq 0$이므로, $a-b \in P$와 $b-a \in P$ 중에서 반드시 하나만 성립하여야 하는데, 이는 가정에 모순이다. 따라서 $a = b$이다. ■

정리 11

X가 순서체일 때, $a, b, c, d \in X$에 대하여 다음이 성립한다.

(1) $a > b$이면, $a+c > b+c$

(2) $a > b$, $c > d$이면, $a+c > b+d$

(3) $a > b$, $c > 0$이면, $ca > cb$

(4) $a > b$, $c < 0$이면, $ca < cb$

(5) $a > 0$이면, $\dfrac{1}{a} > 0$

(6) $a < 0$이면, $\dfrac{1}{a} < 0$

증명 여기서는 (3)과 (5)만 증명하고, 나머지는 독자에게 남긴다.

(3) $a-b \in P$이고 $c \in P$이므로, $ca-cb=c(a-b) \in P$이다. 따라서 $a > b$이고 $c > 0$이면, $ca > cb$가 성립한다.

(5) $a > 0$이면 $a \neq 0$이므로, $\dfrac{1}{a} \neq 0$이다. 그런데 $\dfrac{1}{a} < 0$이면 $1 = a \cdot \dfrac{1}{a} < 0$이므로, 모순이 되어 $\dfrac{1}{a} > 0$이 성립한다. ■

정리 12

X가 순서체일 때, 임의의 $a, b \in X$에 대하여 다음이 성립한다.

(1) $ab > 0$이면, (i) $a > 0$, $b > 0$ 또는 (ii) $a < 0$, $b < 0$

(2) $ab < 0$이면, (i) $a < 0$, $b > 0$ 또는 (ii) $a > 0$, $b < 0$

증명 여기서는 (1)만을 증명하고, (2)의 증명은 독자에게 남긴다. $ab > 0$이므로, $a \neq 0$이고 $b \neq 0$이다. 따라서 $a > 0$과 $a < 0$ 중에서 반드시 하나가 성립한다. $a > 0$이면 $\dfrac{1}{a} > 0$이므로

$$b = 1 \cdot b = \left[\left(\frac{1}{a}\right)a\right]b = \left(\frac{1}{a}\right)(ab) > 0$$

이다. 같은 방법으로, $a < 0$이면 $\frac{1}{a} < 0$이므로, $b = \frac{1}{a}(ab) < 0$이 성립한다. ■

② R에 있어서 순서

모든 실수의 집합 R은 양수의 집합으로 불리는 부분집합 P를 갖는다. 이때 $\{-a \mid a \in P\}$를 음수의 집합이라 한다.

참고 다음 R의 순서공리에 의하여 양수의 집합 P를 특징화한다.

$[P_1]$ $a \in R$이면, 다음 중 하나가 성립한다.

a는 양수, $a = 0$, $-a$는 양수

$[P_2]$ $a, b \in R$가 양수이면, $a + b$와 $a \cdot b$도 양수이다. □

예 $[P_1]$과 $[P_2]$만을 사용하여 실수 1은 양수임을 밝혀보자. $[P_1]$에 의하여 1과 -1 둘 중의 하나만 양수이다. -1을 양수라 가정하면 $[P_2]$에 의하여 곱 $(-1)(-1) = 1$은 양수가 된다. 이것은 $[P_2]$에 모순이다. 따라서 1은 양수이다.

예제 양수 a와 음수 b와의 곱은 음수이다.

증명 만일 b가 음수라면 $[P_1]$에 의하여 $-b$는 양수이다. 따라서 $[P_2]$에 의하여 $a \cdot (-b)$는 양수이다. 그런데 $a \cdot (-b) = -(a \cdot b)$이고 $-(a \cdot b)$는 양수이므로, $[P_1]$에 의하여 $a \cdot b$는 음수이다. ■

참고 모든 실수의 집합 R은 세 개의 서로소인 집합, 즉 P, $\{0\}$, $-P$의 합집합이다.

(1) $a \in P$이면 a를 양의 실수(positive real number), 간단히 양수(positive number)라 하고 $a > 0$로 표기하며, $a \in P$이거나 0이면 $a \geq 0$로 표기한다. $-a \in P$이면 a를 음의 실수(negative real number), 간단히 음수(negative real number)라 하고 $a < 0$로 표기하며, $-a \in P$이거나 0이면 $a \leq 0$로 표기한다.

(2) $a, b \in R$에 대하여 $a - b \in P$이면 $a > b$ 또는 $b < a$로 표기하고, "a는 b보다 크다."라고 읽는다. $a - b \in P \cup \{0\}$이면 $a \geq b$ 또는 $b \leq a$로 표기하고, "a는 b보다 크거나 같다."라고 읽는다. $a < b$이고 $b < c$인 경우

$a < b < c$로 표기하고, $a \leq b$이고 $b \leq c$인 경우 $a \leq b \leq c$로 표기한다.

□

정리 13

R이 모든 실수의 집합일 때, 임의의 $a \in R$에 대하여 다음이 성립한다.

(1) $a \neq 0$이면 $a^2 > 0$이고, 따라서 $1 > 0$이다.

(2) $0 < a < 1$이면, $0 < a^2 < a$이다.

(3) $a > 1$이면, $a^2 > a$이다.

증명 (1) $a \neq 0$이면, $a \in P$와 $-a \in P$ 중에서 반드시 하나가 성립한다. R의 순서공리에 의하여 $a \in P$ 이면, $a^2 = a \cdot a \in P$를 얻는다. 마찬가지로 R의 순서공리에 의하여 $-a \in P$ 이면, $(-a)(-a) \in P$ 이고

$$(-a)(-a) = ((-1)a)((-1)a) = (-1)(-1) \cdot a^2 = a^2$$

이 성립한다. 따라서 $a \neq 0$이면 $a^2 \in P$ 이므로, $a^2 > 0$이다. 또한 $1 \neq 0$이므로, $1 = (1)^2$로부터 $1 > 0$이 성립한다.

(2) $0 < a < 1$이라 가정하고, 양변에 a를 곱하면

$$0 = 0 \cdot a < a \cdot a = a^2 < 1 \cdot a = a$$

(3) $a > 1$이면 $a > 0$이므로, $a > 1$의 양변에 a를 곱하면

$$a^2 = a \cdot a > 1 \cdot a = a$$

■

예 모든 실수의 집합 R에 대하여, $-1 < 0 < 1$이 성립한다. 왜냐하면 $1 \neq 0$이므로 $1 > 0$이고, 이때 양변에 -1을 더하면

$$0 = 1 - 1 > 0 - 1 = -1$$

이므로, 따라서 $-1 < 0 < 1$이 성립한다.

모든 실수의 집합 R은 관계 $a \leq b$에 의하여 전순서를 이룬다.

③ 절댓값과 ε-근방

임의의 $a \in R$에 대하여 $|a|$를

$$|a| = \begin{cases} a, & a \geq 0 \\ -a, & a < 0 \end{cases}$$

로 정의하고, 이것을 a의 **절댓값**(absolute value)이라고 한다.

정리 14

$a,\ b,\ c \in R$에 대하여, 다음이 성립한다.

(1) $|a| \geq 0$이고, $|a| = 0 \Leftrightarrow a = 0$ (2) $|-a| = |a|$

(3) $|ab| = |a||b|$ (4) $-|a| \leq a \leq |a|$

(5) $|a+b| \leq |a|+|b|$ (6) $||a|-|b|| \leq |a-b|$

(7) $c > 0$에 대하여, $|a| < c$이기 위한 필요충분조건은 $-c < a < c$이다. 또한 $|a| \leq c$이기 위한 필요충분조건은 $-c \leq a \leq c$이다.

실직선에서 R의 임의의 두 원소 $a,\ b$ 사이의 거리는 보통거리 $|a-b|$로 정의한다.

정의 15 ε-근방과 근방

$a \in R$라고 하자. $\varepsilon > 0$에 대하여 a의 **ε-근방**(ε-neighborhood)은 집합

$$N_{\varepsilon}(a) = \{x \in R : |x-a| < \varepsilon\}$$

이고, 집합 A에 포함되는 ε-근방이 존재하면 A를 a의 **근방**(neighborhood)이라고 한다.

예 $U = \{x \mid 0 < x < 1\}$에 대하여, $a \in U$일 때 $\varepsilon = \min\{a,\ 1-a\}$라 하면, $N_{\varepsilon}(a)$는 U에 포함되는 a의 한 ε-근방이다.

참고 R의 순서관계를 이용하여 R의 **보통위상**(usual topology) $\mathscr{U}$를 정의한다. □

(3) 완비성공리

정의 16 완비순서체

순서체 X에서, 공집합이 아닌 X의 부분집합 S가 상계(또는 하계)를 가질 때, 반드시 S의 상한(또는 하한)이 X에 존재하면 X를 **완비순서체**(complete ordered field)라고 한다.

예 집합 $S=\{x \in R \mid 0 \le x \le 1\}$는 하나의 상계로써 1을 갖는다. $1 \in S$이므로, S의 어떤 다른 상계 v도 $1 < v$를 만족한다. 따라서 $\sup S = 1$이고, S는 그의 상한을 포함한다. 마찬가지로, $\inf S = 0$은 S에 포함된다.

실수계를 특성화하기 위해서는 '**완비성공리**'라는 R의 본질적 특성이 필요하다. 완비성공리에는 다양한 해석이 있으며, 완비성공리는 실수의 집합 R이 수직선과 일대일 대응임을 의미한다. 완비성공리를 **최소상계공리**라고도 한다.

정의 17 완비성공리 (completeness axiom)

R의 공집합이 아닌 부분집합 S가 위로 유계이면, 반드시 S의 상한이 R에 존재한다.

예제 모든 유리수의 집합 Q는 완비성공리를 만족하지 않는다.

증명 A를 0보다 크고 $\sqrt{2}$보다 작은 모든 유리수의 집합, 즉

$$A=\{q \in Q \mid q > 0,\ q^2 < 2\}$$

라 하자. 그러면 A는 위로 유계이지만, 상한을 갖지 않는다. 즉 $m = \sup(A)$를 만족하는 유리수 m은 존재하지 않는다. 왜냐하면 $\sqrt{2}$는 Q의 원소가 아니므로, m은 $\sqrt{2}$가 될 수 없기 때문이다. ■

완비성공리에 의해 다음을 증명한다.

정리 18

a가 음이 아닌 실수이고 n이 자연수일 때, $b^n = a$를 만족하는 실수 $b \ge 0$가 일의적으로 존재한다.

참고 완비성공리는 "R의 공집합이 아닌 부분집합 S가 아래로 유계이면, 반드시 S의 하한이 R에 존재한다 (**최대하계공리**)."로 표현될 수 있다. □

2. 실수계

정의 19 실수계

두 연산 $+$과 $\cdot$이 정의되어, 체의 공리, 순서공리, 그리고 완비성공리를 만족하는 공집합이 아닌 집합, 즉 완비순서체를 **실수계**(real number system) R이라 하고, R의 원소를 **실수**(real number)라 한다.

참고 실수계 R은 완비순서체이므로, R은 대수적 구조와 순서구조를 갖는다. 따라서 실수계는 구조를 갖는 모든 실수의 집합이지만, 편의상 실수계 R을 모든 실수의 집합이라고 한다. □

완비성공리는 중요한 정리의 기본이 된다. 모든 자연수의 집합 N이 모든 실수의 집합 R에서 위로 유계가 아니라는 것, 즉 아르키메데스 성질과, 축소구간정리 등이 그것이요, 평균값정리, 중간값정리, 롤의 정리, 최대-최솟값 정리 등도 모두 완비성공리에 근거를 두고 있다.

(1) 아르키메데스 성질

R의 완비성공리로부터 다음 아르키메데스 성질을 유도한다.

정리 20 아르키메데스 성질(Archimedean property)

$x \in R$이면, $x < n$을 만족하는 $n \in N$이 존재한다.

증명 결론을 부정하면 x는 N의 상계가 되고, 완비성공리에 의하여 N은 상한 $u \in R$를 갖는다. 그런데 $u-1 < u$이므로, $u-1$은 N의 상계가 아니다. 즉 $u-1 < m$을 만족하는 $m \in N$이 존재한다. 따라서 $u < m+1$이고, $m+1 \in N$이 된다. 이것은 u가 N의 상계라는 가정에 모순이다. ■

예 $\varepsilon > 0$이 임의의 실수이면, $\dfrac{1}{K} < \varepsilon$을 만족하는 자연수 K가 존재한다.

예제 모든 자연수의 집합 N은 위로 유계가 아니다. 즉 모든 자연수보다 큰 실수는 존재하지 않는다.

증명 어떠한 M을 잡아도 아르키메데스 성질에 의하여 $M < n$을 만족하는 자연수 n이 존

재하기 때문이다. ∎

아르키메데스 성질은 임의의 두 실수 사이에 무한히 많은 유리수가 존재함을 보장하여 준다. 이때 Q가 R에서 **조밀하다**(dense)고 한다.

정리 21 **조밀성 정리**(density theorem)

x, y가 $x < y$인 실수이면, $x < r < y$를 만족하는 유리수 r이 존재한다.

(2) 축소구간정리

R의 완비성공리를 이용하여 축소구간정리를 증명한다. 실제로 완비성공리와 축소구간정리는 동치이다.

정리 22 **축소구간정리**(nested interval theorem)

유계인 닫힌구간 $I_n = [a_n, b_n]$으로 주어진 구간열 $\langle I_n \rangle$이 모든 $n \in N$에 대하여 $I_n \supset I_{n+1}$, 즉 축소구간열이면

$$\bigcap_{n=1}^{\infty} I_n \neq \varnothing$$

가 성립한다. 특히 I_n의 길이 $b_n - a_n$이

$$\inf\{b_n - a_n \mid n \in N\} = 0$$

을 만족하면, 공통원소는 유일하다.

참고 축소구간정리에서 '유계인 닫힌구간'이란 조건이 없으면, 결과가 성립하지 않는다. □

예 모든 $n \in N$에 대하여 $I_n = (0, 1/n]$로 주어진 유계인 반열린구간열 $\langle I_n \rangle$은 축소구간열이지만, 모든 구간에 공통인 점은 존재하지 않는다. 또한 모든 $n \in N$에 대하여 $I_n = [n, \infty)$로 주어진 무한닫힌구간열 $\langle I_n \rangle$은 축소구간열이지만, 모든 구간에 공통인 점은 존재하지 않는다. 즉 $\bigcap_{n=1}^{\infty} I_n = \varnothing$이다.

3. 확장된 실수계

실수계 R에 ∞와 $-\infty$를 첨가하여 집합 $R \cup \{\infty\} \cup \{-\infty\}$를 만들고, R의 순서와 연산을 확장하여 실수계를 확장한다. 이때 R의 순서 $\leq$는 $R \cup \{\infty\} \cup \{-\infty\}$상의 전순서로 확장된다.

임의의 $x \in R$에 대하여

$$x + \infty = \infty = \infty + x, \quad x + (-\infty) = -\infty = -\infty + x$$
$$x > 0 \text{이면}, \ x \cdot \infty = \infty = \infty \cdot x, \quad x \cdot (-\infty) = -\infty = (-\infty) \cdot x$$
$$x < 0 \text{이면}, \ x \cdot \infty = \infty = \infty \cdot x, \quad x \cdot (-\infty) = -\infty = (-\infty) \cdot x$$
$$x = 0 \text{이면}, \ 0 \cdot \infty = 0 = \infty \cdot 0, \quad 0 \cdot (-\infty) = 0 = (-\infty) \cdot 0$$
$$\frac{x}{\infty} = \frac{x}{-\infty} = 0$$

으로 정의하고, ∞와 $-\infty$ 사이의 연산은

$$\infty + \infty = \infty, \quad -\infty + (-\infty) = -\infty$$
$$\infty \cdot (\pm\infty) = \pm\infty, \quad -\infty \cdot (\pm\infty) = \mp\infty \ \text{(복호동순)}$$

로 정의한다. 그러나 $\infty + (-\infty)$와 $(-\infty) + \infty$는 정의하지 않는다.

이와 같이 정의된 순서와 연산이 주어진 집합 $R \cup \{\infty\} \cup \{-\infty\}$를 **확장된 실수계** (extended real number system)라 하고, R^*로 표기한다.

연습문제 2.1 EXERCISES

1. $n \in N$을 포함하는 명제가 다음 두 조건

(1) $p(1)$이 참이다.
(2) 임의의 $n \in N$에 대하여 $p(n)$이 참이면, $p(n+1)$은 참이다.

를 만족하면, $p(n)$은 모든 $n \in N$에 대하여 참이 됨을 보이시오.

2. 가장 큰 자연수는 존재하지 않음을 보이시오.

3. 수학적 귀납법을 이용하여, 다음을 증명하시오.

$$n \in N \text{이면 } n \geq 1 \text{이다.}$$

4. $a,\ b \in R$에 대하여 $0 < a < b$이면, $a^2 < b^2$이고 $\sqrt{a} < \sqrt{b}$임을 보이시오.

5. $a \in R$와 임의의 실수 $\varepsilon > 0$에 대하여, $0 \leq a < \varepsilon$이면 $a = 0$이 됨을 보이시오.

6. $y,\ z$가 임의의 양의 실수일 때, 다음이 성립함을 보이시오.

(1) $z < ny$를 만족하는 $n \in N$이 존재한다.
(2) $n-1 \leq z < n$을 만족하는 $n \in N$이 존재한다.

7. $x,\ y$가 $x < y$인 두 실수이면, $x < z < y$를 만족하는 무리수 z가 존재함을 보이시오.

2.2 직선의 위상

1. 열린집합과 닫힌집합

완비순서체로 특징화되는 실수계 R을 편의상 모든 실수의 집합이라고 한다. 여기서는 열린구간과 닫힌구간의 개념을 일반화하여 열린집합과 닫힌집합을 정의하고, 이러한 집합들의 성질을 조사한다.

(1) 열린집합

정의 1 내점

$O \subset R$일 때, 점 $x \in O$에 대하여 $x \in N_\varepsilon(x) \subset O$를 만족하는 x의 ε-근방 $N_\varepsilon(x)$가 존재하면 x를 O의 **내점**(interior point)이라 한다.

O의 모든 내점의 집합을 O의 **내부**(interior)라 하며, $\mathrm{int}(O)$로 나타낸다.

참고 $O \subset R$에 대하여, 점 $x \in O$가 O의 내점이란 $x \in S_x \subset O$를 만족하는 열린구간 S_x가 존재하는 것이다. □

정의 2 열린집합

$O \subset R$에 대하여 O의 모든 점이 O의 내점일 때, O를 **열린집합**(open set) 또는 $\mathscr{U}$-열린집합($\mathscr{U}$-open set)이라고 한다.

$O \subset R$의 각 점 $x \in O$에 대하여 $x \in N_\varepsilon(x) \subset O$를 만족하는 x의 ε-근방 $N_\varepsilon(x)$가 존재하면, 집합 O를 열린집합이라고 한다. 사실 집합 $O \subset R$가 열린집합임을 보이기 위하여, O의 각 점이 O에 포함되는 ε-근방을 가짐을 보인다.

참고 $O \subset R$에 대하여, 각 점 $x \in O$가 O에 포함되는 열린구간 S_x를 가질 때 O는 열린집합이 된다. □

예 열린구간 $A = (a, b)$는 각 $x \in A$에 대하여 $S_x = A$로 택할 수 있으므로 열린집합이다. 그러므로 모든 ε-근방은 열린집합이다.

예 R 자신은 열린집합이다. 실제로 임의의 열린구간 S_x는 R의 부분집합, 즉 $x \in S_x \subset R$ 이다.

어떤 집합에 내점이 아닌 점이 존재할 때, 그 집합은 열린집합이 아니다.

예 내점이 아닌 점이 공집합 $\varnothing$에 존재하지 않기 때문에 공집합 $\varnothing$는 열린집합이다. 그러나 닫힌구간 $[a, b]$는 a 또는 b를 포함하는 어떠한 열린구간도 B 이외의 점을 포함하므로 열린집합이 아니다. 따라서 a와 b는 내점이 아니다.

예 무한열린구간 (a, ∞)와 $(-\infty, a)$는 열린집합이다. 그러나 무한닫힌구간 $[a, \infty)$와 $(-\infty, a]$는 열린집합이 아니다. 왜냐하면 $a \in R$는 $[a, \infty)$와 $(-\infty, a]$의 내점이 아니기 때문이다.

참고 $a \in R$에 대하여 아무리 작은 ε을 잡더라도, a의 ε-근방 $N_\varepsilon(x)$가 A의 점과 A에 속하지 않는 점을 동시에 가질 때 a를 A의 **경계점**(boundary point)이라 하고, A의 모든 경계점의 집합을 A의 **경계**(boundary)라 하며, $\mathrm{Bd}(A)$로 나타낸다. 따라서

$$\mathrm{int}(A) = A \setminus \mathrm{Bd}(A)$$

가 된다. 특히 $O \subset R$에 대하여 $\mathrm{int}(O) = O$를 만족할 때, O는 R에서 열린집합이다. □

정리 3

(1) R에서, 유한개의 열린집합족 $\{O_1, O_2, \cdots, O_n\}$의 교집합 $\bigcap_{i=1}^{n} O_i$는 열린집합이다.

(2) R의 임의의 열린집합족 $\{O_\lambda \mid \lambda \in \Lambda\}$의 합집합 $\bigcup_{\lambda \in \Lambda} O_\lambda$는 열린집합이다.

증명 여기서는 (2)만 증명하고, (1)은 독자에게 남긴다. $O = \bigcup_{\lambda \in \Lambda} O_\lambda$라 하고, 임의의 점 $x \in O$에 대하여 생각하자. 그러면 합집합의 정의로부터, 적당한 $\lambda \in \Lambda$가 존재하여 $x \in O_\lambda$이다. 그런데 O_λ가 열린집합이므로, 적당한 $\varepsilon > 0$이 존재하여 $N_\varepsilon(x) \subset O_\lambda$가 된다. 따라서

$$N_{\varepsilon}(x) \subset O_{\lambda} \subset O$$

이므로, 합집합 O는 열린집합이다. ■

예 열린집합 $G_n = \left(\frac{1}{n},\ 1-\frac{1}{n}\right)$ (단, $n=3,\ 4,\ 5,\ \cdots$)으로 주어진 열린집합족 $\{G_n\}$에 대하여, 그 합집합 $\bigcup_{n=3}^{\infty} G_n = (0,\ 1)$은 열린집합이다. 그러나 $\bigcap_{n=1}^{\infty}\left(-\frac{1}{n},\ \frac{1}{n}\right) = \{0\}$에서 알 수 있듯이 열린집합의 임의의 교집합은 열린집합이라 할 수 없다.

정리 4 린델리프 정리 (Lindelöf's theorem)

$\mathcal{F}$가 R의 임의의 열린집합족이면

$$\cup\{O \mid O \in \mathcal{F}\} = \bigcup_{n=1}^{\infty} O_n$$

을 만족하는 $\mathcal{F}$의 가산부분집합 $\{O_n\}$이 존재한다.

임의의 열린집합은 열린구간들의 합집합으로 표시할 수 있다. 실제로 R의 임의의 열린집합은 가산개의 서로소인 열린구간들의 합집합으로 표시할 수 있다.

(2) 집적점

① 집적점

정의 5 집적점과 유도집합

$x \in R$의 임의의 ε-근방 $N_{\varepsilon}(x) = (x-\varepsilon,\ x+\varepsilon)$이 $x \neq p$를 만족하는 $S \subset R$의 적어도 한 점 p를 포함할 때, x를 S의 **집적점**(cluster point, accumulation point) 또는 **극한점**(limit point)이라고 한다. 이때 S의 모든 집적점의 집합을 S'으로 표현하고, 이것을 S의 **유도집합**(derived set)이라 한다.

예 모든 유리수의 집합 Q와 모든 무리수의 집합 Q^c에 대하여, 모든 실수는 Q와 Q^c의 집적점이다. 왜냐하면 $x \in Q$(또는 $x \in Q^c$)를 포함하는 모든 열린집합이 x와 상이한 유리수(또는 무리수)를 포함하기 때문이다. 따라서 Q와 Q^c의 유도집합은 모두 R이다.

예 모든 자연수의 집합 N은 집적점을 갖지 않는다. 왜냐하면 a가 임의의 자연수이면 열린집합 $(a-\delta, a+\delta)$에 a 이외의 다른 N의 점을 포함하지 않도록 $\delta > 0$를 택할 수 있기 때문이다. 따라서 N의 유도집합은 $\varnothing$이다.

예제 S'이 집합 S의 유도집합을 나타낼 때

(1) $S \cap S' = \varnothing$ (2) $S \subsetneq S'$ (3) $S' \subsetneq S$ (4) $S = S'$

로 되는 집합 S를 각각 구하시오.

풀이 (1) 집합 $S = \left\{ \frac{1}{n} \mid n \in N \right\}$은 유일한 집적점 0을 갖는다. 이때 S의 유도집합은 단원집합 $\{0\}$, 즉 $S' = \{0\}$이다. 따라서 $S \cap S' = \varnothing$가 된다.

(2) 반열린구간 $S = (a, b]$의 유도집합은 $S' = [a, b]$이다. 따라서 $S \subsetneq S'$이 된다.

(3) $S = \left\{ \frac{1}{n} \mid n \in N \right\} \cup \{0\}$이라 하면, S에 속하는 0은 유일한 S의 집적점이다. 이때 S의 유도집합은 $S' = \{0\}$이다. 따라서 $S' \subsetneq S$가 된다.

(4) 닫힌구간 $S = [a, b]$의 유도집합은 $S' = [a, b]$이다. 따라서 $S = S'$이 된다. ■

참고 $S \subset R$에 대하여, 점 $x \in R$를 포함하는 모든 열린집합 G가 x와 서로 다른 S의 점을 적어도 하나 포함할 때, 즉 $x \in R$를 포함하는 모든 열린집합 G에 대하여

$$S \cap (G \setminus \{x\}) \neq \varnothing$$

를 만족할 때, x를 S의 집적점이라 한다. □

예 $A \subset R$가 유한이면, A의 유도집합은 공집합 $\varnothing$이다.

예제 R의 두 부분집합 A, B에 대하여 $A \subset B$이면 $A' \subset B'$이다.

증명 $x \in A'$이면 x를 포함하는 임의의 열린집합 G에 대하여

$$\varnothing \neq A \cap (G \setminus \{x\}) \subset B \cap (G \setminus \{x\})$$

이므로 $x \in B'$이다. 따라서 $A' \subset B'$이 성립한다. ■

참고 점 $x \in R$가 집합 $S \subset R$의 집적점일 필요충분조건은 각 $n \in N$에 대하여

$$0 < |x - s_n| < \frac{1}{n}$$

을 만족하는 $s_n \in S$이 존재하는 것이다. □

어떤 점 $x \in R$가 집합 $S \subset R$의 내점이면 반드시 S의 점이어야 하지만, 점 x가 S의 집적점이면 반드시 S의 점일 필요는 없다는 사실에 유의한다.

정의 6 고립점

$S \subset R$에 대하여 $x \in S$이지만 점 x가 S의 집적점이 아닐 때, 점 x를 S의 **고립점**(isolated point)이라 한다.

② 집합에 관한 볼차노-바이어슈트라스 정리

주어진 집합이 집적점을 갖느냐, 갖지 않느냐를 결정함은 위상수학에서 매우 중요한 문제이다. 집합에 관한 **볼차노-바이어슈트라스 정리**(Bolzano-Weierstrass theorem)는 집적점을 갖기 위한 충분조건으로 축소구간정리를 이용하여 증명된다.

정리 7 집합에 관한 볼차노-바이어슈트라스 정리

R의 모든 유계인 무한부분집합 S는 적어도 하나의 집적점을 갖는다.

증명 집합 S가 유계이므로, S를 포함하는 닫힌구간 $I_1 = [a_1, b_1]$이 존재한다. 여기서 $a_1{}' = \dfrac{a_1 + b_1}{2}$이라고 하면, 부분구간 $[a_1, a_1{}']$ 또는 $[a_1{}', b_1]$ 중 적어도 하나는 S의 무한히 많은 점을 포함한다. 이들 구간 중에서 $S \cap I_2$가 무한집합이 되는 그 하나를 I_2로 표시하자. 이제 I_2를 앞에서와 같이 이등분하여 그 중 $S \cap I_3$가 무한집합이 되는 부분구간 I_3를 택하자. 이와 같은 방법을 반복하여, 모든 $n \in N$에 대하여

$$I_n \supset I_{n+1}, \quad b_n - a_n = \frac{b_1 - a_1}{2^{n-1}}$$

을 만족하는 $S \cap I_n$이 무한집합이 되는 축소된 유계인 닫힌구간열을 얻는다. 따라서 축소구간정리로부터, 점 $x \in \bigcap_{n=1}^{\infty} I_n$가 존재한다. 이제 x가 S의 집적점임을 밝힌다. $\varepsilon > 0$이 주어지고 $B_\varepsilon(x)$를 x의 ε-근방이라 하고, $\dfrac{b_1 - a_1}{2^{n-1}} < \varepsilon$인 $n \in N$을 택하자. 그러면 $I_n \subset N_\varepsilon(x)$이다. 그런데 I_n이 S의 무한히 많은 점을 포함하므로, 근방 $N_\varepsilon(x)$는 x와 서로 다른 S의 점을 포함한다. 따라서 x는 S의 집적점이 된다. ■

(3) 닫힌집합

정의 8　폐포와 완전집합

$S \subset R$에 대하여 S'이 S의 유도집합일 때, 집합 S와 S'의 합집합 $S \cup S'$을 S의 **폐포**(closure)라 하며 $\overline{S}$로 나타낸다. 이때 $x \in \overline{S}$이면, R의 점 x를 S의 **폐포점**(closure point) 또는 **밀착점**(adherent point)이라고 한다. 또한 $S \subset R$가 **완전집합**(perfect set)이라는 것은 $S = \{x \mid x$가 S의 직접점$\}$일 때이다.

집합 $S \subset R$와 $x \in R$에 있어서, $x \in \overline{S}$일 필요충분조건은 x를 포함하는 모든 열린집합 G에 대하여 $G \cap S \neq \varnothing$가 성립하는 것이다.

예　임의의 $A, B \subset R$에 대하여, 다음이 성립한다.

(1) $A \subset B$이면, $\overline{A} \subset \overline{B}$　　　　(2) $\overline{A \cup B} = \overline{A} \cup \overline{B}$

정의 9　닫힌집합

$F \subset R$일 때, $\overline{F} \subset F$, 즉 $F = \overline{F}$이면 F를 **닫힌집합**(closed set)이라고 한다.

참고　집합 $F \subset R$가 닫힌집합이기 위한 필요충분조건은 모든 F의 집적점이 F에 포함되는 것이다. 따라서 $F \subset R$가 닫힌집합임을 보이기 위해서는, 각 점 $y \notin F$가 F와 서로소인 ε-근방을 가짐을 보이면 충분하다. □

예　집합 $S = \left\{\frac{1}{n} \mid n \in N\right\}$은 닫힌집합이 아니다. 왜냐하면 0은 S의 유일한 집적점이지만, S의 원소가 아니기 때문이다. 이때 $S \cup \{0\} = B$라 두면 B는 R에서 닫힌집합이 된다.

예제　유계인 닫힌집합 $A \subset R$에 대하여 $\sup(A) = p$일 때, $p \in A$가 성립한다.

증명　$p \notin A$라고 가정하고, p가 A의 집적점임을 밝힌다. 이제 p를 포함하는 열린집합을 G라 하면, G는 p를 포함하는 열린구간 (b, c)를 포함한다. 즉 $b < p < c$를 만족한다. 그런데 $\sup(A) = p$이고 $p \notin A$이므로, $b < a < p < c$를 만족하는 $a \in A$가 존재한다. 따라서 $a \in (b, c) \subset G$이므로, p를 포함하는 각 열린집합은 p 이외의 A의 점을 포함한다. 그러므로 p는 A의 집적점이다. 그런데 A가 닫힌집합이므로, $p \in A$가 성립한다. ■

정리 10

R에서, 열린집합의 여집합은 닫힌집합이고, 닫힌집합의 여집합은 열린집합이다.

증명 O를 열린집합이라 하고 $x \in O$라고 하자. 그러면 적당한 $\varepsilon > 0$이 존재하여

$$B_\varepsilon(x) \subset O, \text{ 즉 } O^c \cap B_\varepsilon(x) = \varnothing$$

가 된다. 그러므로 $x \notin \overline{O^c}$이다. 따라서 $x \in \overline{O^c}$이면 $x \in O^c$로 되어, O^c는 닫힌집합이다. 한편 F를 닫힌집합이라 하고 $x \in F^c$라고 하면 $F = \overline{F}$이므로, x는 F의 폐포점이 아니다. 그러므로 $\varepsilon > 0$이 존재하여 $F \cap B_\varepsilon(x) = \varnothing$, 즉 $B_\varepsilon(x) \subset F^c$로 되어 F^c는 열린집합이다. ■

집합 $F \subset R$에 대하여 F의 여집합 F^c가 열린집합일 때, F를 닫힌집합이라 정의하기도 한다.

예 공집합 $\varnothing$와 R은 그 여집합인 R과 $\varnothing$가 각각 열린집합이므로 닫힌집합이다.

예 닫힌구간 $[a, b]$는 닫힌집합이다. 왜냐하면 닫힌구간 $[a, b]$의 여집합은

$$(-\infty, a) \cup (b, \infty)$$

이고, 두 개의 무한열린구간의 합집합은 열린집합이기 때문이다.

참고 공집합 $\varnothing$와 R은 R에서 열린집합이며 동시에 닫힌집합이다. 또한 열린집합도 아니고 닫힌집합도 아닌 R의 부분집합이 존재한다. 따라서 열린집합과 닫힌집합은 반의어가 아니다. 즉 어떤 집합이 열린집합이 아니라고 하여 닫힌집합이 되는 것은 아니다. □

예 집합 $B = (0, 1) \cap Q$는 열린집합도 아니고, $\overline{B} = [0, 1]$이므로 B는 닫힌집합도 아니다. 또한 반열린구간 $A = (a, b]$에 대하여, $b \in A$는 A의 내점이 아니므로 A는 열린집합이 아니고, 또한 $a \notin A$이지만 A의 집적점이므로 A는 닫힌집합도 아니다.

정리 3과 드모르간 법칙을 사용하면 다음 정리가 주어진다.

정리 11

R에서, 닫힌집합의 유한족의 합집합은 닫힌집합이고, 임의의 닫힌집합족의 교집합은 닫힌집합이다.

예 $n \in N$에 대하여 $F_n = \left[\frac{1}{n}, \frac{n}{n+1}\right]$이라고 하면, 각 $n \in N$에 대하여 F_n은 닫힌집합이지만, 합집합 $F = \bigcup_{n=2}^{\infty} F_n$은 닫힌집합이 아닌 단위 열린구간 $(0, 1)$이다. 따라서 R에서 임의의 닫힌집합의 합집합은 닫힌집합이 아니다.

참고 (F_σ-집합과 G_δ-집합) : $E \subset R$에 대하여, $E = \bigcup_{n=1}^{\infty} F_n$인 닫힌집합열 $\langle F_n \rangle$이 존재할 때 집합 E를 **F_σ-집합**이라 하고, $E = \bigcap_{n=1}^{\infty} O_n$인 열린집합열 $\langle O_n \rangle$이 존재할 때 집합 E를 **G_δ-집합**이라고 한다. □

예 임의의 닫힌구간 $[a, b]$는

$$[a, b] = \bigcap_{n=1}^{\infty}\left(a - \frac{1}{n}, b + \frac{1}{n}\right)$$

이므로 G_δ-집합이고, 임의의 열린구간 (a, b)는 부등식 $a + \frac{1}{k} < b - \frac{1}{k}$을 만족하는 적당한 $k \in N$에 대하여

$$(a, b) = \bigcup_{n=k}^{\infty}\left[a + \frac{1}{n}, b - \frac{1}{n}\right]$$

이므로 F_σ-집합이다.

참고 열린집합이라는 용어는 "…에서 열린집합이다."라는 접두어가 필요하다. 또한 닫힌집합에 대해서도 이와 같은 주의가 필요하다. □

2. 콤팩트 집합

$K \subset R$에 대하여, R의 열린집합의 집합족 $\mathscr{A} = \{G_\alpha \mid \alpha \in I\}$가 $K \subset \bigcup_{\alpha \in I} G_\alpha$를 만족할 때, $\mathscr{A}$를 $K \subset R$의 **열린덮개**(open cover) 또는 **열린피복**이라 한다. 특히 $\mathscr{A}$의 유한부분

집합족 $\mathscr{P}$가 K의 덮개가 되면 $\mathscr{P}$를 $\mathscr{A}$의 **유한부분덮개**(finite subcover) 또는 **유한부분피복**이라고 한다.

예 단위 열린구간 $K=(0, 1)$에 대하여, $O_k=\left(\dfrac{1}{k},\ 1-\dfrac{1}{k}\right)$ (단, $k=3, 4, \cdots$)일 때, R에서의 열린구간들의 집합족

$$\mathscr{A}=\{\, O_k \mid k=3, 4, \cdots \}$$

는 K의 열린덮개가 된다. 그러나 $\mathscr{A}$는 유한부분덮개를 갖지 않는다.

예 무한닫힌구간 $A=[1, \infty)$에 대하여, 열린구간족

$$\mathscr{G}=\{ (0, 2), (1, 3), (2, 4), \cdots \}$$

는 A의 열린덮개가 된다. 그러나 $\mathscr{G}$는 유한부분덮개를 갖지 않는다.

정의 12 콤팩트 집합

$K\subset R$에 대하여, K의 임의의 열린덮개가 유한부분덮개를 가질 때, K를 **콤팩트 집합**(compact set) 또는 **옹골집합**이라고 한다.

예 R의 유한부분집합 $K=\{x_1, x_2, \cdots, x_n\}$은 콤팩트이다. 또한 닫힌구간 $[a, b]$는 R에서 콤팩트이다(정리 14 참조).

참고 집합 H가 콤팩트가 아님을 보이기 위해서는, 특별한 열린집합족 $\mathscr{A}$의 합집합이 H를 포함할 때, $\mathscr{A}$의 어떤 유한개의 집합의 합집합도 H를 포함하지 않는다는 것을 보이면 충분하다. □

정리 13

R의 부분집합 K가 콤팩트일 때, 다음이 성립한다.

(1) K의 닫힌부분집합 F는 콤팩트이다.

(2) K는 닫힌집합이다.

증명 (1)만 증명하고, (2)의 증명은 독자에게 남긴다. $\mathscr{A}=\{G_\alpha \mid \alpha\in I\}$를 F의 열린덮개라 하자. 이때 F가 닫힌집합이므로, F^c는 열린집합이 된다. 따라서 집합족

$$\Gamma = \{F^c\} \cup \{G_\alpha \mid \alpha \in I\}$$

는 K의 열린덮개가 된다. 그런데 K가 콤팩트이므로, F는 유한부분덮개를 가진다. ■

예 $F \subset R$가 닫힌집합이고 $K \subset R$가 콤팩트이면 $F \cap K$는 닫힌집합이고, 또한 $F \cap K \subset K$이므로 $F \cap K$는 콤팩트이다.

$K \subset R$일 때 닫힌구간 $[a, b]$가 존재하여 $K \subset [a, b]$이면, 집합 K를 **유계**라고 한다. 콤팩트 집합 $K \subset R$에 대한 다음 하이네-보렐 정리는 정리 13으로부터 유도된다.

정리 14 하이네-보렐 정리 (Heine-Borel theorem)

집합 $K \subset R$가 콤팩트일 필요충분조건은 K가 유계인 닫힌집합이다.

증명 ($\Rightarrow$) $K \subset R$가 콤팩트이므로, K는 닫힌집합이다. 따라서 K가 유계임을 보이면 된다. 이를 보이기 위하여 각 $n \in N$에 대하여 $G_n = (-n, n)$으로 놓으면 $\bigcup_{n=1}^{\infty} G_n = R$이므로, $\mathscr{A} = \{G_n\}$은 K의 열린덮개가 된다. 따라서 $\mathscr{A}$의 유한부분덮개 $\mathscr{P}$가 존재하고, $\mathscr{P}$의 원소 중 첨자가 가장 큰 것을 M이라 하면 $K \subset G_M = (-M, M)$이 된다. 따라서 K는 유계이다.

($\Leftarrow$) K가 유계이면, K는 적당한 닫힌구간 $[a, b]$에 포함된다. 또한 K가 닫힌집합이므로, K는 콤팩트이다. ■

예 집합 $A = \left\{1, \frac{1}{2}, \frac{1}{3}, \cdots, \frac{1}{n}, \cdots\right\}$는 R에서 유계이지만 닫힌집합이 아니기 때문에 콤팩트가 아니다. 그러나

$$B = \left\{0, 1, \frac{1}{2}, \frac{1}{3}, \cdots, \frac{1}{n}, \cdots\right\}$$

는 콤팩트가 된다.

정리 15

$\{K_\alpha\}$가 R의 콤팩트 부분집합의 집합족이고, $\{K_\alpha\}$의 임의의 유한부분집합족의 교집합이 공집합이 아니면, $\cap K_\alpha \neq \varnothing$이다.

증명 $\{K_\alpha\}$에서 한 원소 K_1을 고정하고, $G_\alpha = K_\alpha{}^c$라 놓자. K_1의 어느 점도 모든 K_α에 속하지 않는다고 하면, $\{G_\alpha\}$는 K_1의 열린덮개이다. 그런데 K_1이 콤팩트이므로

$$K_1 \subset G_{\alpha_1} \cup \cdots \cup G_{\alpha_n}$$

을 만족하는 유한개의 $\alpha_1, \cdots, \alpha_n$이 존재하는데, 이때 $K_1 \cap K_{\alpha_1} \cap \cdots \cap K_{\alpha_n} = \varnothing$가 되므로 가정에 모순이 된다. ∎

참고 $\{K_\alpha\}$가 $K_n \supset K_{n+1}$ (단, $n = 1, 2, \cdots$)을 만족하는 공집합이 아닌 R의 콤팩트 부분집합열이면, $\cap K_\alpha \neq \varnothing$이다. □

3. 칸토어 집합

칸토어 집합은 반례로 자주 인용되는 집합이다. 단위 닫힌구간 $[0, 1]$을 세 등분하여 가운데 열린구간을 제거하고 남는 두 닫힌구간을 다시 각각 세 등분하여 가운데 두 열린구간을 제거한다. 이와 같은 일을 무한히 반복하였을 때 남는 집합을 **칸토어 집합**(Cantor ternary set)이라고 한다(7장 참조). 이때 단위 닫힌구간 $[0, 1]$에서 제거된 열린구간들의 길이의 합은

$$\sum_{n=1}^{\infty} \frac{2^{n-1}}{3^n} = 1$$

이 된다. 칸토어 집합은 단위 닫힌구간 $[0, 1]$에서 공집합이 아닌 닫힌집합이지만, 가산집합은 아니다.

4. 연결집합

정의 16 연결집합

두 집합 $A, B \subset R$가 $A \cap \overline{B} = \varnothing$, $\overline{A} \cap B = \varnothing$를 만족할 때, A와 B는 분리되어 있다고 한다. 집합 $E \subset R$가 공집합이 아닌 두 분리집합의 합집합이 아닌 경우, E를 **연결집합**(connected set)이라고 한다.

예 공집합 $\varnothing$와 단원집합 $\{x\}$ (단, $x \in R$)는 연결집합이다.

다음 정리는 R에서의 어떤 부분집합이 연결집합이 되는가를 판단해 주는 매우 중요한 정리이다.

정리 17

$E \subset R$가 연결집합일 필요충분조건은 $a, b \in E$에 대하여 $a < c < b$일 때, $c \in E$를 만족하는 것이다.

참고 공집합이 아닌 $E \subset R$가 $E \neq \{x\}$ (단, $x \in R$)일 때, E가 구간일 필요충분조건은 $x, y \in E$이고 $x < z < y$이면 $z \in E$인 것이다. □

5. 수열

모든 자연수의 집합 N으로부터 어떤 집합 X로의 함수 $s : N \rightarrow X$를 **수열**(sequence) 또는 **점렬**이라 하고

$$\langle s_1, s_2, \cdots \rangle, \ \langle s_n \mid n \in N \rangle \text{ 또는 간단히 } \langle s_n \rangle$$

으로 표시한다. 즉 수열은 각 $n \in N$에 점 s_n을 대응시킨다. 이때 $n \in N$의 상 $s(n)$, 즉 s_n을 그 수열의 제n항(nth term)이라고 하고, s의 치역을

$$\{s_n \mid n \in N\} \text{ 또는 간단히 } \{s_n\}$$

으로 나타낸다. 특히 모든 자연수의 집합 N으로부터 모든 실수의 집합 R로의 함수 $s : N \rightarrow R$를 **실수열**(real sequence)이라 한다. 그러나 앞으로 특별한 언급이 없는 한, 이 책에서는 수열이라는 일반적인 용어로 서술될 것이다.

(1) 수열의 극한

수학뿐만 아니라 모든 자연과학과 사회과학에서 수열의 극한은 매우 큰 의미를 갖는다. 수열의 극한을 구체적으로 구할 수 없는 경우라도 그 존재 여부를 알 수 있다면 실제로 많은 도움을 준다.

정의 18 수열의 극한

$\langle x_n \rangle$을 어떤 집합 X에서의 수열이라고 하자. 이때 $x \in X$를 포함하는 임의의 열린집합 V에 대하여

$$n \geq K \Rightarrow x_n \in V$$

를 만족하는 자연수 K가 존재하면 수열 $\langle x_n \rangle$은 x로 **수렴한다** (converge)고 하고, x를 수열 $\langle x_n \rangle$의 **극한** (limit)이라고 한다. 이때

$$\lim_{n \to \infty} x_n = x, \quad \lim x_n = x \text{ 또는 간단히 } x_n \to x$$

로 표기한다. 수렴하지 않을 때 **발산한다** (diverge)고 한다.

어떤 집합 X에서의 수열 $\langle x_n \rangle$에 대하여 $\langle x_n \rangle$이 $x \in X$로 수렴한다는 것은, 수열 $\langle x_n \rangle$의 유한개를 제외한 나머지 모든(almost all 또는 all but finite) 항이 x를 포함하는 임의의 열린집합 V의 원소가 된다는 것을 의미한다.

예 다음 각 수열

$$\left\langle 1, \frac{1}{2}, \frac{1}{3}, \frac{1}{4}. \cdots \right\rangle, \left\langle 1, 0, \frac{1}{2,} 0, \frac{1}{3}, 0, \frac{1}{4}, \cdots \right\rangle, \left\langle 1, -\frac{1}{2,} \frac{1}{3}, -\frac{1}{4}, \cdots \right\rangle$$

는 어느 것이나 0을 포함하는 임의의 열린구간이 각 수열의 거의 모든 항을 포함하므로 0으로 수렴한다.

참고 $\langle x_n \rangle$이 실수열이고 $x \in R$라 하자. 임의의 실수 $\varepsilon > 0$에 대하여

$$n \geq K \Rightarrow |x_n - x| < \varepsilon$$

을 만족하는 자연수 K가 존재할 때, x는 실수열 $\langle x_n \rangle$의 극한이다. □

예 수열 $\langle x_n \rangle = \left\langle \frac{1}{2}, \frac{1}{4}, \frac{3}{4}, \frac{1}{8}, \frac{7}{8}, \frac{1}{16}, \frac{15}{16}, \cdots \right\rangle$, 즉

$$a_n = \begin{cases} \dfrac{1}{2^{(n+2)/2}} & , n\text{이 짝수} \\ 1 - \dfrac{1}{2^{(n+1)/2}} & , n\text{이 홀수} \end{cases}$$

로 주어진 수열 $\langle x_n \rangle$에 대하여, 0 또는 1을 포함하는 임의의 열린구간은 $\langle x_n \rangle$의 무한개의 항을 포함한다. 그러나 0이나 1은 수열 $\langle x_n \rangle$의 극한이 아니다.

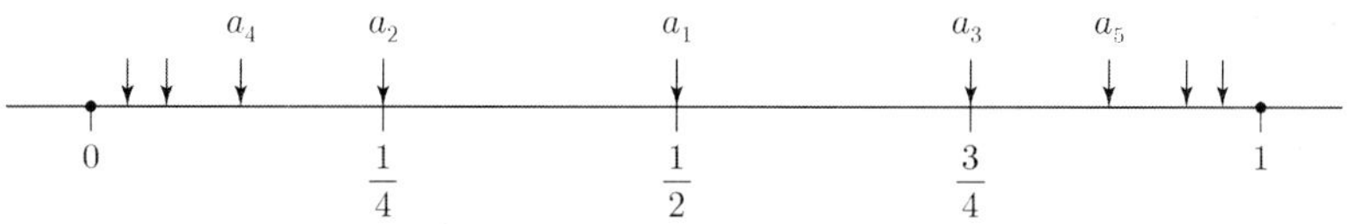

| 그림 2.1 |

예제 실수열이 수렴하면, 극한은 유일하다. 즉 $\lim x_n = x$, $\lim x_n = y$일 때, $x = y$가 성립한다.

증명 $x \neq y$라 하자. 이때 $\delta = |x - y|$라고 하면, 각각 x와 y를 포함하는 열린구간

$$B = \left(x - \frac{1}{2}\delta,\ x + \frac{1}{2}\delta\right),\ \ C = \left(y - \frac{1}{2}\delta,\ y + \frac{1}{2}\delta\right)$$

는 서로소이다. 그런데 실수열 $\langle x_n \rangle$이 x로 수렴하므로, B는 $\langle x_n \rangle$의 유한개 항을 제외한 모든 항을 포함해야 한다. 따라서 C는 실수열 $\langle x_n \rangle$의 유한개 항만을 포함할 수 있다. 그러나 이것은 실수열 $\langle x_n \rangle$이 y로 수렴한다는 사실에 모순된다. 따라서 $x = y$가 성립한다. ■

참고 '집합의 극한점'과 '수열의 극한'은 별개의 개념이다. 두 개념은 서로 같을 수도 있고 다를 수도 있음에 유의하여야 한다. □

예 집합 $\left\{\frac{1}{n} \mid n \in N\right\}$의 집적점, 즉 극한점과 수열 $\left\langle \frac{1}{n} \right\rangle$의 극한은 모두 0이다. 그러나 집합 $\left\{1, \frac{1}{2}, 1, \frac{1}{3}, 1, \frac{1}{4}, \cdots\right\}$의 극한점은 0이지만, 수열 $\left\langle 1, \frac{1}{2}, 1, \frac{1}{3}, 1, \frac{1}{4}, \cdots \right\rangle$는 수렴하지 않으므로 극한이 존재하지 않는다.

정의 19 유계수열

수열 $\langle x_n \rangle$의 치역 $\{x_n\}$이 위로 유계(또는 아래로 유계)인 집합이면, $\langle x_n \rangle$은 위로 유계(또는 아래로 유계)라고 한다. 또한 수열 $\langle x_n \rangle$이 위로 유계이고 동시에 아래로 유계이면, 즉 모든 $n \in N$에 대하여

$$|x_n| \leq M$$

을 만족하는 실수 $M > 0$이 존재할 때, $\langle x_n \rangle$을 **유계수열**(bounded sequence)이라고 한다.

(2) 부분수열

① 부분수열

부분수열에 대한 개념은 수열의 발산을 입증하는 데 매우 유용하다.

정의 20 부분수열

수열 $X=\langle x_n \rangle$에 대하여 N에서의 수열 $\langle r_n \rangle$이

$$r_1 < r_2 < \cdots < r_n < \cdots$$

를 만족할 때, 수열 $X'=\langle x_{r_n} \rangle$을 X의 **부분수열**(subsequence)이라고 한다.

예 수열 $\langle a_n \rangle = \left\langle 1, \frac{1}{2}, \frac{1}{3}, \frac{1}{4}, \cdots \right\rangle$에 대하여, $\left\langle 1, \frac{1}{2}, \frac{1}{5}, \frac{1}{8}, \cdots \right\rangle$는 $\langle a_n \rangle$의 부분수열이지만, $\left\langle \frac{1}{2}, 1, \frac{1}{4}, \frac{1}{3}, \cdots \right\rangle$는 1이 $\frac{1}{2}$ 앞에 나타나므로 $\langle a_n \rangle$의 부분수열이 아니다.

예 수열 $\langle a_n \rangle = \left\langle \frac{1}{2}, \frac{1}{4}, \frac{3}{4}, \frac{1}{8}, \frac{7}{8}, \cdots \right\rangle$는 수렴하지 않으나, $\langle a_n \rangle$은 수렴하는 부분수열

$$\left\langle \frac{1}{4}, \frac{1}{8}, \frac{1}{16}, \cdots \right\rangle, \left\langle \frac{1}{2}, \frac{3}{4}, \frac{7}{8}, \cdots \right\rangle$$

를 갖는다. 그러나 수열 $\langle 1, 2, 3, \cdots \rangle$는 수렴하는 부분수열을 갖지 않는다.

참고 유계인 실수열 $\langle x_n \rangle$에 대하여, $\langle x_n \rangle$이 $x \in R$에 수렴하기 위한 필요충분조건은 $\langle x_n \rangle$의 모든 수렴하는 부분수열이 x에 수렴하는 것이다. □

예 수열 $\langle (-1)^n \rangle$은 발산한다. 왜냐하면 부분수열 $\langle (-1)^{2n} \rangle$은 1로 수렴하고, 부분수열$\langle (-1)^{2n-1} \rangle$은 -1로 수렴하기 때문이다.

수열 $X=\langle x_n \rangle$의 부분수열 $X'=\langle x_{r_n} \rangle$의 극한은 집합 $\{x_n\}$의 집적점에 불과하다.

② 실수열에 대한 볼차노-바이어슈트라스 정리

수렴하는 수열은 유계이지만, 그 역은 참이 아니다. 그러나 실수열에 대하여 다음 볼차노-

바이어슈트라스 정리가 성립한다.

정리 21 실수열에 대한 볼차노-바이어슈트라스 정리

모든 유계인 실수열은 수렴하는 부분수열을 갖는다.

증명 실수열 $\langle x_n \rangle$을 유계라 하고, $S=\{x_n \mid n \in N\}$이 $\langle x_n \rangle$의 치역이라고 하자. 먼저 S가 유한집합이면, 무한히 많은 n에 대하여 x_n의 값이 되는 원소가 적어도 하나 S 안에 존재해야 한다. 이러한 수를 x라고 하면 모든 $k \in N$에 대하여 $x_{n_k}=x$를 만족하는 $n_1 < n_2 < \cdots < n_k < \cdots$가 존재하게 되므로, $\langle x_{n_k} \rangle$는 실수열 $\langle x_n \rangle$의 부분수열이 되고 x에 수렴한다.

다음으로 S가 무한집합일 경우는 집합에 대한 볼차노-바이어슈트라스 정리에 의하여 S의 집적점 $x \in R$가 존재한다. 이제 x로 수렴하는 실수열 $\langle x_n \rangle$의 부분수열을 찾을 것이다. x가 S의 집적점이므로, $0 < |x_{n_1}-x| < 1$을 만족하는 x_{n_1}을 S에서 택할 수 있다. 그 다음에 $n_2 > n_1$이면서 $0 < |x_{n_2}-x| < \frac{1}{2}$인 x_{n_2}를 S에서 택한다. 이와 같은 과정을 반복하여, 모든 $k \in N$에 대하여

$$n_k > n_{k-1}, \quad 0 < |x_{n_k}-x| < \frac{1}{k}$$

을 만족하는 x_{n_k}를 S에서 택할 수 있다. 따라서 $\langle x_{n_k} \rangle$는 실수열 $\langle x_n \rangle$의 부분수열이 되며, x에 수렴한다. ■

예 실수열 $\langle x_n \rangle$의 치역 $\{x_n\}$이 집적점 b를 갖는다면, $\langle x_n \rangle$은 b로 수렴하는 부분수열 $\langle x_{i_n} \rangle$을 갖는다.

참고 볼차노-바이어슈트라스 정리의 가정에서 '유계성'을 제거할 수 없다. 그러나 모든 실수열이 단조인 부분수열을 가짐에 유의한다. □

예 실수열 $\left\langle 1, 2, \frac{1}{2}, 3, \cdots, n, \frac{1}{n}, \cdots \right\rangle$는 유계수열이 아니지만, 부분수열 $\left\langle \frac{1}{n} \right\rangle$은 수렴한다.

정리 22

$F \subset R$일 때, 다음은 서로 동치이다.

(1) F는 R의 닫힌부분집합이다.
(2) F 안에 있는 원소들로 이루어진 수열 X의 $\lim X$는 F의 원소이다.

(3) 코시수열

정의 23 코시수열

$\langle x_n \rangle$이 실수열일 때, 임의의 실수 $\varepsilon > 0$에 대하여 적당한 자연수 K가 존재하여

$$n, m \ge K \Rightarrow |x_n - x_m| < \varepsilon$$

을 만족하면, $\langle x_n \rangle$을 **코시수열**(Cauchy sequence)이라고 한다.

예 모든 정수의 집합 Z에서 코시수열 $\langle x_n \rangle$의 형식은

$$\langle x_1, x_2, \cdots, x_{n_0}, b, b, \cdots \rangle$$

로 주어진다. 즉 유한개를 제외한 수열의 모든 항이 같다.

참고 R에서, 코시수열은 유계이다. □

정리 24

R에서, 모든 수렴하는 수열은 코시수열이다.

증명 실수열 $\langle x_n \rangle$이 x에 수렴한다고 하자. 이때 $\varepsilon > 0$을 임의의 실수라고 하면

$$n \ge K \Rightarrow |x_n - x| < \frac{\varepsilon}{2}$$

을 만족하는 적당한 자연수 K가 존재한다. 따라서 $n, m \in N$이면

$$|x_n - x_m| = |x_n - x + x - x_m| \le |x_n - x| + |x_m - x| < \frac{\varepsilon}{2} + \frac{\varepsilon}{2} = \varepsilon$$

을 만족한다. 그러므로 실수열 $\langle x_n \rangle$이 x에 수렴하면, $\langle x_n \rangle$은 코시수열이다. ■

참고 실수열 $\langle x_n \rangle$이 $x_{n+1} - x_n \to 0$을 만족한다고 해서 $\langle x_n \rangle$이 반드시 코시수열은 아니다. 예를 들면 $x_n = \ln n$으로 주어진 실수열 $\langle x_n \rangle$은

$$x_{n+1} - x_n = \ln\frac{n+1}{n} \to 0$$

이지만, $\langle x_n \rangle$은 수렴하지 않으므로 코시수열이 아니다. □

임의의 공간에서 수렴하는 수열은 모두 코시수열이다.

(4) 완비집합

R에서는 코시수열이 수렴하지만, 모든 공간에서 코시수열이 수렴하는 것은 아니다. 그러나 실수열 $\langle x_n \rangle$이 수렴할 필요충분조건은 $\langle x_n \rangle$이 코시수열인 것이다.

정의 25 완비집합

$A \subset R$에 대하여, A의 원소로 이루어진 모든 코시수열이 A에 속하는 점으로 수렴할 때, A를 **완비집합**(complete set)이라고 한다.

예 모든 자연수의 집합 N과 모든 정수의 집합 Z는 완비이다. 왜냐하면 N (또는 Z)에서 코시수열 $\langle x_n \rangle$의 형식은

$$\langle x_1, x_2, \cdots, x_{n_0}, b, b, \cdots \rangle$$

이고, 이것은 $b \in N$ (또는 $b \in Z$)로 수렴하기 때문이다.

예 모든 유리수의 집합 Q는 완비가 아니다. 왜냐하면 유리수열

$$\langle 1, 1.4, 1.41, 1.412, \cdots \rangle$$

는 코시수열이지만, Q의 어떠한 점으로도 수렴하지 않기 때문이다. 이때 Q의 원소가 아닌 실수 $\sqrt{2}$로 수렴함에 유의한다.

모든 실수의 집합 R은 완비임을 다음 정리에서 밝힌다.

정리 26 코시 정리(Cauchy's theorem)

모든 실수의 집합 R은 완비이다. 즉 실수로 이루어진 모든 코시수열은 반드시 실수로 수렴한다.

증명 $\langle x_n \rangle$을 R에서 코시수열이라고 하자. 그러면 코시수열 $\langle x_n \rangle$은 유계이므로, 실수열에 대한 볼차노-바이어슈트라스 정리에 의하여 $\langle x_n \rangle$은 어떤 실수 x로 수렴하는 부분수열 $\langle x_{n_k} \rangle$를 가진다. 이제 코시수열 $\langle x_n \rangle$이 x에 수렴함을 보인다. $\varepsilon > 0$을 임의의 실수라고 하면, $m, n \geq H$인 모든 $m, n \in N$에 대하여 $| x_n - x_m | < \frac{\varepsilon}{2}$이고 $k \geq K_1$일 때 $| x_{n_k} - x | < \frac{\varepsilon}{2}$을 만족하는 자연수 K_1이 존재한다. 여기서 $K \geq K_1$이고 $n_K \geq H$인 $K \in N$를 택하면 모든 $n \geq H$에 대하여

$$| x_n - x | \leq | x_n - x_{n_K} | + | x_{n_K} - x | < \frac{\varepsilon}{2} + \frac{\varepsilon}{2} = \varepsilon$$

이므로, 코시수열 $\langle x_n \rangle$은 x에 수렴한다. ■

(5) 연속함수

① 함수의 극한

한 점 $c \in R$에서의 함수 f에 대한 극한개념을 서술할 때, f의 정의역 안에서 c에 접근하는 점들의 존재성을 보장하기 위하여 항상 c를 f의 정의역의 한 집적점이라고 가정한다.

정의 27 함수의 극한

$A \subset R$, $f : A \to R$이고 $c \in R$를 A의 한 집적점이라고 하자. L을 포함하는 임의의 열린집합 V에 대하여 $x \neq c$가 $A \cap U$의 임의의 점일 때, $f(x)$가 V에 속하는 c의 근방 U가 존재하면 $L \in R$을 c에서의 함수 f의 **극한**이라고 한다. f가 c에서 극한 L을 가지면, f는 c에서 L로 **수렴한다**고 하고

$$L = \lim_{x \to c} f \text{ 또는 } L = \lim_{x \to c} f(x)$$

로 표현한다. 만일 f가 c에서 극한을 갖지 않으면, f는 c에서 **발산한다**고 한다.

참고 $A \subset R$, $f : A \to R$이고 $c \in R$가 A의 집적점이라 하자. 임의의 실수 $\varepsilon > 0$에 대하여

$$0 < | x - c | < \delta,\ x \in A \text{일 때, } | f(x) - L | < \varepsilon$$

을 만족하는 $\delta > 0$가 존재하면, L은 c에서의 f의 극한이다. □

$A \subset R$, $f: A \to R$이고 $c \in R$가 A의 집적점일 때, $\lim_{x \to c} f(x)$가 존재하면 f는 c에서 유일한 극한을 갖는다.

정리 28

$A \subset R$, $f: A \to R$이고 $c \in R$가 $A \cap (c, \infty)$와 $A \cap (-\infty, c)$의 집적점일 때, $\lim_{x \to c} f = L \in R$일 필요충분조건은 $\lim_{x \to c+0} f = L = \lim_{x \to c-0} f$이다.

예 부호함수(signum function) $sgn(x)$를

$$sgn(x) = \begin{cases} 1 & , x > 0 \\ 0 & , x = 0 \\ -1, & x < 0 \end{cases}$$

로 정의할 때, $\lim_{x \to 0} sgn(x)$는 존재하지 않는다. 왜냐하면

$$\lim_{x \to +0} sgn(x) = 1, \quad \lim_{x \to -0} sgn(x) = -1$$

이므로, $f(x) = sgn(x)$는 0에서 극한을 갖지 않는다.

② 함수의 연속

1821년 코시에 의하여 처음으로 정의된 함수의 연속성은 실직선의 위상개념과 함수에 대한 극한개념을 토대로 하여 설명되는 개념이다.

정의 29 연속함수

$A \subset R$, $f: A \to R$이고 $p \in A$라고 하자. $f(p)$를 포함하는 임의의 열린집합 $V_{f(p)}$에 대하여

$$x \in A \cap U_{f(p)} \Rightarrow f(x) \in V_{f(p)}$$

를 만족하는 p를 포함하는 열린집합 $U_{f(p)}$가 존재할 때, 함수 $f: A \to R$는 p에서 **연속**(continuous)이라고 하고, A의 모든 점에서 연속이면 f는 집합 A에서 연속이라고 한다.

함수 f가 A의 집적점 p에서 연속일 필요충분조건은 함수기호 f와 극한기호 $\lim_{x \to p}$가 서로 교환가능한 것이라고 말할 수 있다.

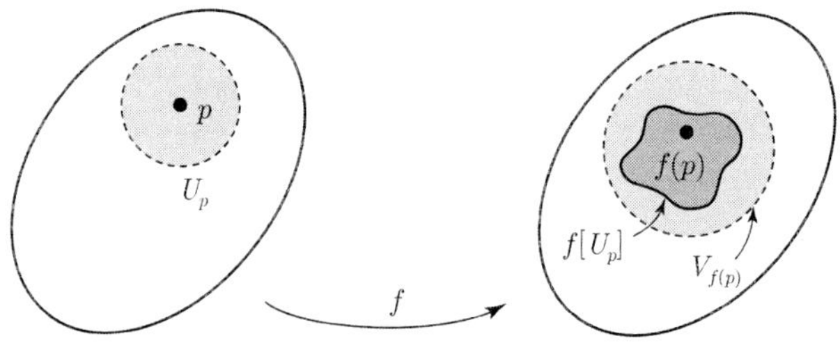

▌그림 2.2▐

참고 $A \subset R$일 때, 함수 $f : A \to R$가 $a \in A$에서 연속일 필요충분조건은 $\lim_{n \to \infty} x_n = a$를 만족하는 A의 수열 $\langle x_n \rangle$에 대하여 $\lim_{n \to \infty} f(x_n) = f(a)$가 성립하는 것이다 (3.3절 참조). □

예 디리클레(Dirichlet)의 불연속 함수라고 불리는

$$f(x) = \begin{cases} 1, & x\text{는 유리수} \\ 0, & x\text{는 무리수} \end{cases}$$

으로 정의된 $f : R \to R$는 R의 모든 점에서 불연속이다.

$A \subset R$, $f : A \to R$이고 $p \in R$가 A의 집적점일 때 임의의 실수 $\varepsilon > 0$에 대하여

$$|x - p| < \delta,\ x \in A \Rightarrow |f(x) - f(p)| < \varepsilon$$

을 만족하는 $\delta > 0$가 존재하면, f는 p에서 연속이다.

예제 닫힌구간 $[0, 2]$에서 정의된 함수 f가

$$f(x) = \begin{cases} x\ , & x\text{가 } [0, 2]\text{에서 유리수} \\ x^2, & x\text{가 } [0, 2]\text{에서 무리수} \end{cases}$$

으로 주어질 때, f는 $x = 1$에서 연속이다.

증명 $x \in [0, 2]$가 유리수일 때 $|f(x) - f(1)| = |x - 1|$이고, 무리수일 때

$$|f(x) - f(1)| = |x^2 - 1| = |x + 1|\,|x - 1| \le 3|x - 1|$$

이므로, 임의의 $\varepsilon > 0$에 대하여 $\delta = \frac{\varepsilon}{3}$이라 두면

$$|x - 1| < \delta\text{일 때, } |f(x) - f(1)| \le 3|x - 1| < 3\delta = \varepsilon$$

이 된다. 따라서 $\lim_{x \to 1} f(x) = f(1)$이므로 f는 $x=1$에서 연속이다. ■

예제 $f : R \to R$가 연속함수일 때 모든 유리수 $q \in Q$에서 $f(q)=0$이면, 모든 실수 $x \in R$에 대하여 $f(x)=0$이 된다.

증명 $f(p)$가 어떤 실수 $p \in R$에 대하여 0이 아니라고 하자. 즉

$$f(p) = \gamma \ (\text{단}, \ |\gamma| > 0)$$

를 만족하는 $p \in R$가 존재한다고 가정하고, $\varepsilon = \frac{1}{2}|\gamma|$를 택하자. 그러면 f가 연속이므로

$$|x-p| < \delta \Rightarrow |f(x) - f(p)| < \varepsilon = \frac{1}{2}|\gamma|$$

를 만족하는 $\delta > 0$가 존재한다. 그런데 모든 열린구간에 속하는 유리점이 존재하므로

$$q \in \{x : |x-p| < \delta\}$$

를 만족하는 $q \in Q$가 존재하고, 이것은

$$|f(q) - f(p)| = |f(p)| = |\gamma| < \varepsilon = \frac{1}{2}|\gamma|$$

를 만족한다. 이것은 불가능하다. 따라서 모든 실수 $x \in R$에 대하여 $f(x)=0$이다.

■

R에서 정의된 연속인 두 실가함수 f, g와 $c \in R$에 대하여

$$|f|, \ f+g, \ cf, \ f-g, \ fg$$

는 R에서 연속이다. 또한 $g(x) \neq 0$ (단, $x \in R$)이면, $\frac{f}{g}$도 R에서 연속이다.

예 R에서 정의된 두 실가함수 f, g를

$$f(x) = \begin{cases} 0, & x\text{는 유리수} \\ 1, & x\text{는 무리수} \end{cases}, \quad g(x) = \begin{cases} 1, & x\text{는 유리수} \\ 0, & x\text{는 무리수} \end{cases}$$

라 하면, f와 g는 모든 점에서 연속이 아니지만 $f+g$는 모든 점에서 연속이다.

정리 30 연속함수의 합성

$A, B \subset R$이고 $f : A \to R$와 $g : B \to R$가 $f[A] \subset B$인 함수일 때, f가 $p \in A$에서 연속이고, g가 $b = f(p) \in B$에서 연속이면, 합성함수 $g \circ f : A \to R$도 p에서 연속이다. 따라서 f가 A에서 연속이고 g가 B에서 연속이면, 합성함수 $g \circ f : A \to R$도 A에서 연속이다.

$A \subset R$, $f : A \to R$에 대하여 $|f(x)| \le M$ (단, $x \in A$)을 만족하는 상수 $M > 0$이 존재할 때, 함수 f는 A에서 **유계**라고 한다.

참고 연속함수가 반드시 유계일 필요는 없다. 그러나 함수 f가 한 점 c에서 연속이면, f는 c를 포함하는 적당한 열린구간에서 유계이다. □

예 함수 $f : (0, 1) \to R$가 $f(x) = \dfrac{1}{x}$로 정의되었을 때, f는 단위 열린구간 $(0, 1)$에서 연속이지만 $f[(0, 1)] = (1, \infty)$이므로 f는 $(0, 1)$에서 유계가 아니다.

정리 31 유계성 정리

$A \subset R$가 유계인 닫힌집합이면, 연속함수 $f : A \to R$는 유계이다.

$A \subset R$, $f : A \to R$에 대하여 $f(x^*) \ge f(x)$ (단, $x \in A$)를 만족하는 $x^* \in A$가 존재하면, f는 A에서 **최댓값**(absolute maximum)을 갖는다고 한다. 또한 $f(x_*) \le f(x)$ (단, $x \in A$)를 만족하는 $x_* \in A$가 존재하면, f는 A에서 **최솟값**(absolute minimum)을 갖는다고 한다.

참고 $A \subset R$에 대하여, 연속인 함수 $f : A \to R$가 A에서 반드시 최댓값이나 최솟값을 가질 필요는 없다. 예를 들면 함수 $f(x) = \dfrac{1}{x}$은 $A = \{x \in R \mid x > 0\}$에서 연속이지만 최댓값과 최솟값을 갖지 않는다. □

정리 32 최대-최솟값 정리

$A \subset R$가 유계인 닫힌집합이면, 연속함수 $f : A \to R$는 최댓값과 최솟값을 갖는다.

$A \subset R$에 대하여 함수 $f : A \to R$가 연속이면, A가 연결집합일 때 $f[A]$는 연결집합이다. 따라서 실가 연속함수의 중요한 성질로 볼차노에 의해 제기된 중간값정리를 얻는다.

보조정리 33

$f : R \to R$가 닫힌구간 $[a, b]$의 모든 점에서 연속이고 $f(a) < 0 < f(b)$일 때, $f(p) = 0$을 만족하는 점 $p \in [a, b]$가 존재한다.

바이어슈트라스의 중간값정리로 알려진 다음 정리는 유계인 닫힌구간에서 연속인 실가함수는 그 구간에서 중간값을 갖는다는 것을 의미한다.

정리 34 중간값정리 (intermediate value theorem)

$f : [a, b] \to R$가 연속함수일 때, $f(a) < f(b)$ (또는 $f(a) > f(b)$)이면

$$f(a) < k < f(b) \text{ (또는 } f(a) > k > f(b))$$

인 모든 $k \in R$에 대하여 $f(c) = k$를 만족하는 c (단, $a < c < b$)가 존재한다.

증명 $f(a) < f(b)$인 경우, y_0를 $f(a) < y_0 < f(b)$를 만족하는 실수라고 가정하고, 이때 $f(p) = y_0$를 만족하는 점 p가 존재함을 밝힌다. 이제 $g(x) = f(x) - y_0$라 하면, 함수 $g(x)$에 대하여 $g(a) < 0 < g(b)$가 성립한다. 따라서 보조정리 33에 의하여

$$g(p) = f(p) - y_0 = 0$$

을 만족하는 점 p가 존재한다. 그러므로 $f(p) = y_0$이다. $f(a) > f(b)$인 경우도 같은 방법으로 증명한다. ■

예 닫힌구간 $[a, b]$에 대하여 함수 $f : [a, b] \to R$가 연속이고 $f(a)f(b) < 0$이면, $f(c) = 0$을 만족하는 c (단, $a < c < b$)가 존재한다.

예제 유계인 닫힌구간 I에 대하여 함수 $f : I \to R$가 연속이면, 집합

$$f[I] = \{f(x) \mid x \in I\}$$

는 유계인 닫힌구간이다.

증명 $m = \inf f[I]$, $M = \sup f[I]$라 하면, 최대-최솟값 정리에 의하여 m, M은 $f[I]$에

속하고, 또한 $f[I] \subset [m, M]$이다. 한편 k가 $[m, M]$의 임의의 원소이면 중간값 정리로부터 $f(c) = k$를 만족하는 $c \in I$가 존재하므로, $k \in f[I]$이고 $[m, M] \subset f[I]$이다. 따라서 $f[I] = [m, M]$이므로, $f[I]$는 유계인 닫힌구간이다. ■

연속함수의 개념은 다음 대역적 연속성의 정리로 특징화된다.

정리 35 대역적 연속성 정리(global continuity theorem)

함수 $f : R \to R$에 대하여, 다음은 서로 동치이다.

(1) f는 R에서 연속이다.

(2) 닫힌집합 $F \subset R$에 대하여, 역상 $f^{-1}[F]$는 R에서 닫힌집합이다.

(3) 열린집합 $G \subset R$에 대하여, 역상 $f^{-1}[G]$는 R에서 열린집합이다.

예 함수 $f : R \to R$가

$$f(x) = \begin{cases} x - 1 & , x \leq 3 \\ \frac{1}{2}(x+5), & x > 3 \end{cases}$$

로 주어질 때, 열린구간 $(1, 3)$의 역상이 반열린구간 $(2, 3]$, 즉 열린집합이 아니므로, $f : R \to R$는 연속이 아니다.

③ 균등연속

함수의 연속과 균등연속과의 관계를 설명하고, 또한 균등연속에 관한 성질을 알아본다.

정의 36 균등연속

$A \subset R$, $f : A \to R$라고 하자. 이때 임의의 실수 $\varepsilon > 0$에 대하여

$$|x - u| < \delta,\ x, u \in A \Rightarrow |f(x) - f(u)| < \varepsilon$$

을 만족하는 $\delta > 0$가 존재하면, 함수 f를 A에서 **균등연속**(uniformly continuous) 또는 **평등연속**이라고 한다.

예 함수 $f : R \to R$가 $f(x) = x$로 정의되었을 때, f는 R에서 균등연속이다. 왜냐하면 임의의 $\varepsilon > 0$에 대하여 $\delta = \varepsilon$을 잡으면

$$|x-y| < \delta,\ x, y \in R \Rightarrow |f(x)-f(y)| = |x-y| < \delta = \varepsilon$$

이 성립하기 때문이다.

함수 f가 A에서 균등연속이면, f는 A에서 연속이지만 그 역은 성립하지 않는다.

예제 $f(x) = x^2$으로 정의된 함수 $f : R \to R$는 연속이지만, 균등연속은 아니다.

증명 함수 $f : R \to R$가 연속임은 자명하다. 이제 f가 R에서 균등연속이 아님을 밝히기 위해, $\varepsilon = 1$에 대하여

$$|x-y| < \delta \Rightarrow |f(x)-f(y)| < 1$$

을 만족하는 $\delta > 0$가 존재하지 않음을 보인다. 사실 그러한 δ가 존재한다고 가정하고

$$n \geq \frac{\frac{2}{\delta} - \frac{\delta}{2}}{2}$$

인 자연수 n을 택하자. 그리고 $x = n + \frac{\delta}{2}$, $y = n$이라 하자. 그러면

$$|x-y| = \frac{\delta}{2} < \delta\text{이지만, } |x^2 - y^2| = |x+y|\,|x-y| = \frac{\delta}{2}\left(2n + \frac{\delta}{2}\right) \geq 1$$

이 되어 모순이 된다. 따라서 f는 R에서 균등연속이 아니다. ■

다음 균등연속정리는 유계인 닫힌구간에서 연속함수는 균등연속임을 보장한다. 그러나 함수 f가 균등연속이라고 해서 반드시 f의 정의역이 유계인 닫힌구간은 아니다.

정리 37 균등연속정리 (uniform continuity theorem)

$I \subset R$가 유계인 닫힌구간이고 함수 $f : I \to R$가 연속이면, f는 균등연속이다.

예제 $A \subset R$에 대하여 함수 $f : A \to R$가 균등연속이라 하자. 이때 $\langle x_n \rangle$이 A에서 코시수열이면 $\langle f(x_n) \rangle$도 R에서 코시수열이다.

증명 임의의 실수 $\varepsilon > 0$에 대하여

$$|x-u| < \delta,\ x, u \in A \Rightarrow |f(x)-f(u)| < \varepsilon$$

을 만족하는 $\delta > 0$를 잡는다. 이때 $\langle x_n \rangle$이 코시수열이므로

$$m, n \geq K \Rightarrow |x_n - x_m| < \delta$$

를 만족하는 자연수 K가 존재한다. 따라서 $|f(x_n) - f(x_m)| < \varepsilon$이 성립한다. ■

일반적으로 연속함수 $f : A \to R$에 대하여 $\langle x_n \rangle$이 A에서 코시수열이지만, $\langle f(x_n) \rangle$은 R에서 코시수열이 아니다.

예 $f(x) = \dfrac{1}{x}$로 주어진 함수 $f : (0, 1) \to R$는 단위 열린구간 $(0, 1)$에서 연속이다. 이때 $x_n = \dfrac{1}{n}$으로 주어진 수열 $\langle x_n \rangle$은 코시수열이지만, $\langle f(x_n) \rangle = \langle n \rangle$은 R에서 코시수열이 아니다. 따라서 $f(x) = \dfrac{1}{x}$로 주어진 함수 $f : (0, 1) \to R$는 단위 열린구간 $(0, 1)$에서 균등연속이 아니다.

정리 38 콤팩트의 보존

$K \subset R$가 콤팩트이고 $f : K \to R$가 K에서 연속이면, 집합 $f[K]$는 콤팩트이다.

증명 $\{G_\alpha\}$를 $f[K]$의 열린덮개라고 하자. 그러면 f가 연속이므로 $f^{-1}[G_\alpha]$는 열린집합이고, K가 콤팩트이므로

$$K \subset f^{-1}[G_{\alpha_1}] \cup f^{-1}[G_{\alpha_2}] \cup \cdots \cup f^{-1}[G_{\alpha_n}]$$

을 만족하는 유한개의 집합 $G_{\alpha_1}, G_{\alpha_2}, \cdots, G_{\alpha_n}$이 존재한다. 그런데 임의의 $E \subset R$에 대하여 $f[f^{-1}[E]] \subset E$이므로 $f[K] \subset G_{\alpha_1} \cup \cdots \cup G_{\alpha_n}$이 성립한다. 따라서 $f[K]$는 콤팩트이다. ■

6. 함수열

$A \subset R$와 각 $n \in N$에 대하여 함수 $f_n : A \to R$이 존재할 때, A에서 R로의 **함수열**(sequence of functions)을 $\langle f_n \rangle_{n=1}^{\infty}$ 또는 간단히 $\langle f_n \rangle$으로 나타낸다. 일반적으로 집합 A에서 정의된 함수열 $\langle f_n \rangle$이 주어졌을 때, 각 $x \in A$에 함숫값 $f_n(x)$를 제n항으로 하는 수열 $\langle f_n(x) \rangle$를 대응시킬 수 있다.

(1) 점별수렴

함수열 $\langle f_n \rangle$의 수렴성은 각 점 $x \in A$에 대응된 수열 $\langle f_n(x) \rangle$의 수렴성을 통하여 정의된다. 점별수렴(점마다 수렴)은 함수열의 극한을 계산하는 데 있어서 매우 제한적이다.

정의 39 점별수렴

$A \subset R$에서 R로의 함수열 $\langle f_n \rangle$에 대하여, $f : A \to R$라고 하자. 이때 각 $x \in A$에 대하여

$$f(x) = \lim_{n \to \infty} f_n(x)$$

이면, 함수열 $\langle f_n \rangle$은 f로 **점별수렴**(pointwise convergence)한다고 한다. 이때 f를 $\langle f_n \rangle$의 A에서의 **점별극한**(pointwise limit), **점별극한함수**(pointwise limit function) 또는 간단히 **극한함수**(limit function)라 하고, $f = \lim_{n \to \infty} f_n$ 또는 $f_n \to f$, 때로는

$$f(x) = \lim_{n \to \infty} f_n(x) \text{ 또는 } f_n(x) \to f(x)$$

로 표기한다.

예제 각 $n \in N$에 대하여 $f_n(x) = \dfrac{nx}{1+n^2x^2}$로 정의된 함수 $f_n : R \to R$과 $f(x) = 0$으로 정의된 함수 $f : R \to R$를 생각하자. 이때 함수열 $\langle f_n \rangle$은 R에서 함수 f에 점별수렴한다.

증명 $x = 0$이면 $\lim_{n \to \infty} f_n(0) = 0$이다. 한편 $x \neq 0$일 때, 임의의 실수 $\varepsilon > 0$에 대하여 $\dfrac{1}{K} < \varepsilon|x|$을 만족하는 자연수 K를 택하면, $n \geq K$인 모든 $n \in N$에 대하여

$$\left| \frac{nx}{1+n^2x^2} \right| < \left| \frac{nx}{n^2x^2} \right| = \frac{1}{n|x|} \leq \frac{1}{K|x|} < \varepsilon$$

이 성립하므로 $\lim_{n \to \infty} f_n(x) = 0$이 된다. 따라서 함수열 $\langle f_n \rangle$은 R에서 $f(x) = 0$으로 정의된 함수 f에 점별수렴한다. ■

(2) 균등수렴

균등수렴이란 개념은 1850년 경에 스토크스, 코시, 바이어슈트라스 등에 의하여 독립적으로 정의되었다.

정의 40 균등수렴

$\langle f_n \rangle$이 $A \subset R$에서 R로의 함수열이고, $f : A \to R$라고 하자. 임의의 실수 $\varepsilon > 0$에 대하여, 이에 대응하는(ε에는 종속이지만 $x \in A$에는 독립) 자연수 K가 존재하여 $n \geq K$을 만족하는 모든 $n \in N$과 모든 $x \in A$에 대하여

$$|f_n(x) - f(x)| < \varepsilon$$

이 성립하면, 함수열 $\langle f_n \rangle$은 A에서 f로 **균등수렴**(uniform covergence) 또는 **평등수렴** 한다고 한다. 이때 f를 함수열 $\langle f_n \rangle$의 A에서의 **균등극한**(uniform limit) 또는 **균등극한 함수**(uniform limit function)라고 한다.

예제 각 $n \in N$에 대하여 $f_n(x) = \dfrac{\sin(nx+n)}{n}$으로 정의된 함수 $f_n : R \to R$과 $f(x) = 0$으로 정의된 함수 $f : R \to R$를 생각하자. 이때 함수열 $\langle f_n \rangle$은 R에서 함수 f에 균등수렴한다.

증명 임의의 실수 $\varepsilon > 0$에 대하여, $\dfrac{1}{K} < \varepsilon$을 만족하는 $K \in N$를 선택하자. 그러면 $n \geq K$인 모든 $n \in N$과 모든 $x \in R$에 대하여

$$|f_n(x) - f(x)| = \left| \frac{1}{n} \sin(nx+n) \right| \leq \frac{1}{n} \leq \frac{1}{K} < \varepsilon$$

이 성립하므로, 함수열 $\langle f_n \rangle$은 R에서 함수 f에 균등수렴한다. ■

함수열 $\langle f_n \rangle$이 A에서 함수 f에 균등수렴하면, 이 함수열은 A에서 f에 점별수렴함을 알 수 있다. 그러나 그 역은 성립하지 않는다.

참고 $A \subset R$에서 R로의 함수열 $\langle f_n \rangle$이 함수 $f : A \to R$에 균등수렴하지 않을 필요충분조건은 어떤 실수 $\varepsilon_0 > 0$에 대하여, $\langle f_n \rangle$의 부분함수열 $\langle f_{n_k} \rangle$와 A에서의 수열 $\langle x_k \rangle$가 존재하여

$$k \in N \Rightarrow |f_{n_k}(x_k) - f(x_k)| \geq \varepsilon_0$$

를 만족하는 것이다. □

예 각 $n \in N$에 대하여, 함수 $f_n : [0, 1] \to R$을 $f_n(x) = x^n$으로 정의하자. 그러면 함수열 $\langle f_n \rangle$은 단위 닫힌구간 $[0, 1]$에서

$$f(x)=\begin{cases}0, & x\in[0,1)\\ 1, & x=1\end{cases}$$

로 정의된 함수 $f:[0,1]\to R$에 점별수렴한다. 그러나

$$n_k=k,\ \ x_k=\left(\frac{1}{2}\right)^{\frac{1}{k}}$$

로 택하면 $\left|f_{n_k}(x_k)-f(x_k)\right|=\dfrac{1}{2}$이므로, 함수열 $\langle f_n\rangle$은 단위 닫힌구간 $[0,1]$에서 함수 f에 균등수렴하지 않는다.

균등수렴을 논의할 때, 유계인 함수들의 집합에서 균등노름의 개념을 사용하는 것이 편리하다. 함수 $f:A\to R$가 $A\subset R$에서 유계일 때, A에서 함수 f의 **균등노름**(uniform norm)을

$$\|f\|_A=\sup\{|f(x)|:x\in A\}$$

로 정의한다.

정리 41

$A\subset R$에서 R로의 유계인 함수열 $\langle f_n\rangle$이 A에서 함수 f에 균등수렴할 필요충분조건은 $\|f_n-f\|_A\to 0$이다.

증명 $A\subset R$에서 R로의 유계인 함수열 $\langle f_n\rangle$이 A에서 함수 f로 균등수렴하면, 임의의 실수 $\varepsilon>0$에 대하여

$$n\ge K,\ x\in A\Rightarrow |f_n(x)-f(x)|<\varepsilon$$

을 만족하는 자연수 K가 존재한다. 따라서 f는 유계이고 $n\ge K$일 때 $\|f_n-f\|_A\le\varepsilon$이므로, $\|f_n-f\|_A\to 0$이 된다. 이제 역이 성립함을 보이자. $\|f_n-f\|_A\to 0$이 성립하면 임의의 실수 $\varepsilon>0$에 대하여

$$n\ge K\Rightarrow \|f_n-f\|_A\le\varepsilon$$

을 만족하는 자연수 K가 존재한다. 그러므로

$$n\ge K,\ x\in A\Rightarrow |f_n(x)-f(x)|\le\varepsilon$$

이 성립한다. 따라서 함수열 $\langle f_n\rangle$은 A에서 함수 f로 균등수렴한다. ■

예 각 $n \in N$에 대하여 $f_n(x) = \dfrac{\sin(nx+n)}{n}$으로 정의된 함수 $f_n : R \to R$과, $f(x) = 0$으로 정의된 함수 $f : R \to R$를 생각하자. 이때 함수열 $\langle f_n \rangle$은 R에서 유계이고

$$\| f_n - f \|_R = \sup\left\{ \left| \frac{1}{n}\sin(nx+n) - 0 \right| : x \in R \right\} = \frac{1}{n}$$

이므로 $\| f_n - f \|_R \to 0$이 된다. 따라서 함수열 $\langle f_n \rangle$은 R에서 함수 f에 균등수렴한다.

예 각 $n \in N$에 대하여 $f_n : [0, 1] \to R$을 $f_n(x) = x^n$이라 하고, $f : [0, 1] \to R$를

$$f(x) = \begin{cases} 0, & x \in [0, 1) \\ 1, & x = 1 \end{cases}$$

로 정의하자. 그러면 각 $n \in N$에 대하여 $f_n(x) - f(x)$는 단위 닫힌구간 $[0, 1]$에서 유계이고, 임의의 $n \in N$에 대하여 $\| f_n - f \|_{[0,1]} = 1$이므로, $\| f_n - f \|_{[0,1]}$은 0으로 수렴하지 않는다. 따라서 함수열 $\langle f_n \rangle$은 단위 닫힌구간 $[0, 1]$에서 함수 f에 균등수렴하지 않는다.

(3) 극한의 교환

① 균등수렴과 연속성

정리 42 균등수렴과 연속성

$A \subset R$에서 정의된 연속인 함수열 $\langle f_n \rangle$이 함수 $f : A \to R$로 균등수렴하면, 함수 f는 A에서 연속이다.

예 각 $n \in N$에 대하여 함수 $f_n : [0, 1] \to R$을 $f_n(x) = x^n$으로 정의하자. 그러면 함수열 $\langle f_n \rangle$은 단위 닫힌구간 $[0, 1]$에서

$$f(x) = \begin{cases} 0, & x \in [0, 1) \\ 1, & x = 1 \end{cases}$$

로 정의된 함수 $f : [0, 1] \to R$에 점별수렴한다. 그런데 모든 f_n이 $x = 1$에서 연속이지만, 함수 f는 $x = 1$에서 불연속이고 미분가능하지 않다. 여기서 함수열 $\langle f_n \rangle$이 단위 닫힌구간 $[0, 1]$에서 f로 균등수렴하지 않음에 유의한다.

연속인 함수열의 균등수렴이 그 균등극한함수의 연속성을 보장하는 충분조건은 되지만 필요조건은 아니다.

예 각 $n \in N$에 대하여 $f_n(x) = \dfrac{nx}{1+n^2x^2}$로 정의된 함수 $f_n : R \to R$과, $f(x) = 0$으로 정의된 함수 $f : R \to R$를 생각하자. 이때 연속인 함수열 $\langle f_n \rangle$은 단위 닫힌구간 $[0, 1]$에서 연속함수 f에 점별수렴하지만 균등수렴하지는 않는다.

② 균등수렴과 미분가능성

$A \subset R$에서 정의된 미분가능한 함수열 $\langle f_n \rangle$이 A에서 함수 f에 점별수렴하거나 또는 균등수렴한다고 할 때, 다음 두 문제

(I) 함수 f가 A에서 미분가능한가?

(II) 함수 f가 미분가능하면, 각 $x \in A$에 대하여 $\lim_{n \to \infty} f_n'(x) = f'(x)$인가?

에 대한 답은 모두 부정적이다.

$A \subset R$에서 정의된 미분가능한 함수열 $\langle f_n \rangle$이 A에서 f에 점별수렴하거나 또는 균등수렴한다고 할지라도 함수 f는 미분가능하지 않을 수 있다. 또한 미분가능한 함수 f에 점별수렴하거나 또는 균등수렴한다고 할지라도 $\langle f_n' \rangle$이 A에서 f'에 수렴하지 않을 수 있다.

참고 (1) 각 $n \in N$에 대하여 함수 $f_n : R \to R$을

$$f_n(x) = \sum_{k=0}^{n} \frac{1}{2^k} \cos 3^k x$$

로 정의하면, 함수열 $\langle f_n \rangle$은 R에서 함수

$$f(x) = \sum_{k=0}^{\infty} \frac{1}{2^k} \cos 3^k x$$

로 균등수렴한다. 이때 f_n은 R에서 미분가능하지만, 함수 f는 R의 모든 점에서 미분가능하지 않다. 따라서 $\langle f_n \rangle$이 균등수렴하는 경우에도 문제 (I)이 성립하지 않음을 알 수 있다.

(2) 각 $n \in N$에 대하여 함수 $f_n : [0, \pi] \to R$을

$$f_n(x) = \frac{\sin nx}{\sqrt{n}}$$

로 정의하면, 함수열 $\langle f_n \rangle$은 닫힌구간 $[0, \pi]$에서 $f(x)=0$으로 정의된 함수 $f:[0, \pi] \to R$로 균등수렴한다. 그러나 각 $n \in N$에 대하여 함수 f_n은 닫힌구간 $[0, \pi]$에서 미분가능하고 모든 $n \in N$에 대하여 $f_n'(x) = \sqrt{n} \cos nx$이므로, $[0, \pi]$에서

$$\lim_{n \to \infty} f_n'(x) \neq f'(x) = 0$$

이다. 그러므로 함수열이 균등수렴할 경우에도 문제 (I)은 성립하지만, 문제 (II)는 성립하지 않을 수도 있다. □

정리 43 균등수렴과 미분가능성

닫힌구간 $[a, b]$에서 R로의 미분가능한 함수열 $\langle f_n \rangle$이 다음 두 조건

(1) 어떤 점 $x_0 \in [a, b]$에서 수열 $\langle f_n(x_0) \rangle$가 수렴한다.

(2) 도함수열 $\langle f_n' \rangle$이 $[a, b]$에서 함수 g로 균등수렴한다.

를 만족하면, 함수열 $\langle f_n \rangle$은 $[a, b]$의 모든 점에서 도함수를 갖는 함수 f로 균등수렴하고, $f' = g$가 된다.

③ 균등수렴과 적분가능성

닫힌구간 $[a, b]$에서 정의된 적분가능한 함수열 $\langle f_n \rangle$이 $[a, b]$에서 함수 f에 점별수렴하거나 또는 균등수렴한다고 할 때, 다음 두 문제

(I) 함수 f가 $[a, b]$에서 적분가능한가?

(II) 함수 f가 $[a, b]$에서 적분가능하면, $\lim_{n \to \infty} \int_a^b f_n\, dx = \int_a^b f\, dx$인가?

에 대한 답을 생각해 보자.

적분가능한 함수열 $\langle f_n \rangle$이 닫힌구간 $[a, b]$에서 함수 f에 점별수렴할 경우는 문제 (I)과 (II)에 대한 답은 모두 부정적이다. 그러나 함수열 $\langle f_n \rangle$이 닫힌구간 $[a, b]$에서 함수 f에 균등수렴할 경우는 문제 (I)과 (II)에 대한 답은 모두 긍정적이다.

정리 44 균등수렴과 적분가능성

닫힌구간 $[a, b]$에서 정의된 적분가능한 함수열 $\langle f_n \rangle$이 $[a, b]$에서 함수 f로 균등수렴하면, f도 $[a, b]$에서 적분가능하고

$$\lim_{n \to \infty} \int_a^b f_n(x)\,dx = \int_a^b f(x)\,dx$$

가 성립한다.

연습문제 2.2

EXERCISES

1. 다음 각 집합의 집적점을 구하시오.

(1) 모든 정수의 집합 Z

(2) $\left\{\frac{1}{2}, \frac{1}{4}, \frac{3}{4}, \frac{1}{8}, \frac{7}{8}, \frac{1}{16}, \frac{15}{16}, \cdots\right\}$

2. x가 실수일 때, x에 수렴하는 증가하는 유리수열 $\langle r_n \rangle$이 존재함을 보이시오.

3. 수열 $\langle x_n \rangle$에 대하여

$$|x_{n+2} - x_{n+1}| \le C|x_{n+1} - x_n| \ (\text{단}, \ n \in N)$$

을 만족하는 상수 C (단, $0 < C < 1$)가 존재하면, $\langle x_n \rangle$을 **축약수열**(contractive sequence)이라 한다. 이때 $\langle x_n \rangle$이 축약수열이면, $\langle x_n \rangle$은 수렴함을 보이시오.

4. $A \subset R$, $f : A \to R$이고 $c \in R$를 A의 한 집적점이라 할 때, $a \le f(x) \le b$ (단, $x \in A$, $x \ne c$)이고 $\lim_{x \to c} f = L$이면 $a \le L \le b$가 성립함을 보이시오.

5. 연속함수 $f : [a, b] \to R$에 대하여

$$L - \frac{1}{n} \le f(x_n) \le L + \frac{1}{n^2} \ (\text{단}, n = 1, 2, \cdots)$$

을 만족하는 수열 $\langle x_n \rangle$이 존재한다고 하자. 이때 $\lim_{n \to \infty} x_n = c$이면 $f(c) = L$이 됨을 보이시오.

6. $A = \{x \in R \mid x > 0\}$에 대하여 함수 $h : A \to R$를

$$h(x) = \begin{cases} \frac{1}{n}, & x\text{가 } x = \frac{m}{n} \text{ (기약분수로 표시되는 유리수)} \\ 0, & x\text{가 무리수} \end{cases}$$

으로 정의할 때, h는 A의 모든 무리수에 대하여 연속이고, A의 모든 유리수에 대하여는 불연속이 됨을 보이시오.

7. R에서 정의된 두 실가함수 f, g가 R에서 연속일 때, 집합 $\{x \in R \mid f(x) = g(x)\}$는 닫힌집합임을 보이시오.

8. $A \subset R,\ f : A \to R$일 때, 모든 $x,\ u \in A$에 대하여

$$|f(x) - f(u)| \le K|x - u|$$

을 만족하는 상수 $K > 0$가 존재하면, 함수 f를 **리프시츠 함수**(Lipschitz function)라고 한다. 이때 $A \subset R$에 대하여 $f : A \to R$가 리프시츠 함수이면, f는 A에서 균등연속임을 보이시오.

9. 구간 $I \subset R$에서 $f'(x)$가 존재하고 $f'(x)$가 유계일 경우, 함수 $f : I \to R$는 I에서 균등연속임을 보이시오.

2.3 공간의 위상

1. 평면의 위상

평면 R^2에서, 중심을 $p = \langle a_1, a_2 \rangle$에 두고 반지름이 $\delta > 0$인 **열린원판**(open disk) D_p는

$$D_p = \left\{ \langle x, y \rangle \mid (x-a_1)^2 + (y-a_2)^2 < \delta^2 \right\} = \left\{ q \in R^2 \mid d(p, q) < \delta \right\}$$

로 주어진 R^2의 부분집합이다. 여기서 $d(p, q)$는 R^2의 임의의 두 점 $p = \langle a_1, a_2 \rangle$와 $q = \langle b_1, b_2 \rangle$ 사이의 보통거리, 즉

$$d(p, q) = \sqrt{(b_1 - a_1)^2 + (b_2 - a_2)^2}$$

을 나타낸다.

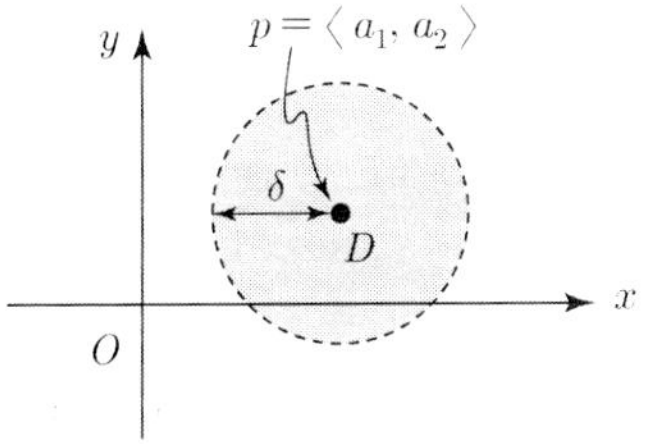

| 그림 2.3 |

실직선 R의 위상에서 열린구간이 중심 역할을 하는 것처럼, 열린원판은 평면 R^2의 위상에서 중심 역할을 한다.

$A \subset R^2$일 때, $p \in A$에 대하여 $p \in D_p \subset A$를 만족하는 어떤 열린원판 D_p가 존재할 때, 점 p를 A의 **내점**이라 하고, A의 모든 내점의 집합을 A의 **내부**라 하며, $\mathrm{int}(A)$로 나타낸다. 또한 R^2에서 경계점과 경계에 대한 정의는 R에서와 유사하다.

예 R^2에서 선분의 내부, 그리고 한 점과 원주의 내부도 어느 것이나 공집합 $\varnothing$가 된다. 한편 R^2의 내부는 R^2 자체이고, 공집합 $\varnothing$의 내부도 $\varnothing$ 자체가 된다. 또한 한 점 p의 열린원판 D_p의 내부도 D_p 자체가 된다.

정의 1 열린집합

$O \subset R^2$에 대하여 $\operatorname{int}(O) = O$를 만족할 때, O를 R^2에서 **열린집합** 또는 $\mathscr{U}$**-열린집합**이라 한다.

O가 R^2에서 열린집합이라 함은 O의 모든 점이 O의 내점인 경우이다.

예 R^2에서 한 점 p의 열린원판 D_p, 전 평면 R^2과 공집합 $\varnothing$는 R^2에서 열린집합이다. 또한 R^2에서 유한개의 점을 제거한 집합도 R^2에서 열린집합이 된다.

예제 R^2에서 임의의 두 열린원판

$$D_1 = \left\{ q \in R^2 \mid d(p_1, q) < \delta_1 \right\},\ D_2 = \left\{ q \in R^2 \mid d(p_2, q) < \delta_2 \right\}$$

의 교집합은 또한 열린집합이나.

증명 임의의 $p_0 \in D_1 \cap D_2$에 대하여

$$d(p_1, p_0) < \delta_1,\ d(p_2, p_0) < \delta_2$$

이다. 이때

$$\delta = \min\{\delta_1 - d(p_1, p_0),\ \delta_2 - d(p_2, p_0)\} > 0$$

라 놓고 $D = \left\{ q \in R^2 \mid d(p_0, q) < \dfrac{1}{2}\delta \right\}$라 하면 $p_0 \in D \subset D_1 \cap D_2$, 즉 p_0는 $D_1 \cap D_2$의 내점이다.

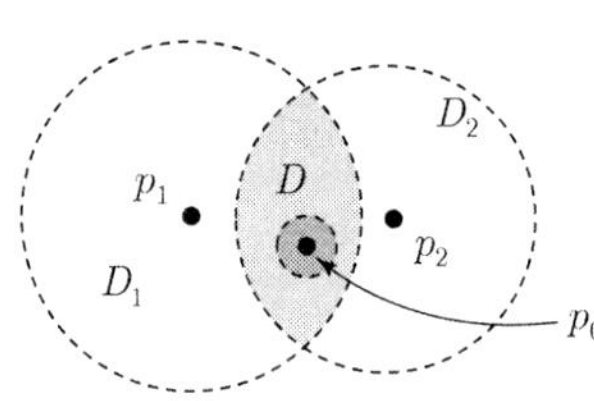

| 그림 2.4 | ■

R^2에서 열린집합을 정의하는 것을 R^2에 '**위상**'을 부여한다고 한다. 즉 R^2에 하나의 위상을 준다는 것은 R^2에서 열린집합을 정의하는 것과 같은 의미이다.

정리 2

(1) O_1과 O_2가 R^2에서 열린집합이면, $O_1 \cap O_2$도 R^2에서 열린집합이다.

(2) $\{O_\lambda\}_{\lambda \in \Lambda}$가 R^2에서 임의의 열린집합족이면, $\bigcup_{\lambda \in \Lambda} O_\lambda$도 R^2에서 열린집합이다.

참고 R^2에서 한 점 p의 무한히 많은 열린원판의 교집합은 열린집합이 아님에 유의한다. □

정의 3 집적점

$A \subset R^2$일 때, $p \in R^2$에 대하여 p를 포함하는 모든 열린집합 G가 p와 서로 다른 A의 점을 포함할 때, p를 A의 **집적점** 또는 **극한점**이라 한다.

예 R^2의 부분집합 $A = \{\langle x, y \rangle \mid y = \sin(1/x),\ x > 0\}$에서, 점 $p = \left\langle 0, \frac{1}{2} \right\rangle$은 A의 집적점이다. 왜냐하면 p를 포함하는 임의의 열린원판이 p 이외의 A 점을 포함하기 때문이다. 실제로 $B = \{\langle x, y \rangle \mid x = 0,\ -1 \le y \le 1\}$의 모든 점은 A의 집적점이다.

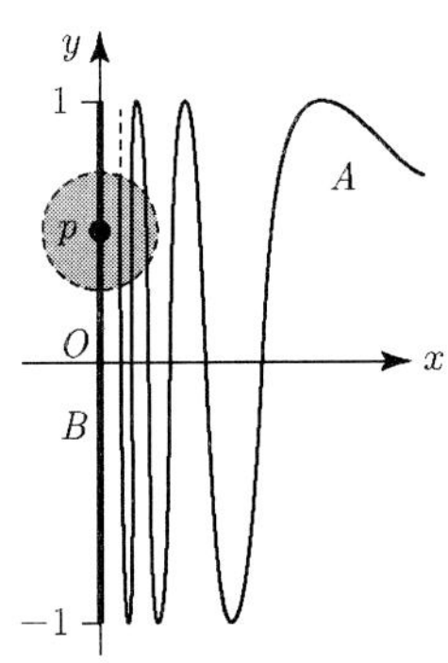

▌그림 2.5▐

정의 4 닫힌집합

R^2의 부분집합 F의 여집합 F^c가 열린집합일 때, F를 **닫힌집합**이라 한다.

예 R^2에서 단원집합 A는 닫힌집합이다. 왜냐하면 A^c가 열린집합이기 때문이다. 또한 R^2에서 전 평면 R^2과 공집합 $\varnothing$는 R^2에서 닫힌집합이다.

예 R^2에서 선분, 원과 포물선, 그리고 쌍곡선 등도 닫힌집합이다. 그러나 양 끝점을 포함하지 않는 선분 A는 R^2에서 닫힌집합이 아니다. 왜냐하면 A의 여집합 A^c는 R^2에서 열린집합이 아니기 때문이다.

정리 5

(1) F_1과 F_2가 R^2에서 닫힌집합이면, $F_1 \cup F_2$도 R^2에서 닫힌집합이다.

(2) $\{F_\lambda\}_{\lambda \in \Lambda}$가 R^2에서 임의의 닫힌집합족이면, $\bigcap_{\lambda \in \Lambda} F_\lambda$도 R^2에서 닫힌집합이다.

참고 R^2의 부분집합 A가 닫힌집합이 되기 위한 필요충분조건은 A의 모든 집적점이 A에 속하는 것, 즉 $A' \subset A$이다. 또한 점 $p \in X$와 공집합이 아닌 X의 부분집합 A 사이의 거리를

$$d(p, A) = \inf\{d(p, a) \mid a \in A\}$$

로 정의할 때, R^2의 부분집합 A가 닫힌집합이 되기 위한 필요충분조건은

$$d(p, A) = 0 \Rightarrow p \in B$$

이다(4.1절 연습문제 참조). □

정의 6 수열의 극한

$\langle p_n \rangle$이 R^2의 수열일 때 $q \in R^2$를 포함하는 임의의 열린집합 V에 대하여

$$n \geq K \Rightarrow p_n \in V$$

를 만족하는 자연수 K가 존재하면, 수열 $\langle p_n \rangle$은 q로 **수렴한다**고 한다. 이때 q를 수열 $\langle p_n \rangle$의 **극한**이라고 한다.

R^2에서 수렴의 개념은 R에 있어서 수렴의 개념을 사용하여 특징화한다.

예 R^2에서 $p_n = \langle a_n, b_n \rangle$으로 주어진 수열 $\langle p_n \rangle$과 $q = \langle a, b \rangle \in R^2$에 대하여 $p_n \to q$이기 위한 필요충분조건은 $a_n \to a$이고 $b_n \to b$이다.

정의 7 연속함수

함수 $f : R^2 \to R^2$에 대하여 $p \in R^2$일 때, $f(p)$를 포함하는 임의의 열린집합 $V_{f(p)}$에 대하여

$$f[U_p] \subset V_{f(p)}$$

를 만족하는 p를 포함하는 열린집합 U_p가 존재하면 f는 p에서 **연속**이라고 하고, R^2의 모든 점에서 연속이면 f는 R^2에서 연속이라고 한다.

참고 함수 $f : R^2 \to R^2$가 연속이기 위한 필요충분조건은 모든 열린집합의 f에 의한 역상이 열린집합으로 되는 것이다. □

2. R^3의 위상

3차원공간 R^3에 위상을 도입하는 방법도 R과 R^2인 경우와 비슷하다. R^3에서, 중심을 $p = \langle a_1, a_2, a_3 \rangle$에 두고 반지름이 $\delta > 0$인 **열린구**(open ball) B_p는

$$B_p = \left\{ \langle x, y, z \rangle \mid (x-a_1)^2 + (y-a_2)^2 + (z-a_3) < \delta^2 \right\} = \{ q \in R^3 \mid d(p, q) < \delta \}$$

로 주어진 R^3의 부분집합이다. $A \subset R^3$에 대하여 집합 A의 내부라든가, A가 R^3에서 열린집합 또는 닫힌집합, 수열의 수렴과 연속함수에 대한 정의는 R과 R^2에서와 유사하다.

예 선분, 원과 포물선, 그리고 쌍곡선 등은 어느 것이나 R에서 닫힌집합이므로, R^2과 R^3에서도 닫힌집합이 된다.

참고 R과 R^2은 R^3에서 닫힌집합이다. 따라서 평면도형 F가 R 또는 R^2에서 닫힌집합이면, R^3에서도 닫힌집합이 된다. 그러나 열린집합에 대해서는 이와 같은 성질이 성립하지 않는다. 왜냐하면 R이 R^2에서 열린집합이 아니고, 또한 R^2이 R^3에서 열린집합이 아니기 때문이다. □

정리 8

A가 R^n (단, $n = 1, 2, 3$)에서 콤팩트일 필요충분조건은 A가 유계인 닫힌집합일 경우이다.

예 단원집합은 R^n (단, $n=1, 2, 3$)에서 유계이고 닫힌집합이므로 콤팩트가 된다. 또한 R^n에서 유한개의 점으로 주어진 집합도 콤팩트이다. 그러나 R과 포물선, 그리고 쌍곡선은 콤팩트가 아니다. 왜냐하면 이들은 닫힌집합이지만 유계가 아니기 때문이다. 같은 이유로 R^2와 R^3도 콤팩트가 아니다.

연습문제 2.3

EXERCISES

1. R^2의 모든 열린부분집합 G는 열린원판의 합집합임을 보이시오.

2. $A \subset R^2$일 때, $p \in R^2$가 A의 집적점이면 p를 포함하는 임의의 열린집합은 A의 무한개의 점을 포함함을 보이시오.

3. R^2의 모든 열린부분집합 G는 가산개의 열린원판의 합집합임을 보이시오.

4. 중심을 $p \in R^2$에 두고 반지름이 δ인 열린원판 D_p에 대하여, 다음 세 조건
   (1) D의 중심이 유리좌표를 갖는다.
   (2) D의 반지름이 유리수이다.
   (3) $p \in D \subset D_p$

   을 만족하는 열린원판 D가 존재함을 보이시오.

5. R^2의 부분집합 F가 닫힌집합이 되기 위한 필요충분조건은 F의 모든 집적점이 F에 속하는 것임을 보이시오.

6. R^2의 임의의 부분집합 A의 유도집합 A'은 닫힌집합임을 보이시오.

7. 함수 $f : R^2 \to R^2$가 연속이기 위한 필요충분조건은 모든 열린집합 V의 역상이 열린집합으로 되는 것임을 보이시오.

제3장
일반위상공간

3.1 일반위상공간

실수의 성질 중 '거리' 개념을 사용하지 않고 단지 실수의 열린집합이 갖는 몇 가지 성질만을 추상화하여 일반위상공간을 도입한다.

1. 위상공간

정의 1 위상공간

X를 공집합이 아닌 집합이라 하자. 이때 X의 부분집합족 $\mathscr{T}$가 다음 세 조건

[O_1] X와 $\varnothing$는 $\mathscr{T}$에 속한다.

[O_2] $\mathscr{T}$의 임의개의 원소들의 합집합은 $\mathscr{T}$에 속한다.

[O_3] $\mathscr{T}$에 속하는 임의의 두 집합의 교집합은 $\mathscr{T}$에 속한다.

를 만족하면, $\mathscr{T}$를 X상의 **위상**(topology)이라 한다. 이때 $\mathscr{T}$의 원소를 **$\mathscr{T}$-열린집합**($\mathscr{T}$-open set), 또는 간단히 **열린집합**이라 정의하고, $(X, \mathscr{T})$를 **위상공간**(topological space)이라 한다.

참고 위의 세 조건 [O_1], [O_2]와 [O_3]는 다음 두 조건

[O_1*] $\mathscr{T}$의 임의개의 원소들의 합집합은 $\mathscr{T}$에 속한다.

[O_2*] $\mathscr{T}$에 속하는 임의의 유한개의 교집합은 $\mathscr{T}$에 속한다.

와 동치이다. 왜냐하면 [O_1*]로부터

$$\cup\{G \in \mathscr{T} \mid G \in \varnothing\} = \varnothing$$

이므로, 공집합 $\varnothing$는 $\mathscr{T}$에 속하고, 또한 [O_2*]에서부터

$$\cap\{G \in \mathscr{T} \mid G \in \varnothing\} = X$$

이므로, X는 $\mathscr{T}$에 속하기 때문이다. □

2장에서는 집합의 모든 점이 내점인 집합을 열린집합으로 정의하였다. 그러나 이 장에서는 $\mathscr{T}$에 속하는 원소를 열린집합으로 먼저 정의하고 내점을 나중에 정의한다.

예 $\mathscr{U}$를 실수의 모든 열린집합족이라 할 때, $\mathscr{U}$는 $[O_1]$, $[O_2]$와 $[O_3]$를 만족한다. 즉 $\mathscr{U}$는 R상의 위상이 된다. 이 경우 $\mathscr{U}$를 R상의 **보통위상**이라 하고, $(R, \mathscr{U})$를 **보통위상공간**(usual topological space)이라 한다. 마찬가지로 평면 R^2의 모든 열린집합족 $\mathscr{U}$도 R^2상의 위상이 되는데, 이 경우 $\mathscr{U}$를 R^2상의 보통위상이라 하고, $(R^2, \mathscr{U})$도 보통위상공간이라 한다. 이 책을 서술함에 있어 앞으로 특별한 언급이 없는 한, R과 R^2상의 위상은 보통위상 $\mathscr{U}$를 전제로 한다. 이때 보통위상 $\mathscr{U}$가 주어진 R과 R^2을 각각 실직선 R과 평면 R^2 또는 간단히 R과 R^2으로 표기한다.

예 임의의 $q \in Q$에 대하여, 무한열린구간 $A_q = (q, \infty)$를 생각하자. 그러면 R, $\varnothing$와 $q \in Q$일 때 A_q로 이루어지는 R의 부분집합족 $\mathscr{I} = \{R, \varnothing, A_q\}$는 R상의 위상이 아니다. 왜냐하면

$$A = \cup \{A_q \mid q > \sqrt{2},\ q \in Q\} = (\sqrt{2}, \infty)$$

는 $\mathscr{I}$의 원소의 합집합이지만, $\sqrt{2}$가 무리수이므로, $A \notin \mathscr{I}$이다. 따라서 $[O_2]$를 만족하지 않으므로 $\mathscr{I}$는 R상의 위상이 아니다.

예제 $X = \{a, b, c, d, e\}$일 때, 다음 부분집합족

$$\mathscr{T}_1 = \{X, \phi, \{a\}, \{c, d\}, \{a, c, d\}, \{b, c, d, e\}\}$$
$$\mathscr{T}_2 = \{X, \phi, \{a\}, \{c, d\}, \{a, c, d\}, \{b, c, d\}\}$$
$$\mathscr{T}_3 = \{X, \phi, \{a\}, \{c, d\}, \{a, c, d\}, \{a, b, d, e\}\}$$

에 대하여 생각하자. 이때 X상의 위상이 되는 것은 어느 것인가?

풀이 (1) $\mathscr{T}_1$은 $[O_1]$, $[O_2]$와 $[O_3]$를 만족하므로 X상의 위상이 된다.

(2) $\mathscr{T}_2$의 두 집합 $\{a, c, d\}$, $\{b, c, d\}$의 합집합

$$\{a, c, d\} \cup \{b, c, d\} = \{a, b, c, d\}$$

가 $\mathscr{T}_2$에 속하지 않으므로, $\mathscr{T}_2$는 $[O_2]$를 만족하지 않는다. 따라서 $\mathscr{T}_2$는 X상의 위상이 아니다.

(3) $\mathscr{T}_3$의 두 집합 $\{a, c, d\}$, $\{a, b, d, e\}$의 교집합

$$\{a, c, d\} \cap \{a, b, d, e\} = \{a, d\}$$

가 $\mathscr{T}_3$에 속하지 않으므로, $\mathscr{T}_3$는 $[O_3]$를 만족하지 않는다. 따라서 $\mathscr{T}_3$는 X상의 위상이 아니다. ∎

예제 임의의 $a \in R$에 대하여, 무한열린구간 $E_a = (a, \infty)$를 생각하자. 그러면 R, $\varnothing$와 $a \in R$일 때 E_a로 이루어지는 R의 부분집합족 $\mathscr{T} = \{R, \varnothing, E_a\}$는 R상의 위상이다.

증명 R과 공집합 $\varnothing$가 $\mathscr{T}$에 속하므로, $\mathscr{T}$는 $[O_1]$을 만족한다. 한편 $\mathscr{T}$가 집합의 포함관계에 의하여 완전순서를 이루므로 $\mathscr{T}$는 $[O_3]$를 만족한다. 이제 $\mathscr{A}$가 $\mathscr{T} \setminus \{X, \varnothing\}$의 부분집합족, 즉 실수의 어떤 집합 I에 대하여 $\mathscr{A} = \{E_i \mid i \in I\}$일 때, $\cup_i E_i$가 $\mathscr{T}$에 속함을 밝힌다. 만일 I가 아래로 유계가 아니면, $\cup_i E_i = R$이다. 또한 만약 I가 아래로 유계, 즉 $\inf(I) = i_0$이면 $\cup_i E_i = (i_0, \infty) = E_{i_0}$이다. 어느 경우에서나 $\cup_i E_i \in \mathscr{T}$이다 따라서 $\mathscr{T}$는 $[O_2]$를 만족한다. ■

정리 2

$f : X \to Y$가 공집합이 아닌 집합 X에서 위상공간 $(Y, \mathscr{U})$로의 함수일 때, Y의 열린 집합의 f에 의한 역상의 집합족 $\mathscr{T} = \{f^{-1}[G] \mid G \in \mathscr{U}\}$는 X상의 위상이다.

증명 $\mathscr{U}$가 위상이므로, $Y, \varnothing \in \mathscr{U}$이다. 이때 $X = f^{-1}[Y]$이고 $\varnothing = f^{-1}[\varnothing]$이므로, $X, \varnothing \in \mathscr{T}$이다. 따라서 $[O_1]$을 만족한다. 이제 $\{A_i\}$를 $\mathscr{T}$에 속하는 집합족이라 하면, $A_i = f^{-1}[G_i]$로 되는 $G_i \in \mathscr{U}$가 존재한다. 따라서

$$\cup_i A_i = \cup_i f^{-1}[G_i] = f^{-1}[\cup_i G_i]$$

를 얻는다. 그런데 $\mathscr{U}$가 위상이므로, $\cup_i G_i \in \mathscr{U}$이다. 그러므로 $\cup_i A_i \in \mathscr{T}$이고 $\mathscr{T}$는 $[O_2]$를 만족한다. 마지막으로 $A_1, A_2 \in \mathscr{T}$라고 하면

$$A_1 = f^{-1}[G_1],\ A_2 = f^{-1}[G_2]$$

를 만족하는 $G_1, G_2 \in \mathscr{U}$가 존재한다. 그런데

$$A_1 \cap A_2 = f^{-1}[G_1] \cap f^{-1}[G_2] = f^{-1}[G_1 \cap G_2]$$

이고, $G_1, G_2 \in \mathscr{U}$이므로 $A_1 \cap A_2 \in \mathscr{T}$이다. 따라서 $[O_3]$를 만족한다. ■

참고 $f : X \to Y$가 위상공간 $(X, \mathscr{T})$에서 공집합이 아닌 집합 Y로의 함수일 때, X의 열린집합의 f에 의한 상의 집합족 $\mathscr{U} = \{f[G] \mid G \in \mathscr{T}\}$는 Y상의 위상이 될 수 없다. 예를 들면 $X = \{a, b\}$, $Y = \{c, d\}$이고 X상의 위상을 $\mathscr{T} = \{X, \varnothing\}$라 할 때, $f(a) = f(b) = c$로 정의된 함수 $f : X \to Y$에 대하여 $\mathscr{U} = \{\varnothing, \{c\}\}$이므로, $\mathscr{U}$는 Y상의 위상이 아니다. □

정의 3 이산위상공간

$\mathscr{D}$가 X의 모든 부분집합족, 즉 멱집합일 때 $\mathscr{D}$는 X상의 위상이 된다. 이와 같은 위상 $\mathscr{D}$를 X상의 **이산위상**(discrete topology)이라 하고, $(X, \mathscr{D})$를 **이산위상공간**(discrete topological space) 또는 간단히 **이산공간**(discrete space)이라 한다.

공집합 $\varnothing$와 X의 부분집합의 여집합이 유한인 모든 부분집합족을 $\mathfrak{I}$로써 나타내면, 즉

$$\mathfrak{I} = \{ X \setminus F \mid F\text{는 유한집합} \} \cup \{ \varnothing \}$$

는 X상의 위상이 된다. 이와 같은 위상 $\mathfrak{I}$를 X상의 **여유한위상**(cofinite topology) 또는 **유한여집합위상**(finite complement topology)이라 한다. 이때 $(X, \mathfrak{I})$를 **여유한위상공간**(cofinite topological space), 간단히 **여유한공간**(cofinite space)이라 한다.

참고 X가 유한집합일 때, X상의 여유한위상은 이산위상이 된다. □

정의 4 밀착위상공간

X와 공집합 $\varnothing$만으로 이루어지는 집합족 $\mathscr{I} = \{X, \varnothing\}$는 X상의 위상이 된다. 이와 같은 위상 $\mathscr{I}$를 X상의 **밀착위상**(discrete topology) 또는 **비이산위상**이라 한다. 이때 $(X, \mathscr{I})$를 **밀착위상공간**(indiscrete topological space) 간단히 **밀착공간**(indiscrete space), 또는 **비이산위상공간** 간단히 **비이산공간**이라 한다.

공집합 $\varnothing$와 X의 부분집합의 여집합이 가산인 모든 부분집합족을 $\mathfrak{I}_c$로써 나타내면, 즉

$$\mathfrak{I}_c = \{ X \setminus F \mid F\text{는 가산집합} \} \cup \{ \varnothing \}$$

는 X상의 위상이 된다. 이와 같이 무한집합 X에 대하여, 공집합 $\varnothing$와 가산부분집합의 여집합으로 구성되는 X상의 위상 $\mathfrak{I}_c$를 X상의 **여가산위상**(cocountable topology)이라 한다. 이때 $(X, \mathfrak{I}_c)$를 **여가산위상공간**(cocountable topological space), 또는 간단히 **여가산공간**(cocountable space)이라 한다.

정리 5

X상의 임의의 두 위상 $\mathscr{T}_1$과 $\mathscr{T}_2$의 교집합 $\mathscr{T}_1 \cap \mathscr{T}_2$는 X상의 위상이 된다.

증명 X와 공집합 $\varnothing$는 $\mathscr{T}_1$과 $\mathscr{T}_2$에 모두 속하므로, X와 $\varnothing$는 각각 교집합 $\mathscr{T}_1 \cap \mathscr{T}_2$에

속한다. 즉 $\mathscr{T}_1 \cap \mathscr{T}_2$는 $[O_1]$을 만족한다. 한편 $G, H \in \mathscr{T}_1 \cap \mathscr{T}_2$이면 $G, H \in \mathscr{T}_1$, $G, H \in \mathscr{T}_2$이고, 이때 $\mathscr{T}_1$과 $\mathscr{T}_2$가 X상의 위상이므로 $G \cap H \in \mathscr{T}_1$이고 $G \cap H \in \mathscr{T}_2$가 된다. 따라서

$$G \cap H \in \mathscr{T}_1 \cap \mathscr{T}_2$$

즉 $\mathscr{T}_1 \cap \mathscr{T}_2$는 $[O_3]$를 만족한다. 같은 방법으로 $\mathscr{T}_1 \cap \mathscr{T}_2$는 $[O_2]$를 만족한다. ■

정리 5는 임의의 위상족으로 일반화할 수 있다. 즉 $\{\mathscr{T}_i \mid i \in I\}$를 집합 X상의 위상족이라 하면, 교집합 $\cap_i \mathscr{T}_i$는 또한 X상의 위상이 된다. 그러나 임의의 두 위상의 합은 위상이 될 수 없음에 유의한다.

예 $X = \{a, b, c\}$상의 두 위상, $\mathscr{T}_1 = \{X, \varnothing, \{a\}\}$과 $\mathscr{T}_2 = \{X, \varnothing, \{b\}\}$에 대하여, 이들의 합집합

$$\mathscr{T}_1 \cup \mathscr{T}_2 = \{X, \varnothing, \{a\}, \{b\}\}$$

는 $[O_2]$를 만족하지 않으므로, X상의 위상이 아니다.

점 $p \in X$를 포함하는 열린집합 G를 p의 **열린근방**(open neighborhood)이라 하고, p를 제외한 G, 즉 $G \setminus \{p\}$를 p가 **삭제된 열린근방**(deleted open neighborhood)이라 한다.

2. 닫힌집합

(1) 집적점

정의 6 집적점과 유도집합

위상공간 $(X, \mathscr{T})$에 대하여, $A \subset X$라 하자. 이때 p를 포함하는 임의의 열린집합 G가 p 이외의 A의 점을 포함할 때, 즉

$$G\text{가 열린집합이고 } p \in G\text{이면, } (G \setminus \{p\}) \cap A \neq \varnothing$$

를 만족할 때, 점 $p \in X$를 A의 **집적점** 또는 **극한점**이라고 한다. 한편 A의 집적점의 집합을 A'으로 표현하고, A'을 A의 **유도집합**이라 한다.

예 $X = \{a, b, c, d, e\}$상의 위상을 $\mathscr{T} = \{X, \varnothing, \{a\}, \{c, d\}, \{a, c, d\}, \{b, c, d, e\}\}$로 정의하고, X의 부분집합 $A = \{a, b, c\}$를 생각한다. 이때 $b \in X$는 A의 집적점이

된다. 왜냐하면 b를 포함하는 열린집합은 $\{b, c, d, e\}$와 X이고, 이들 각각은 b 이외의 A의 점 c를 포함하기 때문이다. 그러나 a를 포함하는 열린집합 $\{a\}$는 a 이외의 A의 점을 포함하지 않으므로 점 $a \in X$는 A의 집적점이 아니다.

같은 방법으로 점 d와 e는 A의 집적점이고 점 c는 A의 집적점이 아니다. 따라서 A의 도집합은 $A' = \{b, d, e\}$이다.

예 $(X, \mathscr{I})$가 밀착위상공간이면, X는 임의의 점 $p \in X$를 포함하는 유일한 열린집합이다. 따라서 p는 공집합 $\varnothing$와 p만을 포함하는 집합, 즉 단원집합 $\{p\}$를 제외한 X의 모든 부분집합의 집적점이 된다. 따라서 X의 임의의 부분집합 A의 유도집합 A'은

$$A' = \begin{cases} \varnothing & , A = \varnothing \\ \{p\}^c = X \setminus \{p\} & , A = \{p\} \\ X & , A\text{가 두 개 이상의 점을 포함할 때} \end{cases}$$

로 주어진다. 한편 $(X, \mathscr{D})$가 이산위상공간이면, X의 부분집합 A의 유도집합은 $A' = \varnothing$이다.

참고 임의의 $a \in R$에 대하여, 무한열린구간 $E_a = (a, \infty)$를 생각하자. 이때 모든 실수의 집합 R상의 위상 $\mathscr{T} = \{R, \varnothing, E_a\}$에 대하여 모든 정수의 집합 Z의 유도집합은 R로 주어진다. □

(2) 닫힌집합

일반적으로 A의 유도집합 A'은 A의 부분집합이 아니다. 그러나 A'이 A의 부분집합인 경우, 집합 A는 중요한 의미를 갖는다.

정의 7 닫힌집합

위상공간 $(X, \mathscr{T})$에 대하여, $A \subset X$의 여집합 A^c, 즉 $X \setminus A$가 열린집합일 때 A를 닫힌집합이라 한다.

예 $X = \{a, b, c, d, e\}$상의 위상을 $\mathscr{T} = \{X, \varnothing, \{a\}, \{c, d\}, \{a, c, d\}, \{b, c, d, e\}\}$로 정의하면, X의 닫힌부분집합족은

$$\{\varnothing, X, \{b, c, d, e\}, \{a, b, e\}, \{b, e\}, \{a\}\}$$

로 주어진다. 여기서 $X, \varnothing, \{a\}, \{b, c, d, e\}$는 X에서 열린집합인 동시에 닫힌집

합이며, $\{a, b\}$는 X에서 열린집합도 아니고 닫힌집합도 아니다.

예 $(X, \mathscr{D})$가 이산위상공간일 때, X의 모든 부분집합은 열린집합인 동시에 닫힌집합이다.

X가 임의의 위상공간일 때, X의 부분집합 A의 여집합이 닫힌집합이 되기 위한 필요충분조건은 A가 열린집합인 것이다. 따라서 위상공간의 세 조건 $[O_1]$, $[O_2]$, $[O_3]$와 드모르간 법칙으로부터 다음 정리를 얻는다.

정리 8

X가 임의의 위상공간일 때, X의 닫힌부분집합족은 다음 성질을 만족한다.

(1) X와 공집합 $\varnothing$는 닫힌집합이다.

(2) 임의개의 닫힌집합의 교집합은 닫힌집합이다.

(3) 임의의 두 닫힌집합의 합집합은 닫힌집합이다.

예제 $X \neq \varnothing$일 때, X의 부분집합족 $\mathscr{F}$가 다음 세 조건

(1) X와 공집합 $\varnothing$는 $\mathscr{F}$에 속한다.

(2) $\mathscr{F}$의 임의개의 원소들의 교집합은 $\mathscr{F}$에 속한다.

(3) $\mathscr{F}$에 속하는 임의의 두 집합의 합집합은 $\mathscr{F}$에 속한다.

을 만족하면, $\mathscr{F}$가 X의 모든 닫힌부분집합들의 집합족이 되는 위상이 존재한다.

증명 $\mathscr{T} = \{X \setminus F \mid F \in \mathscr{F}\}$라 하면, $\mathscr{T}$가 위상의 세 조건 $[O_1]$, $[O_2]$와 $[O_3]$를 만족하므로 $\mathscr{T}$는 X상의 위상이 된다. 이제 $\mathscr{F}$의 원소를 닫힌부분집합으로 갖는 위상을 $\mathscr{T}^*$라 하자. 이때 $X \setminus F \in \mathscr{T}$이면 $F \in \mathscr{F}$이고 F가 위상 $\mathscr{T}^*$에서 닫힌집합이므로 $X \setminus F \in \mathscr{T}^*$가 성립한다. 또한 $G \in \mathscr{T}^*$이면 $X \setminus G$가 위상 $\mathscr{T}^*$에서 닫힌집합이고 $X \setminus G \in \mathscr{F}$이므로

$$G = X \setminus (X \setminus G) \in \mathscr{T}$$

이다. 따라서 $\mathscr{T} = \mathscr{T}^*$이다. ■

참고 X가 임의의 위상공간일 때, X의 부분집합 A가 닫힌집합이 되기 위한 필요충분조건은 A의 집적점이 A에 속하는 것, 즉 $A' \subset A$이다. □

(3) 집합의 폐포

정의 9 폐포

$(X, \mathscr{T})$가 위상공간이고 A가 X의 부분집합일 때, A의 **폐포** $\overline{A}$는 A를 포함하는 X의 모든 닫힌부분집합족 $\{F_i \mid i \in I\}$의 교집합, 즉

$$\overline{A} = \cap_i F_i$$

로 주어진다. 점 $p \in X$가 A의 폐포에 속할 때, 즉 $p \in \overline{A}$일 때 점 p를 $A \subset X$의 **폐포점** 또는 **밀착점**이라 한다. 때로는 폐포를 '닫음'으로, 폐포점을 '닫음점'으로 표현하기도 한다.

F가 A를 포함하는 닫힌집합이면

$$A \subset \overline{A} \subset F$$

가 성립하므로, 집합 A는 $A = \overline{A}$일 때 닫힌집합이 된다.

예 $X = \{a, b, c, d, e\}$상의 위상을 $\mathscr{T} = \{X, \varnothing, \{a\}, \{a, b\}, \{a, c, d\}, \{a, b, c, d\}, \{a, b, e\}\}$로 정의하면, X의 닫힌부분집합은

$$\varnothing, X, \{b, c, d, e\}, \{c, d, e\}, \{b, e\}, \{e\}, \{c, d\}$$

이다. 이때 임의의 집합 A의 폐포 $\overline{A}$는 A의 모든 포함닫힌집합의 교집합이므로

$$\overline{\varnothing} = \varnothing, \overline{\{a\}} = X, \overline{\{b\}} = \{b, e\}, \overline{\{c, e\}} = \{c, d, e\}, \overline{\{e\}} = \{e\}$$

로 주어진다.

예 여유한위상공간 $(X, \mathfrak{I})$에 대하여, X의 닫힌부분집합은 분명히 X와 더불어 X의 유한부분집합이다. 따라서 $A \subset X$가 유한이면 A 자신이 닫힌집합이므로, 폐포 $\overline{A}$는 A 자신이다. 한편 $A \subset X$가 무한이면 X는 A를 포함하는 유일한 닫힌집합이므로 $\overline{A}$는 X가 된다.

예 여가산위상공간 $(X, \mathfrak{I}_c)$에 대하여 $A \subset X$일 때, $\overline{A}$는

$$\overline{A} = \begin{cases} A, & A\text{는 가산집합} \\ X, & A\text{는 비가산집합} \end{cases}$$

로 주어진다.

$(X, \mathscr{T})$가 위상공간일 때, $A \subset X$와 $p \in X$에 대하여 $p \in \overline{A}$일 필요충분조건은 p를 포함하는 임의의 열린집합은 A와 적어도 하나의 점을 공유하는 것이다.

정리 10

X가 임의의 위상공간일 때, $A \subset X$의 폐포 $\overline{A}$는

$$\overline{A} = A \cup A'$$

으로 주어진다.

예 $(R, \mathscr{U})$가 보통위상공간일 때, 임의의 실수 $a \in R$는 모든 유리수의 집합 Q의 집적점이다. 따라서 $\overline{Q} = R$이 성립한다.

참고 $(R, \mathscr{D})$와 $(R, \mathfrak{I}_c)$가 각각 이산위상공간과 여가산위상공간일 때, 모든 유리수의 집합 Q에 대하여 $\overline{Q}$는 모두 Q로 주어진다. 한편 $(R, \mathscr{I})$와 $(R, \mathfrak{I})$가 각각 밀착위상공간과 여유한위상공간이면, $\overline{Q}$는 모두 R로 주어진다. □

정의 11 조밀한 부분집합

$(X, \mathscr{T})$가 위상공간일 때, X의 부분집합 A에 대하여 $\overline{A} = X$를 만족하면 A는 X에서 조밀하다고 한다. 이때 A는 X의 **조밀한 부분집합**(dense subset)이라 한다.

예 $(R, \mathscr{U})$가 보통위상공간일 때, 모든 유리수의 집합 Q에 대하여 $\overline{Q} = R$이므로 Q는 R에서 조밀하다. 즉 Q는 R의 조밀한 부분집합이다.

예 여유한위상공간 $(X, \mathfrak{I})$에 대하여, $A \subset X$가 무한이면 X는 A를 포함하는 유일한 닫힌집합이므로 $\overline{A}$는 X가 된다. 따라서 X가 무한집합일 때, 여유한위상공간 $(X, \mathfrak{I})$에서 X의 모든 무한부분집합은 X에서 조밀하다.

예 $X = \{a, b, c, d, e\}$상의 위상을 $\mathscr{T} = \{X, \varnothing, \{a\}, \{a, b\}, \{a, c, d\}, \{a, b, c, d\}, \{a, b, e\}\}$로 정의하면, X의 닫힌부분집합은

$$\varnothing, X, \{b, c, d, e\}, \{c, d, e\}, \{b, e\}, \{e\}, \{c, d\}$$

이므로

$$\{\overline{a,\ c}\} = X,\ \{\overline{b,\ d}\} = \{b,\ c,\ d,\ e\}$$

로 주어진다. 따라서 집합 $\{a, c\}$는 X에서 조밀하지만, 집합 $\{b, d\}$는 X에서 조밀하지 않다.

예제 $(X, \mathscr{D})$가 이산위상공간일 때, X의 조밀한 부분집합을 구하시오.

풀이 이산공간 X에 있어서 임의의 $A \subset X$는 닫힌집합이므로, $\overline{A} = A$이다. 따라서 X 자신이 X의 유일한 조밀한 부분집합이다. ■

예제 밀착위상공간 $(X, \mathscr{I})$에서 공집합 $\varnothing$를 제외한 X의 모든 부분집합은 X의 조밀한 부분집합이다.

증명 밀착공간 X의 유일한 열린부분집합은 X와 공집합 $\varnothing$이므로, X의 닫힌부분집합은 또한 X와 공집합 $\varnothing$이다. 따라서 X의 임의의 부분집합 A에 대하여, $A = \varnothing$이면 $\overline{A} = \varnothing$이고, $A \neq \varnothing$이면 X는 A의 유일한 포함닫힌집합이므로 $\overline{A} = X$이다. 그러므로 공집합이 아닌 X의 모든 부분집합은 X에서 조밀하다. ■

참고 위상공간 X의 각 부분집합 A에 폐포, $\overline{A} \subset X$를 대응시키는 **폐포 연산자**(closure operators)는 다음 네 가지 성질

(1) $\overline{\varnothing} = \varnothing$ (2) $A \subset \overline{A}$ (3) $\overline{A \cup B} = \overline{A} \cup \overline{B}$ (4) $\overline{\overline{A}} = \overline{A}$

를 만족한다. 이 성질을 **쿠라토프스키의 폐포공리**(Kuratowski's closure axioms)라 하고, 이 공리로부터 X상의 위상을 정의할 수 있다. □

3. 내부, 외부와 경계

정의 12 내점과 내부

$(X, \mathscr{T})$가 위상공간일 때, $A \subset X$와 점 $p \in A$에 대하여

$$p \in G \subset A$$

를 만족하는 열린집합 G가 존재할 때, 점 p를 A의 **내점**이라 한다. A의 모든 내점의 집합은

$$\mathrm{int}(A) \text{ 또는 } A^{\circ}$$

으로 표현되고, 이것을 A의 **내부** 또는 **열린핵**(open kernel)이라 한다.

참고 임의의 위상공간 X의 부분집합 A의 내부 A°는 다음 성질을 갖는다.

(1) A°는 A의 모든 열린부분집합의 합집합이다. 따라서 A°는 열린집합이다.

(2) G가 A의 임의의 열린부분집합이면 $G \subset A^{\circ} \subset A$를 만족한다.

(3) A가 열린집합이 될 필요충분조건은 $A = A^{\circ}$이다. □

정의 13 외부와 경계

$(X, \mathscr{T})$가 위상공간일 때, $A \subset X$에 대하여 A의 여집합의 내부, 즉 $\operatorname{int}(A^c)$를 A의 **외부**(exterior)라고 하고, $\operatorname{ext}(A)$로 표기한다. A의 **경계**(boundary)는 $\operatorname{Bd}(A)$로 표기되고, 이것은 A의 내부에도 외부에도 속하지 않는 점의 집합이다. $\operatorname{ext}(A)$의 임의의 점을 A의 **외점**(exterior point)이라 하고, $\operatorname{Bd}(A)$의 임의의 점을 A의 **경계점**(boundary point)이라 한다.

예 보통위상공간 $(R, \mathscr{U})$에서, 모든 실수의 집합 R의 모든 열린부분집합에는 반드시 유리수와 무리수를 포함하므로 모든 유리수의 집합 Q의 내점 또는 외점이 존재하지 않는다. 따라서 $\operatorname{int}(Q) = \varnothing$이고 $\operatorname{int}(Q^c) = \varnothing$이다. 따라서 Q의 경계는 $\operatorname{Bd}(Q) = R$이다.

예 $(R, \mathscr{U})$가 보통위상공간일 때, $A = \left\{ \frac{1}{n} \mid n \in N \right\}$에 대하여

$$\operatorname{int}(A) = \varnothing, \ \operatorname{ext}(A) = R \setminus (A \cup \{0\}), \ \operatorname{Bd}(A) = A \cup \{0\}$$

으로 주어진다.

예 $(R, \mathscr{D})$가 이산위상공간일 때, 모든 유리수의 집합 Q에 대하여

$$\operatorname{int}(Q) = \varnothing, \ \operatorname{ext}(Q) = Q^c$$

이므로, Q의 경계는 $\operatorname{Bd}(Q) = \varnothing$로 주어진다.

예 $X = \{a, b, c, d, e\}$상의 위상을 $\mathscr{T} = \{X, \varnothing, \{a\}, \{a, b\}, \{a, c, d\}, \{a, b, c, d\}, \{a, b, e\}\}$로 정의하고, X의 부분집합 $A = \{a, b, c\}$를 생각한다. 이때 점 a와 b에 대하여

$$a, b \in \{a, b\} \subset A = \{a, b, c\}$$

를 만족하는 열린집합 $\{a, b\}$가 존재하므로, a와 b는 각각 A의 내점이다. 그러나 점 $c \in A$는 A의 내점이 아니다. 따라서 A의 내부 $\mathrm{int}(A)$는 $\{a, b\}$이다. 한편 A의 여집합 $A^c = \{d, e\}$에 대하여, A^c의 내점이 존재하지 않으므로 $\mathrm{int}(A^c) = \varnothing$이다. 즉 $\mathrm{ext}(A)$는 공집합 $\varnothing$가 된다. 따라서 A의 경계는 $\mathrm{Bd}(A) = \{c, d, e\}$이다.

예제 A가 밀착위상공간 X의 공집합이 아닌 진부분집합일 때, A의 내부, 외부와 경계를 각각 구하시오.

풀이 X와 공집합 $\varnothing$는 유일한 열린부분집합이다. 그런데 $X \neq A$이므로, $\varnothing$는 A의 유일한 열린부분집합이다. 따라서 $\mathrm{int}(A) = \varnothing$이다. 같은 방법으로 $\mathrm{int}(A^c) = \varnothing$, 즉 A의 외부는 공집합 $\varnothing$이다. 그러므로 $\mathrm{Bd}(A) = X$이다. ■

참고 A가 위상공간 X의 임의의 부분집합이면, A의 폐포는 A의 내부와 경계의 합집합, 즉 $\overline{A} = A^\circ \cup \mathrm{Bd}(A)$로 주어진다. □

위상공간에서 정의한 대부분의 개념은 집합에 의하여 결정되는 것이 아니고, 주어진 위상에 의하여 결정됨에 유의한다. 예컨대 우리가 일반적으로 당연하다고 생각했던 많은 실수의 성질이 실제로 일반적인 위상공간에서는 성립되지 않는다.

정의 14 조밀한 곳이 없다

위상공간 $(X, \mathscr{T})$의 부분집합 A의 폐포가 내점을 갖지 않을 때, 즉 $\mathrm{int}(\overline{A}) = \varnothing$일 때 A는 X에서 '조밀한 곳이 없다(nowhere dense)', '어디서도 조밀하지 않다' 또는 '모든 곳에서 조밀하지 않다'고 한다.

예 R의 부분집합 $A = \left\{1, \frac{1}{2}, \frac{1}{3}, \frac{1}{4}, \cdots\right\}$는 유일한 집적점 0만을 갖는다. 따라서

$$\overline{A} = \left\{0, 1, \frac{1}{2}, \frac{1}{3}, \frac{1}{4}, \cdots\right\}$$

이다. 그런데 $\overline{A}$에는 내점이 존재하지 않으므로 A는 R에서 조밀한 곳이 없다.

예 $A = \{x \mid x \in Q,\ 0 < x < 1\}$는 내점을 갖지 않는다. 즉 $\mathrm{int}(A) = \varnothing$이다. 그러나 A는 R에서 조밀한 곳이 없다. 왜냐하면 A의 폐포는 단위 닫힌구간 $[0, 1]$이므로, $\mathrm{int}(\overline{A})$는

$$\operatorname{int}([0,1])=(0,1)\neq\varnothing$$

를 만족하기 때문이다.

4. 근방과 근방계

정의 15 근방과 근방계

위상공간 $(X, \mathscr{T})$의 점 p에 대하여, p가 X의 부분집합 N의 내점일 때 N을 p의 **근방**이라 한다. 즉 p와 N 사이에 열린집합이 존재하면, N은 p의 근방이다. 한편 $p\in X$의 근방들로 이루어진 집합, 즉 $p\in X$의 모든 근방족을 $\mathscr{N}_p$로 나타내고, 이것을 p의 **근방계**(neighborhood system)라 한다.

일반적으로 한 점의 근방은 열린집합일 필요가 없다. 특별히 근방이 열린집합일 경우는 **열린근방**, 닫힌집합일 경우는 **닫힌근방**이라고 부르기도 한다. 한 점의 근방이 열린집합일 경우는 그 열린집합 자신이 근방이 된다.

예 중심이 $a\in R$인 모든 닫힌구간 $[a-\delta, a+\delta]$는 열린구간 $(a-\delta, a+\delta)$를 포함하므로, a의 근방이 된다. 같은 방법으로 p가 평면 R^2의 점일 때, 중심이 p인 모든 닫힌원판 $\{q\in R^2 \mid d(p, q) \leq \delta\neq 0\}$는 p에 중심을 둔 열린원판을 포함하므로, p의 근방이 된다.

예 $X=\{a, b, c, d, e\}$상의 위상을 $\mathscr{T}=\{X, \varnothing, \{a\}, \{a, b\}, \{a, c, d\}, \{a, b, c, d\}, \{a, b, e\}\}$로 정의한다. 이때 c를 포함하는 열린집합은 $\{a, c, d\}$, $\{a, b, c, d\}$, X이므로, c의 근방계는

$$\mathscr{N}_c=\{\{a, c, d\}, \{a, b, c, d\}, \{a, c, d, e\}, X\}$$

이다.

예 $X=\{a, b, c, d\}$상의 위상을 $\mathscr{T}=\{X, \varnothing, \{a\}, \{a, b\}, \{a, c, d\}\}$로 정의한다. 이때 $\{a\}$가 a를 포함하는 가장 작은 열린집합이므로, X의 부분집합 중에서 a를 포함하는 모든 집합은 a의 근방이다. 따라서 a의 근방계의 원소의 개수는 8개이다. 또한 b를 포함하는 가장 작은 열린집합은 $\{a, b\}$이므로, $\{a, b\}$를 포함하는 X의 부분집합은 4개이다. 한편 c를 포함하는 가장 작은 열린집합은 $\{a, c, d\}$이므로, $\mathscr{N}_c=\{\{a, c, d\}, X\}$가 c의 근방계이고, c의 경우와 마찬가지로 d의 근방계는 $\mathscr{N}_d=\{\{a, c, d\}, X\}$로 주어진다.

예 이산위상공간 $(X, \mathscr{D})$에서 X의 점 p를 포함하는 모든 부분집합은 p의 근방이다. 따라서 $\mathscr{N}_p = \{A \subset X \mid p \in A\}$는 p의 근방계가 된다.

예제 밀착위상공간 X에 속하는 점 p의 근방계를 구하시오.

풀이 밀착위상공간 X의 열린부분집합은 X와 공집합 $\varnothing$ 뿐이다. 따라서 X는 p를 포함하는 유일한 열린집합이다. 그런데 X의 유일한 포함집합이 X이므로, $\mathscr{N}_p = \{X\}$이다. ■

정리 16

$(X, \mathscr{T})$가 임의의 위상공간일 때, $A \subset X$가 열린집합이기 위한 필요충분조건은 A가 A의 모든 원소의 근방이 되는 것이다.

증명 A가 열린집합이면, 모든 $a \in A$에 대하여 $a \in A \subset A$이므로 A는 A의 근방이다. 역으로 모든 $a \in A$에 대하여 A를 A의 근방이라 하자. 그러면 $a \in G_a \subset A$를 만족하는 $G_a \in \mathscr{T}$가 존재한다. 따라서

$$A = \cup\{\{a\} \mid a \in A\} \subset \cup\{G_a \mid a \in A\} \subset A$$

이다. 결국 $A = \cup\{G_a \mid a \in A\}$이고 각 G_a가 열린집합이므로, A는 열린집합이 된다. ■

참고 위상공간 X의 임의의 점 $p \in X$의 근방계 $\mathscr{N}_p$는 다음 네 성질

(1) $\mathscr{N}_p$는 공집합이 아니고, p는 $\mathscr{N}_p$의 각 원소에 속한다.

(2) $\mathscr{N}_p$의 임의의 두 원소의 교집합은 $\mathscr{N}_p$에 속한다.

(3) $\mathscr{N}_p$의 원소를 포함하는 모든 집합은 $\mathscr{N}_p$에 속한다.

(4) $\mathscr{N}_p$의 임의의 원소는 적당한 집합 G를 부분집합으로 갖는다. 여기서 G는 각 점의 근방, 즉 모든 $g \in G$에 대하여 $G \in \mathscr{N}_g$이다.

를 만족한다. 이 성질을 **근방공리**(neighborhood axioms)라 하고, 이 공리로부터 X상의 위상을 정의할 수 있다. □

5. 수열의 극한

정의 17 수열의 극한

위상공간 $(X, \mathscr{T})$에서의 수열 $\langle a_n \rangle$을 생각하자. 이때 $b \in X$를 포함하는 임의의 열린 집합 G 에 대하여

$$n \geq n_0 \Rightarrow a_n \in G$$

를 만족하는 자연수 $n_0 \in N$가 존재하면, 수열 $\langle a_n \rangle$은 b로 **수렴한다**고 한다. 이때 점 b를 수열 $\langle a_n \rangle$의 **극한**이라 하고

$$\lim_{n \to \infty} a_n = b,\ \lim a_n = b \text{ 또는 } a_n \to b$$

로 표현한다.

예 $\langle a_n \rangle$이 이산위상공간 $(X, \mathscr{D})$의 수열이라 하자. 그러면 단원집합 $\{b\}$는 임의의 점 $b \in X$를 포함하는 열린집합이다. 따라서 만약 $a_n \to b$이면, 집합 $\{b\}$는 수열의 거의 모든 항을 포함해야 한다. 그러므로 이 수열이 형식 $\langle a_1, a_2, \cdots, a_{n_0}, b, b, b, \cdots \rangle$로 주어질 때, $\langle a_n \rangle$은 점 $b \in X$로 수렴하게 된다.

예 여가산위상공간 $(X, \mathfrak{I}_c)$에서의 수열 $\langle a_n \rangle$은 형식 $\langle a_1, a_2, \cdots, a_{n_0}, b, b, b, \cdots \rangle$로 주어질 때, $b \in X$로 수렴한다. 즉 b와 서로 다른 $\langle a_n \rangle$의 항으로 구성된 집합 A가 유한일 때 $b \in X$로 수렴한다.

보통위상공간 $(R, \mathscr{U})$의 수렴하는 수열은 오직 한 개의 극한을 가진다. 그러나 일반위상공간에서 수렴하는 수열은 두 개 이상의 극한을 가질 수 있다.

예 $\langle a_n \rangle$이 밀착위상공간 $(X, \mathscr{I})$의 수열이라 하자. 이때 X는 임의의 점 $b \in X$를 포함하는 유일한 열린집합이므로, X는 수열 $\langle a_n \rangle$의 모든 항을 포함한다. 따라서 수열 $\langle a_n \rangle$은 모든 점 $b \in X$로 수렴한다.

참고 수열 $\langle 1, 2, 3, \cdots \rangle$는 보통위상공간 $(R, \mathscr{U})$에서는 수렴하지 않지만, 밀착위상공간 $(X, \mathscr{I})$과 여유한위상공간 $(X, \mathfrak{I})$에서는 모든 실수로 수렴한다. 또한 수열

$\left\langle 1, \frac{1}{2}, \frac{1}{3}, \cdots \right\rangle$는 보통위상공간 $(R, \mathscr{U})$에서는 0으로만 수렴하지만, 밀착위상공간 $(X, \mathscr{I})$과 여유한위상공간 $(X, \mathfrak{T})$에서는 모든 실수로 수렴한다. □

6. 약한 위상과 강한 위상

정의 18 약한 위상과 강한 위상

공집합이 아닌 집합 X상의 위상 $\mathscr{T}_1$과 $\mathscr{T}_2$에 대하여, X의 각 $\mathscr{T}_1$-열린집합이 또한 X의 $\mathscr{T}_2$-열린집합일 때, 즉 $\mathscr{T}_1 \subset \mathscr{T}_2$일 때 $\mathscr{T}_2$는 $\mathscr{T}_1$보다 **섬세한 위상**(finer topology) 또는 **강한 위상**(stronger topology)이라 하고, 한편 $\mathscr{T}_1$은 $\mathscr{T}_2$보다 **조잡한 위상**(coarser topology) 또는 **약한 위상**(weaker topology)이라 한다.

X상의 모든 위상족 $\{\mathscr{T}_i\}$는 족의 포함관계에 관하여 반순서를 이룬다. 이때 X상의 두 위상 사이에 강약관계가 없는 경우, 이들은 비교가능하지 않다고 한다.

예 임의의 집합 X상의 이산위상 $\mathscr{D}$, 밀착위상 $\mathscr{I}$와 임의의 다른 위상 $\mathscr{T}$에 대하여, $\mathscr{T}$는 $\mathscr{D}$보다 약하고 $\mathscr{T}$는 $\mathscr{I}$보다 강하다. 즉 $\mathscr{I} \subset \mathscr{T} \subset \mathscr{D}$이다.

예 R^2상의 여유한위상 $\mathfrak{T}$와 보통위상 $\mathscr{U}$를 생각하자. 이때 임의의 R^2의 유한부분집합의 여집합, 즉 $\mathfrak{T}$의 임의의 원소는 또한 $\mathscr{U}$-열린집합이므로, $\mathscr{U}$는 $\mathfrak{T}$보다 강하다.

7. 부분공간과 상대위상

정의 19 부분공간과 상대위상

A가 위상공간 $(X, \mathscr{T})$의 공집합이 아닌 부분집합일 때, A와 X의 $\mathscr{T}$-열린집합과의 모든 교집합족 $\mathscr{T}_A$, 즉

$$\mathscr{T}_A = \{ G \cap A \mid G \in \mathscr{T} \}$$

는 A의 위상이 된다. 이것을 A의 **상대위상**(relative topology) 또는 **부분위상**(subspace topology), 때로는 A로의 $\mathscr{T}$의 **상대화**(relativization)라 하고, 위상공간 $(A, \mathscr{T}_A)$를 $(X, \mathscr{T})$의 **부분공간**이라 한다.

앞으로 이 책을 기술함에 있어, 위상공간과 그 부분공간에 대하여 '공간(또는 부분공간)'의 개념과 '집합(또는 부분집합)'의 개념은 각각 같은 표현으로 혼용되어 사용될 것이다. 예를 들면 $(X, \mathscr{T})$가 위상공간일 때, $A \subset X$에 대하여

(1) A가 $(X, \mathscr{T})$의 부분공간 (2) A가 X의 부분집합

는 동일한 표현이다.

참고 $(A, \mathscr{T}_A)$가 $(X, \mathscr{T})$의 부분공간일 때, A의 부분집합 H가 $\mathscr{T}_A$-열린집합, 즉 A로의 상대열린집합이란

$$H = G \cap A$$

을 만족하는 X의 $\mathscr{T}$-열린집합 G가 존재함을 의미한다. □

예 $X = \{a, b, c, d, e\}$상의 위상을 $\mathscr{T} = \{X, \varnothing, \{a\}, \{a, b\}, \{a, c, d\}, \{a, b, c, d\}, \{a, b, e\}\}$로 정의하고, X의 부분집합 $A = \{a, c, e\}$를 생각한다. 이때

$$X \cap A = A,\ \{a\} \cap A = \{a\},\ \{a, c, d\} \cap A = \{a, c\},\ \{a, b, e\} \cap A = \{a, e\}$$
$$\varnothing \cap A = \varnothing,\ \{a, b\} \cap A = \{a\},\ \{a, b, c, d\} \cap A = \{a, c\}$$

임을 알 수 있다. 따라서 A로의 $\mathscr{T}$의 상대화는

$$\mathscr{T}_A = \{A, \varnothing, \{a\}, \{a, c\}, \{a, e\}\}$$

로 주어진다. 여기서 $\{a, c\}$는 X에서는 열린집합이 아니지만, A의 상대열린집합, 즉 $\mathscr{T}_A$-열린집합이다.

예 이산위상공간 $(X, \mathscr{D})$의 부분공간 $(A, \mathscr{D}_A)$는 이산위상공간이다. 왜냐하면 모든 $a \in A$에 대하여 $\{a\} \in \mathscr{D}$이므로 $\{a\} = \{a\} \cap A \in \mathscr{D}_A$이기 때문이다. 또한 밀착위상공간 $(X, \mathscr{I})$의 부분공간 $(A, \mathscr{I}_A)$도 이산위상공간이다. 왜냐하면 $(X, \mathscr{I})$에서는 X와 $\varnothing$만 열린집합이므로, 단지 $A = X \cap A$와 $\varnothing = \varnothing \cap A$만 $(A, \mathscr{I}_A)$에서 열린집합이 되기 때문이다.

상대공간의 열린집합은 전체공간에 있어서는 열린집합도 아니고 닫힌집합도 아닐 수도 있다.

예 R상의 보통위상 $\mathscr{U}$와 닫힌구간 $A = [3, 8]$상으로의 상대위상 $\mathscr{U}_A$를 생각하자. 이때 R에서의 반열린구간 $[3, 5)$가 A의 상대위상 $\mathscr{U}_A$에서 열린집합이 된다.

8. 위상의 다른 정의

위상공간의 정의는 위상공간에 속하는 열린집합의 몇 가지 공리, 즉 위상의 기본개념으로써 열린집합을 사용하여 정의했다. 그러나 '점의 근방'의 개념을 사용하여 집합상의 위상을 정의할 수 있다.

정리 20

공집합이 아닌 집합 X에 대하여, 각 점 $p \in X$에 X의 부분집합족 $\mathscr{H}_p$가 대응하여 다음 네 조건

$[A_1]$ $\mathscr{H}_p$는 공집합이 아니고 p는 $\mathscr{H}_p$의 각 원소에 속한다.

$[A_2]$ $\mathscr{H}_p$의 임의의 두 원소의 교집합은 $\mathscr{H}_p$에 속한다.

$[A_3]$ $\mathscr{H}_p$의 원소의 모든 확대집합은 $\mathscr{H}_p$에 속한다.

$[A_4]$ 각 원소 $N \in \mathscr{H}_p$는 모든 $g \in G$에 대하여 $G \in \mathscr{H}_p$를 만족하는 원소 $G \in \mathscr{H}_p$의 확대집합이다.

를 만족할 때, $\mathscr{H}_p$가 점 $p \in X$의 $\mathscr{T}$-근방계로 되는 X상의 위상이 유일하게 존재한다.

연습문제 3.1 EXERCISES

1. $X = \{a, b, c, d, e\}$에 대하여, 부분집합족

   (1) $\mathscr{T}_1 = \{X, \varnothing, \{a\}, \{a, b\}, \{a, c\}\}$

   (2) $\mathscr{T}_2 = \{X, \varnothing, \{a, b, c\}, \{a, b, d\}, \{a, b, c, d\}\}$

   (3) $\mathscr{T}_3 = \{X, \varnothing, \{a\}, \{a, b\}, \{a, c, d\}, \{a, b, c, d\}\}$

   을 생각하자. 이때 X상의 위상이 되는 것은 어느 것인가?

2. 집합 $X = \{a, b\}$상의 모든 가능한 위상을 구하시오.

3. $X = \{a, b, c\}$상에서 반드시 네 개의 원소만으로 이루어지는 모든 위상을 구하시오.

4. A가 이산위상공간 X의 임의의 부분집합일 때, A의 유도집합 A'은 공집합 $\varnothing$임을 보이시오.

5. $X=\{a, b, c, d, e\}$상의 위상을

$$\mathscr{T}=\{X, \varnothing, \{a\}, \{a, b\}, \{a, c, d\}, \{a, b, c, d\}, \{a, b, e\}\}$$

로 정의할 때, $A=\{c, d, e\}$의 유도집합 A'을 구하시오.

6. $X=\{a, b, c, d, e\}$상의 위상을 $\mathscr{T}=\{X, \varnothing, \{a\}, \{c, d\}, \{a, c, d\}, \{b, c, d, e\}\}$로 정의할 때, A의 폐포 $\overline{A}$를 구하시오.

7. $X=\{a, b, c, d, e\}$상의 위상을 $\mathscr{T}=\{X, \varnothing, \{a\}, \{c, d\}, \{a, c, d\}, \{b, c, d, e\}\}$로 정의할 때, X에서 조밀한 집합을 구하시오.

8. 함수 $i:\mathscr{P}(X)\to\mathscr{P}(X)$가 다음 네 조건

(1) $i[X]=X$ (2) $i[A]\subset A$

(3) $i[A\cap B]=i[A]\cap i[B]$ (4) $i[i[A]]=i[A]$

을 만족할 때, $i[A]=\text{int}(A)$가 되는 X상의 위상이 유일하게 존재함을 보이시오.

9. $(R, \mathfrak{I})$가 여유한위상공간일 때, 모든 자연수의 집합 N에 대하여 다음을 결정하시오.

(1) $\text{int}(N)$ (2) $\text{ext}(N)$

(3) $\text{Bd}(N)$ (4) $\overline{N}$

(5) N' (6) N은 열린집합인가?

(7) N은 닫힌집합인가? (8) N의 근방계

10. $X=\{a, b, c, d, e\}$상의 위상을 $\mathscr{T}=\{X, \varnothing, \{a\}, \{c, d\}, \{a, c, d\}, \{b, c, d, e\}\}$로 정의할 때, X의 부분집합 $A=\{b, c, d\}$의 내부, 외부와 경계를 각각 구하시오.

11. $X=\{a, b, c, d, e\}$상의 위상을

$$\mathscr{T}=\{X, \varnothing, \{a\}, \{a, b\}, \{a, c, d\}, \{a, b, c, d\}, \{a, b, e\}\}$$

로 정의할 때 e의 근방계 $\mathscr{N}_e$를 구하시오.

12. $X=\{a, b, c, d, e\}$상의 위상을 $\mathscr{T}=\{X, \varnothing, \{a\}, \{c, d\}, \{a, c, d\}, \{b, c, d, e\}\}$로 정의하고, X의 부분집합 $A=\{b, c, d\}$를 생각한다. 이때 A로의 $\mathscr{T}$의 상대화 $\mathscr{T}_A$를 구하시오.

3.2 기저와 국소기저

위상이란 어떤 집합의 멱집합의 부분집합이므로, 무한집합의 경우 위상에 속한 모든 열린 집합을 생각한다는 것은 쉽지 않다. 따라서 그 중 일부만을 가지고 나머지 열린집합을 만들어 낼 수 있는 집합을 생각하게 되는데, 이러한 집합을 기저라 한다.

1. 위상의 기저

정의 1 위상의 기저

위상공간 $(X, \mathscr{T})$에 대하여, X의 열린집합족 $\mathscr{B}$, 즉 $\mathscr{B} \subset \mathscr{T}$가 다음 두 조건

(1) 모든 열린집합 $G \in \mathscr{T}$는 $\mathscr{B}$의 원소의 합집합이다.

(2) 임의의 열린집합 G에 속하는 임의의 점 p에 대하여 $p \in B \subset G$를 만족하는 $B \in \mathscr{B}$가 존재한다.

중에서 하나를 만족할 때, $\mathscr{B}$를 위상 $\mathscr{T}$의 기저(base)라고 한다.

예 $\{X\}$와 $\{X, \varnothing\}$는 모두 밀착위상공간 $(X, \mathscr{I})$의 기저가 된다.

예 열린구간 전체는 R상의 보통위상 $\mathscr{U}$에 대한 기저를 이룬다. 왜냐하면 $G \subset R$가 열린 집합이고 $p \in G$이면 $p \in (a, b) \subset G$를 만족하는 열린구간 (a, b)가 존재하기 때문이다. 같은 방법으로 열린원판 전체는 R^2상의 보통위상의 기저를 이룬다.

예 평면 R^2에서 x축과 y축에 평행한 유계인 열린 직사각형 전체는 R^2상의 보통위상의 기저 $\mathscr{B}$를 이룬다. 왜냐하면 $G \subset R^2$가 열린집합이고 $p \in G$이면 $p \in D_p \subset G$를 만족하는 중심이 p인 열린원판이 존재하기 때문이다. 이 경우 D_p에 내접하는 임의의 열린 직사각형 $B \in R$는 그림 3.1에서 표시된 바와 같이

$$p \in B \subset D_p \subset G \text{ 또는 } p \in B \subset G$$

를 만족한다.

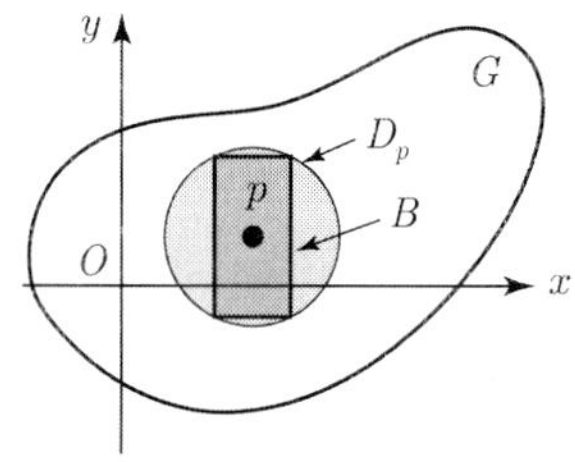

▌그림 3.1▐

예 $(X, \mathscr{D})$가 이산위상공간일 때, X의 모든 단원부분집합족 $\mathscr{B} = \{\{p\} \mid p \in X\}$는 X 상의 이산위상 $\mathscr{D}$의 기저가 된다. 왜냐하면 모든 $A \subset X$가 $\mathscr{D}$-열린집합이므로 단원집합 $\{p\}$는 $\mathscr{D}$-열린집합이고, 또한 다른 모든 집합이 단원집합의 합집합으로 표현되기 때문이다.

참고 $X = \{a, b, c\}$에 대하여, $\{a, b\}$와 $\{b, c\}$로 이루어진 집합족 $\mathscr{B}$, 즉

$$\mathscr{B} = \{\{a, b\}, \{b, c\}\}$$

는 X상의 임의의 위상의 기저가 될 수 없다. 왜냐하면 $\mathscr{B}$를 기저로 하는 위상에서는 $\{a, b\}$와 $\{b, c\}$가 열린집합이 되고, 또한 이들의 교집합

$$\{a, b\} \cap \{b, c\} = \{b\}$$

도 또한 열린집합이지만, $\{b\}$는 $\mathscr{B}$의 원소의 합집합이 될 수 없기 때문이다. □

다음 정리는 $\mathscr{P}(X)$의 어떤 부분집합이 X상의 위상을 만드는 기저가 되기 위한 필요충분조건을 제공한다.

정리 2

공집합이 아닌 집합 X의 부분집합족 $\mathscr{B}$에 대하여, $\mathscr{B}$가 X상의 어떤 위상에 대한 기저이기 위한 필요충분조건은 다음 두 조건

(1) $X = \cup\{B \mid B \in \mathscr{B}\}$

(2) $\mathscr{B}$의 임의의 두 원소 B와 B^*에 대하여, $B \cap B^*$는 $\mathscr{B}$의 원소들의 합집합으로 나타낼 수 있다. 즉

$$p \in B \cap B^* \Rightarrow p \in B_p \subset B \cap B^*$$

를 만족하는 $B_p \in \mathscr{B}$가 존재한다.

를 만족하는 것이다.

증명 (⇒) $\mathscr{B}$를 X상의 위상 $\mathscr{T}$에 대한 기저라고 하자. 그러면 X가 열린집합이므로, X는 $\mathscr{B}$의 원소의 합집합이다. 즉 $X = \cup\{B \mid B \in \mathscr{B}\}$이다. 또한 $B, B^* \in \mathscr{B}$이면, B와 B^*는 열린집합이다. 따라서 교집합 $B \cap B^*$는 또한 열린집합이고, $\mathscr{B}$가 $\mathscr{T}$의 기저이므로 $B \cap B^*$는 $\mathscr{B}$의 원소의 합집합이다.

(⇐) $\mathscr{B}$가 X의 부분집합족이고, (1)과 (2)를 만족한다고 가정하자. $\mathscr{B}$의 원소의 합집합 전체 $\mathscr{T}$를 X의 모든 부분집합족이라 하고, $\mathscr{T}$가 X상의 위상임을 밝힌다.

(1)에 의하여 $X = \cup\{B \mid B \in \mathscr{B}\}$이므로, $X \in \mathscr{T}$이다. 또한

$$\varnothing = \cup\{B \mid B \in \varnothing \subset \mathscr{B}\}$$

임에 유의하면 $\varnothing \in \mathscr{T}$이고, 따라서 $\mathscr{T}$는 $[O_1]$을 만족한다.

이제 $\{G_i\}$를 $\mathscr{T}$의 원소족이라 하자. $\mathscr{T}$의 정의에 의하여, 각 G_i는 $\mathscr{B}$의 원소의 합집합이다. 따라서 합집합 $\cup_i G_i$는 또한 $\mathscr{B}$의 원소의 합집합이므로 $\mathscr{T}$에 속한다. 그러므로 $\mathscr{T}$는 $[O_2]$를 만족한다.

마지막으로 $G, H \in \mathscr{T}$일 때, $G \cap H \in \mathscr{T}$임을 밝힌다. $G, H \in \mathscr{T}$라 하면, X상의 위상 $\mathscr{T}$의 정의에 의하여 $G = \cup_i B_i$와 $H = \cup_j B_j$를 만족하는 $\mathscr{B}$의 두 부분족 $\{B_i \mid i \in I\}$와 $\{B_j \mid j \in J\}$가 존재한다. 이 경우 분배법칙에 의하여

$$G \cap H = (\cup_i B_i) \cap (\cup_j B_j) = \cup_{i,j}\{B_i \cap B_j \mid i \in I,\ j \in J\}$$

가 된다. 그런데 $B_i \cap B_j$가 $\mathscr{B}$의 원소의 합집합이므로

$$\cup_{i,j}\{B_i \cap B_j \mid i \in I,\ j \in J\}$$

는 또한 $\mathscr{B}$의 원소의 합집합이다. 따라서 $G \cap H \in \mathscr{T}$이므로, $\mathscr{T}$는 $[O_3]$를 만족한다.

그러므로 $\mathscr{T}$는 기저 $\mathscr{B}$를 갖는 X상의 위상이다. ■

예 $X = \{1, 2, 3\}$일 때

(1) $\mathscr{B} = \{\{1\}, \{2\}, \{3\}\}$은 정리 2의 두 조건을 만족하므로, X의 위상을 생성하는 기저가 된다. 실제로 $\mathscr{B}$는 이산위상공간 $(X, \mathscr{D})$를 생성한다.

(2) $\mathscr{B} = \{\{1\}, \{2\}\}$는 모든 원소들의 합집합이 X가 아니므로 X의 위상을 생성하는 기저가 될 수 없다. 또한 $\mathscr{B} = \{\{1, 2\}, \{2, 3\}\}$도 X의 위상을 생성하는 기저가 될 수 없다. 왜냐하면 $\{1, 2\}, \{2, 3\}$의 교집합 $\{2\}$가 $\mathscr{B}$의 원소들의 합집합으로 나타낼 수 없기 때문이다.

예 유리수를 양 끝점으로 하는 닫힌구간들의 집합

$$\{[a, b] \mid a < b,\ a, b \in Q\}$$

는 R의 위상을 생성하는 기저가 될 수 없다. 왜냐하면 두 닫힌구간 $[1, 2]$와 $[2, 3]$의 교집합 $\{2\}$는 닫힌구간들의 집합 $\{[a, b] \mid a < b,\ a, b \in Q\}$의 합집합으로 나타낼 수 없기 때문이다. 그러나 닫힌구간들의 집합

$$\{[a, b] \mid a < b,\ a\text{는 유리수},\ b\text{는 무리수}\}$$

는 R의 위상을 생성하는 위상의 기저가 된다.

$\mathscr{B}$를 실직선 R의 반열린구간족, 즉 $\mathscr{B} = \{(a, b] \mid a, b \in R,\ a < b\}$라 하자. 그러면 반열린구간의 합집합으로 이루어진 족 $\mathfrak{J}$는 R상의 위상이 된다. 즉 $\mathscr{B}$는 R상의 위상 $\mathfrak{J}$의 기저이다. 이때 $\mathfrak{J}$를 R상의 **상한위상**(upper limit topology) 또는 **위끝 위상**이라 한다.

마찬가지로 반열린구간족 $\mathscr{B}^* = \{[a, b) \mid a, b \in R,\ a < b\}$는 R상의 위상 $\mathfrak{J}^*$의 기저가 된다. 이때 $\mathfrak{J}^*$를 R상의 **하한위상**(lower limit topology) 또는 **아래끝 위상**이라 한다.

예제 $\mathscr{T}$가 실직선 R에서 반열린구간 $(a, b]$ 족을 기저로 갖는 상한위상일 때, 다음 각 수열에 대하여 0으로의 수렴 여부를 판정하시오.

(1) $\left\langle 1, \frac{1}{2}, \frac{1}{3}, \cdots \right\rangle$ (2) $\left\langle -1, -\frac{1}{2}, -\frac{1}{3}, \cdots \right\rangle$

풀이 (1) 수렴하지 않는다. 왜냐하면 $\mathscr{T}$-열린집합 $(-2, 0]$은 0을 포함하지만, 수열의 임의의 항을 포함하지 않기 때문이다.

(2) 수렴한다. 왜냐하면 0을 포함하는 임의의 열린기저집합 $(a, b]$, 즉 $a < 0 \le b$에 대하여 $a < -\frac{1}{n_0} < 0$을 만족하는 $n_0 \in N$가 존재한다. 따라서 $n > n_0$이면 $-\frac{1}{n} \in (a, b]$이기 때문이다. ■

참고 $\mathscr{B}$가 X상의 위상 $\mathscr{T}$의 기저이고 $A \subset X$일 때

$$\mathscr{B}_A = \{A \cap G \mid G \in \mathscr{B}\}$$

는 A의 상대위상 $\mathscr{T}_A$의 기저가 된다. □

2. 위상의 부분기저

정의 3　위상의 부분기저

위상공간 $(X, \mathscr{T})$에 대하여, X의 열린부분집합족 $\mathscr{R}$, 즉 $\mathscr{R} \subset \mathscr{T}$의 원소의 유한개의 교집합 전체가 $\mathscr{T}$의 기저를 이룰 때, $\mathscr{R}$을 위상 $\mathscr{T}$의 **부분기저**(subbase)라 한다.

예　실직선 R의 모든 열린구간 (a, b)는 두 개의 무한열린구간 (a, ∞)와 $(-\infty, b)$의 교집합이다. 그런데 열린구간족은 R상의 보통위상의 기저이므로, 모든 무한열린구간족 $\mathscr{R}$은 R의 부분기저가 된다.

예　평면 R^2에서 수직인 무한히 긴 열린띠 모양의 면과 수평인 무한히 긴 열린띠 모양의 면의 교집합은 열린 직사각형이다. 그런데 열린 직사각형족은 R^2상의 보통위상의 기저이므로, 모든 무한히 긴 열린띠 모양의 면족은 R^2의 부분기저가 된다.

예제　$X = \{a, b, c, d, e\}$상의 이산위상 $\mathscr{D}$에 대하여, 임의의 단원집합을 포함하지 않는 $\mathscr{D}$의 부분기저 $\mathscr{R}$을 구하시오.

풀이　X의 임의의 부분집합족 $\mathscr{R}$이 X의 이산위상 $\mathscr{D}$의 기저이기 위한 필요충분조건은 $\mathscr{R}$이 X의 모든 단원부분집합을 포함하는 것이다. 따라서 $\mathscr{R}$이 $\mathscr{D}$의 부분기저이기 위한 필요충분조건은 $\mathscr{R}$의 원소의 유한개의 교집합으로써 $\{a\}, \{b\}, \{c\}, \{d\}, \{e\}$로 되는 집합족을 만들면 된다. 따라서

$$\mathscr{R} = \{\{a, b\}, \{b, c\}, \{c, d\}, \{d, e\}, \{e, a\}\}$$

가 $\mathscr{D}$의 부분기저이다. ■

예제　단위 열린구간 $(0, 1)$에 대하여 $a, b \in (0, 1)$일 때, 모든 반열린구간 $(a, 1]$과 $[0, b)$는 단위 닫힌구간 $I = [0, 1]$상의 상대보통위상의 부분기저를 이룬다.

증명　무한열린구간 (a, ∞)와 $(-\infty, b]$는 R상의 보통위상의 부분기저를 형성하므로, I와 두 무한열린구간 (a, ∞), $(-\infty, b]$의 교집합

$$\varnothing,\ I,\ (a, 1],\ [0, b)$$

는 I상의 상대보통위상의 부분기저를 이룬다. 그러나 임의의 부분기저에서 공집합 $\varnothing$와 전체집합 I를 제외할지라도 부분기저이므로, 반열린구간 $(a, 1]$과 $[0, b)$는 단

위 닫힌구간 $I=[0, 1]$상의 상대보통위상의 부분기저를 이룬다. ∎

공집합이 아닌 집합 X의 임의의 부분집합족 $\mathscr{H}$는 X상의 위상의 기저가 아닐 수도 있다. 그러나 X의 부분집합족 $\mathscr{H}$를 부분기저로 갖는 X상의 위상 $\mathscr{T}$는 유일하게 결정된다.

정리 4

공집합이 아닌 집합 X의 부분집합족 $\mathscr{R}$에 대하여, $\mathscr{R}$은 항상 위상공간 $(X, \mathscr{T})$의 부분기저가 된다.

예 $X=\{a, b, c, d\}$의 부분집합족 $\mathscr{R}=\{\{a, b\}, \{b, c\}, \{d\}\}$에 대하여, $\mathscr{R}$의 원소들의 유한개의 교집합 전체의 집합족은

$$\mathscr{B}=\{X, \varnothing, \{a, b\}, \{b, c\}, \{d\}, \{b\}\}$$

로 주어진다. 이때 $\mathscr{B}$는 정리 2의 두 조건을 만족하므로 $\mathscr{B}$는 X상의 위상을 생성하는 기저이고, $\mathscr{R}$은 부분기저가 된다.

공집합이 아닌 집합 X의 임의의 부분집합족 $\mathscr{H}$에 대하여, $\mathscr{H}$를 부분기저로 갖는 X상의 위상 $\mathscr{T}$는 $\mathscr{H}$의 원소의 유한개의 교집합 전체를 기저로 갖는 위상이다. 이때 X의 부분집합족 $\mathscr{H}$는 X상의 위상 $\mathscr{T}$를 생성한다고 한다.

예 $X=\{a, b, c, d\}$일 때, X의 부분집합족 $\mathscr{H}=\{\{a, b\}, \{b, c\}, \{d\}\}$의 원소의 교집합 전체의 집합족은 $\mathscr{B}=\{\{a, b\}, \{b, c\}, \{d\}, \{b\}, \varnothing, X\}$이므로, $\mathscr{B}$의 원소의 합집합을 취하면

$$\mathscr{T}=\{\{a, b\}, \{b, c\}, \{d\}, \{b\}, \varnothing, X, \{a, b, d\}, \{b, c, d\}, \{b, d\}, \{a, b, c\}\}$$

를 얻는다. 이것이 족 $\mathscr{H}$에 의하여 생성되는 X상의 위상이다.

예 $X=\{a, b, c, d, e\}$에 대하여, X의 부분집합족 $\mathscr{H}=\{\{a\}, \{a, b, c\}, \{c, d\}\}$에 의하여 생성되는 X상의 위상 $\mathscr{T}$는

$$\mathscr{T}=\{X, \varnothing, \{a\}, \{c\}, \{a, c\}, \{c, d\}, \{a, b, c\}, \{a, c, d\}, \{a, b, c, d\}\}$$

로 주어진다.

예제 길이가 1인 모든 닫힌구간 $[a, a+1]$의 족 $\mathfrak{J}$에서 생성된 R상의 위상 $\mathscr{T}$는 이산위상을 이룬다.

증명 p를 R의 임의의 원소라 하자. 이때 닫힌구간 $[p-1, p]$와 $[p, p+1]$은 이들이 길이 1을 가질 때 $\mathfrak{J}$의 원소이므로

$$[p-1, p] \cap [p, p+1] = \{p\}$$

는 위상 $\mathscr{T}$에 속한다. 즉 모든 단원집합 $\{p\}$가 $\mathscr{T}$-열린집합이므로, $\mathscr{T}$는 R상의 이산위상이다. ∎

참고 임의의 공집합이 아닌 완전순서집합 $(X, \lesssim)$에 대하여, 형식

$$\{x \in X \mid x < p,\ p \in X\} \text{ 또는 } \{x \in X \mid p < x,\ p \in X\}$$

에 의하여 생성되는 X상의 위상을 X상의 **순서위상**(order topology)이라 한다. R상의 보통위상은 실제로 R상의 순서위상과 일치한다. □

집합족에 의하여 생성되는 위상을 다음과 같이 특성화할 수 있다.

정리 5

공집합이 아닌 집합 X의 부분집합족 $\mathscr{H}$에 대하여, $\mathscr{H}$에 의하여 생성되는 X상의 위상 $\mathscr{T}$는 $\mathscr{H}$를 포함하는 X상의 모든 위상의 교집합이다.

3. 위상의 국소기저

정의 6 위상의 국소기저

p가 위상공간 $(X, \mathscr{T})$의 임의의 점일 때, $\mathscr{R}_p$를 p를 포함하는 열린집합족이라 하자. 이때 $p \in X$를 포함하는 각 열린집합 G에 대하여

$$p \in G_p \subset G$$

를 만족하는 $G_p \in \mathscr{R}_p$가 존재하면, $\mathscr{R}_p$를 p에 있어서 위상 $\mathscr{T}$의 **국소기저**(local base)라 한다.

예 R^2상의 보통위상 $\mathscr{U}$와 임의의 점 $p \in R^2$에 대하여, p에 중심을 둔 열린원판족 $\mathscr{R}_p$는

p에 있어서 $\mathscr{U}$의 국소기저이다. 왜냐하면 p를 포함하는 임의의 열린집합 G는 또한 중심이 p인 열린원판 D_p를 포함하기 때문이다.

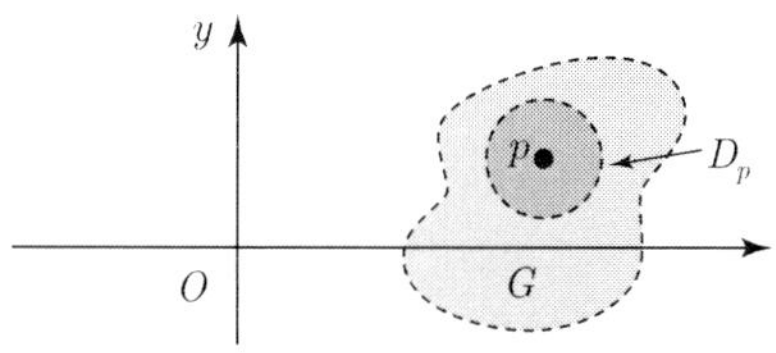

그림 3.2

같은 방법으로 중심이 $a \in R$인 직선 R의 열린구간족 $(a-\delta, a+\delta)$는 점 a에 있어서 하나의 국소기저이다.

예제 이산위상공간 $(X, \mathscr{D})$에 대하여, 모든 점 $p \in X$는 유한국소기저를 갖는다.

증명 단원집합 $\{p\}$는 이산위상공간 $(X, \mathscr{D})$에서 열린집합이다. 따라서 p를 포함하는 모든 열린집합 G가 $\{p\}$의 포함집합이므로, 단원부분집합족 $\mathscr{R}_p = \{\{p\}\}$는 p에 있어서 국소기저이다. ∎

참고 $\mathscr{B}$를 위상공간 $(X, \mathscr{T})$의 기저라 하고 $p \in X$라 하면, p를 포함하는 기저 $\mathscr{B}$의 원소 전체는 점 p에 있어서 $\mathscr{T}$의 국소기저를 이룬다. □

정리 7

위상공간 $(X, \mathscr{T})$에 대하여, 다음이 성립한다.

(1) 점 $p \in X$가 집합 $A \subset X$의 집적점이기 위한 필요충분조건은 어떤 p의 국소기저 $\mathscr{R}_p$의 각 원소가 p와 상이한 A의 점을 포함하는 것이다.

(2) X의 수열 $\langle a_n \rangle$이 $p \in X$로 수렴하기 위한 필요충분조건은 p에 있어서 어떤 국소기저 $\mathscr{R}_p$의 모든 원소가 $\langle a_n \rangle$의 거의 모든 항을 포함하는 것이다.

증명 여기서는 (1)만 증명하고, (2)는 연습문제로 남긴다.

($\Rightarrow$) $p \in X$가 A의 집적점이 되기 위한 필요충분조건은 $p \in G$인 모든 $G \in \mathscr{T}$에 대하여 $(G \setminus \{p\}) \cap A \neq \varnothing$를 만족하는 것이다. 그런데 $\mathscr{R}_p \subset \mathscr{T}$이므로, 모든 $B \in \mathscr{R}_p$에 대하여 $(B \setminus \{p\}) \cap A \neq \varnothing$가 성립한다.

($\Leftarrow$) 모든 $B \in \mathscr{R}_p$에 대하여 $(B \setminus \{p\}) \cap \neq \varnothing$라고 가정하고, G는 p를 포함하는 X의 임의의 열린부분집합이라고 하자. 그러면 $p \in B_0 \subset G$를 만족하는

$B_0 \in \mathscr{R}_p$가 존재한다. 따라서

$$\varnothing \neq (B_0 \setminus \{p\}) \cap A \ \subset (G \setminus \{p\}) \cap A$$

이므로, $(G \setminus \{p\}) \cap \neq \varnothing$, 즉 p는 A의 집적점이다. ■

참고 $\mathscr{B}$가 위상공간 $(X, \mathscr{T})$의 기저일 때, 다음이 성립한다.

(1) 점 $p \in X$가 집합 $A \subset X$의 집적점이기 위한 필요충분조건은 p를 포함하는 모든 열린기저집합 $G \in \mathscr{B}$가 p와 서로 다른 A의 점을 포함하는 것이다.

(2) X의 수열 $\langle a_n \rangle$이 $p \in X$로 수렴하기 위한 필요충분조건은 p를 포함하는 모든 열린기저집합 $G \in \mathscr{B}$가 $\langle a_n \rangle$의 거의 모든 항을 포함하는 것이다. □

예 R상의 위상의 기저가 반열린구간족 $\mathscr{B}^* = \{[a, b) \mid a, b \in R,\ a < b\}$로 주어진 R 상의 하한위상 $\mathfrak{I}^*$를 생각하고, $A = (0, 1)$이라 하자. 여기서 $(0, 1)$은 단위 열린구간이다. 이때 $G = [1, 2)$는 $1 \in R$을 포함하는 $\mathfrak{I}^*$-열린집합이지만 $G \cap A = \varnothing$가 된다. 따라서 1은 A의 집적점이 아니다. 한편 0을 포함하는 임의의 열린기저집합 $[a, b)$는 0 이외의 A의 점을 포함하므로, $0 \in R$은 A의 집적점이다.

무한이산위상공간 $(X, \mathscr{D})$의 경우 열린집합이 무한개 존재하므로, 수열의 수렴 여부와 집적점에 대한 판정을 정의에 의하여 일일이 조사한다는 것은 불가능하다. 그러나 $\{\{p\}\}$가 p의 국소기저이므로, 무한개의 열린집합에 대한 조사는 단 하나의 열린집합에 대한 조사만으로 충분하다.

연습문제 3.2

1. $(X, \mathscr{D})$가 이산위상공간일 때, $\mathscr{B}$를 X의 모든 단원부분집합족, 즉 $\mathscr{B} = \{\{p\} \mid p \in X\}$라 하자. 이때 임의의 X의 부분집합족 $\mathscr{B}^*$가 기저이기 위한 필요충분조건은 $\mathscr{B}^*$가 $\mathscr{B}$의 포함집합족, 즉 $\mathscr{B} \subset \mathscr{B}^*$가 성립하는 것임을 보이시오.

2. R상의 보통위상 $\mathscr{U}$는 반열린구간 $(a, b]$의 족을 기저로 갖는 R상의 상한위상 $\mathscr{T}$보다 약한 위상임을 보이시오.

3. 실직선 R의 반열린구간 $(a, b]$의 족을 기저로 갖는 상한위상 $\mathfrak{J}$에 대하여, 다음이 성립함을 보이시오.

(1) 무한열린구간 $(1, \infty)$와 무한닫힌구간 $(-\infty, 2]$는 $\mathfrak{J}$-열린집합이다.

(2) 임의의 반열린구간 $(a, b]$는 $\mathfrak{J}$-열린집합인 동시에 $\mathfrak{J}$-닫힌집합이다.

4. $X = \{a, b, c, d, e\}$에 대하여, 다음에 주어진 $\mathscr{A}$에 의해 생성되는 X상의 위상 $\mathscr{T}$를 구하시오.

(1) $\mathscr{A} = \{\{a, b, c\}, \{c, d\}, \{d, e\}\}$ (2) $\mathscr{A} = \{\{a\}, \{a, b, c\}, \{c, d\}\}$

5. 임의의 집합 X의 이산위상에 대한 가장 작은 부분기저 $\mathscr{R}$을 구하시오.

6. X의 임의의 부분집합족 $\mathscr{R}$이 X상의 위상 $\mathscr{T}$와 $\mathscr{T}^*$의 부분기저이면, $\mathscr{T} = \mathscr{T}^*$임을 보이시오.

7. a, b가 유리수일 때, 모든 닫힌구간 $[a, b]$의 족 $\mathscr{H}$에 의하여 생성되는 R상의 위상을 $\mathscr{T}$라 하자. 이때 R의 다음 각 부분집합의 폐포를 구하시오.

(1) $(2, 4)$ (2) $(\sqrt{2}, 5]$ (3) $(-3, \pi)$

8. $\mathscr{B}$를 위상공간 $(X, \mathscr{T})$의 기저라 하고 $p \in X$라 하면, p를 포함하는 기저 $\mathscr{B}$의 원소 전체는 점 p에 있어서 $\mathscr{T}$의 국소기저가 됨을 보이시오.

9. 위상공간 $(X, \mathscr{T})$의 수열 $\langle a_n \rangle$이 $p \in X$로 수렴하기 위한 필요충분조건은 p에 있어서 어떤 국소기저 $\mathscr{R}_p$의 모든 원소가 $\langle a_n \rangle$의 거의 모든 항을 포함하는 것임을 보이시오.

3.3 연속함수와 위상동형공간

두 위상공간 사이에 위상동형함수가 존재할 때 두 공간은 위상동형이라 하고, 위상동형함수에 의해 보존되는 성질을 위상적 성질이라 한다. 형식적으로 위상수학이란 위상적 성질에 대한 연구를 하는 학문이다.

1. 연속함수

(1) 연속함수

정의 1 연속함수

두 위상공간 $(X, \mathscr{T})$와 $(Y, \mathscr{T}^*)$에 대하여, Y의 모든 $\mathscr{T}^*$-열린부분집합 H의 역상 $f^{-1}[H]$가 X의 $\mathscr{T}$-열린집합일 때, 즉

$$H \in \mathscr{T}^* \Rightarrow f^{-1}[H] \in \mathscr{T}$$

를 만족할 때, 함수 $f:(X, \mathscr{T}) \to (Y, \mathscr{T}^*)$를 $\mathscr{T}$와 $\mathscr{T}^*$에 관하여 연속(continuous relative to $\mathscr{T}$ and $\mathscr{T}^*$) 또는 $\mathscr{T}$-$\mathscr{T}^*$ 연속($\mathscr{T}$-$\mathscr{T}^*$continuous), 간단히 연속이라 한다.

함수 $f:(X, \mathscr{T}) \to (X, \mathscr{T}^*)$의 정의역과 공역에 주어진 위상 $\mathscr{T}$와 $\mathscr{T}^*$를 나타낼 필요가 없을 때, 간단히 $f: X \to Y$로 표기한다.

예 $X = \{a, b, c, d\}$, $Y = \{x, y, z, w\}$상의 각 위상 $\mathscr{T}$와 $\mathscr{T}^*$를 각각

$$\mathscr{T} = \{X, \varnothing, \{a\}, \{a, b\}, \{a, b, c\}\}$$
$$\mathscr{T}^* = \{Y, \varnothing, \{x\}, \{y\}, \{x, y\}, \{y, z, w\}\}$$

라 하고, 그림 3.3으로 정의된 함수 $f: X \to Y$와 $g: X \to Y$를 생각하자.

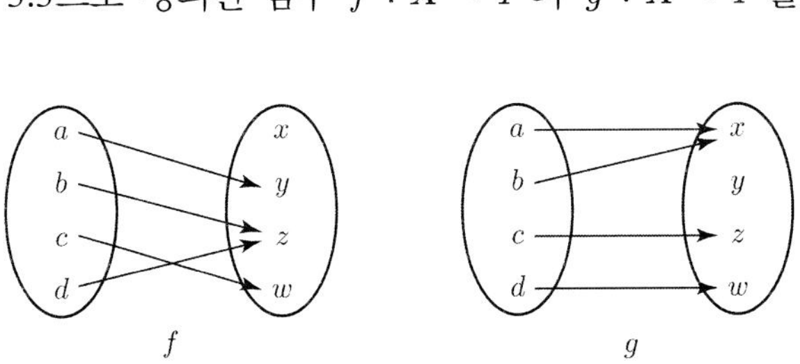

| 그림 3.3 |

이때 함수 f는 Y상의 위상 $\mathscr{T}^*$의 각 원소의 역이 X상의 위상의 원소이므로 연속이다. 한편 함수 g는 $\{y, z, w\} \in \mathscr{T}^*$, 즉 Y의 열린부분집합의 역상

$$g^{-1}[\{y, z, w\}] = \{c, d\}$$

가 X의 열린부분집합이 아니므로, 즉 $\mathscr{T}$에 속하지 않으므로 g는 연속이 아니다.

예 일반적인 위상공간의 모든 상수함수는 연속이다.

예 $(X, \mathscr{T})$가 임의의 위상공간일 때, 항등함수 $I_X : (X, \mathscr{T}) \to (X, \mathscr{T})$는 연속이다. 그러나 밀착위상공간 $(X, \mathscr{I})$에서 이산위상공간 $(X, \mathscr{D})$로의 항등함수 $I_X : (X, \mathscr{I}) \to (X, \mathscr{D})$는 X가 두 개 이상의 원소를 포함하는 경우에 연속이 아니다.

예제 $(X, \mathscr{D})$가 이산위상공간이고 $(Y, \mathscr{T})$가 임의의 위상공간일 때, 모든 함수 $f : X \to Y$는 $\mathscr{D}$-$\mathscr{T}$ 연속이다.

증명 이산위상공간의 모든 부분집합이 열린집합이므로, H를 Y의 임의의 열린부분집합이라 하면 그 역상 $f^{-1}[H]$는 X의 열린부분집합이 된다. 따라서 함수 f는 $\mathscr{D}$-$\mathscr{T}$ 연속이다. ■

예제 $(Y, \mathscr{I})$가 밀착위상공간이면, 모든 함수 $f : (X, \mathscr{T}) \to (Y, \mathscr{I})$는 임의의 $\mathscr{T}$에 관하여 연속이다.

증명 $(Y, \mathscr{I})$가 밀착위상공간이므로, Y의 열린부분집합은 Y와 공집합 $\varnothing$뿐이다. 그런데

$$f^{-1}[Y] = X, \quad f^{-1}[\varnothing] = \varnothing$$

이고, X와 공집합 $\varnothing$는 X상의 임의의 위상의 원소이므로, f는 임의의 $\mathscr{T}$에 관하여 연속이다. ■

참고 함수 $f : X \to Y$가 연속이기 위한 필요충분조건은 Y의 기저 $\mathscr{B}$의 원소의 역상이 X의 열린부분집합으로 되는 것이다. □

예 R^2에서 R로의 사영은 모두 보통위상에 관하여 연속이다. 예를 들면 $\pi : R^2 \to R$가 $\pi[\langle x, y \rangle] = y$로 정의될 때, 임의의 열린구간 (a, b)의 역상은 무한히 긴 **열린띠**(infinite open strip)이다. 따라서 R의 모든 열린부분집합의 역상이 R^2의 열린집합이므로, π는 연속이다.

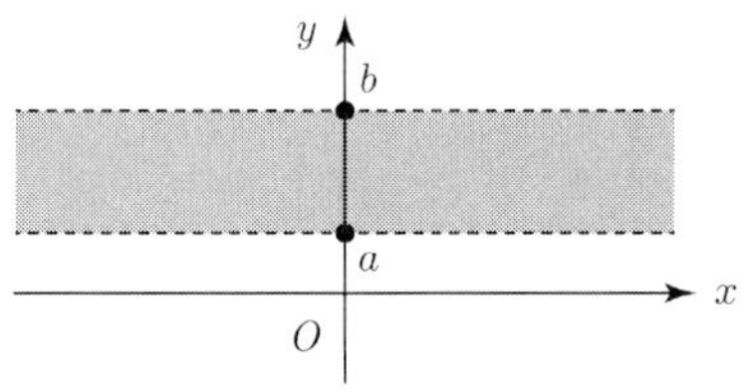

$\pi^{-1}[(a, b)]$는 음영부분

【그림 3.4】

예 $x \in R$에 대하여 $f(x) = |x|$로 주어지는 R상의 절댓값함수는 연속이다. 왜냐하면 열린구간 $A = (a, b)$에 대하여

$$f^{-1}[A] = \begin{cases} \varnothing & , a < b \leq 0 \\ (-b, b) & , a < 0 < b \\ (-b, -a) \cup (a, b) & , 0 \leq a < b \end{cases}$$

로 주어지므로, $f^{-1}[A]$는 열린집합이고 따라서 f는 연속이다.

정리 2

두 위상공간 $(X, \mathscr{T})$와 $(Y, \mathscr{T}^*)$에 대하여 $f : (X, \mathscr{T}) \rightarrow (Y, \mathscr{T}^*)$라 하고, $\mathscr{R}$이 Y상의 위상 $\mathscr{T}^*$의 부분기저일 때, 함수 f가 연속이기 위한 필요충분조건은 $\mathscr{R}$의 모든 원소의 역상이 X의 열린부분집합, 즉 모든 $S \in \mathscr{R}$에 대하여 $f^{-1}[S] \in \mathscr{T}$로 되는 것이다.

증명 함수 f가 연속이면, $\mathscr{R}$의 원소를 포함하는 모든 열린집합의 역상은 열린집합이다. 이제 모든 $S \in \mathscr{R}$에 대하여 $f^{-1}[S] \in \mathscr{T}$라고 가정하고, $G \in \mathscr{T}^*$이면 $f^{-1}[G] \in \mathscr{T}$임을 밝힌다. $G \in \mathscr{T}^*$라고 하면 부분기저의 정의에 의하여

$$G = \cup_i (S_{i_1} \cap \cdots \cap S_{i_{n_i}}) \text{ (단, } S_{i_k} \in \mathscr{R} \text{)}$$

이므로

$$\begin{aligned} f^{-1}[G] &= f^{-1}[\cup_i (S_{i_1} \cap \cdots \cap S_{i_{n_i}})] = \cup_i f^{-1}[S_{i_1} \cap \cdots \cap S_{i_{n_i}}] \\ &= \cup_i (f^{-1}[S_{i_1}] \cap \cdots \cap f^{-1}[S_{i_{n_i}}]) \end{aligned}$$

가 된다. 그런데 $S_{i_k} \in \mathscr{R}$이므로, $f^{-1}[S_{i_{n_i}}] \in \mathscr{T}$이다. 따라서 $f^{-1}[G]$는 열린집합의 유한개의 교집합의 합집합이므로, $f^{-1}[G] \in \mathscr{T}$이다. ■

예 f가 임의의 위상공간 X에서 단위 닫힌구간 $[0, 1]$로의 함수일 때, 모든 $a, b \in (0, 1)$에 대하여 $f^{-1}[(a, 1]]$과 $f^{-1}[[0, b)]$가 X의 열린부분집합이면 f는 연속이다. 왜냐하면 반열린구간 $(a, 1]$과 $[0, b)$가 단위 닫힌구간 $[0, 1]$의 부분기저를 이루기 때문이다.

연속함수는 닫힌집합을 사용하여 특징화할 수 있다.

정리 3

함수 $f : X \to Y$가 연속이기 위한 필요충분조건은 Y의 모든 닫힌부분집합의 역상이 X의 닫힌부분집합으로 되는 것이다.

예제 X에서 보통위상공간 $(R, \mathscr{U})$로의 모든 함수가 연속이 되려면 X에 이산위상이 주어져야 한다.

증명 모든 함수가 연속이므로, 임의의 점 $x_0 \in X$에 대하여

$$f(x) = \begin{cases} 1, & x = x_0 \\ 0, & \text{그 외의 경우} \end{cases}$$

으로 주어진 함수 $f : (X, \mathscr{T}) \to (R, \mathscr{U})$는 연속이다. 그러면 $\{0\}$이 보통위상공간 $(R, \mathscr{U})$에서 닫힌집합이므로, $f^{-1}[\{0\}] = X \setminus \{x_0\}$는 X의 닫힌집합이 된다. 따라서 $\{x_0\}$는 열린집합이다. 모든 $\{x_0\}$가 열린집합이므로, X의 위상 $\mathscr{T}$는 이산위상이다. ■

(2) 연속함수와 임의밀착성

정의 4 임의밀착성

위상공간 $(X, \mathscr{T})$에 대하여, 점 $p \in X$가

$$p \in A \text{ 또는 } p \in A'$$

일 때, p는 집합 $A \subset X$에 **임의밀착하고 있다**(arbitrarily close)고 한다.

예 $\overline{A} = A \cup A'$이므로, A의 폐포는 A에 임의밀착하고 있는 X의 점만으로 이루어진다. 또한 $\overline{A} = A^{\circ} \cup \mathrm{Bd}(A)$이므로, p가 A의 내점 또는 경계점일 때 p는 A에 임의밀착하고 있다.

연속함수는 임의밀착을 보존하는 함수로 특성화할 수 있다.

정리 5

함수 $f : X \to Y$가 연속이기 위한 필요충분조건은 임의의 $p \in X$와 임의의 $A \subset X$에 대하여, p가 A에 임의밀착하면 $f(p)$는 $f[A]$에 임의밀착하는 것이다. 즉

$$p \in \overline{A} \Rightarrow f(p) \in \overline{f[A]}, \text{ 즉 } f[\overline{A}] \subset \overline{f[A]}$$

일 경우이다.

증명 함수 $f : X \to Y$가 연속이라 가정하자. 그러면 $f[A] \subset \overline{f[A]}$이므로

$$A \subset f^{-1}[f[A]] \subset f^{-1}[\overline{f[A]}]$$

가 된다. 그런데 $\overline{f[A]}$가 닫힌집합이므로 $f^{-1}[\overline{f[A]}]$도 닫힌집합이고, 따라서

$$A \subset \overline{A} \subset f^{-1}[\overline{f[A]}]$$

이다. 그러므로

$$f[\overline{A}] \subset \overline{f[A]} \subset f[f^{-1}[\overline{f[A]}]]$$

가 성립한다. 역으로 임의의 $A \subset X$에 대하여 $f[\overline{A}] \subset \overline{f[A]}$라 가정하고, F를 Y의 닫힌부분집합이라 하자. 이때 $A = f^{-1}[F]$가 닫힌집합, 즉 $\overline{A} = A$임을 밝히면 된다.

$$f[\overline{A}] \subset f[\overline{f^{-1}[F]}] \subset \overline{f[f^{-1}[F]]} = \overline{F} = F$$

로부터, $\overline{A} \subset f^{-1}[f[\overline{A}]] \subset f^{-1}[F] = A$를 얻는다. 그런데 $A \subset \overline{A}$이므로, $\overline{A} = A$가 된다. 따라서 f는 연속이다. ■

(3) 한 점에서 연속

함수의 연속성은 집합 전체로 제한하는 대역적 성질(global property)과 한 점에서 연속이라는 국소적 개념(local concept)이 있다.

정의 6 한 점에서 연속

$(X, \mathscr{T})$와 $(Y, \mathscr{T}^*)$가 위상공간이고, 점 p는 X의 한 점이다. 이때 $f(p)$를 포함하는 모든 열린집합 $H \subset Y$의 역상 $f^{-1}[H]$가 p를 포함하는 열린집합 $G \subset X$이면, 함수 $f : X \to Y$는 점 $p \in X$에서 **연속**(continuity at a point $p \in X$)이라 한다.

참고 함수 $f : X \to Y$에 대하여, $f(p)$의 모든 근방의 역상이 p의 근방일 때, 즉

$$N \in \mathscr{N}_{f(p)} \Rightarrow f^{-1}[N] \in \mathscr{N}_p$$

일 때, f는 점 $p \in X$에서 연속이다. □

예 $X = \{a, b, c, d\}$상의 위상 $\mathscr{T}$를

$$\mathscr{T} = \{X, \varnothing, \{a\}, \{b\}, \{a, b\}, \{b, c, d\}\}$$

라 하고, 그림 3.5로 정의된 함수 $f : X \to Y$를 생각하자.

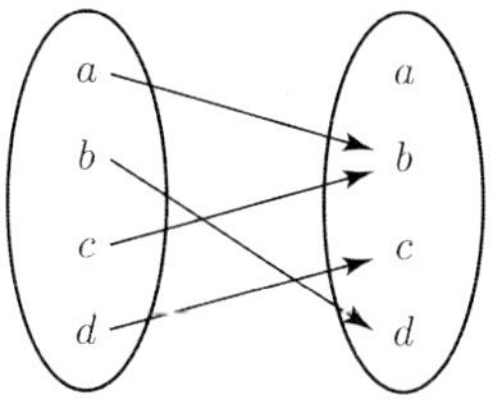

▌그림 3.5▐

이때 함수 f는 d에서 연속이다. 왜냐하면 $f(d) = c$를 포함하는 열린집합은 $\{b, c, d\}$와 X이고, 이때 $f^{-1}[\{b, c, d\}] = X$와 $f^{-1}[X] = X$이므로 $f(d)$를 포함하는 각 열린집합의 역상이 d를 포함하는 열린집합이기 때문이다. 그러나 함수 f는 c에서 연속이 아니다. 왜냐하면 $\{a, b\}$는 $f(c) = b$를 포함하는 열린집합이고 또한 $f^{-1}[\{a, b\}] = \{a, c\}$이므로, c를 포함하는 열린집합이 존재하지 않기 때문이다.

예제 단원집합 $\{p\}$가 위상공간 X의 열린부분집합이면, 임의의 위상공간 Y와 임의의 함수 $f : X \to Y$에 대하여 f는 $p \in X$에서 연속이다.

증명 $H \subset Y$를 $f(p)$를 포함하는 열린집합이라 하면

$$f(p) \in H \Rightarrow p \in f^{-1}[H] \Rightarrow \{p\} \subset f^{-1}[H]$$

가 된다. 따라서 f는 p에서 연속이다. ■

R상에 보통위상이 주어질 때, 정의 6은 함수 $f : R \to R$의 한 점에서 연속성의 ε-δ 논법과 일치한다.

정리 7

위상공간 X, Y에 대하여, 함수 $f : X \to Y$가 연속일 필요충분조건은 f가 X의 모든 점에서 연속인 것이다.

(4) 수열연속

정의 8 수열연속

위상공간 X, Y에 대하여, 함수 $f : X \to Y$가 $p \in X$로 수렴하는 X의 임의의 수열 $\langle a_n \rangle$에 대하여 Y의 수열 $\langle f(a_n) \rangle$이 Y의 점 $f(p)$로 수렴할 때, 즉

$$a_n \to p \Rightarrow f(a_n) \to f(p)$$

일 때, 함수 f는 점 $p \in X$에서 **수열연속**(sequentially continuous) 또는 **점렬연속**이라 한다. X의 모든 점 p에서 f가 수열연속일 때, f를 **수열연속함수**(sequentially continuous function) 또는 **점렬연속함수**라고 한다.

일반적으로 연속함수는 수열연속함수이지만, 그 역은 성립하지 않는다.

정리 9

위상공간 X, Y에 대하여, 함수 $f : X \to Y$가 $p \in X$에서 연속이면 f는 p에서 수열연속이다.

증명 $f(p)$의 임의의 근방 N이 수열 $\langle f(a_n) \rangle$의 거의 모든 항을 포함함을 밝히면 된다. N을 $f(p)$의 임의의 근방이라 하면, f가 p에서 연속이므로 $M = f^{-1}[N]$은 p의 근방이 된다. 만일 수열 $\langle a_n \rangle$이 p로 수렴하면, M은 $\langle a_n \rangle$의 거의 모든 항을 포함한다. 즉 거의 모든 n에 대하여 $a_n \in M$이다. 그런데

$$a_n \in M \Rightarrow f(a_n) \in f[M] = f[f^{-1}[N]] = N$$

이므로, 거의 모든 n에 대하여 $f(a_n) \in N$이다. 그러므로 수열 $\langle f(a_n) \rangle$은 $f(p)$로 수렴한다. 따라서 f는 p에서 수열연속이다. ■

참고 여가산위상공간 $(R, \mathfrak{I}_c)$에서는 수열 $\langle a_n \rangle$이 형식

$$\langle a_1, a_2, \cdots, a_{n_0}, p, p, p, \cdots \rangle$$

로 될 때, p로 수렴한다. 따라서 $(R, \mathfrak{I}_c)$에서 임의의 위상공간 $(X, \mathscr{T})$로의 모든 함수 $f : (R, \mathfrak{I}_c) \to (X, \mathscr{T}^*)$에 대하여

$$\langle f(a_n) \rangle = \langle f(a_1), \cdots, f(a_{n_0}), f(p), f(p), f(p), \cdots \rangle$$

는 $f(p)$로 수렴하므로, 여가산위상공간 $(R, \mathfrak{I}_c)$상의 모든 함수는 수열연속이다. □

예 함수 f가 항등함수 I_R인 경우를 생각하면, 여가산위상공간 $(R, \mathfrak{I}_c)$에서 보통위상공간 $(R, \mathscr{U})$로의 항등함수

$$I_R : (R, \mathfrak{I}_c) \to (R, \mathscr{U})$$

은 수열연속함수이다. 그러나 보통위상공간 $(R, \mathscr{U})$의 열린부분집합 $(0, 1)$의 역상인 $(0, 1)$이 $(R, \mathfrak{I}_c)$의 열린부분집합이 아니므로, $I_R : (R, \mathfrak{I}_c) \to (R, \mathscr{U})$은 연속이 아니다.

2. 열린사상과 닫힌사상

연속함수는 모든 열린집합의 역상이 열린집합이고 또한 모든 닫힌집합의 역상이 닫힌집합인 성질을 갖는다.

정의 10 열린사상과 닫힌사상

위상공간 $(X, \mathscr{T})$에서 $(Y, \mathscr{T}^*)$로의 함수 f에 대하여

(1) X의 임의의 열린집합 G의 상 $f(G)$가 Y의 열린집합일 때, f를 **열린사상**(open mapping) 또는 **열린함수**(open function)라 한다.

(2) X의 임의의 닫힌집합 F의 상 $f(F)$가 Y의 닫힌집합일 때, f를 **닫힌사상**(closed mapping) 또는 **닫힌함수**(closed function)라 한다.

일반적으로 열린사상은 닫힌사상이라 할 수 없고, 그 역도 성립하지 않는다.

예 모든 $x \in R$에 대하여 $f(x) = c$ (단, c는 상수)로 주어진 상수함수 $f : R \to R$는 연속이다. 그런데 임의의 $A \subset R$에 대하여 $f[A] = \{c\}$이므로, f는 닫힌사상이지만, 열린사상은 아니다.

예 평면 R^2에서 x축으로의 사영, 즉 $\pi(\langle x, y \rangle) = x$로 정의된 사영 $\pi : R^2 \to R$를 생각하자. 이때 열린집합 $G \subset R^2$의 상 $\pi[G]$에 속하는 임의의 점 $\pi(p)$는 $\pi[G]$에 포함되는 열린구간에 속하므로 $\pi[G]$는 열린집합이다. 따라서 π는 열린사상이다. 그러나 π는 닫힌사상이 아니다. 왜냐하면 집합

$$A = \{\langle x, y \rangle \mid xy \geq 1,\ x > 0\}$$

는 닫힌집합이지만, 그 사영 $\pi[A] = (0, \infty)$는 닫힌집합이 아니기 때문이다.

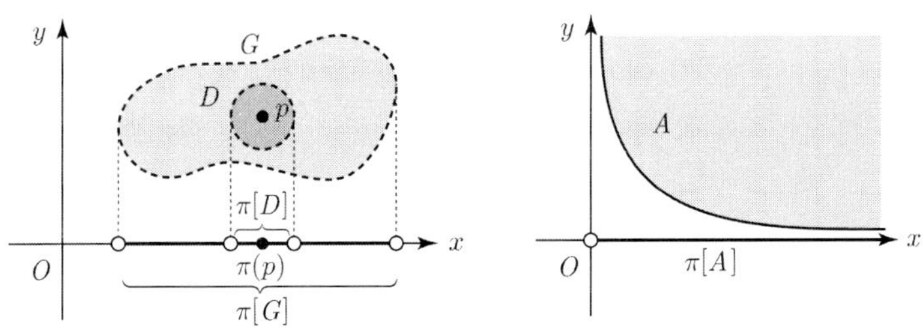

▌그림 3.6▐

예제 보통위상 $\mathscr{U}$가 주어진 열린구간 $(0, \infty)$와 닫힌구간 $[-1, 1]$에 대하여

$$f(x) = \sin \frac{1}{x}$$

로 주어진 함수 $f : (0, \infty) \to [-1, 1]$는 연속이지만, 열린사상도 아니고 닫힌사상도 아니다.

증명 $\left(\frac{1}{2\pi}, \frac{1}{\pi}\right)$이 열린집합이지만 $f\left[\left(\frac{1}{2\pi}, \frac{1}{\pi}\right)\right] = [-1, 0)$은 열린집합이 아니므로, f는 열린사상이 아니다. 또한 $\left[\frac{2}{\pi}, \infty\right)$가 닫힌집합이지만 $f\left[\left[\frac{2}{\pi}, \infty\right)\right] = (0, 1]$은 닫힌집합이 아니므로, f는 닫힌사상이 아니다. ■

예제 $\mathscr{B}$를 위상공간 X의 기저라 하고, $f : X \to Y$라 하자. 이때 모든 $B \in \mathscr{B}$에 대하여 $f[B]$가 Y의 열린집합이면, f는 열린사상이다.

증명 $G \subset X$를 열린집합이라 하자. 그러면 $B_i \in \mathscr{B}$에 대하여, $G = \cup_i B_i$이므로

$$f[G] = f[\cup_i B_i] = \cup_i f[B_i]$$

가 성립한다. 그런데 가정에 의하여 $f[B_i]$가 열린집합이므로, 열린집합의 합집합인 $f[G]$도 또한 Y의 열린집합이다. 따라서 f는 열린사상이다. ■

3. 위상동형공간

평면 R^2상의 사각형과 원은 위상동형이다. 즉 사각형을 연속적으로 변형하여 원을 만들 수 있다는 것이다.

(1) 위상동형공간

정의 11 위상동형사상

두 위상공간 $(X, \mathscr{T})$와 $(Y, \mathscr{T}^*)$에 대하여 f와 f^{-1}가 연속인 전단사 $f : X \to Y$가 존재할 때, X와 Y는 **위상동형**(homeomorphic) 또는 **위상적 동치**(topologically equivalent)라 하고, 이때 함수 f를 **위상동형사상**(homeomorphism) 또는 **위상동형함수**라 한다.

함수 $f : X \to Y$가 열린사상이고 연속일 때, f를 **쌍연속**(bicontinuous)이라 한다. 따라서 $f : X \to Y$는 f가 쌍연속이고 전단사일 때 위상동형사상이 된다.

예 보통위상 $\mathscr{U}$가 주어진 열린구간 $(-1, 1)$과 실직선 R에 대하여, $f(x) = \tan\frac{1}{2}\pi x$로 정의되는 함수 $f : (-1, 1) \to R$는 위상동형사상이다. 따라서 실직선 R과 열린구간 $(-1, 1)$은 위상동형이다.

예 보통위상 $\mathscr{U}$가 주어진 열린구간 $(0, 1)$과 실직선 R에 대하여, $f(x) = \tan\pi\left(x - \frac{1}{2}\right)$로 정의되는 함수 $f : (0, 1) \to R$는 위상동형사상이다. 따라서 열린구간 $(0, 1)$과 실직선 R은 위상동형이다.

예 $(X, \mathscr{D})$와 $(Y, \mathscr{D})$가 이산위상공간이면, X에서 Y로의 모든 함수는 연속이다. 따라서 X에서 Y로의 전단사가 존재하면, 즉 이들의 기수가 같을 때 X와 Y는 위상동형이 된다. 한편 밀착위상공간 $(X, \mathscr{I})$와 이산위상공간 $(Y, \mathscr{D})$는 이들의 기수가 모두 1일 때 위상동형이 된다.

참고 해석학은 근본적으로 보통위상공간 $(R, \mathscr{U})$의 특성을 연구하는 분야이다. 그러나 실수 전체의 성질 대신 종종 열린구간 $(0, 1)$의 성질을 연구하기도 한다. 왜냐하면 열린구간 $(0, 1)$과 실직선 R이 위상동형이기 때문이다. □

정리 12

위상공간의 임의의 족에서 '두 위상공간이 위상동형'으로 정의되는 관계는 동치관계이다.

(2) 위상적 성질과 유전적 성질

위상적 성질과 유전적 성질은 대단히 중요한 의미를 갖는다. 사실상 위상수학의 중요한 목적 중의 하나가 두 성질을 연구하는 것이다.

정의 13 위상적 성질 (topological property)

위상공간 $(X, \mathscr{T})$가 성질 P를 가질 때 $(X, \mathscr{T})$와 위상동형인 모든 위상공간 $(Y, \mathscr{T}^*)$도 역시 성질 P를 가지면, 성질 P를 **위상적**(topological) 또는 **위상불변**(topological invariant)이라 한다.

예 열린집합과 닫힌집합은 위상적 성질이다.

예 보통위상 $\mathscr{U}$가 주어진 열린구간 $(-1, 1)$과 실직선 R에 대하여, 열린구간 $(-1, 1)$과 실직선 R은 위상동형이다. 그런데 **길이**(length)는 열린구간 $(-1, 1)$과 실직선 R이 상이한 길이를 가지므로 위상적 성질이 아니다. 또한 **유계성**(boundedness)도 열린구간 $(-1, 1)$은 유계이지만 실직선 R은 유계가 아니므로 위상적 성질이 아니다.

예제 코시수열은 위상적 성질이 아니다.

증명 무한열린구간 $X=(0, \infty)$에 보통위상이 주어진 $(X, \mathscr{U})$에 대하여 $f(x)=\dfrac{1}{x}$로 정의되는 함수 $f: X \rightarrow X$는 위상동형사상이다. 이 경우 f에 의하여 수열

$$\langle a_n \rangle = \left\langle 1, \frac{1}{2}, \frac{1}{3}, \cdots \right\rangle$$

는 수열

$$\langle f(a_n) \rangle = \langle 1, 2, 3, \cdots \rangle$$

로 대응된다. 이때 수열 $\langle a_n \rangle$은 코시수열이지만, 이에 대응되는 수열 $\langle f(a_n) \rangle$은 코시수열이 아니다. ■

정의 14 유전적 성질 (hereditary property)

성질 P를 갖는 위상공간 $(X, \mathscr{T})$에 대하여 $(X, \mathscr{T})$의 모든 부분공간 $(A, \mathscr{T}_A)$가 역시 성질 P를 가질 때, 성질 P를 **유전적**(hereditary)이라 한다.

위상수학의 대부분은 **콤팩트성**(compactness)과 **연결성**(connectedness)과 같은 어떤 위상적 성질 또는 유전적 성질에서 얻어진 결과에 관한 연구이다. 우리는 분리공간과 콤팩트 공간, 그리고 연결공간에서 위상적 성질과 유전적 성질에 대한 예를 많이 접할 수 있을 것이다.

정의 15 연결공간

위상공간 $(X, \mathscr{T})$에 대하여, X가 공집합이 아닌 서로소인 두 열린부분집합의 합집합으로 되어 있을 때, 즉

$$G, H \in \mathscr{T},\ \ G \cap H = \varnothing,\ \ G, H \neq \varnothing,\ X = G \cup H$$

일 때, 위상공간 $(X, \mathscr{T})$는 **비연결**(disconnectedness)이라 한다. 비연결이 아닌 위상공간을 **연결**(connectedness)이라 한다.

두 위상공간 $(X, \mathscr{T})$와 $(Y, \mathscr{T}^*)$에 대하여, $f: X \rightarrow Y$가 위상동형사상이면

$$X = G \cup H \Leftrightarrow Y = f[G] \cup f[H]$$

이므로, X가 비연결일 필요충분조건은 Y가 비연결일 경우이다. 따라서 연결성은 위상적 성질이다.

예제 평면 R^2의 부분집합 X와 Y가 각각

$$X = \{ x \mid d(x, p_0) = 1 \ \text{또는}\ d(x, p_1) = 1\ ;\ p_0 = \langle -1, 0 \rangle,\ p_1 = \langle 1, 0 \rangle \}$$
$$Y = \{ x \mid d(x, p) = 1,\ p = \langle 5, 0 \rangle \}$$

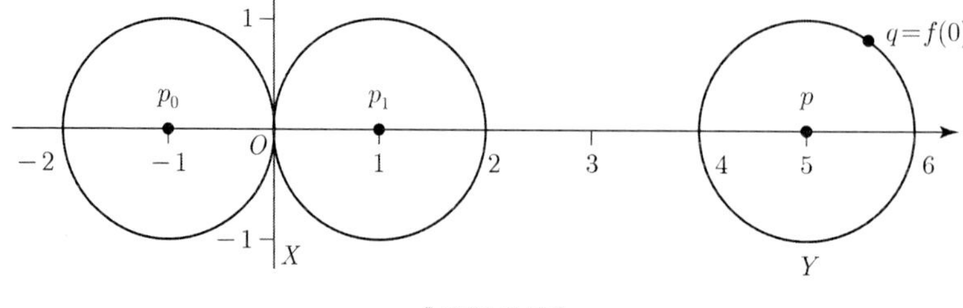

그림 3.7

으로 주어질 때, 보통위상의 X, Y로의 상대화는 위상동형이 아니다.

증명 위상동형사상 $f: X \to Y$가 존재한다고 가정하자. 이때

$$q = f(0),\ X^* = X \setminus \{0\},\ \ Y^* = Y \setminus \{q\}$$

라고 하면, $f: X^* \to Y^*$는 또한 상대위상에 관한 위상동형사상이다. 이 경우 X^*는 비연결, Y^*는 연결임을 밝히면 증명은 끝난다. 왜냐하면 연결성이 위상적 성질인 것에 모순이 되기 때문이다. 이제 $q = \langle 5 + \cos\theta_0, \sin\theta_0 \rangle$라 하면

$$g(\theta) = \langle 5 + \cos(\theta_0 + \theta), \sin(\theta_0 + \theta) \rangle$$

로 정의되는 함수 $g: (0, 2\pi) \to Y^*$는 위상동형사상이다. 이때 구간 $(0, 2\pi)$가 연결이므로, Y^*도 연결이다. 그런데 X^*는 연결이 아니다. 왜냐하면 집합

$$G = \{\langle x, y \rangle \mid x > 0\},\ \ H = \{\langle x, y \rangle \mid x < 0\}$$

는 모두 R^2에서 열린집합이므로, 따라서 $G^* = X^* \cap G$와 $H^* = X^* \cap H$는 X^*의 열린부분집합이고, 또한 G^*와 H^*는 $\varnothing$가 아니고 서로소이며 $G^* \cup H^* = X^*$를 만족하기 때문이다.

따라서 연결성이 위상적 성질이므로, X^*는 Y^*와 위상동형이 아니다. 그러므로 위상동형사상 $f: X \to Y$는 존재하지 않는다. ■

4. 유도위상

$(Y_i, \mathscr{T}_i)$를 위상공간의 임의의 족이라 하고, 각 Y_i에 대하여 공집합이 아닌 임의의 집합 X상에서 정의되는 함수 $f_i: X \to Y_i$가 대응될 때, 모든 f_i가 연속이 되도록 하는 X상의 위상에 관해서 알아본다. 여기서 각 f_i는 Y_i의 각 열린부분집합의 역상이 X의 열린부분집합이면 X상의 어떤 위상에 관하여 연속이 된다.

정의 16 유도위상

X가 공집합이 아닌 임의의 집합이고 $(Y_i, \mathscr{T}_i)$가 위상공간의 임의의 족일 때, 모든 공간 Y_i의 각 열린부분집합의 역상으로 이루어진 X의 부분집합족

$$\mathscr{H} = \cup_i \{f_i^{-1}[H] \mid H \in \mathscr{T}_i\}$$

를 생각한다. 이때 $\mathscr{H}$에 의하여 생성되는 X상의 위상 $\mathscr{T}$를 함수 f_i에 의하여 유도된 유도위상(induced topology), 역상위상(inverse image topology) 또는 생성된 위상(generated topology)이라 한다.

✎ **참고** X의 부분집합족 $\mathscr{H}$는 위상 $\mathscr{T}$의 부분기저이다. □

예 X가 공집합이 아닌 임의의 집합이고 $(Y, \mathscr{T}^*)$가 위상공간일 때, X에서 Y로의 함수 f에 대하여 위상공간 Y의 각 열린부분집합의 역상으로 이루어진 X의 부분집합족

$$\mathscr{T} = \{f^{-1}[H] \mid H \in \mathscr{T}^*\}$$

는 함수 f에 의해 유도된 X상의 유도위상이다. 이때 함수 $f : (X, \mathscr{T}) \to (Y, \mathscr{T}^*)$는 연속이다.

정리 17

$\mathscr{T}$가 부분기저 $\mathscr{H}$에 의하여 생성되는 X상의 위상일 때, 다음이 성립한다.

(1) 모든 함수 f_i는 $\mathscr{T}$에 관하여 연속이다.

(2) $\mathscr{T}$는 함수 f_i를 연속이 되게 하는 X상의 모든 위상의 공통위상이다.

(3) $\mathscr{T}$는 함수 f_i를 연속이 되게 하는 X상의 최소, 즉 가장 약한 위상이다.

X의 부분집합족 $\mathscr{H}$를 f_i에 의하여 유도된 유도위상, 즉 함수 f_i가 연속이 되도록 하는 X상의 가장 약한 위상에 관하여 **정의부분기저**(defining subbase)라 한다.

예 $Y = \{a, b, c, d\}$상의 위상 $\mathscr{T}$를

$$\mathscr{T} = \{Y, \varnothing, \{c\}, \{a, b, c\}, \{c, d\}\}$$

라 하고, $X = \{1, 2, 3, 4\}$일 때 그림 3.8로 정의된 두 함수 $f, g : X \to (Y, \mathscr{T})$를 생각하자.

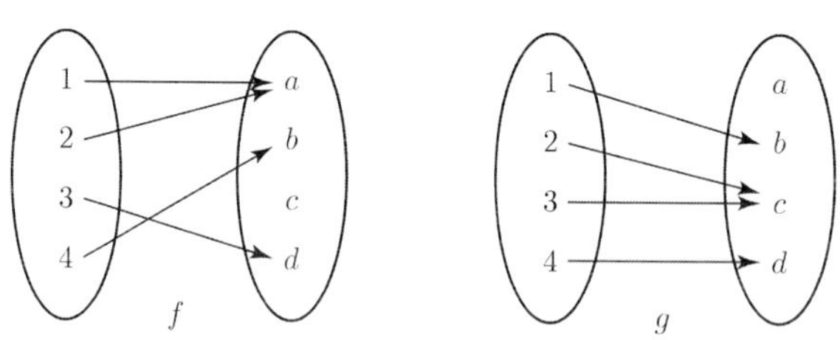

| 그림 3.8 |

이때 두 함수 f와 g에 의하여 유도된 X상의 유도위상 $\mathscr{T}^*$의 정의부분기저를 구해보자. 이 경우

$$\mathscr{H} = \{f^{-1}[H] \mid H \in \mathscr{T}\} \cup \{g^{-1}[H] \mid H \in \mathscr{T}\}$$

즉 $\mathscr{H}$가 f와 g에 의한 Y의 열린부분집합의 역상으로 이루어짐을 생각하면

$$\mathscr{H} = \{X, \varnothing, \{1, 2, 4\}, \{3\}, \{2, 3\}, \{1, 2, 3\}, \{2, 3, 4\}\}$$

로 주어진다.

예 π_1과 π_2를 평면 R^2에서 실직선 R로의 사영, 즉

$$\pi_1[\langle x, y \rangle] = x, \ \pi_2[\langle x, y \rangle)] = y$$

로 정의하면, R의 열린구간 (a, b)의 역상은 R^2의 무한히 긴 열린띠 모양의 면분이 된다. 그런데 이 무한히 긴 열린띠 모양의 면분들은 R^2상의 보통위상의 부분기저를 이룬다. 따라서 R^2상의 보통위상은 사영 π_1과 π_2를 연속이 되게 하는 R^2상의 가장 약한 위상이다.

연습문제 3.3

EXERCISES

1. 위상공간 X, Y에 대하여 $f : X \to Y$라 하고 $\mathscr{B}$가 Y상의 위상의 기저일 때, 각 원소 $B \in \mathscr{B}$에 대하여 $f^{-1}[B]$가 X의 열린부분집합이면, f는 연속함수가 됨을 보이시오.

2. 두 위상공간 $(X, \mathscr{T})$와 $(Y, \mathscr{T}^*)$에 대하여, 항등함수 $i : (X, \mathscr{T}) \to (Y, \mathscr{T}^*)$가 연속이기 위한 필요충분조건은 $\mathscr{T}$가 $\mathscr{T}^*$보다 섬세한 것, 즉 $\mathscr{T}^* \subset \mathscr{T}$가 성립하는 것임을 보이시오.

3. X상의 위상족 $\{\mathscr{T}_i\}$에 대하여, 함수 $f : X \to Y$가 각 $\mathscr{T}_i$에 관하여 연속이면 공통위상 $\mathscr{T} = \cap_i \mathscr{T}_i$에 관해서도 f가 연속임을 보이시오.

4. 두 위상공간 $(X, \mathscr{T})$와 $(Y, \mathscr{T}^*)$에 대하여, $f : (X, \mathscr{T}) \to (Y, \mathscr{T}^*)$가 연속이면

$$f_A : (A, \mathscr{T}_A) \to (Y, \mathscr{T}^*)$$

도 연속임을 보이시오. 여기서 $A \subset X$이고 f_A는 f를 A로의 제한이다.

5. $f(x) = x^2$으로 정의된 실가함수 $f : R \to R$는 열린사상이 아님을 보이시오.

6. 함수 $f : X \to Y$가 열린사상이지만 $f|_A$가 열린사상이 아닌 예를 들어 보시오.

7. 닫힌구간 $A = [a, b]$는 단위 닫힌구간 $I = [0, 1]$과 위상동형임을 보이시오.

8. $f_i : X \to (Y_i, \mathscr{T}^*)$가 임의의 집합 X에서 위상공간 $(Y_i, \mathscr{T}^*)$로의 상수함수일 때, 상수함수족 $\{f_i\}$에 대하여 함수 f_i가 연속이 되게 하는 X상의 가장 약한 위상을 구하시오.

9. $\mathscr{T}$를 반열린구간 $[a, b)$로 생성되는 실직선 R상의 위상이라 하고, $\mathscr{T}^*$를 모든 선형함수의 족

$$f(x) = ax + b \text{ (단, } a, b \in R\text{)로 정의되는 } f : R \to (R, \mathscr{T})$$

로 유도되는 R상의 위상이라 하자. 이때 $\mathscr{T}^*$는 R상의 이산위상임을 보이시오.

10. $Y = \{a, b, c, d\}$상의 위상 $\mathscr{T}$를

$$\mathscr{T} = \{Y, \varnothing, \{a, b\}, \{c, d\}\}$$

라 하고, $X = \{1, 2, 3, 4. 5\}$에 대하여 두 함수 $f, g : X \to (Y, \mathscr{T})$를

$$f = \{\langle 1, a \rangle, \langle 2, a \rangle, \langle 3, b \rangle, \langle 4, b \rangle, \langle 5, d \rangle\}$$
$$g = \{\langle 1, c \rangle, \langle 2, b \rangle, \langle 3, d \rangle, \langle 4, a \rangle, \langle 5, c \rangle\}$$

로 정의할 때, 두 함수 f, g에 의하여 유도된 X상의 위상의 정의부분기저 $\mathscr{H}$를 구하시오.

제4장
거리공간과 노름선형공간

- 4.1 거리공간
- 4.2 노름선형공간

4.1 거리공간

보통위상공간은 특히 해석학 분야에서 중요한 역할을 한다. 여기서는 보통위상공간을 일반화한 거리공간에 대하여 알아본다. 거리함수가 주어지면 많은 곳에서 편리하지만, 거리함수가 되는 조건이 매우 강하기 때문에, 일반위상공간의 필요성이 대두되는 것이다.

1. 거리

(1) 거리함수

실직선 위의 두 점 사이의 거리의 개념을 집합으로 일반화한다.

정의 1 거리와 거리함수

X가 공집합이 아닐 때, 실가함수 $d : X \times X \to R$가 X의 임의의 원소 a, b, c에 대하여 거리공리라고 불리는 다음 네 조건

[M_1] $d(a, b) \geq 0$이고 $d(a, a) = 0$

[M_2] $d(a, b) = d(b, a)$

[M_3] $d(a, b) \leq d(a, c) + d(c, b)$ (삼각부등식)

[M_4] $a \neq b$이면, $d(a, b) > 0$

를 만족하면, d를 X상의 거리(metric) 또는 거리함수(distance function)라 하고, (X, d)를 거리공간(metric space)이라 한다. 이때 실숫값 $d(a, b)$를 a에서 b까지의 거리(distance)라고 한다.

X가 공집합이 아닐 때, [M_1], [M_2]와 [M_3]를 만족하되 반드시 [M_4]를 만족할 필요가 없는 실가함수 $d : X \times X \to R$를 유사거리(pseudo-metric) 또는 유사거리함수라고 한다.

예 모든 $x, y \in X$에 대하여 $d(x, y) = 0$로 정의된 실가함수 $d : X \times X \to R$는 유사거리이지만 거리는 아니다.

예 단위 닫힌구간 $[0, 1]$상의 리만 적분가능한 함수족을 $\mathscr{R}[0, 1]$로 나타낼 때

$$\rho(f, g) = \int_0^1 |f(x) - g(x)|\, dx$$

로 정의된 함수 ρ는 $\mathscr{R}[0, 1]$상의 거리가 아니다. 왜냐하면

$$f(x) = \begin{cases} 1, & x = 0 \\ 0, & 0 < x \le 1 \end{cases}$$

으로 주어진 함수와

$$\text{모든 } x \in [0, 1] \text{에 대하여, } g(x) = 0$$

으로 주어진 영함수 $g : [0, 1] \to R$는 $\mathscr{R}[0, 1]$에 속하지만 $\rho(f, g) = 0$이고 $f \ne g$이므로, ρ는 $[M_4]$를 만족하지 않기 때문이다. 이때 ρ는 유사거리임에 유의한다.

참고 X가 공집합이 아닐 때, 다음 두 조건은 실가함수 $d : X \times X \to R$가 X상에서의 거리함수가 되기 위한 동치조건이다.

(1) 임의의 $a, b \in X$에 대하여, $d(a, b) = 0 \Leftrightarrow a = b$

(2) 임의의 $a, b, c \in X$에 대하여, $d(a, c) \le d(a, b) + d(c, b)$ □

같은 집합 위에 여러 개의 거리가 정의될 수 있다. 그러나 거리가 혼동될 우려가 없을 경우는 (X, d) 대신 X로 거리공간을 표시한다. 따라서 X를 거리공간이라 할 때, X에서 정의된 거리함수가 있다는 것을 고려하여야 한다.

참고 거리공리에 있어서, $[M_3]$는 다음 $[M_3{}^*]$로 대치할 수 있다.

$[M_3{}^*]$ $a, b, c \in X$가 서로 다르면 $d(a, b) \le d(a, c) + d(c, b)$이다. □

예 a와 b가 임의의 실수일 때, $d(a, b) = |a - b|$로 정의되는 함수 $d : R \times R \to R$는 거리가 된다. 이때 d를 실직선 R상의 **보통거리**(usual metric) 또는 **유클리드 거리**라고 한다. 또한 평면 R^2의 임의의 두 점 $p = \langle a_1, a_2 \rangle$, $q = \langle b_1, b_2 \rangle$에 대하여

$$d(p, q) = \sqrt{(a_1 - b_1)^2 + (a_2 - b_2)^2}$$

으로 정의되는 함수 d는 거리가 된다. 이 경우 d를 R^2상의 보통거리라 한다. 이 책을 서술함에 있어 앞으로 특별한 언급이 없는 한, R과 R^2상의 거리는 보통거리를 전제로 한다. 이때 보통거리 d가 주어진 R과 R^2을 각각 실직선 R과 평면 R^2 또는 간단히 R과 R^2으로 표기한다.

예 평면 R^2의 임의의 두 점 $p=\langle a_1, a_2\rangle$, $q=\langle b_1, b_2\rangle$에 대하여

$$d_1(p, q)=\max(|a_1-b_1|, |a_2-b_2|),\ d_2(p, q)=|a_1-b_1|+|a_2-b_2|$$

로 정의되는 함수 d_1, d_2도 역시 R^2상의 거리이다.

예 단위 닫힌구간 $[0, 1]$상의 연속함수족을 $\mathscr{C}[0, 1]$로 나타낼 때, $\mathscr{C}[0, 1]$에 대하여

$$d(f, g)=\int_0^1 |f(x)-g(x)|\, dx$$

로 정의된 함수 d는 $\mathscr{C}[0, 1]$상에서 거리이다. 또한 $\mathscr{C}[0, 1]$에 대하여

$$d^*(f, g)=\sup\{|f(x)-g(x)| : x\in[0, 1]\}$$

로 정의된 함수 d^*도 $\mathscr{C}[0, 1]$상에서 거리가 된다.

참고 $d(f, g)$는 두 함수 f, g 사이에 있는 영역의 넓이를 나타내고, $d^*(f, g)$는 두 함수 f, g 사이의 수직 방향으로의 최대 간격을 나타낸다.

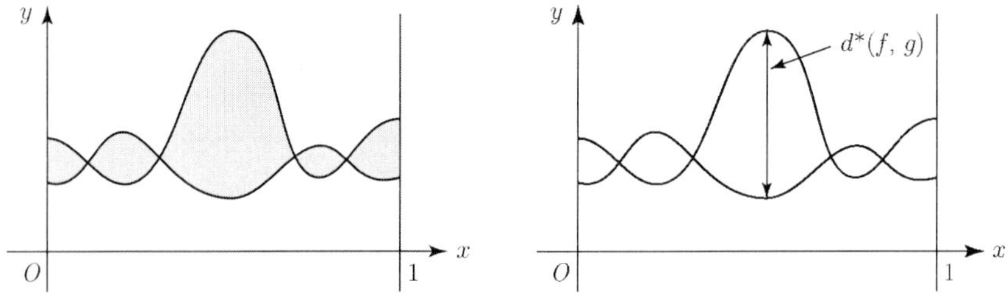

$d(f, g)$는 음영부분

❙그림 4.1❙ □

예제 임의의 공집합이 아닌 집합 X에 대하여

$$d(a, b)=\begin{cases}0, & a=b\\ 1, & a\neq b\end{cases}$$

로 정의된 함수 d는 X상의 거리이다. 이것을 X상의 **자명거리**(trivial metric) 또는 **이산거리**라고 한다.

증명 $a, b\in X$에 대하여, $d(a, b)=1$ 또는 $d(a, b)=0$이다. 따라서 $d(a, b)\geq 0$이다. 또한 $a=b$이면 d의 정의로부터 $d(a, b)=0$이다. 따라서 d는 $[M_1]$을 만족한다.

한편 $a, b\in X$에 대하여 $a\neq b$이면 $d(a, b)=1$, $d(b, a)=1$이므로 $d(a, b)=$

$d(b, a)$이고, 또한 $a=b$이면 $d(a, b)=0$, $d(b, a)=0$이므로 $d(a, b)=d(b, a)$이다. 따라서 d는 $[M_2]$를 만족한다.

이제 $a, b, c \in X$를 서로 다른 점이라 하면, $d(a, c)=1$, $d(a, b)=1$, $d(b, c)=1$이므로

$$d(a, c)=1 \leq 1+1=d(a, b)+d(b, c)$$

가 된다. 따라서 d는 $[M_3{}^*]$를 만족한다.

마지막으로 $a, b \in X$에 대하여 $a \neq b$이면 $d(a, b)=1$이므로, $d(a, b)>0$이다. 따라서 d는 $[M_4]$를 만족한다. ∎

거리에 대한 여러 가지 성질은 또한 유사거리에 대해서도 성립한다.

(2) 집합 사이의 거리와 지름

정의 2　집합 사이의 거리

공집합이 아닌 집합 X상의 거리를 d라 하자. 이때 점 $p \in X$와 공집합이 아닌 X의 부분집합 A 사이의 거리는

$$d(p, A)=\inf\{d(p, a) \mid a \in A\}$$

로 정의하고, 공집합이 아닌 X의 두 부분집합 A와 B 사이의 거리는

$$d(A, B)=\inf\{d(a, b) \mid a \in A,\ b \in B\}$$

로 정의한다.

예 d가 공집합이 아닌 집합 X상의 자명거리일 때, $p \in X$와 $A, B \subset X$에 대하여

$$d(p, A)=\begin{cases}1, & p \notin A \\ 0, & p \in A\end{cases},\quad d(A, B)=\begin{cases}1, & A \cap B=\varnothing \\ 0, & A \cap B \neq \varnothing\end{cases}$$

으로 주어진다.

예 실직선 R상의 두 반열린구간 $A=[0, 1)$, $B=(1, 2]$에 대하여, d가 R상의 보통거리이면 $d(A, B)=0$이고, d^*가 R상의 자명거리이면 A와 B는 서로소이므로 $d^*(A, B)=1$이 된다.

참고 실직선 R상의 두 닫힌부분집합

$$A=\{2, 3, 4, 5, \cdots\},\ B=\left\{2\frac{1}{2}, 3\frac{1}{3}, 4\frac{1}{4}, 5\frac{1}{5}, \cdots\right\}$$

는 모두 닫힌집합이고 서로소이지만, $d(A, B)=0$이 된다. □

정의 3 집합의 지름

d가 공집합이 아닌 집합 X상의 거리일 때, 공집합이 아닌 X의 부분집합 A의 **지름** (diameter)을

$$d(A)=\sup\{d(a, a') \mid a, a' \in A\}$$

으로 정의한다. 즉 A의 지름은 A에 속하는 두 점 사이의 거리의 최소상계이다.

집합 A에 대하여, $d(A)<\infty$이면 A를 **유계**라 하고, $d(A)=\infty$이면 A를 **유계가 아니다** (unbounded)라고 한다.

정리 4

A와 B가 X의 공집합이 아닌 부분집합이고 $p \in X$일 때, X상의 거리 d에 대하여 다음이 성립한다.

(1) $d(p, A)$, $d(A, B)$와 $d(A)$는 음이 아닌 실수이다.

(2) $p \in A$이면, $d(p, A)=0$이다.

(3) $A \cap B \neq \varnothing$이면, $d(A, B)=0$이다.

(4) A가 유한집합이면 $d(A)<\infty$, 즉 유한집합 A는 유계이다.

일반적으로 (2), (3), (4)의 역은 성립하지 않는다.

예 d가 R의 보통거리라 하자. 이때 $A=(0, 1)$, $p=0$이라 하면 $d(p, A)=0$이지만 $p \notin A$이다. 또한 $A=(0, 1)$, $B=\{0\}$이라 하면 $d(A, B)=0$이지만 $A \cap B=\varnothing$이다. 한편 d가 R의 자명거리라 하고 $A=R$이라 하면 $d(A) \leq 1$이므로, A는 유계이지만 무한집합이다.

편의상 공집합 $\varnothing$에 대하여

$$d(p, \varnothing) = \infty, \ d(A, \varnothing) = d(\varnothing, A) = \infty, \ d(\varnothing) = -\infty$$

로 정의한다.

2. 거리위상과 거리공간

(1) 열린구

정의 5 열린구

d가 공집합이 아닌 집합 X상의 거리함수일 때, 임의의 점 $p \in X$와 임의의 실수 $\delta > 0$에 대하여

$$S_d(p, \delta) = \{x \mid d(p, x) < \delta\}$$

를 중심이 p이고 반지름이 δ인 **열린구**(open sphere), 간단히 **구**(sphere) 또는 **구체**(ball)라고 한다. 주어진 거리함수 d를 혼동할 염려가 없을 때, $S_d(p, \delta)$를 간단히 $S(p, \delta)$ 또는 $B_\delta(p)$로 나타낸다.

예 평면 R^2의 한 점 $p = \langle 0, 0 \rangle$과 $\delta = 1$을 생각하자. 함수 d가 R^2상의 보통거리라면 $S_d(p, \delta)$는 단위 열린원판이다. 한편 $p = \langle a_1, a_2 \rangle$, $q = \langle b_1, b_2 \rangle$가 평면 R^2의 임의의 두 점일 때

$$d_1(p, q) = \max(|a_1 - b_1|, |a_2 - b_2|), \ d_2(p, q) = |a_1 - b_1| + |a_2 - b_2|$$

로 정의되는 R^2상의 거리함수 d_1, d_2에 대하여, $S_{d_1}(p, \delta)$와 $S_{d_2}(p, \delta)$는 R^2의 열린 정사각형이다.

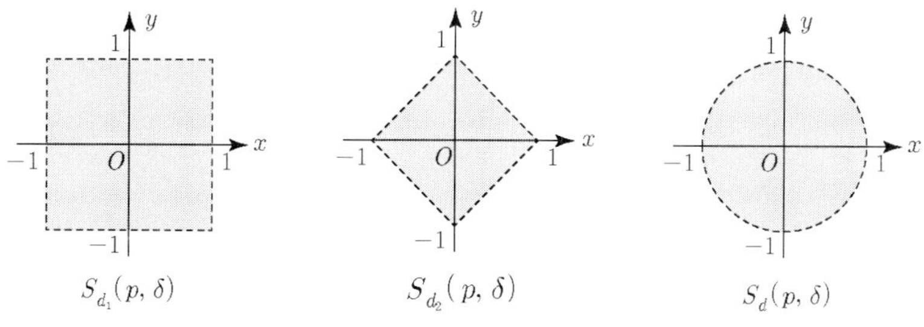

그림 4.2

예 함수 d가 공집합이 아닌 집합 X상의 자명거리일 때, $p \in X$에 대하여 열린구 $S(p, \delta)$는

$$S(p, \delta) = \begin{cases} X &, \delta > 1 \\ \{p\} &, \delta \leq 1 \end{cases}$$

이다. 또한 d가 실직선 R상의 보통거리일 때, 열린구 $S(p, \delta)$는 열린구간 $(p-\delta, p+\delta)$로 주어진다.

참고 S가 중심이 p이고 반지름이 δ인 열린구이면, 모든 점 $q \in S$에 대하여 q에 중심을 두는 열린구 T가 존재해서 T는 S에 포함된다. □

예제 δ_1과 δ_2가 $0 < \delta_1 \leq \delta_2$를 만족하는 실수이면, 열린구 $S(p, \delta_1)$은 열린구 $S(p, \delta_2)$의 부분집합이다.

증명 $x \in S(p, \delta_1)$라 하면, $d(x, p) < \delta_1 \leq \delta_2$이다. 따라서 $x \in S(p, \delta_2)$이므로

$$S(p, \delta_1) \subset S(p, \delta_2)$$

가 성립한다. ■

일반적으로 두 열린구의 교집합은 열린구가 아니다. 그러나 두 열린구의 교집합에 포함되는 열린구는 언제나 존재한다.

예제 열린구 S_1과 S_2에 대하여 $p \in S_1 \cap S_2$이면, $p \in S_p \subset S_1 \cap S_2$를 만족하는 중심 p를 갖는 열린구 S_p가 존재한다.

증명 $p \in S_1$이고 S_1이 열린구이므로, 중심 p를 갖는 열린구 $S_1{}^*$가 존재해서 $p \in S_1{}^* \subset S_1$을 만족한다. 같은 방법으로 중심 p를 갖는 열린구 $S_2{}^*$가 존재해서 $p \in S_2{}^* \subset S_2$를 만족한다. 그런데 $S_1{}^*$와 $S_2{}^*$는 각각 중심 p를 가지므로 이들 중의 하나, 예컨대 $S_1{}^*$는 $S_2{}^*$에 포함된다. 따라서 $p \in S_1{}^* \subset S_1$이고, $p \in S_1{}^* \subset S_2{}^* \subset S_2$이다. 즉

$$p \in S_1{}^* \subset S_1 \cap S_2$$

가 성립한다. 이때 $S_p = S_1{}^*$로 놓으면 된다.

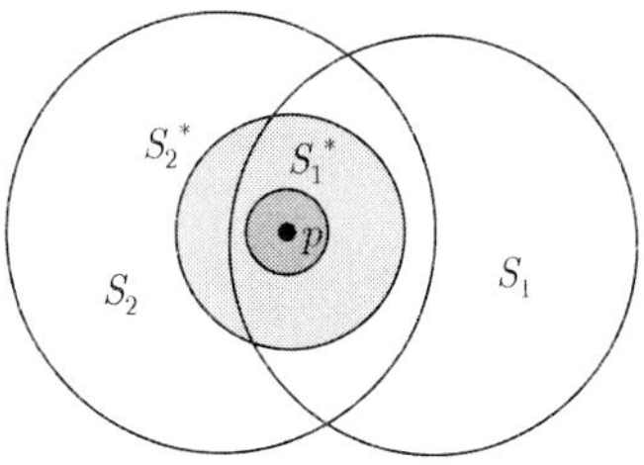

▌그림 4.3▐

참고 거리 d를 갖는 공집합이 아닌 집합 X의 **열린구족**(the class of open spheres)은 X상의 위상의 기저를 이룬다. □

(2) 거리위상

정의 6 거리위상

d가 공집합이 아닌 X상의 거리함수일 때, X의 열린구족에 의하여 생성되는 X상의 위상을 **거리위상**(metric topology) 또는 거리 d에 의하여 유도된 위상이라 한다. 이때 거리 d에 의하여 유도된 위상을 갖는 집합 X를 **거리공간**이라 하고, (X, d)로 표현한다.

예 X가 공집합이 아닌 임의의 집합일 때, $x, y \in X$에 대하여 $d : X \times X \to R$를

$$d(x, y) = \begin{cases} 1, & x \neq y \\ 0, & x = y \end{cases}$$

으로 정의하면, (X, d)는 거리공간이 된다. 이때 d를 자명거리 또는 **이산거리**(discrete metric)라 하고, (X, d)를 보통 **이산거리공간**(discrete metric space)이라 한다.

예 $X = \{f \mid f : [a, b] \to R$ 는 연속함수$\}$에 대하여 $d : X \times X \to R$를

$$d(f, g) = \{ | f(x) - g(x) | : a \leq x \leq b \}$$

로 정의하면, (X, d)는 거리공간이 된다. 이 함수공간 (X, d)를 $C[a, b]$로 나타낸다. 이때 거리함수 d를 **균등수렴 거리함수**(metric of uniform convergence)라고 한다. 특별한 언급이 없는 한, $C[a, b]$는 균등수렴 거리함수를 갖는 것으로 한다.

참고 (R^n에 대한 **코시-슈바르츠 부등식**) : 실수 a_i, b_i (단, $i = 1, 2, \cdots, n$)에 대하여

$$\left| \sum_{k=1}^{n} a_k b_k \right| \leq \sqrt{\left(\sum_{k=1}^{n} {a_k}^2 \right) \left(\sum_{k=1}^{n} {b_k}^2 \right)}$$

이 성립한다. □

R^n에 대한 코시-슈바르츠 부등식(Cauchy-Schwarz inequality)으로부터 삼각부등식이 R^n에서 성립함을 보일 수 있다.

정리 7

$R^n = \{x \mid x = \langle x_1, x_2, \cdots, x_n \rangle, x_i \in R, i = 1, 2, \cdots n\}$일 때, $d : R^n \times R^n \to R$를 모든 $x, y \in R^n$에 대하여

$$d(x, y) = \sqrt{\sum_{k=1}^{n} (x_k - y_k)^2}$$

으로 정의하면 d는 R^n에서 거리함수가 된다.

R^n에서의 거리 d를 보통거리 또는 유클리드 거리라고 하고, (R^n, d)를 유클리드 n-공간이라고 한다. (R^n, d)를 간단히 R^n으로 표기한다.

예 d가 R상의 보통거리일 때, 거리공간 (R, d)를 R^1 또는 간단히 공간 R로 표기한다.

참고 (R^∞에 대한 코시-슈바르츠 부등식) : 급수 $\sum_{n=1}^{\infty} |a_n|^2$이 수렴하는 모든 실수열 $\langle a_n \rangle$의 집합을 R^∞로 표기할 때, $\langle a_k \rangle, \langle b_k \rangle \in R^\infty$이면 $\sum_{k=1}^{\infty} a_k b_k$는 절대수렴하고

$$\left| \sum_{k=1}^{\infty} a_k b_k \right| \le \sqrt{\left(\sum_{k=1}^{\infty} a_k^{\,2}\right)\left(\sum_{k=1}^{\infty} b_k^{\,2}\right)}$$

이 성립한다(4.1절 4. 참조). □

거리공간은 거리에 의하여 유도된 위상을 갖는 위상공간이다. 따라서 위상공간에서 정의된 모든 개념, 예컨대 열린집합, 닫힌집합, 근방, 집적점, 폐포 등은 또한 거리공간에서도 정의된다.

예 R상의 보통거리 d에 의하여 유도된 R상의 보통거리 위상은 보통위상이다. 왜냐하면 R의 열린구는 유한 열린구간과 일치하기 때문이다. 같은 방법으로 R^2상의 보통거리에

의하여 유도된 보통거리 위상은 R^2상의 보통위상이다.

예 d가 공집합이 아닌 집합 X상의 자명거리이면, 임의의 $p \in X$에 대하여 열린구 $S\left(p, \frac{1}{2}\right)$는 $\{p\}$이므로, 모든 단원집합은 열린집합이 된다. 따라서 모든 X의 부분집합이 열린집합이다. 그러므로 X상의 자명거리가 유도하는 거리위상은 X상의 이산위상이다.

참고 거리공간 (X, d)에 대하여 Y가 X의 공집합이 아닌 부분집합이면, 축소함수 $d|_Y$는 Y상의 거리가 된다. 이때 $(Y, d|_Y)$를 (X, d)의 **거리부분공간**(metric subspace)이라 한다. 사실상 $(Y, d|_Y)$는 (X, d)의 부분공간이다. □

거리공간 (X, d)를 간단히 X로 표현한다.

(3) 거리공간의 성질

거리공간 X의 위상은 거리에 의하여 유도되므로, X의 위상적 성질은 X의 거리성질과 밀접한 관계가 있다. 거리공간은 일반위상공간이 갖지 않는 독특한 특성을 갖는다.

예제 거리공간 (X, d)에 대하여, 중심을 $p \in X$로 갖는 열린구의 가산족

$$\mathscr{B} = \left\{ S(p, 1), S\left(p, \frac{1}{2}\right), S\left(p, \frac{1}{3}\right), \cdots \right\}$$

는 p에서 X의 국소기저가 된다.

증명 p를 포함하는 X의 열린부분집합을 G라 하면, $p \in S(p, \delta) \subset G$를 만족하는 중심을 p에 갖는 열린구 $S(p, \delta)$가 존재한다. 이때 $\delta > 0$에 대하여 $1/n_0 < \delta$을 만족하는 $n_0 \in N$가 존재하므로, $S(p, 1/n_0) \in \mathscr{B}$일 때

$$p \in S(p, 1/n_0) \subset S(p, \delta) \subset G$$

가 성립한다. 따라서 $\mathscr{B}$는 p에서 국소기저를 이룬다. ■

거리공간 X의 부분집합 A의 폐포 $\overline{A}$는 A로부터 거리가 0인 점의 집합, 즉

$$\overline{A} = \{x \mid d(x, A) = 0\}$$

이다.

예제 임의의 거리공간 (X, d)에서 $A \subset X$일 때, $d(A) = d(\overline{A})$이다.

증명 $A \subset \overline{A}$이므로, $d(A) \le d(\overline{A})$이다. 이제 $d(\overline{A}) \le d(A)$임을 보이자.

$$\overline{A} = \{x \mid d(x, A) = 0\}$$

이므로, 임의의 실수 $\varepsilon > 0$과 $\overline{A}$의 임의의 두 원소 x, y에 대하여

$$d(x, a) < \frac{\varepsilon}{3}, \quad d(y, b) < \frac{\varepsilon}{3}$$

을 만족하는 A의 원소 a와 b가 존재한다. 따라서

$$\begin{aligned} d(\overline{A}) &= \sup\{d(x, y) \mid x, y \in \overline{A}\} \\ &\le \sup\{d(x, a) + d(a, b) + d(b, y) \mid x, y \in \overline{A}\} \\ &\le \frac{\varepsilon}{3} + d(A) + \frac{\varepsilon}{3} < d(A) + \varepsilon \end{aligned}$$

이므로, $d(\overline{A}) \le d(A)$이다. 그러므로 $d(A) = d(\overline{A})$가 성립한다. ■

(4) 동치거리와 거리화 문제

정의 8 동치거리(equivalent metric)

공집합이 아닌 집합 X상의 두 거리함수 d와 d^*가 X상의 같은 위상을 유도할 때, 두 거리 d와 d^*를 동치(equivalent)라고 한다. 즉 X의 d-열린구로 이루어진 기저와 d^*-열린구로 이루어진 기저가 X상의 같은 위상을 유도한다.

참고 'd와 d^*가 동치'라는 관계는 공집합이 아닌 집합 X상의 임의의 거리족에 있어서 동치관계이다. □

예 R^2상의 보통거리 d와 $p = \langle a_1, a_2 \rangle$, $q = \langle b_1, b_2 \rangle$가 평면 R^2의 임의의 두 점일 때

$$d_1(p, q) = \max(|a_1 - b_1|, |a_2 - b_2|), \; d_2(p, q) = |a_1 - b_1| + |a_2 - b_2|$$

로 정의되는 R^2상의 거리 d_1, d_2는 모두 R^2상의 보통위상을 유도한다. 왜냐하면 각 거리의 열린구족은 R^2상의 보통위상에 대한 기저이기 때문이다. 따라서 이들 거리는 동치이다.

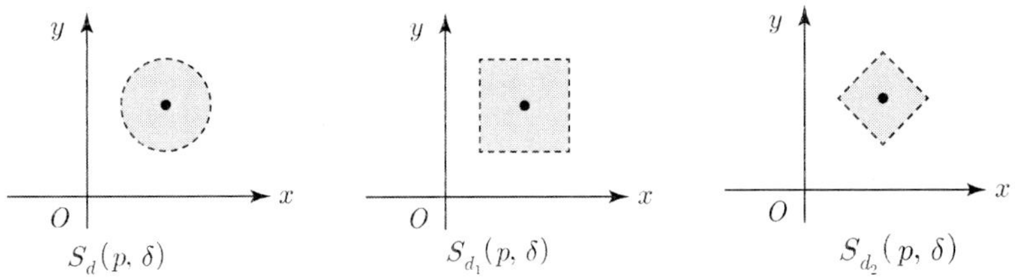

▌그림 4.4▐

예 X가 공집합이 아닌 집합일 때

$$d(a, b) = \begin{cases} 2, & a \neq b \\ 0, & a = b \end{cases}$$

으로 정의된 X상의 거리 d에 대하여 $S_d(p, 1) = \{p\}$이므로, 단원집합은 열린집합이 되고 d는 X상의 이산위상을 유도한다. 따라서 d는 이산위상을 유도하는 X상의 자명거리, 즉 이산거리와 동치이다.

예제 d와 e를 공집합이 아닌 집합 X상의 거리라 하자. 이때 중심을 $p \in X$에 갖는 각 d-열린구 S_d에 대하여 중심을 p에 갖는 e-열린구 S_e가 존재하여

$$S_e \subset S_d$$

를 만족하면, d에 의하여 유도된 위상 $\mathscr{T}_d$는 e에 의하여 유도된 위상 $\mathscr{T}_e$보다 약하다. 즉 $\mathscr{T}_d \subset \mathscr{T}_e$이다.

증명 $G \in \mathscr{T}_d$일 때, G가 또한 e-열린집합임을 밝힌다. $p \in G$에 대하여 G는 d-열린집합이므로, $p \in S_d \subset G$를 만족하는 중심이 $p \in X$인 d-열린구 S_d가 존재한다. 따라서 가정에 의하여

$$p \in S_e(p) \subset S_d \subset G$$

를 만족하는 중심이 p인 e-열린구 $S_e(p)$가 존재하므로 $G = \cup \{ S_e(p) \mid p \in G\}$가 된다. 그러므로 G는 e-열린구의 합집합이므로, G는 e-열린집합이다. 따라서 $\mathscr{T}_d \subset \mathscr{T}_e$이다.

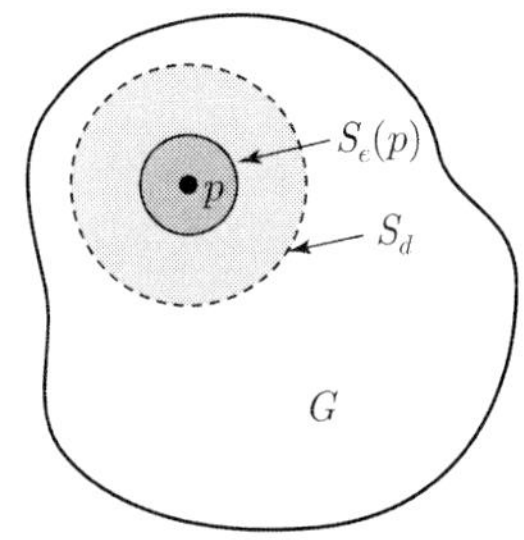

▎그림 4.5▎ ■

모든 거리함수는 위상공간, 즉 거리공간을 유도한다. 이제 역으로 위상공간의 거리공간화 가능성, 즉 위상공간을 유도하는 거리함수의 존재 여부에 대한 문제를 제기할 수 있다.

정의 9　거리화가 가능한 공간

주어진 임의의 위상공간 $(X, \mathscr{T})$에 대하여 위상 $\mathscr{T}$를 유도하는 X상의 거리가 존재할 때, $(X, \mathscr{T})$는 **거리화가 가능한 공간**(metrizable space)이라고 한다.

예 모든 이산위상공간 $(X, \mathscr{D})$는 X상의 자명거리가 이산위상 $\mathscr{D}$를 유도하므로 거리화가 가능한 공간이다.

예 보통위상 $\mathscr{U}$를 갖는 실직선 R, 즉 위상공간 $(R, \mathscr{U})$는 R상의 보통거리 d가 R상의 보통위상 $\mathscr{U}$를 유도하므로 거리화가 가능한 공간이다. 같은 방법으로 보통위상을 갖는 평면 R^2도 거리화가 가능한 공간이다.

참고 집합 X의 원소가 두 점 이상일 때, 밀착공간 $(X, \mathscr{I})$는 거리화가 가능한 공간이 아니다. 왜냐하면 밀착공간 $(X, \mathscr{I})$의 닫힌집합은 X와 공집합 $\varnothing$뿐이지만, 거리에 의하여 유도된 X상의 위상의 닫힌집합은 X와 $\varnothing$만이 아니기 때문이다. □

위상수학에서 **거리화 문제**(metrization problem)는 거리화되기 위한 동치조건을 구하는 것으로 이루어진다. 동치조건을 찾기 위해 노력한 결과 이 문제에 대한 부분적 결과가 1942년에 우리손(Urysohn)에 의하여 얻어졌고, 1950년 이후 여러 수학자들에 의하여 이 문제에 대한 완전한 결과가 서로 독립적으로 구해졌다.

(5) 거리동형공간

정의 10　거리동형과 거리동형공간

두 거리공간 (X, d)와 (Y, e)에 대하여, 거리를 보존하는 전단사함수 $f: X \to Y$가 존재할 때, 즉 모든 $p, q \in X$에 대하여

$$d(p, q) = e(f(p), f(q))$$

를 만족하는 전단사함수 $f: X \to Y$가 존재할 때, (X, d)는 (Y, e)와 **거리동형**(isometric) 또는 **등거리**라 한다. 이때 함수 f를 **거리동형사상**(isometry) 또는 **등거리함수**라 하고, (X, d)와 (Y, e)를 **거리동형공간**(isometric space)이라 한다.

참고 '(X, d)가 (Y, e)와 거리동형'이라는 관계는 거리공간의 임의의 족에 있어서 동치관계이다. □

정리 11

두 거리공간 (X, d)와 (Y, e)에 대하여 (X, d)가 (Y, e)와 거리동형이면, (X, d)는 또한 (Y, e)와 위상동형이다.

정리 11의 역은 성립하지 않는다.

예 1보다 크거나 같은 기수를 갖는 집합 X와 Y에 대하여, d가 집합 X상의 자명거리이고, e가

$$e(a, b) = \begin{cases} 2, & a \neq b \\ 0, & a = b \end{cases}$$

으로 정의된 집합 Y상의 거리라면, 두 거리공간 (X, d)와 (Y, e)에서 각 공간의 두 점 사이의 거리가 상이하므로 (X, d)와 (Y, e)는 거리동형이 아니다. 그러나 d와 e가 유도하는 위상은 모두 이산위상이고, 같은 기저를 갖는 두 이산위상공간은 위상동형이므로, X와 Y의 기수가 같으면 (X, d)와 (Y, e)는 위상동형이 된다.

3. 거리공간에서 수열과 연속함수

거리공간에서의 수렴과 연속은 일반적으로 위상공간에서 주어진 수렴과 연속의 정의와 일치한다.

(1) 거리공간에서 수열

거리공간 X에서의 수열은 N에서 X로의 함수이다. 그러한 수열을 $\langle x_n \rangle_{n=1}^{\infty}$ 또는 간단히 $\langle x_n \rangle$으로 표기한다 (때로는 $\langle x^{(k)} \rangle_{k=1}^{\infty}$ 또는 간단히 $\langle x^{(k)} \rangle$으로 표기하는 것이 편리할 때도 있다). 거리공간에서 수열의 극한에 대한 정의는 실수열의 극한에 대한 정의의 일반화이다.

정의 12 수열의 극한

$\langle a_n \rangle$이 거리공간 (X, d)에서의 수열이고 $b \in X$일 때, 임의의 $\varepsilon > 0$에 대하여

$$n \geq K \Rightarrow d(a_n, b) < \varepsilon$$

을 만족하는 자연수 K가 존재하면, 수열 $\langle a_n \rangle$은 $b \in X$로 **수렴한다**고 하고

$$\lim_{n \to \infty} d(a_n, b) = 0 \text{ 또는 간단히 } \lim_{n \to \infty} a_n = b$$

로 표기한다. 이때 $b \in X$를 수열 $\langle a_n \rangle$의 **극한**이라 한다. 한편 수열이 수렴하지 않을 때 **발산한다**고 한다.

참고 실수열의 경우처럼 거리공간에서 수열의 극한이 존재하면 일의적이다. 또한 거리공간에서의 수열 $\langle a_n \rangle$이 L로 수렴하면, 모든 $\langle a_n \rangle$의 부분수열도 L로 수렴한다. □

예 모든 $n \geq K$에 대하여 $x_n = x_K$를 만족하는 자연수 K가 존재할 때, 수열 $\langle x_n \rangle$을 **결과적 상수**(eventually constant)라 한다. 이산거리공간 (X, d)에서 수열 $\langle x_n \rangle$이 L로 수렴하면, $\langle x_n \rangle$은 결과적 상수이다. 왜냐하면 $\varepsilon = \frac{1}{2}$로 잡을 때, $n \geq K$이면

$$d(x_n, L) < \frac{1}{2}, \text{ 즉 } d(x_n, L) = 0$$

을 만족하는 자연수 K가 존재하기 때문이다.

R^n에서의 수열 $\langle x^{(k)} \rangle_{k=1}^{\infty}$에 대하여, 각 원소 $x^{(k)}$은 n-성분으로써

$$\langle x_1^{(k)}, x_2^{(k)}, \cdots, x_n^{(k)} \rangle$$

으로 표기된다. 이때 $1 \le j \le n$인 자연수 j에 대한 수열 $\langle x_j^{(k)} \rangle_{k=1}^{\infty}$의 수렴성과 원래의 수열 $\langle x^{(k)} \rangle_{k=1}^{\infty}$의 수렴성과의 관계는 다음으로 주어진다.

정리 13

$\langle x^{(k)} \rangle_{k=1}^{\infty}$가 거리공간 (R^n, d)에서의 수열이고 $x = \langle x_1, x_2, \cdots, x_n \rangle \in R^n$이며, 각 $k = 1, 2, \cdots$ 에 대하여 $x^{(k)} = \langle x_1^{(k)}, x_2^{(k)}, \cdots, x_j^{(k)}, \cdots, x_n^{(k)} \rangle$이라 하자. 이때 R^n에서의 수열 $\langle x^{(k)} \rangle_{k=1}^{\infty}$가 $x \in R^n$로 수렴할 필요충분조건은 각 $j = 1, 2, \cdots, n$에 대하여 $\lim_{k \to \infty} x_j^{(k)} = x_j$이다.

정리 13은 힐베르트 공간(4.1절 4. 참조), 즉 l_2-공간에 대해서는 성립하지 않는다. 그러나 한쪽 방향은 힐베르트 공간으로 일반화된다.

정의 14 코시수열

$\langle x_n \rangle$이 거리공간 (X, d)에서의 수열일 때, 임의의 $\varepsilon > 0$에 대하여, 자연수 K가 존재하여

$$n, m \ge K \Rightarrow d(x_n, x_m) < \varepsilon$$

을 만족하면 $\langle x_n \rangle$을 **코시수열**이라고 한다

참고 수렴하는 수열은 코시수열이지만, 그 역은 성립하지 않는다. 예를 들면 거리공간 $((0, 1], d)$에서 수열 $\left\langle \frac{1}{n} \right\rangle$은 코시수열이지만 반열린구간 $(0, 1]$에서 수렴하지 않는다. □

(2) 거리공간에서 닫힌집합과 열린집합

실직선에서의 많은 위상적 성질이 거리공간으로 확장된다.

① 닫힌집합

정의 15 폐포점

거리공간 X의 부분집합 M에 대하여 $x \in X$일 때, 모든 $n \in N$에 대하여 $x_n \in M$이고

$$\lim_{n \to \infty} x_n = x$$

를 만족하는 수열 $\langle x_n \rangle$이 존재하면, $x \in X$를 M의 **폐포점** 또는 **밀착점**이라 한다. M의 모든 폐포점들의 집합을 $\overline{M}$로 표기하고, M의 **폐포**라 한다.

예 1은 단위 닫힌집합 $[0, 1]$과 단위 열린집합 $(0, 1)$의 폐포점이다. 따라서 집합 X의 폐포점은 X에 속할 수도 있고, 속하지 않을 수도 있다.

참고 거리공간 (X, d)의 부분집합을 M이라 하자. 이때 M의 모든 집적점들의 집합을 M'으로 나타내면, 다음이 성립한다.

(1) M이 닫힌집합일 필요충분조건은 $M' \subset M$이다.

(2) $x \in X$일 때, $x \in M'$일 필요충분조건은 $\lim_{n \to \infty} x_n = x$이고 모든 $n \in N$에 대하여 $x_n \neq x$인 X에서의 수열 $\langle x_n \rangle$이 존재하는 것이다.

(3) $\overline{M} = M \cup M'$ □

정의 16 닫힌집합

거리공간 X의 부분집합 M에 대하여 M의 모든 폐포점이 M에 속하면, M은 X에서 **닫힌집합**이라고 한다.

예제 거리공간 (X, d)에서 X와 공집합 $\varnothing$는 X의 닫힌부분집합이다.

증명 먼저 x가 X의 폐포점이면 정의에 의해 $x \in X$이므로, X는 닫힌집합이다. 이제 공집합 $\varnothing$가 닫힌집합이 아니라고 가정하자. 그러면 x가 $\varnothing$의 폐포점이지만, $x \notin \varnothing$인 $x \in X$가 존재한다. 즉 $\lim_{n \to \infty} x_n = x$를 만족하는 공집합 $\varnothing$에서의 수열 $\langle x_n \rangle$이 존재한다. 그렇지만 모든 $n \in N$에 대하여 $x_n \notin \varnothing$이어야 하는데, 이것은 불가능하다. 그러므로 공집합 $\varnothing$는 닫힌집합이다. ■

예제 이산거리공간 X의 모든 부분집합은 닫힌집합이다.

증명 $Y \subset X$라 놓고, y를 Y의 폐포점이라 하자. 그러면 $\lim_{n \to \infty} y_n = y$를 만족하는 Y에서의 수열 $\langle y_n \rangle$이 존재한다. 그런데 $\langle y_n \rangle$이 X에서 수렴하므로, $\langle y_n \rangle$은 결과적 상수이다. 그러므로 적당한 $n \in N$에 대하여, $y_n = y$가 된다. 따라서 $y \in Y$이므로 Y는 닫힌집합이 된다. ■

M이 거리공간 X의 공집합이 아닌 부분집합일 때, $x \in M$이면 모든 $n \in N$에 대하여 $x_n = x$라 할 수 있다. 그러면 M에서의 수열 $\langle x_n \rangle$은 $\lim_{n \to \infty} x_n = x$를 만족하므로, $x \in \overline{M}$가 된다. 그러므로 $M \subset \overline{M}$가 성립한다. 따라서 다음을 얻는다.

따름정리

거리공간 X의 공집합이 아닌 부분집합 M이 닫힌집합일 필요충분조건은 $M = \overline{M}$이다.

참고 d를 한 점 이상을 포함하는 집합 X의 자명거리라 할 때, 임의의 $p \in X$에 대하여

$$S(p, 1) = \{x \mid d(p, x) < 1\} = \{p\}, \quad \overline{S}(p, 1) = \{x \mid d(p, x) \leq 1\} = X$$

로 주어진다. 그런데 d는 X상의 이산위상을 유도하므로, X의 모든 부분집합은 열린집합인 동시에 닫힌집합이다. 그러므로

$$\overline{S(p, 1)} = \{\overline{p}\} = \{p\} \neq \overline{S}(p, 1)$$

이 성립한다. 따라서 임의의 열린구 $S(p, \delta) = \{x \mid d(p, x) < \delta\}$의 폐포는 반드시 '닫힌구' $\overline{S}(p, \delta) = \{x \mid d(p, x) \leq \delta\}$라 할 수 없다. □

거리공간 X의 부분집합 F가 닫힌집합이기 위한 필요충분조건은

$$\{x \mid d(x, F) = 0\} \subset F$$

이다. 이것은 $\overline{F} = \{p \mid d(p, F) = 0\}$와 F가 닫힌집합이기 위한 필요충분조건이 $F = \overline{F}$라는 사실로부터 얻어지는 결과이다.

예 F가 거리공간 (X, d)의 닫힌부분집합이고 $p \notin F$이면, p와 F 사이의 거리는 항상 0보다 크다. 왜냐하면

$$d(p, F) = 0 \Rightarrow p \in \overline{F} = F$$

가 성립하기 때문이다.

거리공간은 일반적으로 위상공간에 대해서 성립하지 않는 위상적 성질을 갖는다. 다음 정리는 거리공간이 갖는 중요한 특성 중의 하나인 분리성에 관한 것이다.

정리 17

A와 B가 거리공간 (X, d)의 서로소인 닫힌부분집합이면

$$A \subset G, \ B \subset H$$

를 만족하는 서로소인 열린집합 G와 H가 존재한다

증명 A, B 중 어느 하나가 공집합 $\varnothing$, 예컨대 $A = \varnothing$이면 공집합 $\varnothing$와 X는 $A \subset \varnothing$이고 $B \subset X$를 만족하는 서로소인 열린집합이다. 따라서 A와 B는 공집합이 아닌 집합으로 가정할 수 있다.

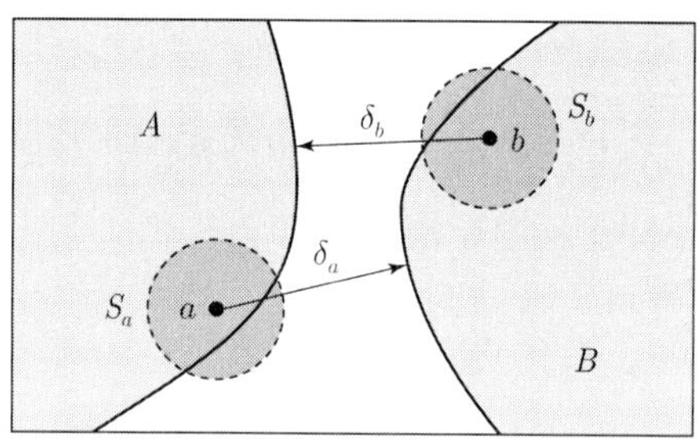

그림 4.6

먼저 $a \in A$라고 하면 A와 B는 서로소이므로 $a \notin B$이다. 그러나 B가 닫힌집합이므로 $d(a, B) = \delta_a > 0$가 된다. 같은 방법으로 $b \in B$라 하면 $d(b, A) = \delta_b > 0$이다. 이제

$$S_a = S\left(a, \frac{1}{3}\delta_a\right), \ S_b = S\left(b, \frac{1}{3}\delta_b\right)$$

라고 놓자. 그러면 $a \in S_a$이고 $b \in S_b$이다. 이때 집합

$$G = \cup \{S_a \mid a \in A\}, \ H = \cup \{S_b \mid b \in B\}$$

가 구하고자 하는 열린집합이다. 또한 $a \in S_a$이면 $A \subset G$이고, $b \in S_b$이면 $B \subset H$이다. 마지막으로 G와 H는 서로소임을 밝히면 된다. $G \cap H \neq \varnothing$라 하자. 예컨대

$p \in G \cap H$라 하면

$$p \in S_{a_0},\ p \in S_{b_0}$$

를 만족하는 $a_0 \in A$, $b_0 \in B$가 존재한다. 이때 $d(a_0, b_0) = \varepsilon > 0$이면

$$d(a_0, B) = \delta_{a_0} \leq \varepsilon,\ d(b_0, A) = \delta_{b_0} \leq \varepsilon$$

이다. 그런데 $p \in S_{a_0}$이고 $p \in S_{b_0}$이므로

$$d(a_0, p) < \frac{1}{3}\delta_{a_0},\ d(p, b_0) < \frac{1}{3}\delta_{b_0}$$

가 된다. 따라서 삼각부등식에 의하여

$$d(a_0, b_0) = \varepsilon \leq d(a_0, p) + d(p, b_0) < \frac{1}{3}\delta_{a_0} + \frac{1}{3}\delta_{b_0} \leq \frac{1}{3}\varepsilon + \frac{1}{3}\varepsilon = \frac{2}{3}\varepsilon$$

이 성립한다. 이것은 모순이다. 그러므로 G와 H는 서로소이다. ■

서로소인 두 닫힌집합 사이의 거리는 0보다 크다고 생각하기 쉽지만, 다음 예는 0이 될 수 있음을 보여준다.

예 평면 R^2에서 다음 두 집합

$$A = \{\langle x, y\rangle \mid xy \geq -1,\ x < 0\},\ B = \{\langle x, y\rangle \mid xy \geq 1,\ x > 0\}$$

는 모두 닫힌집합이고 서로소이지만, $d(A, B) = 0$이 된다.

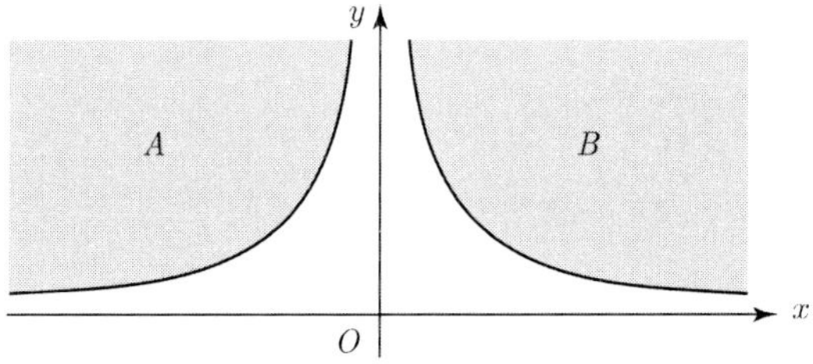

| 그림 4.7 |

정리 18

거리공간의 닫힌부분집합 X와 Y에 대하여, $X \cup Y$도 닫힌집합이다.

예 거리공간에서 닫힌부분집합의 유한개의 합집합도 닫힌집합이다. 따라서 거리공간의 유한부분집합은 닫힌집합이다.

정리 19

$\mathcal{F}$가 거리공간의 임의의 닫힌부분집합족일 때, $\cap \mathcal{F}$도 닫힌집합이다.

증명 x를 $\cap \mathcal{F}$의 폐포점이라 하자. 그러면 $\lim_{n \to \infty} x_n = x$를 만족하는 $\cap \mathcal{F}$에서의 수열 $\langle x_n \rangle$이 존재한다. $C \in \mathcal{F}$이면 모든 $n \in N$에 대하여 $x_n \in C$이고, $\lim_{n \to \infty} x_n = x$이므로 x는 C의 폐포점이 된다. 그런데 C가 닫힌집합이므로, $x \in C$이다. 따라서 임의의 $C \in \mathcal{F}$에 대하여 $x \in C$이므로, $x \in \cap \mathcal{F}$이다. 그러므로 $\cap \mathcal{F}$는 닫힌집합이다. ■

② 열린집합

정의 20 열린구

(X, d)가 거리공간일 때, 임의의 $\varepsilon > 0$과 $x \in X$에 대하여

$$S_d(x, \varepsilon) = \{y \in X \mid d(x, y) < \varepsilon\}$$

를 중심이 x이고 반지름이 ε인 **열린구**라고 한다. 특히 주어진 거리함수 d를 혼동할 염려가 없으면, $S_d(x, \varepsilon)$를 보통 $B_\varepsilon(x)$로 표기한다.

거리공간에서 일반화된 열린구간을 열린구라고 한다. R에서 중심이 x이고 반지름이 ε인 열린구는 열린구간 $(x-\varepsilon, x+\varepsilon)$이다. R^2에서 열린구는 원판의 내부이고, R^3에서 열린구는 구의 내부이다.

정의 21 열린집합

M이 거리공간 X의 부분집합일 때, 임의의 $x \in M$에 대하여

$$B_\varepsilon(x) \subset M$$

를 만족하는 열린구 $B_\varepsilon(x)$가 존재하면 M을 **열린집합**이라고 한다.

예 X가 이산위상공간일 때, X의 모든 부분집합은 열린집합이다. 왜냐하면 $Y \subset X$이고

$x \in Y$일 때 $B_{1/2}(x) \subset Y$가 성립하기 때문이다.

예제 거리공간 X에서 X와 공집합 $\varnothing$는 X의 열린부분집합이다.

증명 먼저 $x \in X$이면 임의의 $\varepsilon > 0$에 대하여 $B_{\varepsilon}(x) \subset X$이므로, X는 열린집합이다. 이제 공집합 $\varnothing$가 열린집합이 아니라고 가정하자. 그러면 임의의 $\varepsilon > 0$에 대하여, $B_{\varepsilon}(x) \not\subset \varnothing$를 만족하는 $x \in \varnothing$가 존재한다. 그렇지만 $x \notin \varnothing$이므로, 이것은 모순이다. 그러므로 공집합 $\varnothing$는 열린집합이다. ■

참고 거리공간 (X, d)에 대하여 $\varepsilon > 0$이고 $x \in X$일 때, 열린구 $B_{\varepsilon}(x)$는 X의 열린부분집합이다. □

다음 정리는 닫힌집합과 열린집합 사이의 관계를 설명한다.

정리 22

M이 거리공간 X의 부분집합일 때, M이 닫힌집합일 필요충분조건은 M^c가 열린집합인 것이다.

참고 거리공간의 부분집합이 열린집합이 아닐 때, 그것이 닫힌집합이라는 것을 의미하는 것은 아니다. 실제로 열린집합도 닫힌집합도 아닌 R의 부분집합이 존재한다. 예를 들면 반열린구간 $(0, 1]$은 R에서 열린집합도 닫힌집합도 아니다. □

정리 23

(X, d)가 거리공간일 때, 다음이 성립한다.

(1) $U_1, U_2, \cdots, U_n$이 X의 열린부분집합이면, $U_1 \cap U_2 \cap \cdots \cap U_n$도 X의 열린집합이다.

(2) $\mathfrak{I}$가 X의 임의의 열린부분집합족이면, $\cup \mathfrak{I}$도 X의 열린집합이다.

참고 거리공간 X의 열린부분집합들의 모임은 X의 위상이다. □

(3) 거리공간에서 연속함수

두 거리공간 (X, d)와 (Y, e)에 대하여, 함수 $f : X \rightarrow Y$의 연속을 다음으로 정의한다.

정의 24 연속함수

(X, d)와 (Y, e)가 거리공간일 때, 임의의 $\varepsilon > 0$에 대하여

$$d(p, x) < \delta \Rightarrow e(f(p), f(x)) < \varepsilon$$

을 만족하는 $\delta > 0$가 존재하면, $f : X \to Y$는 $p \in X$에서 **연속**이라 한다. 함수 f가 X의 모든 점에서 연속일 때, f는 X에서 연속이라고 한다.

거리공간 X에서 정의된 연속인 두 실가함수 f, g와 $c \in R$에 대하여

$$|f|, f+g, cf, f-g, fg$$

는 X에서 연속이다. 또한 $g(x) \neq 0$ (단, $x \in X$)이면, $\dfrac{f}{g}$도 X에서 연속이다.

정리 25 대역적 연속성 정리

거리공간 X, Y와 함수 $f : X \to Y$에 대하여, 다음은 서로 동치이다.

(1) f는 X에서 연속이다.

(2) $F \subset Y$가 닫힌집합이면, $f^{-1}[F]$는 X에서 닫힌집합이다.

(3) $G \subset Y$가 열린집합이면, $f^{-1}[G]$는 X에서 열린집합이다.

예 X가 이산거리공간이고 Y가 임의의 거리공간일 때, X에서 Y로의 모든 함수 $f : X \to Y$는 연속이다. 왜냐하면 G가 Y에서 열린집합이면, $f^{-1}[G]$는 X에서 열린집합이 되기 때문이다.

다음 정리는 거리공간에서 정의된 연속함수들의 합성함수는 연속임을 보여준다.

정리 26 연속함수의 합성

거리공간 X, Y, Z에 대하여 두 함수 $f : X \to Y$와 $g : Y \to Z$가 연속이면, 합성함수 $g \circ f : X \to Z$는 연속이다.

증명 Z의 열린부분집합 G에 대하여 $(g \circ f)^{-1}[G]$가 X에서 열린집합임을 보이면 된다. $g : Y \to Z$가 연속이므로 $g^{-1}[G]$는 Y에서 열린집합이 되고, $f : X \to Y$가 연속이므로 $f^{-1}[g^{-1}[G]]$는 X에서 열린집합이 된다. 따라서

$$(g \circ f)^{-1}[G] = f^{-1}[g^{-1}[G]]$$

이므로, 합성함수 $g \circ f : X \to Z$는 연속이다. ■

4. n차원 유클리드 공간과 힐베르트 공간

(1) n차원 유클리드 공간

정의 27 n차원 유클리드 공간

R^n이 실수의 집합 R의 n개의 적집합일 때, $p = \langle a_1, \cdots, a_n \rangle$과 $q = \langle b_1, \cdots, b_n \rangle$에 대하여

$$d(p, q) = \sqrt{(a_1 - b_1)^2 + \cdots + (a_n - b_n)^2} = \sqrt{\sum_{i=1}^{n} (a_i - b_i)^2}$$

으로 정의되는 함수 $d : R^n \times R^n \to R$는 거리가 된다. 이때 거리함수 d를 R^n상의 **유클리드 거리**(Euclidean metric)라 하고, 유클리드 거리 d에 의해 유도된 거리공간을 **유클리드 n-공간**(Euclidean n-space) 또는 **n차원 유클리드 공간**이라 한다.

n차원 유클리드 공간 R^n을 E^n으로 나타내기도 한다. 앞으로 특별한 언급이 없는 한, R^n상의 거리는 유클리드 거리로 정의한다.

예 1차원 유클리드 공간은 실직선 R과 일치하고, 2차원 유클리드 공간은 평면 R^2과 일치한다.

(2) 힐베르트 공간

$\sum_{n=1}^{\infty} |a_n|^2 < \infty$을 만족하는 모든 실수열족 $\langle a_n \rangle$에 대하여, R^∞를

$$R^\infty = \left\{ \langle a_1, a_2, a_3, \cdots \rangle \mid \sum_{n=1}^{\infty} |a_n|^2 < \infty \right\}$$

로 정의한다.

예 $1^2 + 1^2 + \cdots$가 수렴하지 않으므로, 수열 $p = \langle 1, 1, 1, \cdots \rangle$는 R^∞의 점이 아니다.

그러나 $1^2+\left(\frac{1}{2}\right)^2+\left(\frac{1}{4}\right)^2+\ \cdots$는 수렴하므로, 수열 $q=\left\langle 1,\ \frac{1}{2},\ \frac{1}{4},\ \frac{1}{8},\ \cdots\ \right\rangle$는 R^∞의 점이다.

정의 28　l_2 - 거리와 힐베르트 공간

$\langle a_n \rangle,\ \langle b_n \rangle \in R^\infty$에 대하여

$$d(\langle a_n \rangle, \langle b_n \rangle) = \sqrt{\sum_{n=1}^{\infty} |a_n - b_n|^2}$$

으로 정의되는 함수 $d : R^\infty \times R^\infty \to R$는 거리가 된다. 이때 거리함수 d를 R^∞ 상의 l_2-거리(l_2-metric)라 하고, l_2-거리 d에 의해 유도된 거리공간을 힐베르트 공간(Hilbert space) 또는 l_2-공간(l_2-space), 간단히 l_2라 하고, 이것을 보통 H로 표현한다.

예 $\langle a_1, a_2, \cdots, a_n, 0, 0, 0, \cdots \rangle$ 형태의 모든 수열로써 이루어진 H_n이 힐베르트 공간 H의 부분공간을 나타낸다고 하자. 그러면 H_n은 대응

$$\langle a_1, a_2, \cdots, a_n \rangle \leftrightarrow \langle a_1, a_2, \cdots, a_n, 0, 0, \cdots \rangle$$

에 의해 n차원 유클리드 공간과 거리동형이다. 따라서 위상동형이다.

힐베르트 공간 H는 n차원 유클리드 공간에서 성립하지 않는 성질을 갖는다.

예 $a_{ik} = \begin{cases} 1, & i = k \\ 0, & i \neq k \end{cases}$

에 대하여, 힐베르트 공간 H의 점 $p_k = \langle a_{1k}, a_{2k}, \cdots \rangle$로 이루어진 수열 $\langle p_n \rangle$을 생각하자. 이때 수열 $\langle p_n \rangle$은

$$p_1 = \langle 1, 0, 0, 0, \cdots \rangle,\ p_2 = \langle 0, 1, 0, 0, \cdots \rangle,\ p_3 = \langle 0, 0, 1, 0, \cdots \rangle,\ \cdots$$

로 주어지므로, $\langle p_n \rangle$에 대하여 각 성분공간으로의 사영 $\langle \pi(p_n) \rangle$은 0으로 수렴한다. 그러나 수열 $\langle p_n \rangle$은 $o = \langle 0, 0, 0, \cdots \rangle$으로 수렴하지 않는다. 왜냐하면 모든 $k \in N$에 대하여 $d(p_k, o) = 1$이 되기 때문이다.

예 힐베르트 공간 H의 점으로써 그 첫째 성분이 0인 모든 점으로 이루어진 H^*, 즉

$$H^* = \{ p_n \mid p_n = \langle 0, a_1, a_2, \cdots \rangle \in H \}$$

는 H의 진부분공간이다. 이때

$$f(\langle a_1, a_2, \cdots \rangle) = \langle 0, a_1, a_2, \cdots \rangle$$

로 정의되는 함수 $f : H \to H^*$는 거리를 보존하는 전단사이다. 따라서 힐베르트 공간 H는 그 자신의 진부분공간과 거리동형이다.

참고 l_1이 $\sum_{n=1}^{\infty} a_n$이 절대수렴하는 모든 실수열 $\langle a_n \rangle$의 집합일 때, $\langle a_n \rangle, \langle b_n \rangle \in l_1$에 대하여

$$\rho(\langle a_n \rangle, \langle b_n \rangle) = \sum_{n=1}^{\infty} | a_n - b_n |$$

으로 정의하면 (l_1, ρ)는 거리공간이 된다. (l_1, ρ)를 간단히 l_1으로 표기한다. □

5. 상대거리와 상대거리공간

정의 29 상대거리와 상대거리공간

M이 거리공간 (X, d)의 부분집합일 때, 임의의 $x, y \in M$에 대하여

$$d^*(x, y) = d(x, y)$$

로 정의된 함수 d^*를 X에 관련된 M의 거리, 또는 간단히 M의 **상대거리**(relative metric)라 하고, 이때 (M, d^*)를 **상대거리공간**(relative metric space)이라고 한다.

상대거리공간 (M, d^*)에서 중심이 a이고 반지름이 ε인 열린공을

$$B_{\varepsilon}^{M}(a) = \{ x \in M \mid d^*(x, a) < \varepsilon \}$$

으로 표기한다. 한편 열린공은 열린집합이므로

$$B_{1/4}^{[0,1]}\left(\frac{1}{2}\right) = \left(\frac{1}{4}, \frac{3}{4}\right), \quad B_{1/2}^{[0,1]}(0) = \left[0, \frac{1}{2}\right)$$

은 상대거리공간 $([0, 1], d^*)$에서 열린집합이 된다.

참고 M이 거리공간 (X, d)의 부분집합일 때, 중심이 a이고 반지름이 ε인 X에서의 열린공 $B_\varepsilon(a) = \{x \in X \mid d(x, a) < \varepsilon\}$에 대하여

$$B_\varepsilon^M(a) = B_\varepsilon(a) \cap M$$

이 성립한다. □

정리 30

거리공간 X의 부분집합 M이 상대거리함수를 가질 때, M의 부분집합 P에 대하여 다음이 성립한다.

(1) P가 M에서 열린집합일 필요충분조건은 $P = M \cap G$이다. 여기서 G는 X에서의 열린집합이다.

(2) P가 M에서 닫힌집합일 필요충분조건은 $P = M \cap F$이다. 여기서 F는 X에서의 닫힌집합이다.

6. 콤팩트 거리공간

(1) 콤팩트 공간

K가 거리공간 (X, d)의 부분집합일 때, K의 열린덮개는 $K \subset \cup_i G_i$를 만족하는 X에서 열린집합의 집합족 $\mathscr{A} = \{G_i\}$이다. 한편 $\mathscr{A}$의 유한부분덮개는 $K \subset G_{i_1} \cup \cdots \cup G_{i_n}$을 만족하는 $\mathscr{A}$의 유한부분집합족 $\{G_{i_n}\}$이다.

정의 31 콤팩트 공간

거리공간 X에 대하여 X의 임의의 열린덮개가 유한부분덮개를 가질 때, X를 **콤팩트 공간**(compact space) 또는 **옹골공간**이라고 한다.

예 X가 이산거리함수를 갖는 집합일 때, X가 유한이면 콤팩트이지만, X가 무한이면 열린덮개 $\mathscr{A} = \{\{x\} \mid x \in X\}$는 유한부분덮개를 갖지 않으므로 콤팩트가 아니다.

예 R은 콤팩트가 아니다. 왜냐하면 열린덮개 $\{(-n, n) \mid n \in N\}$은 어떠한 유한부분덮개도 갖지 않기 때문이다. 비슷한 방법으로 R^n과 l_n도 콤팩트가 아님을 보일 수 있다.

참고 거리공간 (X, d)의 부분집합 $E_1, E_2, \cdots$ 가 콤팩트이면, $\cup_{n=1}^{\infty} E_n$도 콤팩트이다. □

콤팩트 거리공간에서의 모든 수열은 수렴하는 부분수열을 갖고, 역으로 모든 수열이 수렴하는 부분수열을 갖는 거리공간은 콤팩트이다. 따라서 다음 정리를 얻는다.

정리 32

거리공간 (X, d)가 콤팩트일 필요충분조건은 X에서의 모든 수열이 수렴하는 부분수열을 갖는 것이다.

예제 콤팩트 거리공간 (X, d)의 닫힌부분집합 M은 콤팩트이다.

증명 $\langle x_n \rangle$을 M에서 하나의 수열이라 하자. 그러면 X가 콤팩트이므로, $\langle x_n \rangle$은 X의 점 x로 수렴하는 부분수열을 갖는다. 그러나 x는 M의 폐포점이고 M이 닫힌집합이므로, $x \in M$가 된다. 따라서 M은 콤팩트이다. ■

X가 거리공간일 때, X에서의 모든 수열이 수렴하는 부분수열을 가지면 X를 **수열콤팩트** (sequentially compact) 또는 **점렬콤팩트**라고 한다.

예 거리공간 (X, d)가 수열콤팩트이고 E가 X에서 닫힌집합이면, E는 수열콤팩트이다.

참고 볼차노-바이어슈트라스 정리는 모든 유계인 실수열은 수렴하는 부분수열을 갖는다는 것이다. 이것을 증명하기 위하여 정리 32를 이용할 수 있다. $\langle a_n \rangle$을 유계인 실수열이라 하면 $\langle a_n \rangle$은 어떤 닫힌구간 $[a, b]$에 포함되고, $[a, b]$가 콤팩트이므로 정리 32에 의하여 $\langle a_n \rangle$은 수렴하는 부분수열을 갖는다. □

거리공간 (X, d)의 부분집합 S가 **유계**라는 것은 모든 $x, y \in S$에 대하여, $d(x, y) \le M$을 만족하는 상수 M이 존재할 때이다. 또한 임의의 $\varepsilon > 0$에 대하여

$$X = B_\varepsilon(x_1) \cup B_\varepsilon(x_2) \cup \cdots \cup B_\varepsilon(x_n)$$

을 만족하는 $x_1, x_2, \cdots, x_n \in X$이 존재할 때, X를 **완전유계**(totally bounded)라 한다.

참고 거리공간 (X, d)가 콤팩트일 필요충분조건은 X가 완비이고 완전유계인 것이다. □

예 거리공간 (X, d)가 완전유계이면 유계이다. 그러나 그 역은 성립하지 않는다.

정리 33

거리공간 (X, d)의 콤팩트 부분집합 M은 X에서 유계인 닫힌집합이다.

증명 $x \in X$라 하자. 그러면 $\mathscr{A} = \{B_n(x) \mid n \in N\}$는 M의 열린덮개가 된다. 그런데 M이 콤팩트이므로, $\mathscr{A}$의 어떤 유한부분덮개

$$\{B_{n_1}(x),\ B_{n_2}(x),\ \cdots,\ B_{n_k}(x)\}$$

가 M을 덮는다. 이때 $K = \max\{n_1, n_2, \cdots, n_k\}$라 하면, 모든 $y, z \in M$에 대하여 $d(y, z) \le 2K$를 만족한다. 따라서 M는 유계이다.

이제 x를 M의 폐포점이라 하자. 그러면 $\lim_{n \to \infty} x_n = x$를 만족하는 M에서의 수열 $\langle x_n \rangle$이 존재한다. 그런데 M이 콤팩트이므로, 수열 $\langle x_n \rangle$은 $y \in M$로 수렴하는 부분수열 $\langle x_{n_k} \rangle$를 갖는다. 따라서

$$x = \lim_{n \to \infty} x_n = \lim_{k \to \infty} x_{n_k} = y \in M$$

가 성립한다. 그러므로 M은 닫힌집합이다. ■

참고 정리 33의 역은 성립하지 않는다. □

콤팩트 거리공간 M에서 정의된 실가함수 $f : M \to R$가 연속이면, f는 M에서 유계가 된다. 따라서 다음 정리를 얻는다.

정리 34 최대-최솟값 정리

M이 콤팩트 거리공간일 때 M에서 정의된 실가함수 $f : M \to R$가 연속이면, 모든 $x \in M$에 대하여

$$f(c) \le f(x) \le f(d)$$

를 만족하는 $c, d \in M$가 존재한다. 즉 함수 f는 M에서 최댓값과 최솟값을 갖는다.

증명 f가 유계이므로, 집합 $X = \{f(x) \mid x \in M\}$의 상한 T가 존재한다. 먼저 모든 $x \in M$에 대하여 $f(x) < T$가 성립한다고 가정하자. 그러면

$$g(x) = \frac{1}{T - f(x)}$$

로 정의된 함수 g는 M에서 연속이 된다. 따라서 함수 g는 유계이다. 이제 모든 $x \in M$에 대하여 $g(x) < S$가 성립한다고 가정하자. 그러면 모든 $x \in M$에 대하여

$$f(x) < T - \frac{1}{S} < T$$

를 만족한다. 그런데 이것은 T가 집합 X의 상한이라는 가정에 모순이다. 따라서 $f(d) = T$를 만족하는 $d \in M$가 존재한다. 그러므로 f는 M에서 최댓값 T를 갖는다. 같은 방법으로 f는 M에서 최솟값을 가짐을 보일 수 있다. ■

예 R^n의 부분집합 X가 콤팩트일 필요충분조건은 X가 유계인 닫힌집합이다. 따라서 f가 R^n의 유계인 닫힌부분집합 X에서 연속인 실가함수이면, f는 X에서 최댓값과 최솟값을 갖는다.

(2) 콤팩트 거리공간에서의 연속함수

정리 35

두 거리공간 X, Y에 대하여 함수 $f : X \to Y$가 연속일 때 X가 콤팩트이면, $f[X]$도 콤팩트이다.

증명 $\langle f(x_n) \rangle$을 $f[X]$에서의 수열이라고 하면, $\langle x_n \rangle$은 X에서의 수열이고 X가 콤팩트이므로, $\langle x_n \rangle$은 X의 점 a로 수렴하는 부분수열 $\langle x_{n_k} \rangle$를 갖는다. 그런데 f가 a에서 연속이므로, $\lim_{k \to \infty} f(x_{n_k}) = f(a)$이다. 그러므로 $\langle f(x_{n_k}) \rangle$는 $\langle f(x_n) \rangle$의 수렴하는 부분수열이다. 따라서 $f[X]$는 콤팩트가 된다. ■

일대일 대응인 함수 f가 연속일 경우, 역함수 f^{-1}는 일반적으로 연속이 아니다. 그러나 콤팩트 거리공간에서 일대일 대응인 연속함수는 연속인 역함수를 가진다.

예 X가 이산거리공간일 때 $f(x) = x$로 정의된 함수 $f : X \to R$는 일대일 대응이고, X의 모든 부분집합이 열린집합이므로 함수 f는 연속이다. 그러나 $f[(0, 1]] = (0, 1]$은 R에서 열린집합이 아니므로, f^{-1}는 연속함수가 아니다.

정리 36

두 거리공간 X, Y에 대하여 함수 $f : X \to Y$가 일대일 대응이고 연속일 때 X가 콤팩트이면, 역함수 f^{-1}는 Y에서 연속이다.

증명 C를 X의 닫힌부분집합이라고 하면, C는 콤팩트이다. 그런데 $f : X \to Y$가 일대일 대응이고 연속이므로

$$f[C] = (f^{-1})^{-1}[C]$$

이고, $f[C]$는 Y에서 콤팩트가 된다. 그러므로 $f[C]$는 Y에서 닫힌집합이다. 따라서 역함수 f^{-1}는 Y에서 연속이다. ∎

두 거리공간 (X, d), (Y, e)에 대하여 f가 (X, d)에서 (Y, e)로의 함수일 때, 임의의 실수 $\varepsilon > 0$에 대하여

$$d(x, y) < \delta,\ x, y \in X \Rightarrow e(f(x), f(y)) < \varepsilon$$

을 만족하는 $\delta > 0$가 존재하면, f는 X에서 **균등연속**이라고 한다.

7. 연결거리공간

정의 37 연결집합

거리공간 (X, d)에서, 열린집합이며 닫힌집합인 X의 부분집합이 오직 X와 공집합 $\varnothing$ 뿐일 때, X를 **연결집합**이라 한다.

예 n차원 유클리드 공간 R^n은 연결집합이다. 또한 힐베르트 공간 l_2도 연결집합이다.

참고 (M, ρ)가 거리공간일 때, 다음은 서로 동치이다.

(1) M이 연결집합이 아니다.

(2) $M = U \cup V$이고 $U \cap V = \varnothing$인 M의 공집합이 아닌 열린부분집합 U와 V가 존재한다.

(3) $M = C \cup D$이고 $C \cap D = \varnothing$인 M의 공집합이 아닌 닫힌부분집합 C와 D가 존재한다. □

정리 38

두 거리공간 (X, d), (Y, e)에 대하여 함수 $f : X \to Y$가 연속일 때 X가 연결집합이면, $f[X]$도 연결집합이다.

증명 $M = f[X]$가 연결집합이 아니라고 가정하자. 그러면

$$M = U \cup V,\ \ U \cap V = \varnothing$$

를 만족하는 M의 공집합이 아닌 열린부분집합 U와 V가 존재한다. 한편 $f^{-1}[U]$와 $f^{-1}[V]$는

$$X = f^{-1}[U] \cup f^{-1}[V],\ f^{-1}[U] \cup f^{-1}[V] = \varnothing$$

를 만족하는 X의 공집합이 아닌 열린부분집합이다. 그러므로 X는 연결집합이 아니다. 이것은 모순이므로 $f[X]$는 연결집합이다. ∎

연습문제 4.1

EXERCISES

1. d가 공집합이 아닌 집합 X상의 거리일 때, $a, b \in X$에 대하여

$$e(a, b) = \frac{d(a, b)}{1 + d(a, b)}$$

로 정의된 함수 e는 X상의 거리임을 보이시오.

2. 거리공간 (X, d)에 대하여, 중심을 $p \in X$에 갖는 열린구족 $\mathscr{D}_p$는 p에서 국소기저를 이룸을 보이시오.

3. 거리공간 (X, d)에 대하여, $A \subset X$의 폐포 $\overline{A}$는 A로부터 거리가 0인 점의 집합, 즉

$$\overline{A} = \{p \mid d(p, A) = 0\}$$

임을 보이시오.

4. 거리공간 X에서 모든 유한집합은 닫힌집합임을 보이시오.

5. (X, d)가 거리공간일 때, 열린구 $S(p, \delta) = \{x \mid d(p, x) < \delta\}$의 폐포가 닫힌구가 아닌 예, 즉

$$\overline{S(p, \delta)} \neq \bar{S}(p, \delta) = \{x \mid d(p, x) \leq \delta\}$$

의 예를 들어 보시오.

6. (X, d)가 거리공간일 때, 닫힌구 $\bar{S}(p, \delta) = \{x \mid d(p, x) \leq \delta\}$는 닫힌집합임을 보이시오.

7. 닫힌구간 $[a, b]$상의 모든 연속인 실가함수족 $\mathscr{C}[a, b]$에 대하여, $\mathscr{C}[a, b]$상의 두 거리 d와 e를

$$d(f, g) = \sup\{|f(x) - g(x)| : x \in X\}, \quad e(f, g) = \int_a^b |f(x) - g(x)|\, dx$$

로 정의하면, e에 의하여 유도된 위상 $\mathscr{T}_e$는 d에 의하여 유도된 위상 $\mathscr{T}_d$보다 약한 위상, 즉 $\mathscr{T}_e \subset \mathscr{T}_d$임을 보이시오.

8. 거리공간 (X, d)와 $a \in X$에 대하여, $f(x) = d(x, a)$로 정의된 실가함수 $f : X \to R$는 연속임을 보이시오.

4.2 노름선형공간

1. 노름선형공간

정의 1 벡터공간

집합 X에 덧셈 $+ : X \times X \to X$과 스칼라배 $\cdot : R \times X \to X$가 정의되어 다음 조건

(1) $x+y=y+x$ (단, $x, y \in X$)

(2) $(x+y)+z=x+(y+x)$ (단, $x, y, z \in X$)

(3) 모든 $x \in X$에 대하여, $x+\theta=x$를 만족하는 $\theta \in X$가 존재한다.

(4) $\lambda(x+y)=\lambda x+\lambda y$ (단, $\lambda \in R$, $x, y \in X$)

(5) $(\lambda+\mu)x=\lambda x+\mu x$ (단, $\lambda, \mu \in R$, $x \in X$)

(6) $\lambda(\mu x)=(\lambda\mu)x$ (단, $\lambda, \mu \in R$, $x \in X$)

(7) $0 \cdot x=\theta$, $1 \cdot x=x$ (단, $x \in X$)

을 만족하면, $(X, +, \cdot)$를 R에서의 **벡터공간**(vector space) 또는 R에서의 **선형공간** (linear space)이라 한다.

이 책에서는 특별한 언급이 없는 한, R에서의 벡터공간, 즉 실벡터공간을 간단히 벡터공간이라고 한다. 특히 혼동의 염려가 없을 때는 벡터공간 $(X, +, \cdot)$을 X로 표시하기로 한다.

예 적집합 $R^n=\{x \mid x=\langle x_1, x_2, \cdots, x_n\rangle, x_i \in R\}$에서 덧셈과 스칼라배를

$$x+y=\langle x_1+y_1, x_2+y_2, \cdots, x_n+y_n\rangle,\ \alpha x=\langle \alpha x_1, \alpha x_2, \cdots, \alpha x_n\rangle$$

으로 정의하면, R^n은 벡터공간이 된다.

예 $\sum_{n=1}^{\infty} |a_n|^2 < \infty$을 만족하는 모든 실수열족 $R^\infty=\left\{\langle a_n\rangle \mid \sum_{n=1}^{\infty} |a_n|^2 < \infty\right\}$에서 덧셈과 스칼라배를 R^∞의 임의의 두 점 $p=\langle a_n\rangle$과 $q=\langle b_n\rangle$과 $\alpha \in R$에 대하여

$$\langle a_n\rangle+\langle b_n\rangle=\langle a_n+b_n\rangle,\ \lambda\langle a_n\rangle=\langle \lambda a_n\rangle$$

으로 정의하면, R^∞는 벡터공간이 된다.

예 단위 닫힌구간 $[0, 1]$에서 정의된 모든 연속인 실가함수족

$$\mathscr{C}[0, 1] = \{f \mid f : [0, 1] \to R\text{는 연속함수}\}$$

와 단위 닫힌구간 $[0, 1]$에서 정의된 모든 유계인 실가함수족

$$\mathscr{B}[0, 1] = \{f \mid f : [0, 1] \to R\text{는 유계함수}\}$$

에 대하여, 덧셈과 스칼라배를

$$(f+g)(x) = f(x) + g(x), \quad (\alpha f)(x) = \alpha f(x)$$

로 정의하면, $\mathscr{C}[0, 1]$과 $\mathscr{B}[0, 1]$은 벡터공간이 된다.

참고 Y가 벡터공간 X의 공집합이 아닌 부분집합이고 X에서 정의된 덧셈과 스칼라배에 대하여 벡터공간이 되면, Y를 X의 **부분공간**이라 한다. □

예 $\mathscr{C}[0, 1]$은 벡터공간 $\mathscr{B}[0, 1]$의 부분공간이다.

정의 2 노름선형공간

벡터공간 X에서 정의된 음이 아닌 실가함수 $\| \ \| : X \to R$이 다음 세 조건

$[N_1]$ $\| x \| = 0 \Leftrightarrow x = \theta$ (단, $x \in X$)

$[N_2]$ 모든 $\alpha \in R$와 $x \in X$에 대하여, $\| \alpha x \| = |\alpha| \, \| x \|$

$[N_3]$ 모든 $x, y \in X$에 대하여, $\| x + y \| \leq \| x \| + \| y \|$

를 만족할 때, $\| \ \|$을 X에서 **노름**(norm)이라고 한다. 특히 (2)와 (3)만을 만족하는 함수 $\| \ \|$을 X에서 **준노름**(semi-norm) 또는 **유사노름**(pseudo-norm)이라고 한다. 벡터공간 X에 노름 $\| \ \|$이 주어질 때, $(X, \| \ \|)$을 **노름선형공간**(normed linear space) 또는 **노름벡터공간**(normed linear space), 간단히 **노름공간**(normed space)이라 한다.

참고 벡터공간 R^n상에서 $\| \langle u_1, u_2, \cdots, u_n \rangle \|_0 = \{|u_1|, |u_2|, \cdots, |u_n|\}$으로 정의하면, $\| \ \|_0$는 R^n에서 준노름이다. □

예 벡터공간 R^∞상에서

$$\| \langle a_n \rangle \| = \sqrt{\sum_{n=1}^{\infty} |a_2|^2}$$

으로 정의되는 함수 $\| \ \|$ 은 R^∞ 상의 노름이다. 이때 R^∞ 상의 l_2-**노름** (l_2-norm)이라 한다.

예 벡터공간 R^n 상에서

$$\| \langle a_1, \cdots, a_n \rangle \| = \sqrt{a_1{}^2 + \cdots + a_n{}^2} = \sqrt{\sum a_i{}^2} = \sqrt{\sum |a_i|^2}$$

으로 정의되는 함수 $\| \ \|$ 은 R^n 상의 노름이다. 이것을 R^n 상의 **유클리드 노름** (Euclidean norm)이라 한다. R^n 상의 유클리드 노름은 R^n 상의 유클리드 거리를 유도한다. 한편 벡터공간 R^n 상에서

$$\| \langle a_1, \cdots, a_n \rangle \|_0 = \max\{ |a_1|, |a_2|, \cdots, |a_n| \}$$
$$\| \langle a_1, \cdots, a_n \rangle \|_1 = |a_1| + |a_2| + \cdots + |a_n|$$

으로 정의된 두 함수 $\| \ \|_0$와 $\| \ \|_1$도 R^n 상의 노름이 된다.

예 벡터공간 $\mathscr{C}[0, 1]$상에서

$$\| f \| = \int_0^1 |f(x)| \, dx$$

로 정의되는 $\mathscr{C}[0, 1]$상의 함수 $\| \ \|$ 은 $\mathscr{C}[0, 1]$상의 노름이다.

정의 3 균등노름과 균등위상

벡터공간 $\mathscr{C}[0, 1]$상에서

$$\| f \| = \sup\{ |f(x)| : 0 \le x \le 1 \}$$

로 정의되는 $\mathscr{C}[0, 1]$상의 노름 $\| \ \|$ 을 **균등노름** 또는 **sup 노름**(sup norm)이라 하고, 이 노름에 의해 정의되는 거리함수 ρ에서 유도되는 위상을 **균등위상**(uniform topology)이라 한다.

$(X, \| \ \|)$이 노름선형공간일 때, $v, w \in X$에 대하여

$$d(v, w) = \| v - w \|$$

로 정의되는 $d : X \times X \to R$는 거리함수가 된다. 이때 d를 X상의 **유도거리**(induced metric)라 한다.

예 유클리드 노름이 유클리드 거리함수를 유도한다.

참고 모든 거리공간에서의 정의(극한, 연속 등)들을 노름선형공간 $(X, \| \ \|)$에 적용할 때는 거리함수로써 보통 $d(x, y) = \| x - y \|$로 정의된 $d : X \times X \to R$가 주어진 것으로 가정한다. □

모든 노름선형공간은 거리함수, 즉 유도거리함수를 생성해 낸다. 따라서 모든 노름선형공간은 거리공간이 되고, 결국 위상공간이 된다.

예 공집합이 아닌 집합 X상의 모든 유계인 실함수족 $\mathscr{B}[X, R] = \{f \mid f : X \to R$는 유계함수$\}$에서 덧셈과 스칼라배를

$$(f+g)(x) = f(x) + g(x), \quad (\alpha f)(x) = \alpha f(x)$$

로 정의하면, $\mathscr{B}[X, R]$은 벡터공간이 된다. 이때 $\mathscr{B}[X, R]$상에서

$$\| f \| = \sup\{ | f(x) | : x \in X\}$$

로 정의되는 $\mathscr{B}[X, R]$상의 함수 $\| \ \|$은 $\mathscr{B}[X, R]$상의 거리를 유도하는 노름이다.

예 R^∞상의 l_2-노름은 l_2-거리를 유도한다.

참고 민코프스키 부등식(Minkowski inequality) : R^n의 임의의 두 점 p, q에 대하여

$$\| p+q \| \leq \| p \| \ \| q \|$$

가 성립한다. □

2. 선형작용소

(1) 선형작용소

정의 4 선형작용소

X와 Y가 벡터공간일 때, 함수 $T : X \to Y$가 임의의 $\alpha, \beta \in R$와 $x, y \in X$에 대하여

$$T(\alpha x + \beta y) = \alpha T(x) + \beta T(y)$$

를 만족하면, $T : X \to Y$를 X에서 Y로의 **선형작용소**(linear operator), **선형변환**(linear transformation) 또는 **선형사상**(linear mapping)이라 한다.

예 벡터공간 $C^1[0,1]=\{f \mid f:[0,1]\to R$는 연속인 도함수를 갖는 함수$\}$에 대하여 작용소 $T: C^1[0,1]\to C[0,1]$을 $T(f)=\dfrac{df}{dx}$로 정의하면, T는 선형작용소가 된다. 이때 T를 **미분작용소**(differential operator)라고 한다.

예 $I: C[0,1]\to C[0,1]$를 $I(f)=\displaystyle\int_0^x f(t)\,dt$ (단, $0\le x\le 1$)로 정의하면, I는 선형작용소가 된다. 이때 I를 **적분작용소**(integral operator)라고 한다.

정의 5　유계 선형작용소

노름선형공간 X, Y에 대하여, $T: X\to Y$를 선형작용소라 하자. 그러면 모든 $x\in X$에 대하여 $\|T(x)\|\le M\|x\|$를 만족하는 $M>0$이 존재할 때, T를 **유계 선형작용소**(bounded linear operator)라고 한다. 이때

$$\|T(x)\|\le M\|x\|$$

를 만족하는 최소의 상수 M을 T의 노름이라 하고, $\|T\|$로 나타낸다.

참고 선형작용소 T가 연속일 필요충분조건이 단위공간

$$\{x\in X : \|x\|\le 1\}$$

에서 T가 유계이므로 노름선형공간에서 연속인 선형작용소를 때때로 유계인 선형작용소라고 한다. □

정의 6　유계 선형작용소의 집합

노름선형공간 X, Y에 대하여, 모든 유계인 선형작용소 $T: X\to Y$의 집합을 $B[X, Y]$로 정의한다.

참고 X, Y가 노름선형공간일 때, $T: X\to Y$가 유계인 선형작용소이면

$$\begin{aligned}\|T\| &= \sup\left\{\frac{\|T(x)\|}{\|x\|} : x\in X,\ x\neq\theta\right\}\\ &= \sup\{\|T(x)\| : \|x\|=1\}\\ &= \sup\{\|T(x)\| : \|x\|\le 1\}\end{aligned}$$

가 성립한다. □

예 $T : R^n \to R$가 모든 $x = \langle x_1, \cdots, x_n \rangle \in R^n$에 대하여 $T(x) = x_1$으로 정의된 선형변환일 때, $\| T \| = 1$을 만족한다.

(2) 노름선형공간상의 범함수

정의 7 유계인 선형범함수

R상의 노름선형공간 $(X, \| \ \|)$에 대하여, 정의역이 X인 실가함수 $f : X \to R$를 X상의 **범함수**(functional)라고 한다. 이때 X상의 범함수 f가 다음 두 조건

(1) 임의의 $x, y \in X$에 대하여, $f(x+y) = f(x) + f(y)$
(2) 임의의 $x \in X$와 $k \in R$에 대하여, $f(kx) = kf(x)$

를 만족하면, f를 X상의 **선형범함수**(linear functional)라 한다. 특히 f가 X상의 선형범함수일 때, 임의의 $x \in X$에 대하여

$$|f(x)| \le M \| x \|$$

를 만족하는 $M > 0$이 존재하면 f를 **유계**라 하고, 이때 M을 f에 대한 **상계**라고 한다.

참고 선형범함수 $T : X \to R$가 연속일 필요충분조건은 모든 $x \in X$에 대하여

$$| T(x) | \le M \| x \|$$

를 만족하는 상수 M이 존재하는 것이다. □

예 $T : R^n \to R$를 모든 $x = \langle x_1, x_2, \cdots, x_n \rangle \in R^n$에 대하여

$$T(x) = x_1$$

으로 정의하면

$$| T(x) | = | x_1 | \le \sqrt{x_1^2 + x_2^2 + \cdots + x_n^2} = \| x \|$$

이므로, T는 R^n에서 연속이다.

예제 노름선형공간 X에 대하여, X상의 유계인 선형범함수 $f : X \to R$는 균등연속이다.

증명 M을 f의 상계라 하고, $\varepsilon > 0$을 임의의 실수라 하자. 이때 $\delta = \varepsilon / M$이라 놓으면

$$\| x - y \| < \delta \Rightarrow |f(x) - f(y)| = |f(x-y)| \le M \| x - y \| < \varepsilon$$

이 성립한다. ■

$(X, \| \ \|)$이 R상의 노름선형공간일 때, X상의 유계인 선형범함수 f, g와 $k \in R$에 대하여 $f+g$와 kf는 X상에서 모두 유계인 선형범함수이다. 따라서 X상의 모든 유계인 선형범함수족 X^*는 벡터공간이다.

참고 벡터공간 X^*에 대하여 함수 $\| f \|$를

$$\| f \| = \sup\{ |f(x)| / \| x \| : x \neq 0 \}$$

로 정의하면, $\| f \|$는 X^*상의 노름이 된다. □

정의 8 공액공간

X상의 모든 유계인 선형범함수족의 노름선형공간 $(X^*, \| \ \|)$을 X의 **공액공간**(dual space) 또는 **쌍대공간**이라 하고, X^*로 표현한다. 한편 X^*의 공액공간을 X^{**}로 정의한다.

모든 $x \in X$에 대하여 $|f(x)| \leq M \| x \|$, 즉 M이 f에 대한 상계이면, $x \neq 0$에 대하여

$$\frac{|f(x)|}{\| x \|} \leq M$$

이므로 $\| f \| \leq M$으로 된다. 실제로 $\| f \|$는 같은 뜻으로

$$\| f \| = \inf\{ M \mid M\text{은 } f\text{에 대한 상계} \}$$

으로 정의될 수 있다.

(3) 등거리동형사상

정의 9 등거리동형사상

노름선형공간 X와 Y에 대하여 선형사상 $T : X \to Y$가

$$\| T(x) \| = \| x \|$$

를 만족하면, T를 **등거리동형사상**(isometric isomorphism)이라고 한다. 등거리동형사상이 존재할 때, 두 노름선형공간을 **등거리동형**(isometrically isomorphic)이라고 한다.

예 임의의 $x \in X$에 대하여

$$\varphi(x)(f) = f(x) \quad \forall f \in X^*$$

에 의해 정의된 작용소 $\varphi : X \to X^{**}$는 선형이고 $\| \varphi x \| = \| x \|$를 만족하므로, φ는 등거리동형사상이 된다. 한편 φ는 연속인 단사함수이고, $\varphi[X]$에서 정의된 역함수 φ^{-1}도 연속이다.

(4) 위상선형공간

노름선형공간은 벡터공간으로써의 대수적 구조를 가지고, 거리함수

$$d(x, y) = \| x - y \|$$

로 주어지는 거리공간으로써의 위상적 구조를 가진다.

참고 X가 노름선형공간일 때, 덧셈 $+ : X \times X \to X$과 스칼라배 $\cdot : R \times X \to X$는 노름에서 유도된 거리위상에 관하여 연속이 된다. □

정의 10 위상선형공간

위상공간 $(X, \mathscr{T})$에 대하여, 덧셈 $+ : X \times X \to X$과 스칼라배 $\cdot : R \times X \to X$가 연속이면 X를 위상선형공간(topological linear space 또는 topological vector space)이라고 한다.

예 X가 위상선형공간이면 $f(x) = \alpha x + x_0$ (단, $\alpha \in R$, $x_0 \in X$)에 의하여 정의되는 함수 $f : X \to X$는 연속이다. 또한 $\alpha \neq 0$이면 $f^{-1} : X \to X$도 연속이므로, f는 위상동형사상이 된다.

S가 위상선형공간 X의 부분집합일 때, $x \in X$에 의한 S의 평행이동을

$$x + S = \{x + s \mid s \in S\}$$

로 정의한다.

예 O가 위상선형공간 X의 열린부분집합이면, $x \in X$에 의한 O의 평행이동 $x + O$는 열린집합이 된다. 따라서 $\mathscr{U}$가 θ에서의 근방계이면

$$\{ x + U \mid U \in \mathscr{U} \}$$

는 x에서의 근방계가 된다.

위상선형공간의 위상처럼 평행이동이 위상동형사상인 것을 **평행이동불변위상**(translation invariant topology)이라고 한다.

연습문제 4.2

EXERCISES

1. (민코프스키 부등식) : R^n에 속하는 임의의 두 점 $p = \langle a_1, \cdots, a_n \rangle$과 $q = \langle b_1, \cdots, b_n \rangle$에 대하여, 다음 부등식이 성립함을 보이시오.

$$\| p+q \| \leq \| p \| + \| q \|, \text{ 즉 } \sqrt{\sum_{i=1}^{n} | a_i + b_i |^2} \leq \sqrt{\sum_{i=1}^{n} | a_i |^2} + \sqrt{\sum_{i=1}^{n} | b_i |^2}$$

2. 벡터공간 $\mathscr{C}[0, 1]$상에서

$$\| f \| = \sup\{ | f(x) | : 0 \leq x \leq 1 \}$$

로 정의되는 $\mathscr{C}[0, 1]$상의 함수 $\| \ \|$은 $\mathscr{C}[0, 1]$상의 노름임을 보이시오.

3. 평면 R^2상의 유클리드 노름 $\| \ \|$에 대하여, d가 이 노름이 유도하는 R^2상의 거리라고 하자. 그러면 R^2상의 거리 e가

$$e(p, q) = \begin{cases} \| p \| + \| q \|, & \| p \| \neq \| q \| \\ d(p, q), & \| p \| = \| q \| \end{cases}$$

로 주어질 때, 거리공간 (R^2, e)에 속하는 열린구 $S(p, \delta)$에 관하여 서술하시오.

4. 노름선형공간 X에 대하여 f가 X상의 선형범함수일 때, $f(0) = 0$임을 보이시오.

제5장 가산성과 분리공리

- 5.1 가산성
- 5.2 분리공리

5.1 가산성

여기서는 대표적인 가산집합인 자연수의 집합 N에 대한 특성을 고려하여 위상공간을 분류하고, 그들의 성질을 연구한다.

1. 제1가산공간

정의 1 제1가산공간

위상공간 $(X, \mathscr{T})$가 **제1가산공리**(first axiom of countability)라고 불리는 다음 공리

$[C_1]$ 각 점 $p \in X$에 대하여 p를 포함하는 열린집합의 가산족 $\mathscr{B}_p$를 적절하게 택하면, p를 포함하는 모든 열린집합 G도 또한 $\mathscr{B}_p$의 어떤 원소를 포함한다.

을 만족할 때, $(X, \mathscr{T})$를 **제1가산공간**(first countable space)이라 한다.

제1가산공리 $[C_1]$은 위상공간 $(X, \mathscr{T})$의 국소적 성질, 즉 점 $p \in X$의 임의의 근방의 성질에만 의존한다.

참고 위상공간 $(X, \mathscr{T})$가 제1가산공간이 되기 위한 필요충분조건은 임의의 $p \in X$에 대하여 **가산국소기저**(countable local base) $\mathscr{B}_p$가 존재하는 것이다. □

예 거리공간 (X, d)의 점 $p \in X$는 중심이 p인 열린구의 가산족

$$\left\{ S\left(p, \frac{1}{n}\right) \mid n \in N \right\}$$

을 국소기저로 갖는다. 그러므로 모든 거리공간은 제1가산공간이다.

예 이산위상공간 $(X, \mathscr{D})$의 점 p는 단원집합족 $\{\{p\}\}$를 국소기저로 가지므로, 모든 이산위상공간은 제1가산공간이다. 또한 밀착위상공간 $(X, \mathscr{I})$도 제1가산공간이다. 왜냐하면 $x \in X$는 $\{X\}$를 국소기저로 갖기 때문이다.

예제 모든 반열린구간 $[a, b)$에 의하여 생성되는 위상을 $\mathscr{L}$이라 하면, 위상공간 $(R, \mathscr{L})$은 제1가산공간이다.

증명 각 점 $x \in R$는 $\mathcal{B}_x = \{[x, q) \mid x < q, q \in Q\}$를 국소기저로 갖는다. ■

참고 모든 실수의 집합 R에 대하여, 여유한위상공간 $(R, \mathfrak{I})$는 제1가산공간이 아니다. □

정리 2

제1가산공간 $(X, \mathcal{T})$의 임의의 부분공간 $(Y, \mathcal{T}_Y)$는 제1가산공간이다.

증명 $p \in Y$라 하자. 그러면 $Y \subset X$이므로, $p \in X$이다. 그런데 $(X, \mathcal{T})$가 제1가산공간이므로, p에 대한 가산 $\mathcal{T}$-국소기저

$$\mathcal{B}_p = \{B_n \mid n \in N\}$$

이 존재한다. 이때 $\mathcal{B}_p^* = \{Y \cap B_n \mid n \in N\}$이 p에 관한 $\mathcal{T}_Y$-국소기저이고 $\mathcal{B}_p^*$가 가산이므로, $(Y, \mathcal{T}_Y)$는 제1가산공리를 만족한다. 따라서 $(Y, \mathcal{T}_Y)$는 제1가산공간이다. ■

정리 3

$(X, \mathcal{T})$가 제1가산공간일 때, 함수 $f : (X, \mathcal{T}) \to (Y, \mathcal{T}^*)$가 위상동형사상이면 $(Y, \mathcal{T}^*)$도 제1가산공간이다. 즉 제1가산공간이 되는 것은 위상적 성질이다.

증명 $(X, \mathcal{T})$가 제1가산공간이고 함수 $f : (X, \mathcal{T}) \to (Y, \mathcal{T}^*)$가 위상동형사상이면, 임의의 $y \in Y$에 대하여 $y = f(x)$를 만족하는 $x \in X$가 존재한다. 그런데 $(X, \mathcal{T})$가 제1가산공간이므로, $x \in X$의 가산국소기저

$$\mathcal{B}_x = \{B_n \mid n \in N\}$$

이 존재한다. 그러면 $\{f[B_n] \mid B_n \in \mathcal{B}_x\}$은 $y = f(x) \in Y$의 가산국소기저이다. 따라서 $(Y, \mathcal{T}^*)$는 제1가산공간이다. ■

참고 위상공산 $(X, \mathcal{T})$에 대하여 $\mathcal{B}_p$가 점 $p \in X$의 가산국소기저이면 $\mathcal{B}_p$를

$$\mathcal{B}_p = \{B_1, B_2, \cdots\}$$

로 표기할 수 있다($\mathcal{B}_p$가 유한일 때는 반복을 허용한다). 특히 $B_1 \supset B_2 \supset B_3 \supset \cdots$가 성립되면 $\mathcal{B}_p$를 p에서의 **축소가산국소기저**(nested countable local base)

라고 한다. 가산국소기저에서 축소가산국소기저를 항상 구성할 수 있다. 따라서 제 1가산공간의 모든 점은 축소가산국소기저를 갖는다. □

예제 $\mathscr{R}_p = \{B_n \mid n \in N\}$이 제1가산공간 $(X, \mathscr{T})$의 한 점 $p \in X$에서의 축소가산국소기저일 때, 수열 $\langle a_n \rangle$이 각 $n \in N$에 대하여 $a_n \in B_n$을 만족하면 $\langle a_n \rangle$은 p로 수렴한다.

증명 G가 p를 포함하는 열린집합이면, $\mathscr{R}_p$가 p의 국소기저이므로 $B_{n_o} \subset G$를 만족하는 $n_0 \in N$가 존재한다. 그런데 $\mathscr{R}_p$가 축소이므로, $n > n_0$이면 $a_n \subset B_{n_o} \subset G$이다. 따라서 수열 $\langle a_n \rangle$은 p로 수렴한다. ■

함수 $f : X \to Y$가 $p \in X$에서 **수열연속** 또는 **점렬연속**이란, $p \in X$로 수렴하는 모든 수열 $\langle a_n \rangle$에 대하여 함수열 $\langle f(a_n) \rangle$이 Y에 속하는 $f(p)$로 수렴한다는 것이다.

정리 4

$(X, \mathscr{T})$가 제1가산공간이면, 임의의 위상공간 $(Y, \mathscr{T}^*)$에 대하여 X상에서 정의된 함수 $f : X \to Y$가 $p \in X$에서 연속이기 위한 필요충분조건은 $f : X \to Y$가 p에서 수열연속인 것이다.

증명 f가 $p \in X$에서 수열연속일 때, f가 p에서 연속임을 밝히면 충분하다(3.3절 정리 9 참조). 실제로 대우증명법을 이용하여, f가 p에서 연속이 아니면, f가 p에서 수열연속이 아님을 밝힌다. $\mathscr{R}_p = \{B_n \mid n \in N\}$이 p에서의 축소국소기저라 하고, f가 p에서 연속이 아니라고 가정하자. 그러면

$$f(p) \in H \text{이지만, 모든 } n \in N \text{에 대하여 } B_n \not\subset f^{-1}[H]$$

를 만족하는 Y의 열린부분집합 H가 존재한다. 따라서 모든 $n \in N$에 대하여

$$a_n \notin f^{-1}[H], \text{ 즉 } f(a_n) \notin H$$

를 만족하는 $a_n \in B_n$이 존재한다. 이때 수열 $\langle a_n \rangle$은 p로 수렴한다. 그러나 $f(p)$를 포함하는 열린집합 H는 수열의 임의의 항을 하나도 포함하지 않으므로, 수열 $\langle f(a_n) \rangle$은 $f(p)$로 수렴하지 않는다. 따라서 f는 p에서 수열연속이 아니다. ■

예 거리공간은 제1가산공간이므로, 두 거리공간 (X, d)와 (Y, d')에 대하여 X에서 Y

로의 함수 $f: X \to Y$가 연속이기 위한 필요충분조건은 f가 수열연속인 것이다.

2. 제2가산공간

정의 5 제2가산공간

위상공간 $(X, \mathscr{T})$가 **제2가산공리**(second axiom of countability)라고 불리는 다음 공리

$[C_2]$ 위상 $\mathscr{T}$에 대한 가산기저 $\mathscr{B}$가 존재한다.

를 만족할 때, $(X, \mathscr{T})$를 **제2가산공간**(first countable space)이라 한다.

제2가산공리는 위상공간의 국소적 성질이라기보다 대역적 성질이다.

예 보통위상 $\mathscr{U}$가 주어진 R은 제2가산공간이다. 왜냐하면 보통위상공간 $(R, \mathscr{U})$는 가산기저 $\mathscr{B} = \{(a, b) \mid a < b,\ a$와 b는 유리수$\}$를 갖기 때문이다. 또한 보통위상공간 $(R^2, \mathscr{U})$도 가산기저를 가지므로 제2가산공간이다.

참고 모든 거리공간이 제2가산공간이 되는 것은 아니다. 이산거리함수 d에 의해 유도된 이산위상공간 $(R, \mathscr{D})$는 제2가산공간이 아니다. □

정리 6

제2가산공간 $(X, \mathscr{T})$의 임의의 부분공간 $(Y, \mathscr{T}_Y)$는 제2가산공간이다.

증명 $\mathscr{B} = \{B_n \mid n \in N\}$을 제2가산공간 $(X, \mathscr{T})$의 가산기저라 하면

$$\mathscr{B}_Y = \{Y \cap B_n \mid n \in N\}$$

은 부분공간 $(Y, \mathscr{T}_Y)$의 가산기저이다. 따라서 $(Y, \mathscr{T}_Y)$는 제2가산공간이다. ■

정리 7

$(X, \mathscr{T})$가 제2가산공간일 때, 함수 $f: (X, \mathscr{T}) \to (Y, \mathscr{T}^*)$가 위상동형사상이면 $(Y, \mathscr{T}^*)$도 제2가산공간이다. 즉 제2가산공간이 되는 것은 위상적 성질이다.

증명 $(X, \mathscr{T})$가 제2가산공간이고 $f: (X, \mathscr{T}) \to (Y, \mathscr{T}^*)$가 위상동형사상이면, $(X, \mathscr{T})$가 제2가산공간이므로, 가산기저

$$\mathscr{B} = \{ B_n \mid n \in N \}$$

이 존재한다. 그러면 $\{ f[B_n] \mid B_n \in \mathscr{B} \}$은 Y에 관한 가산기저이다. 따라서 $(Y, \mathscr{T}^*)$는 제2가산공간이다. ∎

정리 8

제2가산공간은 또한 제1가산공간이다.

증명 $\mathscr{B}$가 위상공간 X의 가산기저이고 $\mathscr{R}_p$가 점 $p \in X$를 포함하는 $\mathscr{B}$의 원소로 이루어지면, $\mathscr{R}_p$는 p의 가산국소기저이다. 따라서 제2가산공간은 또한 제1가산공간이다. ∎

정의 8의 역은 성립하지 않는다.

예 이산위상 $\mathscr{D}$가 주어진 R, 즉 $(R, \mathscr{D})$는 제1가산공리를 만족한다. 그러나 족 $\mathscr{B}$가 이산위상공간의 기저이기 위한 필요충분조건이 $\mathscr{B}$가 모든 단원부분집합을 포함하는 것인데, R의 단원부분집합 $\{p\}$의 족은 가산이 아니다. 따라서 $(R, \mathscr{D})$는 제2가산공리를 만족하지 않는다.

참고 일반적으로 X가 비가산집합인 경우, 이산위상공간 $(X, \mathscr{D})$는 제2가산공간이 아니다. □

위상공간 $(X, \mathscr{T})$에 대하여, $A \subset X$일 때 A의 열린덮개는 $K \subset \cup \mathscr{A}$를 만족하는 X에서 열린집합의 집합족 $\mathscr{A}$이다. 또한 $\mathscr{A}$의 가산부분집합족이 존재하여 A를 덮을 수 있을 때, A는 **가산부분덮개**(countable subcover)를 갖는다고 한다.

예 $\mathscr{B}$가 위상공간 $(X, \mathscr{T})$의 기저이면, $\mathscr{B}$는 X의 열린덮개이다.

예 X가 비가산집합인 이산위상공간 $(X, \mathscr{D})$에서 X의 열린덮개 $\mathscr{A} = \{\{p\}\}$는 유한부분덮개나 가산부분덮개를 갖지 않는다.

참고 X가 무한집합일 때, X상의 위상공간 $(X, \mathscr{T})$에서 모든 열린덮개가 유한부분덮개를 가질 수 있다. 예를 들면 밀착위상공간 $(X, \mathscr{I})$에서는 모든 열린덮개가 $\{X\}$를 유한부분덮개로 가진다. □

제2가산공간에 관한 다음 린델뢰프 정리는 린델뢰프(Lindelöf)에 의해 증명되었다.

정리 9 린델뢰프 정리

제2가산공간 $(X, \mathscr{T})$의 임의의 부분집합 A에 대하여, A의 모든 열린덮개 $\mathscr{A}$는 가산 부분덮개를 갖는다.

증명 $\mathscr{B}$가 X의 가산기저이고, $A \subset \cup \{G \mid G \in \mathscr{A}\}$라 하자. 그러면 모든 $p \in A$에 대하여 $p \in G_p$를 만족하는 $G_p \in \mathscr{A}$가 존재한다. 이 경우 $\mathscr{B}$가 X의 기저이므로 모든 $p \in A$에 대하여 $p \in B_p \subset G_p$를 만족하는 $B_p \in \mathscr{B}$가 존재한다. 따라서

$$A \subset \cup \{B_p \mid p \in A\}$$

가 성립한다. 그러나 $\{B_p \mid p \in A\} \subset \mathscr{B}$이므로, 이것은 가산이고, 따라서

$$\{B_p \mid p \in A\} = \{B_n \mid n \in N\}$$

으로 놓을 수 있다. 이때 각 $n \in N$에 대하여 $B_n \subset G_n$으로 되는 하나의 집합 $G_n \in \mathscr{A}$을 택하면

$$A \subset \{B_n \mid n \in N\} \subset \cup \{G_n \mid n \in N\}$$

이므로, $\{G_n \mid n \in N\}$은 $\mathscr{A}$의 가산부분덮개이다. ∎

위상공간 $(X, \mathscr{T})$에서 X의 모든 열린덮개가 가산부분덮개를 가질 때, $(X, \mathscr{T})$를 **린델뢰프 공간**(Lindelöf space)이라 한다. 따라서 모든 제2가산공간은 린델뢰프 공간이다.

참고 제2가산공간 $(X, \mathscr{T})$에 대한 모든 기저 $\mathscr{B}$는 $(X, \mathscr{T})$의 가산기저를 갖는다. □

정리 10

$(X, \mathscr{T})$가 린델뢰프 공간일 때, 함수 $f : (X, \mathscr{T}) \to (Y, \mathscr{T}^*)$가 위상동형사상이면 $(Y, \mathscr{T}^*)$도 린델뢰프 공간이다. 즉 린델뢰프 공간이 되는 것은 위상적 성질이다.

증명 $(X, \mathscr{T})$가 린델뢰프 공간이고 $f : (X, \mathscr{T}) \to (Y, \mathscr{T}^*)$가 위상동형사상이라 하자. 이때 Y의 임의의 열린덮개 $\mathscr{A}$를 택하면 $Y = \cup \mathscr{A}$이므로, $X = \cup \{f^{-1}[G] \mid G \in \mathscr{A}\}$가 된다. 그런데 $(X, \mathscr{T})$가 린델뢰프 공간이므로, 가산부분덮개 $\mathscr{H}$가 존재한다. 따라서 Y의 임의의 열린덮개 $\mathscr{A}$는 가산부분덮개 $\{f[A] \mid A \in \mathscr{H}\}$를 갖는다. 따라서

$(Y, \mathscr{T}^*)$는 린델뢰프 공간이다. ∎

3. 분리가능공간

정의 11 분리가능공간

위상공간 $(X, \mathscr{T})$가 가산 조밀부분집합(countable dense subset)을 가질 때, $(X, \mathscr{T})$를 **분리가능공간**(separable space) 또는 **가분공간**이라 한다.

위상공간 $(X, \mathscr{T})$가 분리가능하기 위한 필요충분조건은 X의 가산부분집합(유한 또는 가산무한) A가 존재해서 $\overline{A} = X$를 만족하는 것이다.

예 보통위상공간 $(R, \mathscr{U})$는 모든 유리수의 집합 Q가 가산이고 R에서 조밀, 즉 $\overline{Q} = R$이므로 분리가능공간이다.

예제 $\mathscr{T}$가 반열린 직사각형 $[a, b) \times [c, d) = \{\langle x, y \rangle \mid a \le x < b,\ c \le y < d\}$에 의하여 생성되는 R^2상의 위상이면, $(R^2, \mathscr{T})$는 분리가능하다.

증명 $a \le x_0 < b,\ c \le y_0 < d$를 만족하는 유리수 x_0와 y_0가 반드시 존재하므로, 반열린 직사각형은 유리수 좌표를 갖는 점 $p = \langle x_0, y_0 \rangle$를 포함한다. 따라서 유리수 좌표를 갖는 R^2의 모든 점으로 이루어지는 집합 $A = Q \times Q$는 R^2에서 조밀하다. 또한 A는 가산집합이다. 따라서 $(R^2, \mathscr{T})$는 분리가능하다. ∎

참고 X가 가산집합일 때, 임의의 위상공간 $(X, \mathscr{T})$는 항상 분리가능하다. 왜냐하면 X가 가산집합이면 X 자신이 가산 조밀부분집합이므로, 위상공간 $(X, \mathscr{T})$는 분리가능하다. □

예 X가 가산집합이면 이산위상공간 $(X, \mathscr{D})$는 분리가능하고, X가 가산집합이면 $(X, \mathscr{D})$는 분리가능하지 않다. 따라서 이산위상 $\mathscr{D}$가 주어진 R, 즉 $(R, \mathscr{D})$는 분리가능공간이 아니다.

정리 12

이산위상공간 $(X, \mathscr{D})$가 분리가능하기 위한 필요충분조건은 X가 가산인 것이다.

증명 $(X, \mathscr{D})$가 이산위상공간일 때, X의 모든 부분집합은 열린집합인 동시에 닫힌집합이다. 따라서 X의 유일한 조밀부분집합은 X 자신이다. 그러므로 이산위상공간 X가 가산 조밀부분집합을 포함하기 위한 필요충분조건은 X가 가산인 것이다. 즉 이산위상공간 X는 X가 가산일 때, 그때에 한하여 분리가능하다. ■

정리 13

$(X, \mathscr{T})$가 분리가능공간일 때, 함수 $f:(X, \mathscr{T}) \to (Y, \mathscr{T}^*)$가 위상동형사상이면 $(Y, \mathscr{T}^*)$도 분리가능공간이다. 즉 분리가능공간이 되는 것은 위상적 성질이다.

증명 $(X, \mathscr{T})$가 분리가능공간이고 $f:(X, \mathscr{T}) \to (Y, \mathscr{T}^*)$가 위상동형사상이라 하자. 그러면 X가 가산 조밀부분집합 D를 가진다. 따라서 $f(D)$는 Y의 가산 조밀부분집합이다. 그러므로 $(Y, \mathscr{T}^*)$는 분리가능공간이다. ■

정리 14

위상공간 $(X, \mathscr{T})$가 제2가산공리를 만족하면 $(X, \mathscr{T})$는 분리가능하다.

증명 X가 제2가산공간이므로, X는 가산기저 $\mathscr{B} = \{B_n \mid n \in N\}$을 갖는다. 이때 각 $n \in N$에 대하여 $a_n \in B_n$을 택하자. 그러면 집합 $A = \{a_n \mid n \in N\}$은 가산이다.

이제 $\overline{A} = X$, 즉 각 점 $p \in A^c$가 A의 집적점임을 밝히자. p를 포함하는 임의의 열린집합을 G라 하자. 그러면 G는 적어도 하나의 집합 $B_{n_0} \in \mathscr{B}$를 포함하므로, $a_{n_0} \in B_{n_0} \subset G$가 성립한다. 이 경우 $p \in A^c$이지만, $a_{n_0} \in A$이므로 a_{n_0}는 p와 상이하다. 따라서 A의 점 p를 포함하는 모든 열린집합 G는 p 이외의 A의 점을 포함하므로, p는 A의 집적점이다. ■

정리 14의 역은 성립하지 않는다.

예제 모든 반열린구간 $[a, b)$에 의하여 생성되는 위상을 $\mathscr{L}$이라 하면 위상공간 $(R, \mathscr{L})$은 분리가능공간이지만, 제2가산공간이 아니다.

증명 $\mathscr{B} = \{[a_n, b_n) \mid n \in N\}$이라 하면 $\mathscr{B}$는 가산집합이고, 모든 $n \in N$에 대하여 $x \neq a_n$을 만족하는 $x \in R$가 존재한다. 따라서 열린집합 $[x, y)$는 $\mathscr{B}$의 원소들의 합집합으로 나타낼 수 없으므로, $\mathscr{B}$는 위상 $\mathscr{L}$의 기저가 될 수 없다. 그러므로 $(R, \mathscr{L})$은 제2가산공간이 아니다. 그러나 가산집합인 유리수의 집합 Q에 대하여 $\overline{Q} = R$이므로,

$(R, \mathcal{L})$은 분리가능공간이다. ■

정리 15

(X, d)가 분리가능거리공간이면, (X, d)는 제2가산공간이다.

예 힐베르트 공간, 즉 l_2-공간은 분리가능거리공간이므로 제2가산공간이다(연습문제 6 참조).

예제 벡터공간 $\mathscr{C}[0, 1]$상에서, 노름

$$\| f \| = \sup\{ |f(x)| : 0 \leq x \leq 1\}$$

에 의해 유도되는 거리를 갖는 거리공간 $\mathscr{C}[0, 1]$은 제2가산공간이다.

증명 바이어슈트라스의 근사정리에 의하여, 임의의 함수 $f \in \mathscr{C}[0, 1]$와 임의의 $\varepsilon > 0$에 대하여

$$\| f-p \| < \varepsilon, \text{ 즉 모든 } x \in [0, 1] \text{에 대하여 } |f(x)-p(x)| < \varepsilon$$

을 만족하는 유리계수를 갖는 다항식 p가 존재한다. 이와 같은 모든 다항식족은 $\mathscr{C}[0, 1]$에서 조밀하고 가산이므로, $\mathscr{C}[0, 1]$은 분리가능공간이다. 따라서 $\mathscr{C}[0, 1]$은 제2가산공간이다. ■

일반적으로 거리공간은 분리가능공간이 아니다.

예 R^2상의 거리 d가 유클리드 노름 $\| \ \|$으로 유도된 보통거리일 때

$$e(p, q) = \begin{cases} \| p \| + \| q \| , & \| p \| \neq \| q \| \\ d(p, q) , & \| p \| = \| q \| \end{cases}$$

로 정의되는 R^2상의 거리 e를 생각하자. 이때 $p \neq \langle 0, 0 \rangle$이고 $\| p \| > \delta$이면, e-열린구 $S(p, \delta)$는 원주

$$P = \{x : \| x \| = \| p \| \}$$

상의 점만으로 이루어진다. 따라서 임의의 $A \subset R^2$에 대하여, A가 원주 P의 점을 포함하지 않는 한, p는 A의 집적점이 될 수 없다. 그러나 중심을 $\langle 0, 0 \rangle$에 갖는 원주에는 가산이 아닌 많은 점이 존재하므로, $A \subset R^2$가 가산이면 A는 R^2에서 조밀

할 수 없다. 따라서 거리공간 (R^2, e)는 분리가능하지 않다.

4. 유전적 성질

성질 P를 갖는 위상공간 $(X, \mathscr{T})$에 대하여 $(X, \mathscr{T})$의 모든 부분공간이 또한 성질 P를 가질 때, 성질 P를 **유전적 성질**이라 한다(3.3절 참조).

예제 분리가능공간의 부분공간은 분리가능공간이 아니다.

증명 $\mathscr{T}$가 반열린 직사각형 $[a, b)\times[c, d)=\{\langle x, y\rangle \mid a \leq x < b,\ c \leq y < d\}$에 의하여 생성되는 R^2상의 위상이면, $(R^2, \mathscr{T})$는 분리가능공간이다. 이때 직선

$$Y=\{\langle x, y\rangle \mid x+y=0\}$$

상의 상대위상 $\mathscr{T}_Y$는 Y의 각 단원집합 $\{p\}$가 $\mathscr{T}_Y$-열린집합이므로 이산위상이다. 그러나 가산이 아닌 이산위상공간은 분리가능하지 않으므로, $(R^2, \mathscr{T}_Y)$는 분리가능공간이 아니다. ■

제2가산공간의 모든 부분공간은 제2가산공간이고, 제1가산공간의 모든 부분공간은 제1가산공간이다. 따라서 제1가산공리 $[C_1]$과 제2가산공리 $[C_2]$는 모두 유전적이다. 그러나 분리가능공간의 부분공간은 분리가능공간이 아니므로, 분리가능성은 유전적이 아니다.

참고 세 가지 공간, 즉 제1가산공간, 제2가산공간과 분리가능공간 사이에는 다음 관계

$$\text{분리가능공간} \Leftarrow \text{제2가산공간} \Rightarrow \text{제1가산공간}$$

가 주어진다. □

연습문제 5.1

EXERCISES

1. $\mathscr{R}_p = \{ G_1, G_2, G_3, \cdots \}$가 $p \in X$의 가산국소기저일 때, 다음이 성립함을 보이시오.
   (1) 점 p의 축소국소기저가 존재한다.
   (2) X가 제1가산공리 $[C_1]$을 만족하면, 모든 $p \in X$에도 축소국소기저가 존재한다.

2. 평면 R^2은 제2가산공간임을 보이시오.

3. 제2가산공간 $(X, \mathscr{T})$의 모든 기저 $\mathscr{B}$는 가산기저 $\mathscr{B}^*$를 가짐을 보이시오.

4. 여유한위상공간 $(X, \mathfrak{I})$는 분리가능공간임을 보이시오.

5. 분리가능거리공간 (X, d)는 제2가산공간임을 보이시오.

6. 힐베르트 공간, 즉 l_2-공간은 분리가능공간임을 보이시오.

5.2 분리공리

위상공간 $(X, \mathscr{T})$의 성질은 주어진 집합 X에 의해 결정되는 것이 아니라, X상의 위상 $\mathscr{T}$의 원소인 열린집합에 의해 결정되는 것이다. 여기서는 위상공간 $(X, \mathscr{T})$가 얼마나 많은 열린집합을 가지고 있는가에 의해 구분되는 위상공간의 분리 정도를 알아본다.

1. 분리공리

여기서는 알렉산드로프(Alexandroff)와 호프(Hopf)의 **분리공리**(separation axioms)에 대하여 설명한다. 분리공리는 '충분한' 열린집합이 존재함을 규정하고 있다.

(1) T_1-공간

정의 1 T_1-공간

위상공간 $(X, \mathscr{T})$가 다음 분리공리

$[T_1]$ 임의의 서로 다른 두 점 $a, b \in X$에 대하여

$$a \in G,\ b \notin G,\ b \in H,\ a \notin H$$

를 만족하는 열린집합 G와 H가 존재한다.

을 만족할 때, $(X, \mathscr{T})$를 T_1-공간(T_1-space)이라 한다. 여기서 열린집합 G와 H가 반드시 서로소일 필요는 없다.

참고 X가 위상공간일 때, X의 서로 다른 임의의 두 점에 대하여, 둘 중 하나만을 포함하는 열린집합이 존재하면, X를 T_0**-공간**이라 한다. □

예제 모든 T_1-공간은 T_0-공간이다.

증명 X가 T_1-공간이라 하자. 그러면 X의 서로 다른 두 점 x, y에 대하여

$$x \in G,\ y \notin G,\ y \in H,\ x \notin H$$

를 만족하는 열린집합 G, H가 존재한다. 따라서 G는 열린집합이고 $x \in G,\ y \notin G$이므로, X는 T_0-공간이 된다. ■

그러나 위 예제의 역은 성립하지 않는다.

예 $X=\{a, b\}$상의 위상 $\mathscr{T}=\{X, \{a\}, \varnothing\}$는 T_1-공간이 아닌 T_0-공간이다.

정리 2

위상공간 $(X, \mathscr{T})$가 T_1-공간이기 위한 필요충분조건은 X의 모든 단원부분집합 $\{p\}$가 닫힌집합인 것이다.

증명 먼저 X가 T_1-공간일 때 $p \in X$라고 가정하고, $\{p\}^c$가 열린집합임을 밝힌다. $x \in \{p\}^c$라면 $x \neq p$이므로, $x \in G_x$이지만 $p \notin G_x$를 만족하는 열린집합 G_x가 존재한다. 이때 $x \in G_x \subset \{p\}^c$이므로 $\{p\}^c = \cup \left\{G_x \mid x \in \{p\}^c\right\}$가 성립한다. 따라서 열린집합의 합집합인 $\{p\}^c$는 열린집합이므로, 단원집합 $\{p\}$는 닫힌집합이 된다.

역으로 모든 $p \in X$에 대하여 단원집합 $\{p\}$가 닫힌집합이라 가정하고, 또한 $a, b \in X$이고 $a \neq b$라고 하자. 이때 $a \neq b$이면 $b \in \{a\}^c$이므로, $\{a\}^c$는 b를 포함하는 열린집합이지만 a를 포함하지 않는다. 같은 방법으로 $\{b\}^c$는 a를 포함하는 열린집합이지만 b를 포함하지 않는다. 따라서 X는 T_1-공간이다. ■

예 모든 이산위상공간 $(X, \mathscr{D})$는 T_1-공간이다. 그러나 X의 원소가 두 개 이상일 때 밀착위상공간 $(X, \mathscr{I})$는 T_1-공간이 아니다.

예 집합 $X=\{a, b\}$상의 위상 $\mathscr{T}=\{X, \varnothing, \{a\}\}$를 생각하자. X는 b를 포함하는 유일한 열린집합이지만 또한 a를 포함하므로, $(X, \mathscr{T})$는 $[T_1]$을 만족하지 않는다. 즉 $(X, \mathscr{T})$는 T_1-공간이 아니다. 이때 단원집합 $\{a\}$는 그 여집합 $\{a\}^c=\{b\}$가 열린집합이 아니므로, 닫힌집합이 아니다.

임의의 유한개의 닫힌집합들의 합집합은 역시 닫힌집합이므로, 다음을 얻는다.

따름정리

위상공간 $(X, \mathscr{T})$가 T_1-공간이기 위한 필요충분조건은 X의 모든 유한부분집합이 닫힌집합인 것이다.

예 모든 거리공간 (X, d)는 T_1-공간이다. 왜냐하면 (X, d)의 유한부분집합은 닫힌집합이기 때문이다.

위상공간 $(X, \mathscr{T})$가 T_1-공간이기 위한 필요충분조건은 $\mathscr{T}$가 X상의 여유한위상을 포함하는 것이다. X상의 여유한위상은 위상공간 $(X, \mathscr{T})$가 T_1-공간이 되게 하는 위상 $\mathscr{T}$ 중에서 가장 약한 위상이다. 따라서 여유한위상을 T_1-위상이라고도 부른다

참고 $(X, \mathscr{T})$가 T_1-공간일 때, 함수 $f:(X, \mathscr{T}) \to (Y, \mathscr{T}^*)$가 위상동형사상이면 $(Y, \mathscr{T}^*)$도 T_1-공간이다. 즉 T_1-공간이 되는 것은 위상적 성질이다. □

정리 3

T_1-공간 $(X, \mathscr{T})$의 모든 부분공간 $(Y, \mathscr{T}_Y)$는 T_1-공간이다.

증명 Y가 X의 부분공간일 때, Y의 모든 단원부분집합 $\{p\}$가 $\mathscr{T}_Y$-닫힌집합, 즉 $Y \setminus \{p\}$가 $\mathscr{T}_Y$-열린집합임을 밝히면 된다. $(X, \mathscr{T})$가 T_1-공간이므로, $X \setminus \{p\}$가 $\mathscr{T}$-열린집합이다. 그러나

$$p \in Y \subset X \Rightarrow Y \cap (X \setminus \{p\}) = Y \setminus \{p\}$$

이므로, 부분공간의 정의에 의하여 $Y \setminus \{p\}$는 $\mathscr{T}_Y$-열린집합이다. 따라서 $(Y, \mathscr{T}_Y)$는 T_1-공간이다. ■

정리 4

T_1-공간 $(X, \mathscr{T})$에 대하여 $A \subset X$일 때, $p \in X$가 A의 집적점일 필요충분조건은 p를 포함하는 모든 열린집합이 A의 점을 무한히 많이 포함하는 것이다.

증명 집적점의 정의에 의하여, $p \in X$를 포함하는 모든 열린집합이 A의 점을 무한히 많이 포함하면, p는 A의 집적점이다. 이제 $p \in X$를 포함하는 열린집합을 G라 하고, G가 p와 상이한 A의 유한개의 점을 포함한다고 가정하자. 즉

$$B = (G \setminus \{p\}) \cap A = \{a_1, a_2, \cdots, a_n\}$$

이라 하자. 그러면 T_1-공간의 유한부분집합 B는 닫힌집합이므로, B^c는 열린집합이다. 이때 $H = G \cap B^c$라 놓으면 H는 열린집합이고 $p \in H$이며, H는 p 이외의 A의 점을 포함하지 않는다. 따라서 p는 A의 집적점이 아니다. 그러므로 $p \in X$가 A의 집적점이면, p를 포함하는 모든 열린집합은 A의 점을 무한히 많이 포함한다. ■

참고 위상공간 $(X, \mathscr{T})$가 T_1-공간이고 $\mathscr{B}_p$가 국소기저이면, p와 서로 다른 $q \in X$에 대하여 $q \notin B$를 만족하는 $B \in \mathscr{B}_p$가 존재한다. □

(2) 하우스도르프 공간

정의 5 T_2-공간

위상공간 $(X, \mathscr{T})$가 다음 분리공리

[T_2] 서로 다른 임의의 두 점 $a, b \in X$에 대하여

$$a \in G,\ b \in H \text{ 이고 } G \cap H = \varnothing$$

를 만족하는 열린집합 G와 H가 존재한다.

를 만족할 때, $(X, \mathscr{T})$를 <u>하우스도르프 공간</u>(Hausdorff space) 또는 T_2-공간(T_2-space)이라 한다.

예 밀착위상공간 $(X, \mathscr{I})$는 T_2-공간이 아니다. 왜냐하면 $\mathscr{I} = \{\varnothing, X\}$이므로, X의 서로 다른 두 점 x, y에 대하여 각 점을 포함하는 서로소인 열린집합이 존재하지 않기 때문이다.

예 모든 이산위상공간 $(X, \mathscr{D})$는 T_2-공간이다. 왜냐하면 X의 서로 다른 두 점 x, y에 대하여 $\{x\}, \{y\}$가 각 점을 포함하는 서로소인 열린집합이기 때문이다.

참고 여유한위상공간 $(X, \mathfrak{I})$와 여가산위상공간 $(X, \mathfrak{I}_c)$는 T_2-공간이 아니다. □

T_2-공간은 T_1-공간이다. 그러나 그 역은 성립하지 않는다. 예를 들면 여유한위상공간 $(X, \mathfrak{I})$는 T_1-공간이지만 T_2-공간은 아니다.

정리 6

모든 거리공간 (X, d)는 T_2-공간이다.

증명 $a, b \in X$를 서로 다른 두 점이라 하자. 그러면 $d(a, b) = \varepsilon > 0$이다. 이때 중심을 각각 a와 b에 갖는 열린구

$$G = S\left(a, \frac{1}{3}\varepsilon\right), \ H = S\left(b, \frac{1}{3}\varepsilon\right)$$

을 택하면, G와 H는 서로소이다. 왜냐하면 G와 H가 서로소가 아니라고 하면, 즉 $p \in G \cap H$라 하면 $d(a, p) < \frac{1}{3}\varepsilon$이고 $d(b, p) < \frac{1}{3}\varepsilon$이므로, 삼각부등식에 의하여

$$d(a, b) \leq d(a, p) + d(p, b) < \frac{1}{3}\varepsilon + \frac{1}{3}\varepsilon = \frac{2}{3}\varepsilon$$

이 된다. 그러나 이것은 $d(a, b) = \varepsilon$이라는 사실에 모순이 되기 때문이다. 따라서 서로 다른 임의의 두 점 $a, b \in X$에 대하여

$$a \in G, \ b \in H \text{이고 } G \cap H = \varnothing$$

를 만족하는 열린집합 G와 H가 존재한다. 따라서 모든 거리공간 (X, d)는 T_2-공간이다. ■

참고 여유한위상 $\mathfrak{I}$가 주어진 R상의 T_1-공간 $(R, \mathfrak{I})$는 T_2-공간이 아니다. □

$(X, \mathscr{T})$가 T_2-공간일 때, $f : (X, \mathscr{T}) \to (Y, \mathscr{T}^*)$가 위상동형사상이면 $(Y, \mathscr{T}^*)$도 T_2-공간이다. 즉 T_2-공간이 되는 것은 위상적 성질이다. □

정리 7

T_2-공간 $(X, \mathscr{T})$의 모든 부분공간 $(Y, \mathscr{T}_Y)$는 T_2-공간이다.

증명 Y가 X의 부분공간일 때, $a, b \in Y \subset X$ (단, $a \neq b$)가 임의로 주어졌다 하자. 그러면 X가 T_2-공간이므로

$$a \in G, \ b \in H \text{이고 } G \cap H = \varnothing$$

를 만족하는 열린집합 G와 H가 존재한다. 이때 부분공간의 정의에 의하여 $Y \cap G$와 $Y \cap H$는 $\mathscr{T}_Y$-열린집합이다. 더구나

$$a \in G, \ a \in Y \Rightarrow a \in Y \cap G, \quad b \in H, \ b \in Y \Rightarrow a \in Y \cap H$$

이고

$$G \cap H = \varnothing \Rightarrow (Y \cap G) \cap (Y \cap H) = Y \cap (G \cap H) = Y \cap \varnothing = \varnothing$$

가 성립한다. 따라서 $(Y, \mathscr{T}_Y)$는 T_2-공간이다.

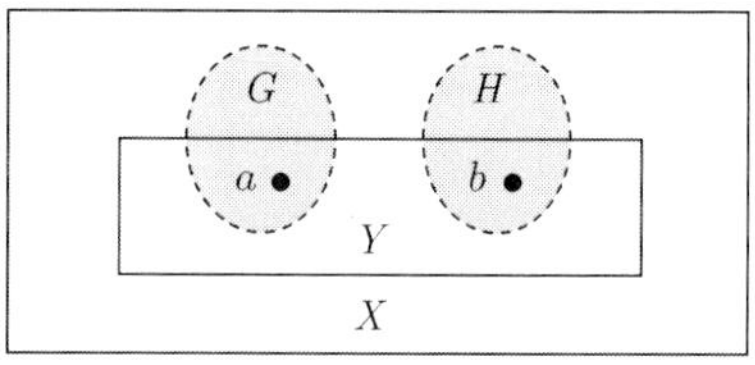

그림 5.1 ■

참고 일반위상공간에서 수렴하는 수열은 두 점 이상의 점으로 수렴할 수 있다. 그러나 보통위상공간과 마찬가지로 T_2-공간에서 수렴하는 수열은 오직 한 개의 극한을 갖는다. 이것은 T_2-공간의 대표적인 성질이다. □

정리 8

T_2-공간에서 모든 수렴하는 수열은 유일한 극한을 갖는다.

증명 수열 $\langle a_n \rangle$이 서로 다른 두 점 a, b로 수렴한다고 하자. 그러면 X가 T_2-공간이므로

$$a \in G,\ b \in H \text{ 이고 } G \cap H = \varnothing$$

를 만족하는 열린집합 G와 H가 존재한다. 이때 수열 $\langle a_n \rangle$이 a로 수렴하므로

$$n > n_0 \Rightarrow a_n \in G$$

를 만족하는 $n_0 \in N$가 존재한다. 즉 G는 수열 $\langle a_n \rangle$의 유한개 항을 제외하고 모든 항을 포함한다. 그러나 $G \cap H = \varnothing$이므로, H는 G에 속하지 않는 유한개 항만을 포함한다. 따라서 수열 $\langle a_n \rangle$은 b로 수렴할 수 없다. 그러나 이것은 가정에 모순이다. 그러므로 $a = b$이다. ■

정리 8의 역은 성립하지 않는다. 그러나 어떤 조건이 부가된 특수한 경우에는 성립한다.

정리 9

위상공간 $(X, \mathscr{T})$가 제1가산공간일 때, X가 T_2-공간이기 위한 필요충분조건은 X 내의 모든 수렴하는 수열이 유일한 극한을 갖는 것이다.

증명 위상공간 $(X, \mathscr{T})$가 T_2-공간이면, X 내의 모든 수렴하는 수열은 유일한 극한을 가지므로, 여기서는 $(X, \mathscr{T})$가 제1가산공간일 때, 역이 성립함을 밝히면 된다. 위상공간 $(X, \mathscr{T})$가 T_2-공간이 아니라고 가정하자. 그러면 $a \neq b$인 $a, b \in X$가 존재해서

a를 포함하는 모든 열린집합과 b를 포함하는 모든 열린집합은 공집합이 아닌 교집합을 갖는다. 이때 $\{G_n\}$과 $\{H_n\}$을 각각 a와 b의 단조감소인 축소국소기저라고 하면, 모든 $n \in N$에 대하여 $G_n \cap H_n \neq \varnothing$이므로

$$a_1 \in G_1 \cap H_1, \ a_2 \in G_2 \cap H_2, \ \cdots$$

를 만족하는 수열 $\langle a_n \rangle$이 존재한다. 따라서 수열 $\langle a_n \rangle$은 a와 b에 동시에 수렴하므로 $a = b$이다. 그러나 이것은 모순이다. 그러므로 역이 성립한다. ■

예 거리공간은 제1가산공간이고, 또한 보통거리공간 (R, d)는 T_2-공간이다. 따라서 보통거리공간 (R, d)에서 수렴하는 수열은 유일한 극한을 갖는다.

일반적으로 제1가산공간이 아닌 경우 정리 9는 성립하지 않는다. 실제로 여가산위상공간 $(R, \mathfrak{T}_c)$에서는 수렴하는 수열은 유일한 극한을 갖는다. 그러나 $(R, \mathfrak{T}_c)$는 T_2-공간이 아니다.

참고 수열의 개념은 네트(Moore-smith 수열)의 개념과 필터의 개념으로 일반화되어 다음 결과를 만족한다.

(1) 위상공간 $(X, \mathscr{T})$가 T_2-공간이기 위한 필요충분조건은 X의 모든 수렴하는 **네트**(net)가 유일한 극한을 갖는 것이다.

(2) 위상공간 $(X, \mathscr{T})$가 T_2-공간이기 위한 필요충분조건은 X의 모든 수렴하는 **필터**(filter)가 유일한 극한을 갖는 것이다. □

(3) 정칙공간

정의 10 정칙공간

위상공간 $(X, \mathscr{T})$가 다음 분리공리

[R] $p \in X$와 p를 포함하지 않는 X의 닫힌부분집합 F에 대하여

$$F \subset G, \ p \in H$$

를 만족하는 서로소인 열린집합 G와 H가 존재한다.

을 만족할 때, $(X, \mathscr{T})$를 **정칙공간**(regular space)이라 한다.

정칙공간이 T_1-공간일 필요는 없다.

예 $X=\{a, b, c\}$상의 위상을 $\mathscr{T}=\{X, \varnothing, \{a\}, \{b, c\}\}$로 정의하자. 이때 위상공간 $(X, \mathscr{T})$의 닫힌부분집합은 X, $\varnothing$, $\{a\}$, $\{b, c\}$이고, 또한 $(X, \mathscr{T})$는 분리공리 $[R]$을 만족하므로, $(X, \mathscr{T})$는 정칙공간이다. 그러나 $(X, \mathscr{T})$는 닫힌집합이 아닌 유한집합, 예컨대 $\{b\}$를 가지므로, $(X, \mathscr{T})$는 T_1-공간이 아니다.

참고 $(X, \mathscr{T})$가 정칙공간일 때, 함수 $f:(X, \mathscr{T}) \rightarrow (Y, \mathscr{T}^*)$가 위상동형사상이면 $(Y, \mathscr{T}^*)$도 정칙공간이다. 즉 정칙공간이 되는 것은 위상적 성질이다. □

정리 11

정칙공간 $(X, \mathscr{T})$의 모든 부분공간 $(Y, \mathscr{T}_Y)$는 정칙공간이다.

증명 Y가 정칙공간 X의 부분공간일 때, $p \in Y$이고 $p \notin F$를 만족하는 F를 Y의 $\mathscr{T}_Y$-닫힌부분집합이라 하자. 그러면 p는 F의 $\mathscr{T}$-폐포에 속하지 않는다. 즉 $p \notin \overline{F}$이다. 그런데 $(X, \mathscr{T})$가 정칙이므로

$$\overline{F} \subset G, \ p \in H, \ G \cap H=\varnothing$$

를 만족하는 $G, H \in \mathscr{T}$가 존재한다. 이때 부분공간의 정의에 의하여 $Y \cap G$와 $Y \cap H$는 Y의 $\mathscr{T}_Y$-열린부분집합이다. 더구나

$$F \subset Y, \ F \subset \overline{F} \subset G \Rightarrow F \subset Y \cap G, \quad p \in Y, \ p \in H \Rightarrow p \in Y \cap H$$

이고

$$G \cap H=\varnothing \Rightarrow (Y \cap G) \cap (Y \cap H)=Y \cap (G \cap H)=Y \cap \varnothing=\varnothing$$

가 성립한다. 따라서 $(Y, \mathscr{T}_Y)$는 정칙공간이다. ■

부분공간의 성질에 의하여, A의 $\mathscr{T}_Y$-폐포는 $Y \cap \overline{A}$로 주어진다. 그런데 $p \in Y$이고 A의 점 p가 $\mathscr{T}_Y$-폐포에 속하지 않으므로, p는 A의 $\mathscr{T}$-폐포에 속하지 않는다. 즉 $p \notin \overline{A}$이다.

참고 위상공간 $(X, \mathscr{T})$가 정칙공간이 되기 위한 필요충분조건은 H가 X의 열린부분집합이고 p가 H의 점일 때

$$p \in G \subset \overline{G} \subset H$$

를 만족하는 열린집합 G가 존재하는 것이다. □

정의 12 T_3-공간

정칙인 T_1-공간을 T_3-**공간**(T_3-space)이라 한다.

예제 T_3-공간은 T_2-공간이다.

증명 $a, b \in X$를 서로 다른 두 점이라 하자. 그러면 X가 T_1-공간이므로 $\{a\}$는 닫힌집합이고, 또한 a와 b가 서로 다르므로 $b \notin \{a\}$이다. 따라서 분리공리 $[R]$에 의하여, $\{a\} \subset G$와 $\{b\} \subset H$를 만족하는 서로소인 열린집합 G와 H가 존재한다. 따라서 a와 b는 각각 서로소인 열린집합 G와 H에 속한다. 그러므로 T_3-공간은 T_2-공간이다. ■

그러나 위 예제의 역은 성립하지 않는다.

(4) 정규공간

정의 13 정규공간

위상공간 $(X, \mathscr{T})$가 다음 분리공리

$[N]$ F_1, F_2가 서로소인 X의 닫힌부분집합이면

$$F_1 \subset G,\ F_2 \subset H$$

를 만족하는 서로소인 열린집합 G와 H가 존재한다.

을 만족할 때, $(X, \mathscr{T})$를 **정규공간**(normal space)이라 한다.

정규공간이 T_1-공간일 필요는 없다.

예 $X = \{a, b, c\}$상의 위상을 $\mathscr{T} = \{X, \varnothing, \{a\}, \{b\}, \{a, b\}\}$로 정의하면, 위상공간 $(X, \mathscr{T})$의 닫힌부분집합은

$$X,\ \varnothing,\ \{b, c\},\ \{a, c\},\ \{c\}$$

이다. 이때 F_1과 F_2가 $(X, \mathscr{T})$의 서로소인 닫힌집합이라면 이들 중의 하나, 예컨대 F_1은 공집합 $\varnothing$이어야 한다. 따라서 공집합 $\varnothing$와 X는 서로소인 열린집합이고,

$F_1 \subset \varnothing$와 $F_2 \subset X$를 만족하므로, $(X, \mathscr{T})$는 정규공간이다. 그러나 단원집합 $\{a\}$가 닫힌집합이 아니므로, $(X, \mathscr{T})$는 T_1-공간이 아니다. 더욱이 $a \notin \{c\}$이나, 닫힌집합 $\{c\}$의 유일한 확대 열린집합은 또한 a를 포함하는 X이므로, $(X, \mathscr{T})$는 정칙공간도 아니다.

참고 $(X, \mathscr{T})$가 정규공간일 때, 함수 $f : (X, \mathscr{T}) \to (Y, \mathscr{T}^*)$가 위상동형사상이면 $(Y, \mathscr{T}^*)$도 정규공간이다. 즉 정규공간이 되는 것은 위상적 성질이다. □

정규공간이 되는 것은 유전적 성질이 아니다.

예 $X = \{a, b, c, d\}$상의 위상을

$$\mathscr{T} = \{X, \varnothing, \{a\}, \{a, b\}, \{a, c\}, \{a, b, c\}\}$$

라 하면, $(X, \mathscr{T})$는 정규공간이다. 그러나 $A = \{a, b, c\}$에 대하여

$$\mathscr{T}_A = \{A, \varnothing, \{a\}, \{a, b\}, \{a, c\}\}$$

이므로, $(A, \mathscr{T}_A)$는 정규공간이 아니다.

정규공간은 다음과 같이 특성화될 수 있다.

정리 14

위상공간 $(X, \mathscr{T})$가 정규공간이 되기 위한 필요충분조건은 모든 닫힌집합 F와 F를 포함하는 열린집합 H에 대하여

$$F \subset G \subset \overline{G} \subset H$$

를 만족하는 열린집합 G가 존재하는 것이다.

증명 먼저 닫힌집합 F에 대하여, H가 $F \subset H$를 만족하는 열린집합이라고 하자. 그러면 H^c는 닫힌집합이고, $F \cap H^c = \varnothing$ 이다. 이때 X가 정규공간이므로

$$F \subset G,\ H^c \subset G^*,\ G \cap G^* = \varnothing$$

를 만족하는 열린집합 G, G^*가 존재한다. 그런데

$$G \cap G^* = \varnothing \Rightarrow G \subset G^{*c},\ H^c \subset G^* \Rightarrow G^{*c} \subset H$$

이고, 또한 G^{*c}가 닫힌집합이므로

$$F \subset G \subset \overline{G} \subset G^{*c} \subset H$$

가 성립한다. 이제 역이 성립함을 보이자. F_1과 F_2가 서로소인 닫힌집합이라 하면 $F_1 \subset {F_2}^c$이고 ${F_2}^c$는 열린집합이다. 따라서

$$F_1 \subset G \subset \overline{G} \subset {F_2}^c$$

를 만족하는 열린집합 G가 존재한다. 이때

$$\overline{G} \subset {F_2}^c \Rightarrow F_2 \subset \overline{G}^c, \; G \subset \overline{G} \Rightarrow G \cap \overline{G}^c = \varnothing$$

이고, $\overline{G}^c$는 열린집합이다. 따라서 $F_1 \subset G$, $F_2 \subset \overline{G}^c$를 만족하는 서로소인 열린집합 G와 $\overline{G}^c$가 존재하므로, X는 정규공간이다. ■

예 모든 거리공간 (X, d)는 정규공간이다(4.1절 참조).

정의 15 T_4-공간

정규인 T_1-공간을 T_4-**공간**(T_4-space)이라 한다.

예 모든 거리공간 (X, d)는 정규공간인 동시에 T_1-공간이므로, 거리공간 (X, d)는 T_4-공간이다.

예제 모든 T_4-공간은 T_3-공간이다.

증명 F는 X의 닫힌부분집합이고 $p \in X$가 F에 속하지 않는다고 가정하자. 그러면 분리공리 $[T_1]$에 의하여 $\{p\}$는 닫힌집합이고 F와 $\{p\}$는 서로소이므로, 분리공리 $[N]$에 의하여

$$F \subset G, \; p \in \{p\} \subset H$$

를 만족하는 서로소인 열린집합 G와 H가 존재한다. 따라서 F와 $\{p\}$는 각각 서로소인 열린집합 G와 H에 속한다. ■

참고 지금까지 5.2절에서 논한 여러 공간 사이의 관계를 나타내면 다음과 같다.

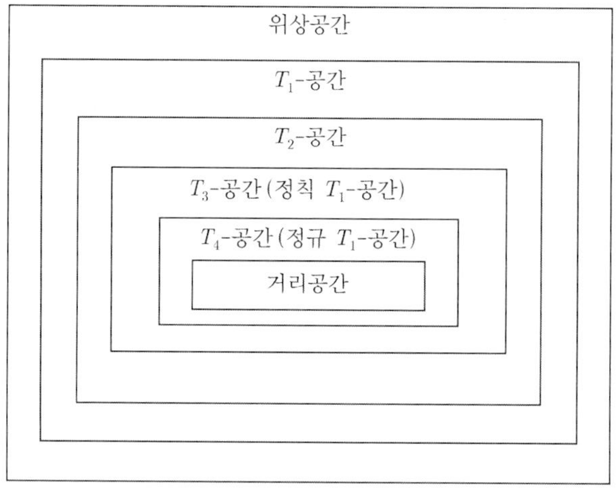

그림 5.2

□

2. 우리손의 보조정리와 거리화 문제

"위상공간 $(X, \mathscr{T})$가 정규공간일 때 X의 닫힌부분집합 F와 R의 닫힌부분집합 $[a, b]$에 대하여 $f : F \to [a, b]$가 연속이면, f는 연속함수 $f^* : X \to [a, b]$로 확장될 수 있다."는 **티체의 확장정리**(Tietze extension theorem)를 이용하여 다음 우리손의 보조정리를 증명한다. 여기서는 증명 없이 결과만 알아두기로 한다.

정리 16 **우리손의 보조정리**(Urysohn's Lemma)

정규공간 $(X, \mathscr{T})$에 대하여, F_1과 F_2가 X의 서로소인 닫힌부분집합이면

$$f[F_1] = \{0\}, \quad f[F_2] = \{1\}$$

을 만족하는 연속함수 $f : X \to [0, 1]$가 존재한다.

참고 (우리손의 보조정리의 일반화) : F_1과 F_2가 정규공간 $(X, \mathscr{T})$의 서로소인 닫힌부분집합이면

$$f[F_1] = \{a\}, \quad f[F_2] = \{b\}$$

을 만족하는 연속함수 $f : X \to [a, b]$가 존재한다 □

우리손의 보조정리의 역도 성립한다.

정리 17

위상공간 $(X, \mathscr{T})$의 임의의 서로소인 두 닫힌부분집합 F_1과 F_2에 대하여

$$f[F_1]=\{0\},\quad f[F_2]=\{1\}$$

을 만족하는 연속함수 $f : X \rightarrow [0, 1]$가 존재하면, $(X, \mathscr{T})$는 정규공간이다.

증명 X의 서로소인 두 닫힌부분집합 F_1과 F_2에 대하여 $f[F_1]=\{0\}$, $f[F_2]=\{1\}$을 만족하는 연속함수 $f : X \rightarrow [0, 1]$가 존재한다고 하자. 그러면

$$G=f^{-1}\left[\left[0, \frac{1}{2}\right)\right],\ H=f^{-1}\left[\left(\frac{1}{3}, 1\right]\right]$$

는 서로소인 열린집합이고, $F_1 \subset G$, $F_2 \subset H$가 성립한다. 따라서 $(X, \mathscr{T})$는 정규공간이다. ■

우리손의 보조정리는 위상공간 $(X, \mathscr{T})$의 거리화 문제에 대한 부분적인 해답을 제공한다.

정리 18 우리손의 거리화 정리 (Urysohn's metrization theorem)

모든 제2가산이고 정규인 T_1-공간 $(X, \mathscr{T})$는 거리화 가능하다.

3. 점을 분리하는 함수족

정의 19 점을 분리하는 함수족

$\mathfrak{F}=\{f_i \mid i \in I\}$가 집합 X에서 집합 Y로의 함수족일 때, 임의의 서로 다른 두 점 $a, b \in X$에 대하여

$$f(a) \neq f(b)$$

를 만족하는 $\mathfrak{F}$에 속하는 함수가 존재하면 함수족 $\mathfrak{F}$는 **점을 분리한다** (separate points)고 하고, 이때 함수족 $\mathfrak{F}$를 **점을 분리하는 함수족**이라 한다.

예 보통거리 d를 갖는 R상에서 정의된 실가함수족

$$\mathfrak{F}=\{f_1(x)=\sin x, f_2(x)=\sin 2x, f_3(x)=\sin 3x, \cdots\}$$

를 생각하자. 이때 모든 함수 $f_n \in \mathscr{F}$에 대하여 $f_n(0) = f_n(\pi) = 0$이므로, 함수족 $\mathscr{F}$는 점을 분리하지 않는다.

예제 위상공간 $(X, \mathscr{T})$상의 모든 연속인 실가함수족 $\mathscr{C}(X, R)$에 대하여, $\mathscr{C}(X, R)$이 점을 분리하면, $(X, \mathscr{T})$는 T_2-공간이다.

증명 $a, b \in X$를 서로 다른 두 점이라 하자. 가정에 의하여 $f(a) \neq f(b)$를 만족하는 연속함수 $f : X \to R$가 존재한다. 그런데 R은 T_2-공간이므로 각각 $f(a)$와 $f(b)$를 포함하는 R의 서로소인 열린집합 G와 H가 존재한다. 이때 역상 $f^{-1}[G]$와 $f^{-1}[H]$는 서로소인 열린집합이고, 각각 a와 b를 포함한다. 따라서 $(X, \mathscr{T})$는 T_2-공간이다. ■

4. 완전정칙공간

정의 20 완전정칙공간

위상공간 $(X, \mathscr{T})$가 다음 분리공리

[CR] F가 X의 닫힌부분집합이고, $p \in X$가 F에 속하지 않으면

$$f(p) = 0, \quad f[F] = \{1\}$$

을 만족하는 연속함수 $f : X \to [0, 1]$가 존재한다.

을 만족할 때, $(X, \mathscr{T})$를 **완전정칙공간**(completely regular space)이라 한다.

예제 완전정칙공간 $(X, \mathscr{T})$는 정칙공간이다.

증명 F가 X의 닫힌부분집합이라 하고, $p \in X$가 F에 속하지 않는다고 가정하자. 그러면 X가 완전정칙공간이므로

$$f(p) = 0, \ f[F] = \{1\}$$

을 만족하는 연속함수 $f : X \to [0, 1]$가 존재한다. 그런데 R과 그 부분공간인 단위닫힌구간 $[0, 1]$은 T_2-공간이므로, 각각 0과 1을 포함하는 서로소인 열린집합 G와 H가 존재한다. 이때 G와 H의 역상 $f^{-1}[G]$와 $f^{-1}[H]$는 서로소인 열린집합이고, p와 F를 각각 포함한다. 따라서 X는 정칙공간이다. ■

정리 21

$(X, \mathscr{T})$가 정규공간일 때, X가 완전정칙공간이 되기 위한 필요충분조건은 X가 정칙공간인 것이다.

증명 완전정칙공간은 정칙공간이므로, 여기서는 정규공간 X가 정칙이면 X는 완전정칙공간임을 보이면 된다. X의 닫힌집합 F와 F에 속하지 않는 점 p를 택하면 X가 정칙공간이므로 $p \in G$, $F \subset H$를 만족하는 서로소인 열린집합 G, H가 존재한다. 그러면 H^c와 F는 서로소인 닫힌집합이므로, 우리손의 보조정리에 의해

$$f(H^c) = \{0\}, \ f[F] = \{1\}$$

을 만족하는 연속함수 $f : X \to [0, 1]$가 존재한다. 그런데 $p \in G \subset H^c$이므로

$$f(p) = 0, \ f[F] = \{1\}$$

이다. 따라서 X는 완전정칙공간이다. ∎

참고 완전정칙공간의 부분공간은 완전정칙공간이다. □

정의 22 티코노프 공간

분리공리 $[T_1]$을 만족하는 완전정칙공간 $(X, \mathscr{T})$, 즉 완전정칙인 T_1-공간 $(X, \mathscr{T})$를 **티코노프 공간**(Tychonoff space)이라 한다.

참고 우리손의 보조정리에 의하여, T_4-공간은 티코노프 공간이다. 따라서 티코노프 공간은 T_3-공간이다. □

티코노프 공간은 다음 중요한 성질을 갖는다.

정리 23

티코노프 공간 $(X, \mathscr{T})$상의 모든 연속인 실가함수족 $\mathscr{C}(X, R)$은 점을 분리한다.

증명 a와 b가 X의 서로 다른 두 점이라 하자. 그러면 $a \notin \{b\}$이고, X가 T_1-공간이므로 $\{b\}$는 닫힌집합이다. 그런데 X가 완전정칙이므로

$$f(a) = 0, \quad f[\{b\}] = \{1\}$$

을 만족하는 연속함수 $f : X \to [0, 1]$가 존재한다. 따라서 $f(a) \neq f(b)$이다. ■

연습문제 5.2

EXERCISES

1. T_1-공간의 연속함수에 의한 상이 T_1-공간이 안되는 예를 들어 보시오.

2. T_1-공간 X가 유한이면 X는 이산위상공간임을 보이시오.

3. X가 제1가산공리를 만족하는 T_1-공간일 때, $p \in X$가 $A \subset X$의 집적점이면 p로 수렴하는 A의 서로 다른 항을 갖는 수열이 존재함을 보이시오.

4. $\mathscr{T}$가 반열린구간 $(a, b]$ 전체에 의하여 생성된 R상의 위상일 때, $(R, \mathscr{T})$는 T_2-공간임을 보이시오.

5. D가 단위 닫힌구간 $[0, 1]$에서

$$D = \left\{ \frac{1}{2}, \frac{1}{4}, \frac{3}{4}, \frac{1}{8}, \frac{3}{8}, \frac{5}{8}, \frac{7}{8}, \frac{1}{16}, \cdots, \frac{15}{16}, \cdots \right\}$$

로 주어진 집합일 때, D는 단위 닫힌구간 $[0, 1]$에서 조밀함을 보이시오.

6. $(X, \mathscr{T})$의 부분공간 $(Y, \mathscr{T}_Y)$에 대하여 $p \in Y$이고 $A \subset Y \subset X$일 때, p가 A의 $\mathscr{T}_Y$-폐포에 속하지 않으면 $p \notin \overline{A}$ (단, $\overline{A}$는 A의 $\mathscr{T}$-폐포)임을 보이시오.

7. $(X, \mathscr{T})$가 T_2-공간이고 $\mathscr{T} \subset \mathscr{T}^*$일 때, $(X, \mathscr{T}^*)$가 T_2-공간임을 보이시오.

8. 두 함수 $f, g : X \to Y$가 임의의 위상공간 $(X, \mathscr{T})$에서 T_2-공간 $(Y, \mathscr{T}^*)$로의 연속함수일 때

$$A = \{ x \mid f(x) = g(x) \}$$

는 X의 닫힌부분집합임을 보이시오.

9. 완전정칙공간의 부분공간은 완전정칙공간임을 보이시오.

제6장

콤팩트 공간과 적공간

6.1 콤팩트 공간

무한집합에 적당한 위상을 주면 콤팩트 공간이 되는데, 비록 유한하지 않더라도 유한개의 원소로 구성된 덮개로 덮을 수 있으므로 콤팩트 공간을 유한화 공간이라고 이해하면 된다.

1. 덮개

위상공간 $(X, \mathscr{T})$에 대하여, $A \subset X$일 때 $A \subset \bigcup_i G_i$를 만족하는 X의 부분집합족 $\mathscr{A} = \{G_i\}$를 A의 **덮개**(cover)라 하며, 특히 각 G_i가 열린집합일 때 $\mathscr{A} = \{G_i\}$를 열린덮개라 한다. 또한 $\mathscr{A} = \{G_i\}$가 A의 덮개일 때

$$A \subset G_{i_1} \cup \cdots \cup G_{i_n}$$

을 만족하는 $G_{i_1}, \cdots, G_{i_n} \in \mathscr{A}$이 존재하면, $\mathscr{A}$는 유한부분덮개 $\{G_{i_n}\}$을 갖는다고 한다.

예 보통거리 d를 갖는 R^2에서, D_p가 중심 $p = \langle m, n \rangle$ (단, m, n은 정수)를 가지며 반지름이 1일 때, 집합족

$$\mathscr{A} = \{D_p \mid p \in Z \times Z\}$$

는 R^2의 덮개, 즉 R^2의 모든 점은 적어도 하나의 $\mathscr{A}$의 원소에 속한다. 이때 $D_p{}^*$가 중심 $p = \langle m, n \rangle$ (단, m, n은 정수)을 가지며 반지름이 $\frac{1}{2}$인 열린원판이면, 열린원판족 $\mathscr{B} = \{D_p{}^* \mid p \in Z \times Z\}$는 R^2의 덮개가 아니다.

2. 콤팩트 공간

(1) 콤팩트 공간

정의 1 콤팩트 공간

위상공간 $(X, \mathscr{T})$의 임의의 열린덮개가 유한부분덮개를 가질 때, $(X, \mathscr{T})$를 **콤팩트 공간**이라 한다. 특히 X의 부분집합 A의 임의의 열린덮개가 유한부분덮개를 가질 때, 즉 $A \subset \cup_i G_i$를 만족하는 열린집합족 $\{G_i\}$가

$$A \subset G_{i_1} \cup \cdots \cup G_{i_m}$$

을 만족하는 유한개의 열린집합 $G_{i_1}, \cdots, G_{i_m}$을 가질 때, A를 X의 **콤팩트 부분집합**(compact subset) 또는 간단히 A는 **콤팩트**라고 한다.

콤팩트의 개념은 하이네-보렐 정리로부터 유래된다.

참고 (하이네-보렐 정리) : 보통위상공간 $(R, \mathscr{U})$에서 $A = [a, b]$가 유계인 닫힌구간이면, $A \subset \cup_i G_i$를 만족하는 열린집합족 $\{G_i\}$는

$$A \subset G_{i_1} \cup \cdots \cup G_{i_m}$$

을 만족하는 유한개의 열린집합 $G_{i_1}, \cdots, G_{i_m}$을 갖는다. 즉 유계인 닫힌구간 $A = [a, b]$의 모든 열린덮개는 유한부분덮개를 갖는다. □

예 보통위상공간 $(R, \mathscr{U})$는 콤팩트 공간이 아니다. 왜냐하면 $\{(n, n+2) \mid n \in Z\}$는 R의 덮개이지만, 유한부분덮개를 갖지 않기 때문이다. 그러나 하이네-보렐 정리에 의하여, 보통위상공간의 유계인 닫힌구간 $[a, b]$는 콤팩트이다.

예 X가 임의의 집합일 때, 여유한위상공간 $(X, \mathfrak{J})$는 콤팩트 공간이지만, 여가산위상공간 $(X, \mathfrak{J}_c)$는 콤팩트 공간이 아니다.

예제 임의의 위상공간 $(X, \mathscr{T})$에 대하여, X의 임의의 유한부분집합 $A = \{a_1, \cdots, a_m\}$은 콤팩트이다.

증명 $\mathscr{G} = \{G_i\}$를 A의 열린덮개라 하면 A에 속하는 각 점은 $\mathscr{G}$의 하나의 원소에 속한다. 즉 $a_1 \in G_{i_1}, \cdots, a_m \in G_{i_m}$이다. 따라서 A의 열린덮개 $\mathscr{G} = \{G_i\}$가

$$A \subset G_{i_1} \cup G_{i_2} \cup \cdots \cup G_{i_m}$$

을 만족하는 유한개의 열린집합 $G_{i_1}, \cdots, G_{i_m}$을 가지므로, 유한부분집합 A는 콤팩트이다. ■

정리 2

X가 무한집합일 때, X상의 이산위상공간 $(X, \mathscr{D})$는 콤팩트 공간이 아니다.

증명 X의 단원부분집합족 $\mathscr{A} = \{\{a\} \mid a \in X\}$는 X의 열린덮개이다. 그러나 $\mathscr{A}$의 진

부분족은 X의 덮개가 될 수 없다. 그런데 $\mathscr{A}$는 X가 무한이므로 무한이다. 따라서 X의 열린덮개 $\mathscr{A}$는 유한부분덮개를 갖지 않는다. 그러므로 X는 콤팩트가 아니다. ■

예 모든 유한집합은 가산집합이므로, 모든 콤팩트 공간은 린델뢰프 공간이다. 그러나 그 역은 성립하지 않는다. 예를 들면 자연수의 집합 N에 대하여 이산위상공간 $(N, \mathscr{D})$는 린델뢰프 공간이지만, 콤팩트 공간은 아니다.

위상공간 $(X, \mathscr{T})$에 대하여, $A \subset X$가 콤팩트가 아님을 증명하려면 유한부분덮개를 갖지 않는 A의 열린덮개가 존재함을 보이면 충분하다.

예 보통위상 $\mathscr{U}$를 갖는 R, 즉 보통위상공간 $(R, \mathscr{U})$상의 단위 열린구간 $A=(0, 1)$은 콤팩트가 아니다. 예컨대 열린구간족

$$\mathscr{G}=\left\{\left(\frac{1}{3}, 1\right), \left(\frac{1}{4}, \frac{1}{2}\right), \left(\frac{1}{5}, \frac{1}{3}\right), \left(\frac{1}{6}, \frac{1}{4}\right), \cdots\right\}$$

를 생각하자. 즉 $G_n=\left(\dfrac{1}{n+2}, \dfrac{1}{n}\right)$일 때 $A=\cup_{n=1}^{\infty} G_n$이므로, $\mathscr{G}$는 A의 덮개이다. 그러나 $\mathscr{G}$는 유한부분덮개를 포함하지 않는다. 왜냐하면

$$\mathscr{G}^*=\{(a_1, b_1), (a_2, b_2), \cdots, (a_m, b_m)\}$$

을 $\mathscr{G}$의 임의의 유한부분족이라 하고, $\varepsilon=\min\{a_1, \cdots, a_m\}$이라 하면, $\varepsilon>0$이고

$$(a_1, b_1) \cup \cdots \cup (a_m, b_m) \subset (\varepsilon, 1)$$

이 성립한다. 그러나 $(0, \varepsilon]$과 $(\varepsilon, 1)$은 서로소이므로 $\mathscr{G}^*$는 A의 덮개가 아니다. 따라서 보통위상공간 $(R, \mathscr{U})$상의 단위 열린구간 $A=(0, 1)$은 콤팩트가 아니다.

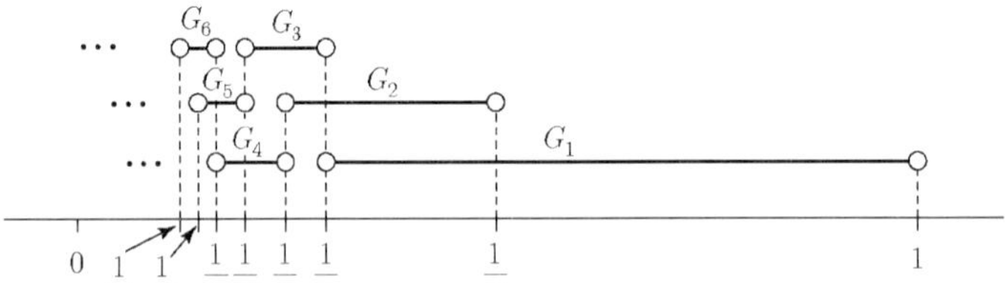

| 그림 6.1 |

참고 보통위상공간 $(R, \mathscr{U})$에서 단위 닫힌구간 $[0, 1]$은 콤팩트이지만, 단위 열린구간 $(0, 1)$은 콤팩트가 아니다. 따라서 콤팩트성은 유전적 성질이 아니다. □

어떤 집합이 콤팩트가 되는 것, 즉 집합의 콤팩트성은 절대적 성질이다. 즉 A가 위상공간 $(X, \mathscr{T})$의 콤팩트 부분집합이기 위한 필요충분조건은 $(X, \mathscr{T})$의 부분공간 $(A, \mathscr{T}_A)$이 콤팩트 공간인 것이다. 그러나 이를 유전적 성질과 혼동해서는 안 된다.

예 위상공간 $(X, \mathscr{T})$의 부분공간 $(Y, \mathscr{T}^*)$에 대하여, $A \subset Y \subset X$일 때 A가 $\mathscr{T}^*$-콤팩트일 필요충분조건은 A가 $\mathscr{T}$-콤팩트가 되는 것이다.

정리 3

두 위상공간 $(X, \mathscr{T})$, $(Y, \mathscr{T}^*)$에 대하여, 함수 $f : X \to Y$가 연속이고 A가 X의 콤팩트 부분집합이면, 상 $f[A]$는 Y의 콤팩트 부분집합이다.

증명 $\mathscr{G} = \{G_i\}$가 $f[A]$의 열린덮개, 즉 $f[A] \subset \cup_i G_i$라 하면

$$A \subset f^{-1}[f[A]] \subset f^{-1}[\cup_i G_i] = \cup_i f^{-1}[G_i]$$

가 된다. 한편 f가 연속이고 각 G_i가 열린집합이므로, 각 $f^{-1}[G_i]$도 또한 열린집합이다. 따라서 $\mathscr{H} = \{f^{-1}[G_i]\}$는 A의 열린덮개이다. 그런데 A가 콤팩트이므로 $\mathscr{H}$는 유한부분덮개를 갖는다. 즉

$$A \subset f^{-1}[G_{i_1}] \cup \cdots \cup f^{-1}[G_{i_m}]$$

이 성립한다. 그러므로

$$f[A] \subset f\left[f^{-1}[G_{i_1}]\right] \cup \cdots \cup f\left[f^{-1}[G_{i_m}]\right] \subset G_{i_1} \cup \cdots \cup G_{i_m}$$

을 얻는다. 따라서 $f[A]$는 콤팩트이다. ∎

참고 콤팩트 공간의 연속함수에 의한 상도 역시 콤팩트 공간이다. 따라서 콤팩트성은 위상적 성질이다. □

(2) 콤팩트 공간의 부분집합

콤팩트 공간의 임의의 부분집합은 콤팩트가 아니다. 그러나 다음 정리가 성립한다.

정리 4

콤팩트 공간 $(X, \mathscr{T})$의 닫힌부분집합 F는 콤팩트이다. 즉 콤팩트성은 닫힌집합에 대하

여 유전적이다.

증명 $\mathscr{G} = \{G_i\}$를 F의 열린덮개, 즉 $F \subset \cup_i G_i$라고 하면 $\mathscr{G}^* = \{G_i\} \cup \{F^c\}$는 X의 덮개가 된다. 한편 F가 닫힌집합이므로 F^c는 열린집합이다. 따라서 $\mathscr{G}^*$는 X의 열린덮개이다. 그런데 X가 콤팩트이므로 $\mathscr{G}^*$는 유한부분덮개를 갖는다. 즉

$$X = G_{i_1} \cup \cdots \cup G_{i_m} \cup F^c \ (\text{단},\ G_{i_k} \in \mathscr{G})$$

가 성립한다. 그런데 F와 F^c는 서로소이므로

$$F \subset G_{i_1} \cup \cdots \cup G_{i_m} \ (\text{단},\ G_{i_k} \in \mathscr{G})$$

을 만족한다. 따라서 F의 임의의 열린덮개 $\mathscr{G} = \{G_i\}$는 유한부분덮개를 갖는다. 즉 X의 닫힌부분집합 F는 콤팩트이다. ■

(3) 유한교차성

정의 5 유한교차성

집합족 $\{A_i\}$의 모든 유한부분족 $\{A_{i_1}, \cdots, A_{i_m}\}$이 공집합이 아닌 교집합을 가질 때, 즉

$$A_{i_1} \cap \cdots \cap A_{i_m} \neq \varnothing$$

를 만족하면 집합족 $\{A_i\}$는 **유한교차성**(finite intersection property) 또는 **유한교집합 조건**을 갖는다고 한다.

예 보통위상 $\mathscr{U}$를 갖는 R에서, 열린구간족

$$\mathscr{A} = \left\{(0, 1), \left(0, \frac{1}{2}\right), \left(0, \frac{1}{3}\right), \left(0, \frac{1}{4}\right), \cdots\right\}$$

는 유한교차성을 갖는다. 왜냐하면 $b = \min\{a_1, \cdots, a_m\} > 0$이라고 할 때

$$(0, a_1) \cap (0, a_2) \cap \cdots \cap (0, a_m) = (0, b)$$

를 만족하기 때문이다. 이때 $\mathscr{A}$ 전체의 교집합은 공집합 $\varnothing$임에 유의한다.

예 보통위상 $\mathscr{U}$를 갖는 R에서, 무한닫힌구간족

$$\mathscr{B} = \{\cdots, (-\infty, -2], (-\infty, -1], (-\infty, 0], (-\infty, 1], (-\infty, 2], \cdots\}$$

의 교집합은 공집합 $\varnothing$이다. 즉 $B_n = (-\infty, n]$이라 하면

$$\cap \{B_n \mid n \in N\} = \varnothing$$

가 된다. 그러나 $\mathscr{B}$의 임의의 유한부분족의 교집합은 공집합이 아니다. 따라서 $\mathscr{B}$는 유한교차성을 갖는다.

정리 6

위상공간 $(X, \mathscr{T})$가 콤팩트이기 위한 필요충분조건은 X의 모든 닫힌부분집합족 $\{F_i\}$에 대하여

$$\cap_i F_i = \varnothing \Rightarrow F_{i_1} \cap F_{i_2} \cap \cdots \cap F_{i_m} = \varnothing$$

를 만족하는 유한부분집합족 $\{F_{i_1}, F_{i_2}, \cdots, F_{i_m}\}$을 갖는 것이다.

증명 먼저 X가 콤팩트라 가정하고, X의 모든 닫힌부분집합족 $\{F_i\}$에 대하여 $\cap_i F_i = \varnothing$가 성립한다고 하자. 그러면

$$X = \varnothing^c = (\cap_i F_i)^c = \cup_i F_i^c$$

가 된다. 따라서 $\{F_i^c\}$는 X의 열린덮개이다. 이때 X가 콤팩트이므로

$$X = F_{i_1}^c \cup F_{i_2}^c \cup \cdots \cup F_{i_m}^c$$

를 만족하는 $F_{i_1}^c, F_{i_2}^c, \cdots, F_{i_m}^c \in \{F_i^c\}$가 존재한다. 따라서

$$\varnothing = X^c = (F_{i_1}^c \cup F_{i_2}^c \cup \cdots \cup F_{i_m}^c)^c = F_{i_1} \cap F_{i_2} \cap \cdots \cap F_{i_m}$$

을 만족하는 $\{F_i\}$의 유한부분집합족 $\{F_{i_1}, F_{i_2}, \cdots, F_{i_m}\}$이 존재한다. 이제 역이 성립함을 보이기 위해 $\{G_i\}$를 X의 열린덮개, 즉 $X = \cup_i G_i$라 하자. 그러면

$$\varnothing = X^c = (\cup_i G_i)^c = \cap_i G_i^c$$

가 된다. 그런데 각 G_i가 열린집합이므로, $\{G_i^c\}$는 닫힌집합족이다. 따라서 가정에 의하여

$$G_{i_1}^c \cap G_{i_2}^c \cap \cdots \cap G_{i_m}^c = \varnothing$$

를 만족하는 $G_{i_1}^c, G_{i_2}^c, \cdots, G_{i_m}^c \in \{G_i^c\}$가 존재한다. 따라서

$$X = \varnothing^c = (G_{i_1}{}^c \cap G_{i_2}{}^c \cap \cdots \cap G_{i_m}{}^c)^c = G_{i_1} \cup G_{i_2} \cup \cdots \cup G_{i_m}$$

이 성립한다. 따라서 X는 콤팩트이다. ■

따름정리

위상공간 $(X, \mathscr{T})$가 콤팩트이기 위한 필요충분조건은 유한교차성을 갖는 X의 모든 닫힌부분집합족 $\{F_i\}$가 $\cap_i F_i \neq \varnothing$를 만족하는 것이다.

(4) 콤팩트 공간과 T_2-공간과의 관계

정리 7

A와 B가 T_2-공간 $(X, \mathscr{T})$의 서로소인 콤팩트 부분집합이면

$$A \subset G,\ B \subset H$$

를 만족하는 서로소인 열린집합 G와 H가 존재한다.

증명 A의 임의의 점 a는 B의 점이 아니므로, $a \in X \setminus B$이다. 그런데 B가 콤팩트이므로

$$a \in G_a,\ B \subset H_a$$

를 만족하는 서로소인 열린집합 G_a와 H_a가 존재한다. 이때 $\mathscr{G} = \{G_a \mid a \in A\}$는 A의 열린덮개이고 A가 콤팩트이므로, $\mathscr{G}$의 유한부분덮개 $\{G_{a_1}, G_{a_2}, \cdots, G_{a_n}\}$이 존재하여

$$B \subset H_{a_1} \cap H_{a_2} \cap H_{a_3} \cap \cdots \cap H_{a_n}$$

을 만족한다. 이제

$$H = H_{a_1} \cap H_{a_2} \cap \cdots \cap H_{a_n}, \quad G = G_{a_1} \cup G_{a_2} \cup \cdots \cup G_{a_n}$$

이라 하면, G와 H가 $A \subset G$, $B \subset H$를 만족하는 서로소인 열린집합이다. ■

예 T_2-공간 X의 콤팩트 부분집합 A에 대하여 $p \notin A$이면

$$p \in G,\ A \subset H$$

를 만족하는 서로소인 열린집합 G와 H가 존재한다.

정리 8

T_2-공간의 콤팩트 부분집합 A는 닫힌집합이다.

증명 $p \in A^c$, 즉 $p \not\in A$라고 하자. 그러면 $p \in G_p \subset A^c$를 만족하는 열린집합 G_p가 존재한다. 그러므로 $A^c = \cup \{G_p \mid p \in A^c\}$는 열린집합이 된다. 따라서 A는 닫힌집합이다. ∎

유한집합은 반드시 콤팩트이다. 그러나 두 개 이상의 원소로 구성된 유한집합 F상의 밀착위상공간 $(F, \mathscr{I})$에서 F의 단원부분집합은 닫힌집합이 아니다. 즉 T_2-공간이 아닌 경우 일반적으로 유한집합은 닫힌집합이 아니다.

정리 9

모든 콤팩트 T_2-공간 $(X, \mathscr{T})$는 정규공간이다.

증명 콤팩트 T_2-공간 $(X, \mathscr{T})$에 대하여, F_1과 F_2가 X의 서로소인 닫힌부분집합이라 가정하자. 그러면 F_1과 F_2가 콤팩트이므로, F_1과 F_2는 각각 서로소인 열린집합의 부분집합이다. 따라서 $(X, \mathscr{T})$는 정규공간이다. ∎

참고 거리공간과 콤팩트 T_2-공간은 모두 T_4-공간족에 포함된다. 지금까지 6.1절에서 논한 여러 공간 사이의 관계를 나타내면 다음과 같다.

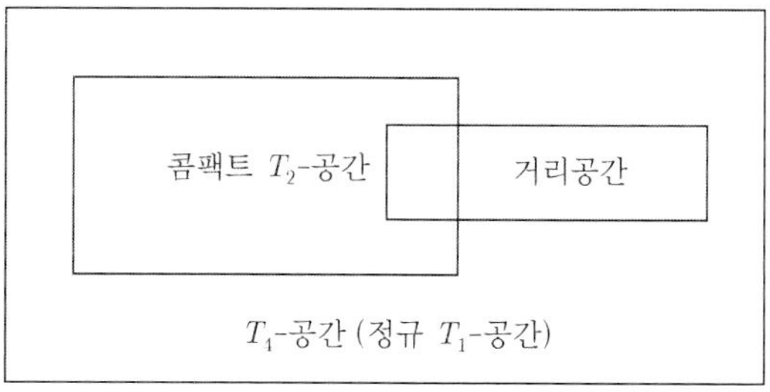

| 그림 6.2 | □

정리 10

함수 $f : X \to Y$가 콤팩트 공간 X에서 T_2-공간 Y로의 전단사이고 연속이면, X와 $f[X]$는 위상동형이다.

증명 $f : X \to f[X]$가 전단사이므로, 역함수 $f^{-1} : f[X] \to X$가 존재한다. 이때 f가 연속이므로, f^{-1}가 연속임을 증명하면 된다. 이를 위해서는 X의 모든 닫힌부분집합 F에 대하여 $(f^{-1})^{-1}[F] = f[F]$가 $f[X]$에서 닫힌집합임을 밝히면 된다. 그런데 콤팩트 공간 X의 닫힌부분집합 F는 콤팩트이고, f가 연속이므로 F의 상 $f[F]$는 $f[X]$에서 콤팩트이다. 이때 Y가 T_2-공간이므로, $f[F]$는 닫힌집합이다. 그러므로 f^{-1}는 연속이다. 따라서 $f : X \to f[X]$는 위상동형사상이고, X와 $f[X]$는 위상동형이다 ■

예 $I = [0, 1]$이 보통위상을 갖는 단위 닫힌구간이고 R^n이 n차원 유클리드 공간일 때, 함수 $f : I \to R^n$가 전단사이고 연속이면 I와 $f[I]$는 위상동형이다. 왜냐하면 I가 콤팩트이고 또한 R^n이 T_2-공간이기 때문이다.

예제 콤팩트 공간 $(X, \mathscr{T})$와 T_2-공간 $(X, \mathscr{T}^*)$에 대하여, $\mathscr{T}^* \subset \mathscr{T}$이면 $\mathscr{T}^* = \mathscr{T}$가 된다.

증명 $f(x) = x$로 정의되는 함수 $f : (X, \mathscr{T}) \to (X, \mathscr{T}^*)$는 전단사이다. 또한 $\mathscr{T}^* \subset \mathscr{T}$이므로, f는 연속이다. 그러므로 f는 위상동형사상이다. 따라서 $\mathscr{T}^* = \mathscr{T}$이다. ■

정리 10은 기하학에서 매우 중요한 역할을 한다. 그러나 일반위상공간에서는 성립하지 않는다.

예 보통위상 $\mathscr{U}$를 갖는 반열린구간 $[0, 1)$과 평면 R^2에 대하여

$$f(t) = \langle \cos 2\pi t, \sin 2\pi t \rangle$$

로 정의된 함수 $f : [0, 1) \to R^2$는 $[0, 1)$에서 단위원 위로의 1대 1이고 연속이다. 그러나 반열린구간 $[0, 1)$은 단위원과 위상동형이 아니다. 예컨대 $[0, 1)$에서 $t = \frac{1}{2}$을 삭제하면 $[0, 1)$은 연결이 되지 않지만, 만일 단위원에서 임의의 점을 삭제할지라도 단위원은 연결이 된다. 이 경우에 정리 10이 적용될 수 없는 이유는 $[0, 1)$이 콤팩트가 아니기 때문이다.

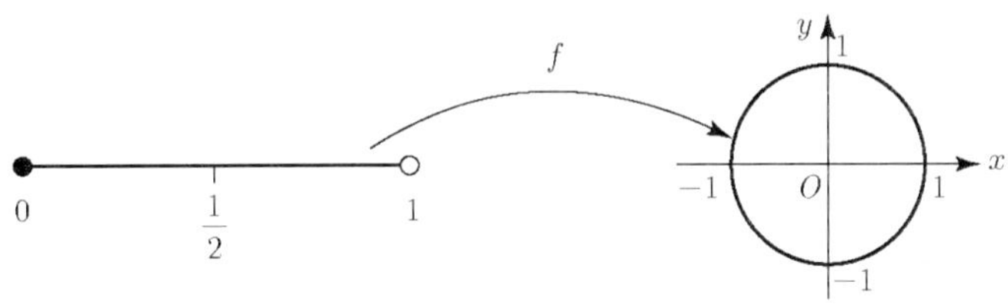

그림 6.3

3. 수열콤팩트 집합

정의 11 수열콤팩트 집합

위상공간 $(X, \mathscr{T})$에 대하여, $A \subset X$의 모든 수열이 A의 점으로 수렴하는 부분수열을 가질 때, A를 **수열콤팩트**(sequentially compact) 또는 **점렬콤팩트**라 한다.

예 보통위상공간 $(R, \mathscr{U})$의 부분집합 $(0, 1)$, 즉 단위 열린구간 $(0, 1)$은 수열콤팩트가 아니다. 예컨대 단위 열린구간 $(0, 1)$의 수열 $\langle s_n \rangle = \left\langle \frac{1}{2}, \frac{1}{3}, \frac{1}{4}, \cdots \right\rangle$을 생각하자. 이때 $\langle s_n \rangle$은 0으로 수렴하므로, $\langle s_n \rangle$의 모든 부분수열은 또한 0으로 수렴함을 알 수 있다. 그러나 0은 단위 열린구간 $(0, 1)$에 속하지 않는다. 다시 말해서 단위 열린구간 $(0, 1)$의 수열 $\langle s_n \rangle$은 $(0, 1)$의 점으로 수렴하는 부분수열을 포함하지 않는다. 즉 단위 열린구간 $(0, 1)$은 수열콤팩트가 아니다.

예 수열콤팩트 공간의 부분공간은 수열콤팩트가 아니다. 예를 들면 보통위상공간 $(R, \mathscr{U})$에서 단위 닫힌구간 $[0, 1]$은 수열콤팩트이지만, 단위 열린구간 $(0, 1)$은 수열콤팩트가 아니다. 그러나 수열콤팩트 공간의 닫힌부분집합은 수열콤팩트이다.

예제 위상공간 $(X, \mathscr{T})$의 유한부분집합 A는 수열콤팩트이다.

증명 $\langle s_n \rangle$을 A의 수열이라 하면 적어도 A의 하나의 원소, 예컨대 a_0는 수열 $\langle s_n \rangle$에서 무한 번 나타난다. 따라서 $\langle a_0, a_0, a_0, \cdots \rangle$는 $\langle s_n \rangle$의 부분수열이 되고 또한 이것은 A에 속하는 점 a_0로 수렴한다. ■

예제 무한집합 X상의 여가산위상공간 $(R, \mathfrak{I}_c)$에 대하여, X의 임의의 무한부분집합은 수열콤팩트가 아니다.

증명 $(X, \mathscr{T})$의 수열은 어떤 항 이후로는 상수항, 즉 수렴하는 형식 $\langle a_1, a_2, \cdots, a_n, p, p, \cdots \rangle$로 주어진다. 따라서 A가 X의 무한부분집합이면 서로 다른 항을 갖는 A의 수열 $\langle b_n \rangle$이 존재하지만, $\langle b_n \rangle$은 임의의 수렴하는 부분수열을 갖지 않는다. 따라서 A는 수열콤팩트가 아니다. ■

일반적으로 수열콤팩트가 아닌 콤팩트 집합이 존재하고, 그 역도 성립한다. 그러나 거리공간에서는 수열콤팩트와 콤팩트는 서로 동치이다.

정리 12 수열콤팩트의 보존

두 위상공간 $(X, \mathscr{T}_1)$, $(Y, \mathscr{T}_2)$에 대하여, 함수 $f : X \to Y$가 연속이고 A가 X의 수열콤팩트 부분집합이면, 상 $f[A]$는 Y의 수열콤팩트 부분집합이다.

증명 함수 $f : X \to Y$가 연속이고, X의 부분집합 A가 수열콤팩트라 하자. 이때 Y의 부분집합 $f[A]$가 수열콤팩트임을 밝힌다. $\langle b_n \rangle$을 $f[A]$의 수열이라 하자. 그러면 모든 $n \in N$에 대하여 $f(a_n) = b_n$을 만족하는 $a_1, a_2, \cdots \in A$가 존재한다. 여기서 A가 수열콤팩트이므로, 수열 $\langle b_n \rangle$은 점 a_0로 수렴하는 부분수열 $\langle a_{i_n} \rangle$을 갖는다. 그런데 f가 연속이므로, f는 수열연속이다. 그러므로 $\langle f(a_{i_n}) \rangle$은 $f(a_0) \in f[A]$로 수렴한다. 따라서 $f[A]$는 수열콤팩트이다. ■

수열콤팩트성은 위상적 성질이고, 절대적 성질이지만, 유전적 성질은 이니다.

참고 $(X, \mathscr{T})$가 위상공간일 때, $A \subset X$가 수열콤팩트이면 A의 임의의 가산열린덮개는 유한부분덮개를 갖는다. □

4. 가산콤팩트 집합

가산콤팩트의 개념은 "보통위상공간 $(R, \mathscr{U})$의 모든 유계인 무한집합은 집적점을 갖는다."는 볼차노-바이어슈트라스 정리로부터 유래한다.

정의 13 가산콤팩트 집합

위상공간 $(X, \mathscr{T})$의 부분집합 A에 대하여, A의 임의의 무한부분집합 B가 A에서 집적점을 가질 때, A를 **가산콤팩트**(countably compact)라 한다.

예 보통위상공간 $(R, \mathscr{U})$에서 단위 열린구간 $(0, 1)$은 가산콤팩트가 아니다. 왜냐하면 단위 열린구간 $(0, 1)$의 무한부분집합 $\left\{\frac{1}{2}, \frac{1}{3}, \frac{1}{4}, \cdots\right\}$은 오직 한 점 0을 집적점으로 갖는데, 0은 $(0, 1)$에 속하지 않기 때문이다. 따라서 단위 열린구간 $(0, 1)$은 가산콤팩트가 아니다.

예제 보통위상공간 $(R, \mathscr{U})$에서 임의의 단위 닫힌구간 $A = [a, b]$는 가산콤팩트이다.

증명 B가 A의 무한부분집합이면, B는 또한 유계이므로 볼차노-바이어슈트라스 정리에 의하여 B는 집적점 p를 갖는다. 이때 A가 닫힌집합이므로, B의 집적점 p는 A에 속한다. 따라서 A는 가산콤팩트이다. ■

일반적으로 위상공간 $(X, \mathscr{T})$에 대하여, 콤팩트 집합은 가산콤팩트이고, 수열콤팩트 집합은 가산콤팩트이다. 그러나 두 경우 모두 그 역은 성립하지 않는다. 6.1절에서 논한 공간 사이의 관계를 나타내면 다음과 같다.

$$\text{콤팩트} \Rightarrow \text{가산콤팩트} \Leftarrow \text{수열콤팩트}$$

예 집합족 $\mathscr{A} = \{\{1, 2\}, \{3, 4\}, \{5, 6\}, \cdots\}$에 의해 생성되는 자연수의 집합 N상의 위상을 $\mathscr{T}$라 하자. 이때 N의 임의의 무한부분집합 A를 택하면, 자연수 n_0가 A에 존재한다. 그러면 n_0가 홀수일 때 n_0+1은 A의 집적점이 되고, n_0가 짝수일 때 n_0-1이 A의 집적점이 된다. 어느 경우에서나 A는 집적점을 갖는다. 따라서 $(N, \mathscr{T})$는 가산콤팩트이다. 그러나 $(N, \mathscr{T})$는 콤팩트가 아니다. 왜냐하면 집합족

$$\mathscr{A} = \{\{1, 2\}, \{3, 4\}, \{5, 6\}, \cdots\}$$

가 유한부분덮개를 갖지 않는 N의 열린덮개이기 때문이다. 또한 $(N, \mathscr{T})$는 수열콤팩트도 아니다. 왜냐하면 수열 $\langle 1, 2, 3, \cdots \rangle$가 수렴하는 부분수열을 갖지 않기 때문이다.

가산콤팩트성은 위상적 성질이고, 절대적 성질이지만, 유전적 성질은 아니다.

예 가산콤팩트성은 유전적 성질이 아니다. 왜냐하면 보통위상공간 $(R, \mathscr{U})$에서 단위 닫힌구간 $[0, 1]$은 가산콤팩트이지만, 단위 열린구간 $(0, 1)$은 가산콤팩트가 아니기 때문이다.

예제 $(X, \mathscr{T})$가 가산콤팩트 공간일 때, 함수 $f : (X, \mathscr{T}) \to (Y, \mathscr{T}^*)$가 위상동형사상이면 $(Y, \mathscr{T}^*)$도 가산콤팩트 공간이다. 즉 가산콤팩트성은 위상적 성질이다.

증명 X를 가산콤팩트 공간이라 하고, $f : X \to Y$를 위상동형사상이라 하자. 이때 K를 Y의 무한부분집합이라 하면, $f^{-1}[K]$는 X의 무한부분집합이므로 집적점 p를 갖는다. 이제 Y의 열린부분집합 H를 택하자. 그러면 $f^{-1}[H]$는 X의 열린부분집합이고

$$[f^{-1}[H] \setminus \{p\}] \cap f^{-1}[K] \neq \varnothing$$

를 만족한다. 그러므로 $[H \setminus \{f(p)\}] \cap K \neq \varnothing$가 성립한다. 따라서 Y는 가산콤팩트 공간이다. ■

정리 14

가산콤팩트 공간 $(X, \mathscr{T})$의 닫힌부분집합 F는 가산콤팩트이다.

증명 F를 가산콤팩트 공간 X의 닫힌부분집합이라 하고, A를 F의 무한부분집합이라 하자. 그러면 A는 X의 무한부분집합이다. 그런데 X가 가산콤팩트이므로, A는 집적점 $p \in X$를 갖는다. 이때 $A \subset F$이므로, p는 F의 집적점이다. 따라서 F가 닫힌집합이므로, $p \in F$이다. 그러므로 F의 임의의 무한부분집합 A는 집적점 $p \in F$를 갖는다. 따라서 F는 가산콤팩트이다. ■

예제 가산콤팩트 집합의 연속상은 가산콤팩트가 아니다.

증명 집합족 $\{\{1, 2\}, \{3, 4\}, \{5, 6\}, \cdots\}$에 의해 생성되는 모든 자연수의 집합 N상의 위상을 $\mathscr{T}$라 하면, $X = (N, \mathscr{T})$는 가산콤팩트이다. 한편 $\mathscr{D}$를 N상의 이산위상이라 하면, $Y = (N, \mathscr{D})$는 가산콤팩트가 아니다. 이때 $2n$과 $2n-1$을 $n \in N$으로 사상하는 함수 f를 생각하자. 그러면 함수 $f : X \to Y$는 연속이다. 그러나 f는 가산콤팩트 집합 $(N, \mathscr{T})$을 가산콤팩트가 아닌 집합 $(N, \mathscr{D})$ 위로 사상한다. ■

5. 국소콤팩트 공간

정의 15 국소콤팩트 공간

위상공간 $(X, \mathscr{T})$의 임의의 점 p가 **콤팩트 근방**(compact neighborhood)을 가질 때, $(X, \mathscr{T})$를 **국소콤팩트 공간**(locally compact space)이라 한다.

예 모든 이산위상공간 $(X, \mathscr{D})$는 국소콤팩트 공간이다. 왜냐하면 임의의 $p \in X$는 $\{p\}$를 콤팩트 근방으로 갖기 때문이다. 또한 모든 밀착위상공간 $(X, \mathscr{I})$는 콤팩트 공간이므로, 국소콤팩트 공간이다.

예 보통위상공간 $(R^2, \mathscr{U})$는 국소콤팩트 공간이다. 왜냐하면 임의의 점 $p = (x, y) \in R^2$에 대하여 $[x-\delta, x+\delta] \times [y-\delta, y+\delta]$를 콤팩트 근방으로 갖기 때문이다.

정리 16

모든 콤팩트 공간 $(X, \mathscr{T})$는 국소콤팩트 공간이다.

증명 콤팩트 공간 $(X, \mathscr{T})$의 임의의 $p \in X$는 닫힌구간 $[p-\delta, p+\delta]$를 콤팩트 근방으로 갖는다. 따라서 $(X, \mathscr{T})$는 국소콤팩트 공간이다. ∎

정리 16의 역은 성립하지 않는다.

예 보통위상공간 $(R, \mathscr{U})$는 국소콤팩트 공간이다. 왜냐하면 임의의 점 $p \in R$는 닫힌구간 $[p-\delta, p+\delta]$를 콤팩트 근방으로 갖기 때문이다. 그러나 $(R, \mathscr{U})$는 콤팩트 공간이 아니다. 왜냐하면 집합족

$$\mathscr{A} = \{ \cdots, (-3, -1), (-2, 0), (-1, 1), (0, 2), (1, 3), \cdots \}$$

는 R의 열린덮개이지만, 유한부분덮개를 갖지 않기 때문이다.

국소콤팩트성은 위상적 성질이고 절대적 성질이지만, 유전적 성질은 아니다.

예 국소콤팩트성은 유전적 성질이 아니다. 왜냐하면 보통위상공간 $(R, \mathscr{U})$는 국소콤팩트이지만, $(Q, \mathscr{U}_Q)$는 국소콤팩트가 아니기 때문이다.

예제 $(X, \mathscr{T})$가 국소콤팩트 공간일 때, 함수 $f : (X, \mathscr{T}) \to (Y, \mathscr{T}^*)$가 위상동형사상이면 $(Y, \mathscr{T}^*)$도 국소콤팩트 공간이다. 즉 국소콤팩트성은 위상적 성질이다.

증명 $y \in Y$를 택하자. 그러면 f가 전사이므로, $y = f(x)$를 만족하는 $x \in X$가 존재한다. 그런데 X가 국소콤팩트이므로 x의 콤팩트 근방 K가 존재하고, 따라서 f가 연속이므로 $f(K)$는 콤팩트이다. 이제 $f(K)$가 y의 근방임을 보이자. K가 x의 근방이므로 $x \in G \subset K$를 만족하는 열린집합 G가 존재한다. 따라서

$$f(x) = y \in f(G) \subset f(K)$$

이고, f가 열린함수이므로 $f(G)$는 열린집합이다. 그러므로 $f(K)$는 y의 콤팩트 근방이다. 따라서 Y는 국소콤팩트 공간이다. ∎

참고 $(X, \mathscr{T})$가 국소콤팩트 공간이고 A가 X의 닫힌부분집합이면, 부분공간 $(A, \mathscr{T}_A)$

는 국소콤팩트 공간이다. 즉 국소콤팩트성은 닫힌집합에 대하여 유전적이다(연습문제 8 참조). □

6. 콤팩트화

정의 17 콤팩트화

두 위상공간 $(X, \mathscr{T})$과 $(Y, \mathscr{T}^*)$에 대하여, X가 Y의 어떤 부분집합과 위상동형이면 X는 Y로 **매장된다**(embedded)고 한다. 이때 $(Y, \mathscr{T}^*)$가 콤팩트 공간이면, Y를 X의 **콤팩트화**(compactification)라 한다.

실제로 X가 콤팩트 공간이 아닌 경우 X에 한 점 또는 그 이상의 점을 추가하고, X를 부분집합으로 포함하도록 확장된 집합 위에 적당한 위상을 주어서 콤팩트화한다.

예 보통위상공간 $(R, \mathscr{U})$에서 열린구간 (a, b)는 콤팩트가 아니다. 그러나 두 점 a, b를 추가하면 닫힌구간 $[a, b]$는 콤팩트가 된다.

참고 보통위상공간 $(R, \mathscr{U})$는 콤팩트가 아니다. 그런데 R에 ∞와 $-\infty$를 추가한 확장된 집합 $R^* = R \cup \{-\infty, \infty\}$를 **확장된 실직선**(extended real line)이라 하고, 임의의 $a \in R$에 대하여 $-\infty < a < \infty$로 정의하여 R에서의 순서관계를 R^*로 확장한다. 이 경우 형식

$$(a, b) = \{x \mid a < x < b\},\ (a, \infty] = \{x \mid a < x\},\ [-\infty, a) = \{x \mid x < a\}$$

는 R^*상의 위상 $\mathscr{U}^*$를 생성하는 기저가 된다. 이때 확장된 실수공간 $(R^*, \mathscr{U}^*)$는 $(R, \mathscr{U})$의 콤팩트화이다. □

보통위상을 갖는 R은 실수의 임의의 열린구간 (a, b)와 위상동형이다. 또한 확장된 실직선 R^*상의 위상공간 $(R^*, \mathscr{U}^*)$는 콤팩트인 임의의 닫힌구간 $[a, b]$와 위상동형이다.

예 3차원 유클리드 공간 R^3의 xy-평면을 C로 나타내고, 중심이 z축상의 $\langle 0, 0, 1 \rangle$에 있고 반지름이 1인 구면을 S로 나타내자. 이때 $\infty = \langle 0, 0, 2 \rangle \in S$와 임의의 점 $p \in C$를 지나는 직선은 ∞ 이외의 하나의 점 p'에서 구 S와 만난다.

이 경우 $f : C \to S$를 $f(p) = p'$으로 정의하면, 실제로 f는 콤팩트가 아닌 평면 C

로부터 콤팩트인 구면 S의 부분집합 $S \setminus \{\infty\}$ 위로의 위상동형사상이다. 따라서 S는 C의 콤팩트화이다.

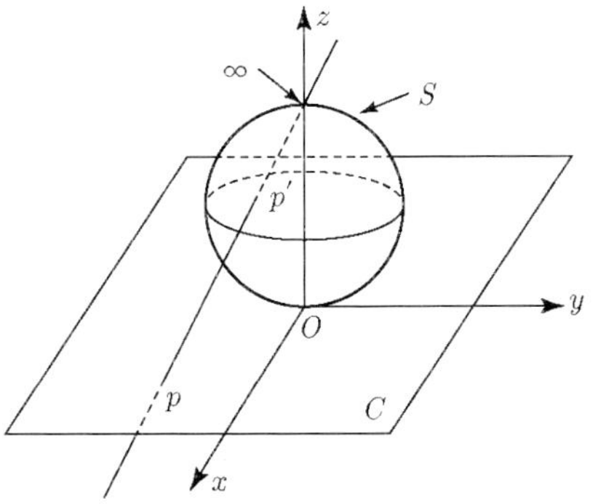

❙그림 6.4❙

정의 18 한 점 콤팩트화

위상공간 $(X, \mathscr{T})$에서 ∞는 X에 속하지 않는 한 점이다. 위상공간 $(X_\infty, \mathscr{T}_\infty)$가 다음 두 조건

(1) $X_\infty = X \cup \{\infty\}$. 여기서 ∞는 **무한원점**(point of infinity)이라 한다.

(2) $\mathscr{T}_\infty = \mathscr{T} \cup \{X_\infty \setminus F \mid F$는 X의 닫힌 콤팩트 부분집합$\}$

를 만족할 때, 위상공간 $(X_\infty, \mathscr{T}_\infty)$를 위상공간 $(X, \mathscr{T})$의 **알렉산드로프 콤팩트화**(Alexandrov compactification), **한 점 콤팩트화**(one-point compactification) 또는 **한 점 옹골화**라 한다.

참고 집합족 $\mathscr{T}_\infty$는 X_∞상의 위상이고, $(X_\infty, \mathscr{T}_\infty)$는 $(X, \mathscr{T})$의 콤팩트화이다. □

일반적으로 위상공간 $(X_\infty, \mathscr{T}_\infty)$는 원래의 공간 $(X, \mathscr{T})$와 같은 성질을 갖지 않을 수도 있다. 그러나 두 공간 사이에는 다음 관계가 존재한다.

정리 19

위상공간 $(X, \mathscr{T})$가 국소콤팩트 T_2-공간이면, $(X_\infty, \mathscr{T}_\infty)$는 콤팩트 T_2-공간이다.

증명 $(X_\infty, \mathscr{T}_\infty)$는 콤팩트이므로, $(X_\infty, \mathscr{T}_\infty)$가 T_2-공간임을 보이기 위해 X_∞의 서로 다른 임의의 두 점 a, b를 택한다. 두 점 a, b가 모두 X의 점이면 X가 T_2-공간이

므로, 각 점을 포함하는 서로소인 X의 두 열린집합이 존재한다. 그런데 $\mathscr{T}$-열린집합은 $\mathscr{T}_\infty$-열린집합이므로, $(X_\infty, \mathscr{T}_\infty)$는 T_2-공간이다. 이제 $a \in X$이고, $b = \infty$라 하자. 그러면 X가 국소콤팩트 공간이므로, a의 콤팩트 근방 K가 존재한다. 그런데 X가 T_2-공간이므로 K는 X의 닫힌부분집합이고, 따라서 $X_\infty \setminus K$는 $\mathscr{T}_\infty$-열린집합이다. 즉

$$a \in \mathrm{int}(K),\ b \in X_\infty \setminus K,\ \mathrm{int}(K) \cap (X_\infty \setminus K) = \varnothing$$

이므로, $(X_\infty, \mathscr{T}_\infty)$는 T_2-공간이다. ■

우리손의 보조정리를 사용하면, 측도론과 적분론에 유용한 다음 결과를 얻는다.

정리 20

E가 국소콤팩트 T_2-공간 $(X, \mathscr{T})$의 콤팩트 부분집합이고, 또한 E가 열린집합 G (단, $G \neq X$)의 부분집합이면

$$f[E] = \{0\},\quad f[G^c] = \{1\}$$

을 만족하는 연속함수 $f : X \to [0, 1]$가 존재한다.

증명 $(X, \mathscr{T})$가 국소콤팩트 T_2-공간이면, $(X_\infty, \mathscr{T}_\infty)$는 콤팩트 T_2-공간이므로 정규공간이다. 그런데 E가 T_2-공간 X_∞의 콤팩트 부분집합이므로, E는 X_∞의 닫힌부분집합이다. 또한 G가 X의 열린부분집합이므로, X_∞의 열린부분집합이고, 따라서 $X_\infty \setminus G$는 X_∞의 닫힌부분집합이다. 즉 $X_\infty \setminus G$와 E는 정규공간 $(X_\infty, \mathscr{T}_\infty)$의 서로소인 닫힌집합이므로, 우리손의 보조정리에 의해

$$f^*[E] = \{0\},\quad f^*[X_\infty \setminus G] = \{1\}$$

을 만족하는 연속함수 $f^* : X_\infty \to [0, 1]$가 존재한다. 이때 $f = f^*|_X$라 하면

$$f[E] = \{0\},\quad f[G^c] = \{1\}$$

을 만족하는 연속함수 $f : X \to [0, 1]$가 존재한다. ■

7. 거리공간에서의 콤팩트성

거리공간에서는 콤팩트성, 가산콤팩트성, 그리고 수열콤팩트성이 서로 동치가 된다. 이를 증명하기 위해 몇 가지 정의와 보조정리가 필요하다.

정의 21 ε-네트

A가 거리공간 (X, d)의 부분집합이고, $\varepsilon > 0$이라 하자. $M = \{e_1, e_2, \cdots, e_m\}$이 A의 유한부분집합일 때, 모든 $p \in A$에 대하여

$$d(p, e_i) < \varepsilon$$

을 만족하는 $e_i \in M$가 존재하면, M을 A에 대한 **ε-네트**(ε-net) 또는 **ε-그물**이라 한다.

예 원점에 중심을 두고 반지름이 2인 열린원판 $A = \{\langle x, y\rangle \mid x^2 + y^2 < 4\}$에 대하여 $\varepsilon = \dfrac{3}{2}$이라 하면, 집합

$$M = \{\langle 1, -1\rangle, \langle 1, 0\rangle, \langle 1, 1\rangle, \langle 0, -1\rangle, \langle 0, 0\rangle, \langle 0, 1\rangle, \langle -1, -1\rangle, \langle -1, 0\rangle, \langle -1, 1\rangle\}$$

은 A에 대한 ε-네트이다. 그러나 $\varepsilon = \dfrac{1}{2}$일 때, M은 A의 ε-네트가 될 수 없다. 왜냐하면 $p = \left\langle \dfrac{1}{2}, \dfrac{1}{2} \right\rangle$은 A의 점이지만, p와 M의 임의의 점 사이의 거리는 $\dfrac{1}{2}$보다 크기 때문이다.

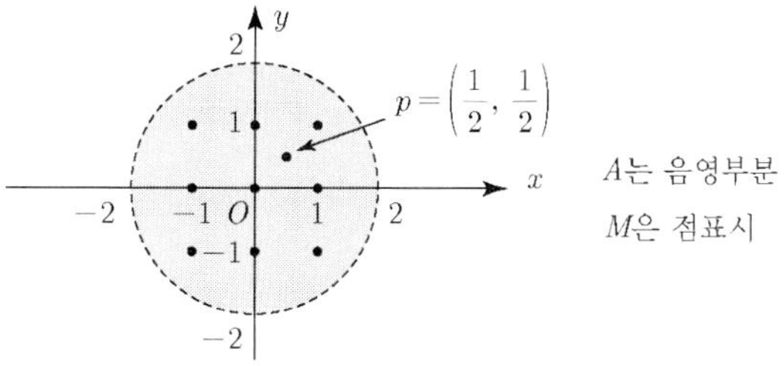

▌그림 6.5▐

집합 A의 지름은 $d(A) = \sup\{d(a, a') \mid a, a' \in A\}$로 정의된다. 이때 $d(A) < \infty$이면, 집합 A를 유계라 한다.

정의 22 완전유계집합

거리공간 (X, d)의 부분집합 A가 임의의 $\varepsilon > 0$에 대하여 항상 ε-네트를 가질 때, A를 **완전유계집합**이라고 한다

예 완전유계집합의 부분집합은 완전유계이다. 또한 A가 완전유계집합이면 $\overline{A}$도 완전유계이다.

참고 A가 거리공간 (X, d)의 부분집합일 때, 집합 A가 완전유계이기 위한 필요충분조건은 모든 $\varepsilon > 0$에 대하여 지름이 ε보다 작은 유한개의 A의 부분집합 B_1, B_2, $\cdots$, B_n이 존재하여

$$A - \cup \{B_k \mid 1 \leq k \leq n\}$$

가 되는 것이다. □

정리 23

거리공간 (X, d)에서 완전유계집합은 유계이다.

증명 A가 거리공간 (X, d)에서 완전유계집합이면, 1-네트 $F = \{e_1, e_2, \cdots, e_n\}$이 존재한다. 이때 $m = \max\{d(e_i, e_j) \mid e_i, e_j \in F\} + 2$라 하면

$$\begin{aligned} d(A) &= \sup\{d(x, y) \mid x, y \in A\} \\ &\leq \sup\{d(x, e_i) + d(e_i, e_j) + d(e_j, y) \mid e_i, e_j \in F, x, y \in A\} \\ &\leq m \end{aligned}$$

이 성립한다. 따라서 집합 A는 유계이다. ■

정리 23의 역은 성립하지 않는다.

예 집합 A가 다음 점

$$e_1 = \langle 1, 0, 0, 0, \cdots \rangle, e_2 = \langle 0, 1, 0, 0, \cdots \rangle, e_3 = \langle 0, 0, 1, 0, \cdots \rangle, \cdots$$

로 구성되는 힐베르트 공간, 즉 l_2-공간의 부분집합이라 하자. 이때 $i \neq j$이면 $d(e_i, e_j) = \sqrt{2}$ 이므로

$$d(A) = \sup\{d(e_i, e_j) \mid e_i, e_j \in A\} = \sqrt{2}$$

이다. 따라서 집합 A는 유계이다. 그러나 집합 A는 완전유계가 아니다. 왜냐하면 $\varepsilon = \frac{1}{2}$일 때, ε보다 작은 지름을 갖는 집합 A의 유일한 공집합이 아닌 부분집합은 한 점으로 이루어지는 집합이므로, 무한집합 A는 $\frac{1}{2}$보다 작은 지름을 갖는 유한개의 서로소인 부분집합으로 분해될 수 없기 때문이다.

콤팩트성과 완전유계성 간에 다음이 성립한다.

정리 24

거리공간의 수열콤팩트 부분집합 A는 완전유계이다.

증명 대우증명법을 이용하여 증명한다. 즉 집합 A가 완전유계가 아니면, A는 수열콤팩트가 아님을 밝힌다. 집합 A가 완전유계가 아니면, A가 ε-네트를 갖지 않는 $\varepsilon > 0$이 존재한다. 이제 $a_1 \in A$이라고 하면 $d(a_1, a_2) \geq \varepsilon$을 만족하는 점 $a_2 \in A$가 존재한다. 왜냐하면 그렇지 않을 경우에 $\{a_1\}$은 ε-네트로 될 것이다. 같은 방법으로

$$d(a_1, a_3) \geq \varepsilon,\ d(a_2, a_3) \geq \varepsilon$$

를 만족하는 점 a_3가 존재하게 된다. 그렇지 않을 경우에 $\{a_1, a_2\}$는 집합 A의 ε-네트로 될 것이다. 이 방법을 계속하면 $i \neq j$에 대하여 $d(a_i, a_j) \geq \varepsilon$을 만족하는 수열 $\langle a_n \rangle$이 얻어진다. 따라서 수열 $\langle a_n \rangle$은 수렴하는 임의의 부분수열을 가질 수 없다. 즉 집합 A는 수열콤팩트가 아니다. ■

정의 25 르베그 수

$\mathscr{A} = \{G_i\}$는 거리공간 (X, d)의 부분집합 A의 임의의 덮개라 하자. 이 경우

$$B \subset A,\ d(B) < \delta \Rightarrow \exists\, G_i,\ B \subset G_i$$

를 만족하는 $\delta > 0$가 존재할 때, δ를 A의 덮개 $\mathscr{A}$의 **르베그 수**(Lebesgue number)라고 한다.

덮개에 대한 콤팩트성과 르베그 수 간에 다음이 성립한다.

정리 26

X가 거리공간일 때, X의 수열콤팩트 부분집합의 모든 열린덮개는 반드시 르베그 수를 갖는다.

역사적으로 거리공간에 대한 연구가 위상공간보다 먼저 이루어졌다. 이제 거리공간에서 세 가지 종류의 콤팩트성이 서로 동치임을 보일 수 있다(연습문제 참조).

정리 27 거리공간의 콤팩트성

A가 거리공간 X의 부분집합일 때, 다음 명제는 서로 동치이다.

(1) A는 콤팩트 집합이다.
(2) A는 가산콤팩트 집합이다.
(3) A는 수열콤팩트 집합이다.

예제 A가 거리공간 (X, d)의 콤팩트 부분집합이면, 임의의 $B \subset X$에 대하여

$$d(p, A) = d(A, B)$$

를 만족하는 점 $p \in A$가 존재한다.

증명 $d(A, B) = \varepsilon$이라 하자. 그러면 $d(A, B) = \inf\{d(a, b) \mid a \in A, b \in B\}$이므로, 모든 $n \in N$에 대하여

$$\varepsilon \leq d(a_n, b_n) < \varepsilon + 1/n$$

을 만족하는 $a_n \in A$, $b_n \in B$이 존재한다. 이때 집합 A가 콤팩트이므로 수열콤팩트이고, 따라서 수열 $\langle a_n \rangle$은 점 $p \in A$로 수렴하는 부분수열을 갖는다. 이제 p에 대하여

$$d(p, B) = d(A, B) = \varepsilon$$

임을 밝힌다. $d(p, B) > \varepsilon$, 즉 $\delta > 0$일 때 $d(p, B) = \varepsilon + \delta$라고 가정하자. 그러면 수열 $\langle a_n \rangle$의 부분수열이 점 $p \in A$로 수렴하므로

$$d(p, a_{n_0}) < \frac{1}{2}\delta, \ d(a_{n_0}, b_{n_0}) < \varepsilon + 1/n_0 < \varepsilon + \frac{1}{\delta}$$

을 만족하는 $n_0 \in N$가 존재한다. 이 경우

$$d(p, a_{n_0}) + d(a_{n_0}, b_{n_0}) < \frac{1}{2}\delta + \varepsilon + \frac{1}{2}\delta = \varepsilon + \delta = d(p, B) \leq d(p, b_{n_0})$$

가 성립한다. 그러나 이것은 삼각부등식에 모순된다. 따라서 $d(p, B) = d(A, B)$이다. ■

참고 거리공간 (X, d)의 콤팩트 부분집합 A에 대하여 B가 $A \cap B = \varnothing$를 만족하는 X의 닫힌부분집합이면, $d(A, B) > 0$이 성립한다(연습문제 7 참조). □

연습문제 6.1

EXERCISES

1. $\mathfrak{I}$가 임의의 집합 X상의 여유한위상일 때, $(X, \mathfrak{I})$는 콤팩트 공간임을 보이시오.

2. T_2-공간 X의 콤팩트 부분집합 A에 대하여 $p \not\in A$이면, $p \in G \subset A^c$를 만족하는 열린집합 G가 존재함을 보이시오.

3. 위상공간 $(X, \mathscr{T})$가 콤팩트이면, X는 가산콤팩트 공간임을 보이시오.

4. 위상공간 $(X, \mathscr{T})$가 수열콤팩트이면, X는 가산콤팩트 공간임을 보이시오.

5. $(X, \mathscr{T})$가 거리공간일 때, X의 가산콤팩트 부분집합 A는 수열콤팩트임을 보이시오.

6. $(X, \mathscr{T})$가 거리공간일 때, X의 수열콤팩트 부분집합 A는 콤팩트임을 보이시오.

7. 거리공간 (X, d)의 콤팩트 부분집합 A에 대하여 B가 $A \cap B = \varnothing$를 만족하는 X의 닫힌부분집합이면, $d(A, B) > 0$임을 보이시오.

8. $(X, \mathscr{T})$가 국소콤팩트 공간이고 A가 X의 닫힌부분집합이면, 부분공간 $(A, \mathscr{T}_A)$는 국소콤팩트 공간임을 보이시오.

9. f가 콤팩트 거리공간 (X, d)에서 거리공간 (Y, d^*)로의 연속함수이면, f는 X에서 균등연속임을 보이시오.

6.2 적공간

집합들의 카테시안 곱, 즉 적집합은 현대 수학에서 매우 중요한 개념 중 하나이다. 이때 각각의 집합에 위상이 정의되면 적집합에도 위상을 정의할 수 있다.

1. 적공간

(1) 적위상

I가 첨자집합일 때, 첨자집합족 $\mathscr{A}=\{A_i\}_{i\in I}$의 적집합은

$$\prod_{i\in I} A_i \text{ 또는 간단히 } \Pi_i A_i$$

로 표시된다. 이것은 $p(i)=a_i\in A_i$를 만족하는 $p: I\to\cup_i A_i$인 모든 함수의 집합, 즉

$$\prod_{i\in I} A_i=\{p \mid p: I\to\cup_i A_i\text{는 함수이고, } p(i)=a_i\in A_i\}$$

이다. 이와 같은 적집합의 원소를 $p=\langle a_i \mid i\in I\rangle$ 또는 간단히 $p=\langle a_i\rangle$로 나타낸다. 이때 각 $i_0\in I$에 대하여 i_0성분의 **사영함수**(projection function) π_{i_0}가 존재한다. 이것은

$$\pi_{i_0}[\langle a_i \mid i\in I\rangle]=a_{i_0}$$

로 정의되는 적집합 $\Pi_i A_i$에서 i_0번째 성분집합 A_{i_0}로의 사상 $\pi_{i_0}: \Pi_i A_i\to A_{i_0}$이다.

예 집합 $A_1, A_2, \cdots, A_m$에 대하여

$$A_1\times A_2\times\cdots\times A_m \text{ 또는 } \prod_{i=1}^{m} A_i$$

로 표현되고, 각 i에 대하여 $a_i\in A_i$일 때, 적집합은 모든 m-짝 $\langle a_1, a_2, \cdots, a_m\rangle$인 원소로 구성된다.

정의 1 적위상

임의의 위상공간들의 집합, 즉 위상공간족 $\{(X_i, \mathscr{T}_i)\}$에 대하여, 집합 X_i의 적집합 X를

$$X=\prod_{i \in I} X_i$$

라 하자. 이때 모든 $i \in I$에 대하여 사영함수 $\pi_i : X \to X_i$가 연속함수가 되는 X상의 위상 중에서 가장 약한 위상 $\mathscr{T}$를 X의 **티코노프 적위상**(Tychonoff product topology) 또는 간단히 **적위상**(product topology)이라 한다. 적위상 $\mathscr{T}$를 갖는 적집합 X, 즉 $(X, \mathscr{T})$를 **적위상공간**(product topological space) 또는 간단히 **적공간**(product space)이라 한다.

적집합 $\Pi_i X_i$상의 적위상 $\mathscr{T}$란 사영에 의하여 생성된 위상이다. 적집합 $\Pi_i X_i$상의 밀착위상은 적위상보다 약한 위상이다.

예제 각 R_i가 보통위상을 갖는 모든 실수의 집합 R이고, 단위 닫힌구간 $I=[0,1]$이 첨자집합일 때, 적공간 $X=\Pi\{R_i \mid i \in I\}$는 I상에서 정의된 모든 실가함수족

$$X=\{p \mid p : I \to R\}$$

이다.

증명 적공간 $X=\Pi\{R_i \mid i \in I\}$를 그래프로 표현하면, $I=[0,1]$이 단위 닫힌구간일 때 수평축은 첨자집합 $I=[0,1]$을 나타내고, I의 한 점, 예컨대 j_0를 지나는 각 수직선은 좌표공간 R_{j_0}를 나타낸다. 이때 적공간 X의 원소 $p=\langle a_i \mid i \in I \rangle$는 각 수 $i \in I$를 실수 a_i에 대응한다. 즉 p는 첨자집합 $I=[0,1]$상에 정의된 실가함수이다. 다시 말해서 적공간 X는 $X=\{p \mid p : I \to R\}$이다. ■

정의 2 적불변

모든 위상공간 $(X_i, \mathscr{T}_i)$가 성질 P를 가질 때 적공간 $(\Pi_i X_i, \mathscr{T})$도 역시 성질 P를 가지면, 위상공간이 갖는 어떤 성질 P를 **적불변**(product invariant) 또는 **가적**(productive)이라 한다.

T_2-공간이라는 성질은 적불변이다.

정리 3

T_2-공간족 $\{(X_i, \mathscr{T}_i)\}$에 대하여, 적공간 $(\Pi_i X_i, \mathscr{T})$는 T_2-공간이다.

증명 모든 $i \in I$에 대하여 $(X_i, \mathscr{T}_i)$가 T_2-공간이고 $(X, \mathscr{T}) = (\Pi_i X_i, \mathscr{T})$를 이들의 적공간이라 하자. 이제 $(X, \mathscr{T})$가 T_2-공간임을 보이기 위해 X의 서로 다른 두 점 $p = \langle a_i \rangle$와 $q = \langle b_i \rangle$를 택하면, I의 원소 중 적어도 한 점 j_0가 존재하여 $a_{j_0} \neq b_{j_0}$가 된다. 그런데 $(X_{j_0}, \mathscr{T}_{j_0})$가 T_2-공간이므로 $a_{j_0} \in G_{j_0}$와 $b_{j_0} \in H_{j_0}$를 만족하는 X_{j_0}의 서로소인 열린부분집합 G_{j_0}와 H_{j_0}가 존재한다. 이때 적공간의 정의에 의하여 사영 $\pi_{j_0} : X \to X_{j_0}$는 연속이므로

$$G = \pi_{j_0}^{-1}\left[G_{j_0}\right], \ H = \pi_{j_0}^{-1}\left[H_{j_0}\right]$$

는 각각 p와 q를 원소로 갖는 X의 서로소인 열린집합이다. 따라서 적공간 $(\Pi_i X_i, \mathscr{T})$는 T_2-공간이다.

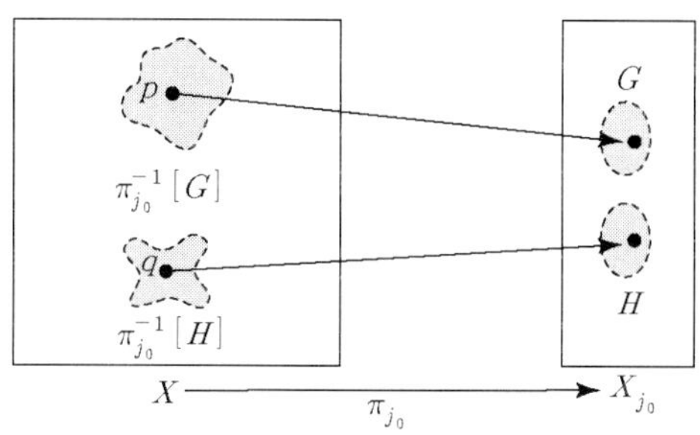

| 그림 6.6 | ■

정리 3의 역도 성립한다. 왜냐하면 $p = \langle p_i \rangle \in \Pi_i X_i$인 점 p를 하나 택하면, 각 성분공간 X_i는 적공간 $\Pi_i X_i$의 부분공간 $X_i \times \Pi_{j \neq i}\{p_j\}$와 위상동형이기 때문이다.

예 정칙공간이라는 성질과 완전정칙공간이라는 성질도 역시 적불변이다. 그러나 정규공간이라는 성질은 적불변 성질이 아니다.

참고 제1가산공간들의 가산 적공간은 제1가산공간이지만, 임의의 적공간은 제1가산공간이 아니다. 또한 제2가산공간들의 가산 적공간도 제2가산공간이지만, 임의의 적공간은 제2가산공간이 아니다. □

일반적으로 위상공간들이 갖는 성질들은 그 성질들이 다른 공간에 그대로 보본되는가에 의해 위상적 성질, 유전적 성질, 절대적 성질, 그리고 적불변 성질로 정의된다. 물론 다른 세 가지 성질과 절대적 성질은 차이가 있다. 다른 세 가지 성질들은 집합과 위상이 모두 바뀌지

만, 절대적 성질은 집합은 그대로 두고 위상만 원래의 위상과 부분위상으로 변한다.

(2) 적위상의 기저와 부분기저

적불변 성질 중 가장 중요한 예는 콤팩트성이다. 이를 증명하기 위해 먼저 적공간의 특성을 살펴본다.

① 유한적 위상의 기저

$(X, \mathscr{T})$가 위상공간족 $\{(X_i, \mathscr{T}_i) \mid i = 1, 2, \cdots, n\}$의 적공간일 때, $\mathscr{T}$의 부분기저 $\mathscr{R}$은

$$\mathscr{R} = \{\pi_i^{-1}[G_i] \mid G_i \in \mathscr{T}_i\}$$

으로 주어진다.

예 두 유계인 열린구간 A와 B의 적 $A \times B$는 R^2의 열린 직사각형이다. 열린 직사각형은 R^2상의 보통위상에 대한 기저를 이루고, 이것은 또한 R^2상의 적위상의 기저이다. 이러한 성질은 모든 유한적 위상에 대하여 성립한다.

정리 4

$(X, \mathscr{T})$가 임의의 위상공간족 $\{(X_i, \mathscr{T}_i) \mid i = 1, 2, \cdots, n\}$의 적집합이라 하자. 이 경우 G_i가 X_i의 열린부분집합일 때, X상의 적위상 $\mathscr{T}$의 기저는

$$\{G_1 \times G_2 \times \cdots \times G_n \mid G_i \in \mathscr{T}_i, i = 1, 2, \cdots, n\}$$

으로 주어진다.

일반적으로 정리 4는 무한 적공간의 경우에는 성립하지 않는다.

예 R^2에서 $\pi_1^{-1}(a, b)$와 $\pi_2^{-1}(a, b)$는 R^2상의 보통위상에 대한 부분기저를 이룬다. 따라서 R^2상의 보통위상은 R^2에서 R로의 모든 사영함수에 의해 생성된다. 즉 R^2상의 보통위상은 적위상이다.

예 $(X, \mathscr{D})$가 이산위상공간일 때, X^2의 적위상은 이산위상이다. 또한 $(X, \mathscr{I})$가 밀착위상공간일 때, X^2의 적위상은 밀착위상이다

참고 임의의 위상공간족 $\{(X_i, \mathscr{T}_i)\}$에 대하여, 집합 X_i의 적집합을 $X = \prod_{i \in I} X_i$라 하자. 이 경우 G_i가 좌표공간 X_i의 열린부분집합이면, $\Pi \{ G_i \mid i \in I \}$로 주어진 X의 모든 부분집합족은 적집합 X상의 위상의 기저를 이룬다. □

역사적으로 적집합 $\Pi \{ X_i \mid i \in I \}$상의 위상이 티코노프 적위상보다 먼저 연구되었다. 일반적으로 적집합 $\Pi \{ X_i \mid i \in I \}$상의 위상은 $\Pi \{ X_i \mid i \in I \}$상의 적위상, 즉 티코노프 적위상과 일치하지 않지만, 유한적 공간일 경우는 일치한다.

② 적위상의 정의부분기저와 정의기저

참고 임의의 위상공간족 $\{(X_i, \mathscr{T}_i)\}$에 대하여, $X = \prod_{i \in I} X_i$를 X의 적집합이라 하자. 이때 G_{j_0}가 좌표공간 X_{j_0}의 열린부분집합이면, $\pi_{j_0}^{-1}[G_{j_0}]$는

$$\pi_{j_0}^{-1}[G_{j_0}] = \Pi \{ X_i \mid i \neq j_0 \} \times G_{j_0}$$

가 된다. 특히 가산개의 위상공간족 $\{ X_1, X_2, \cdots \}$인 경우, 적집합 $X = \prod_{n=1}^{\infty} X_n$은 모든 수열 $p = \langle a_1, a_2, a_3, \cdots \rangle$ (단, $a_n \in X_n$)로 이루어진다. 즉

$$\pi_{j_0}^{-1}[G_{j_0}] = X_1 \times \cdots \times X_{j_0 - 1} \times G_{j_0} \times X_{j_0 + 1} \times \cdots$$

로 주어진다. □

정의에 의하면 X상의 적위상은 모든 사영을 연속이 되게 하는 가장 약한 X상의 위상, 즉 사영에 의하여 생성된 위상이다. 따라서 각 좌표공간의 열린부분집합의 역사영 전체는 적위상의 부분기저를 이룬다. 따라서 다음 성질을 갖는다.

정리 5 정의부분기저

G_{j_0}가 좌표공간 X_{j_0}의 열린부분집합일 때

$$\pi_{j_0}^{-1}[G_{j_0}] = \Pi \{ X_i \mid i \neq j_0 \} \times G_{j_0}$$

로 주어진 적집합 $X = \prod_{i \in I} X_i$의 부분집합족은 적위상의 부분기저이다. 이것을 적위상에 대한 **정의부분기저**라 한다.

예 G_{j_0}를 열린구간 $(1, 2)$라고 가정하면, $\pi_{j_0}^{-1}[G_{j_0}]$는 $\pi_{j_0}(p) \in G_{j_0}$를 만족하는 X의 모든 점 $p = \langle a_i \mid i \in I \rangle$로 이루어진다. 즉 $1 < p(j_0) < 2$를 만족하는 모든 함수 $p : I \to R$로 이루어진다. 그래프적으로 말하면 $\pi_{j_0}^{-1}$는 좌표공간 X_{j_0}을 나타내는 수직선상의 열린구간 G_{j_0}를 지나는 함수로 이루어진다.

예 $X = \{a, b, c\}$상의 위상 $\mathscr{T}$와 $Y = \{u, v\}$상의 위상 $\mathscr{T}^*$가 각각

$$\mathscr{T} = \{X, \varnothing, \{a\}, \{b, c\}\}, \quad \mathscr{T}^* = \{Y, \varnothing, \{u\}\}$$

로 주어질 때, $X \times Y$상의 적위상에 대한 정의부분기저 $\mathscr{R}$을 구해보자. 먼저 X와 Y의 적집합은

$$X \times Y = \{\langle a, u \rangle, \langle a, v \rangle, \langle b, u \rangle, \langle b, v \rangle, \langle c, u \rangle, \langle c, v \rangle\}$$

으로 주어지고, 이때 정의부분기저 $\mathscr{R}$은 G와 H가 각각 X와 Y의 열린부분집합일 때 역상 $\pi_x^{-1}[G]$와 $\pi_y^{-1}[H]$로 주어지는 집합족이다. 이것을 구하면

$$\pi_x^{-1}[X] = \pi_y^{-1}[Y] = X \times Y, \quad \pi_x^{-1}[\varnothing] = \pi_x^{-1}[\varnothing] = \varnothing$$
$$\pi_x^{-1}[\{a\}] = \{\langle a, u \rangle, \langle a, v \rangle\}$$
$$\pi_x^{-1}[\{b, c\}] = \{\langle b, u \rangle, \langle b, v \rangle, \langle c, u \rangle, \langle c, v \rangle\}$$
$$\pi_y^{-1}[\{u\}] = \{\langle a, u \rangle, \langle b, u \rangle, \langle c, u \rangle\}$$

이다. 따라서 $X \times Y$상의 적위상에 대한 정의부분기저 $\mathscr{R}$은

$$\mathscr{R} = \{X \times Y, \varnothing, \{\langle a, u \rangle, \langle a, v \rangle\}, \{\langle b, u \rangle, \langle b, v \rangle, \langle c, u \rangle, \langle c, v \rangle\}, \{\langle a, u \rangle, \langle b, u \rangle, \langle c, u \rangle\}\}$$

로 주어진다.

정리 6

f가 임의의 위상공간 $(Y, \mathscr{T}^*)$에서 위상공간족 $\{(X_i, \mathscr{T}_i)\}$의 적공간 $X = \prod_{i \in I} X_i$로의 함수일 때, 함수 f가 연속이기 위한 필요충분조건은 임의의 사영 $\pi_i : X \to X_i$에 대하여 합성함수 $\pi_i \circ f : Y \to X_i$가 연속인 것이다.

증명 적공간의 정의에 의하여 모든 사영은 연속이다. 따라서 f가 연속이면 두 연속함수의 합성함수 $\pi \circ f$는 연속이다.

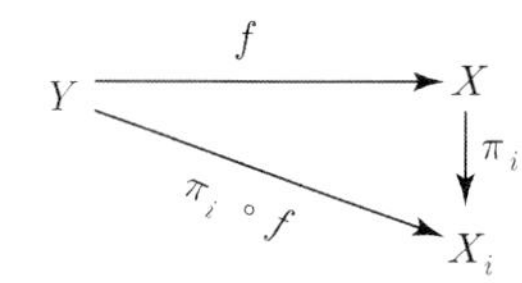

▌그림 6.7▐

역으로 모든 합성함수 $\pi_i \circ f : Y \to X_i$가 연속이라 가정하자. 이때 G를 X_i의 열린부분집합이라 하면, $\pi_i \circ f$의 연속성에 의하여

$$(\pi_i \circ f)^{-1}[G] = f^{-1}[\pi_i^{-1}[G]]$$

는 Y의 열린집합이다. 그러나 $\pi_i^{-1}[G]$로 주어진 집합족은 X상의 적위상의 정의부분기저이므로, f에 의한 역상이 Y의 열린부분집합이 된다. 따라서 f는 연속이다. ■

예 $f(x) = \langle \cos x, \sin x \rangle$로 정의된 함수 $f : R \to R^2$은 연속이다. 왜냐하면

$$(\pi_1 \circ f)(x) = \cos x,\ (\pi_2 \circ f)(x) = \sin x$$

가 연속이고, R^2상의 위상이 적위상이기 때문이다.

부분기저 원소의 유한개의 교집합은 그 위상에 대한 기저를 구성하므로, 다음 정리를 얻는다.

정리 7 정의기저

G_{j_0}가 좌표공간 X_{j_0}의 열린부분집합일 때

$$\pi_{j_1}^{-1}[G_{j_1}] \cap \cdots \cap \pi_{j_m}^{-1}[G_{j_m}] = \Pi\{X_i \mid i \neq j_1, \cdots, j_m\} \times G_{j_1} \times \cdots \times G_{j_m}$$

으로 주어진 적집합 $X = \prod_{i \in I} X_i$의 부분집합족은 적위상의 기저이다. 이것을 적위상에 대한 **정의기저**(defining base)라 한다.

예 적집합 $X = \prod_{i \in I} X_i$상의 적위상의 정의기저 $\mathscr{B}$의 하나의 열린집합, 예컨대 B는 적위상을 정의하는 부분기저 $\mathscr{R}$의 유한개 원소의 교집합, 즉

$$\begin{aligned} B &= \pi_{j_1}^{-1}[G_{j_1}] \cap \pi_{j_1}^{-1}[G_{j_2}] \cap \pi_{j_3}^{-1}[G_{j_3}] \\ &= \Pi\{R_i \mid i \neq j_1, j_2, j_3\} \times G_{j_1} \times G_{j_2} \times G_{j_3} \end{aligned}$$

이다. 이 경우 그림 7.3에서 말한다면, B는 좌표공간 R_{j_1}, R_{j_2}와 R_{j_3}를 나타내는 수직선상에 있는 열린집합 G_{j_1}, G_{j_2}와 G_{j_3}를 지나는 모든 함수로 이루어진다.

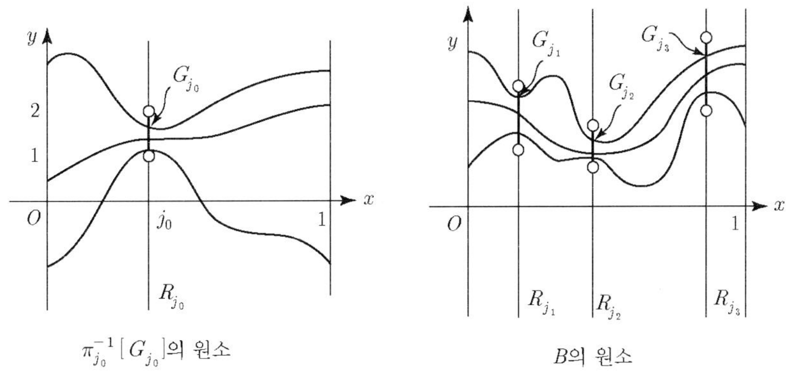

▌그림 6.8▌

예 $X=\{a, b, c\}$상의 위상 $\mathscr{T}$와 $Y=\{u, v\}$상의 위상 $\mathscr{T}^*$를 각각

$$\mathscr{T}=\{X, \varnothing, \{a\}, \{b, c\}\}, \quad \mathscr{T}^*=\{Y, \varnothing, \{u\}\}$$

라 할 때, $X \times Y$상의 적위상에 대한 정의기저 $\mathscr{B}$를 구해보자. 정의기저 $\mathscr{B}$는 정의부분기저 $\mathscr{R}$의 원소의 유한개의 교집합 전체의 집합이므로, $X \times Y$상의 적위상에 대한 정의부분기저

$$\mathscr{R}=\{X \times Y, \varnothing, \{\langle a, u\rangle, \langle a, v\rangle\}, \{\langle b, u\rangle, \langle b, v\rangle, \langle c, u\rangle, \langle c, v\rangle\}, \{\langle a, u\rangle, \langle b, u\rangle, \langle c, u\rangle\}\}$$

로부터, $X \times Y$상의 적위상에 대한 정의기저 $\mathscr{B}$는

$$\mathscr{B}=\{X \times Y, \varnothing, \{\langle a, u\rangle\}, \{\langle b, u\rangle, \langle c, u\rangle\}, \{\langle a, u\rangle, \langle a, v\rangle\}, \{\langle b, u\rangle, \langle b, v\rangle, \langle c, u\rangle, \langle c, v\rangle\}, \{\langle a, u\rangle, \langle b, u\rangle, \langle c, u\rangle\}\}$$

주어진다.

예제 B가 적공간 $X=\Pi_i X_i$의 정의기저의 원소이면, B를 임의의 좌표공간으로 사영할지라도 그 상은 열린집합이다.

증명 B가 X의 정의기저의 원소이면, G_{j_k}가 X_{j_k}의 열린부분집합일 때

$$B=\Pi\{X_i \mid i \neq j_1, \cdots, j_m\} \times G_{j_1} \times \cdots \times G_{j_m}$$

이므로, 임의의 사영 $\pi_i : X \to X_i$에 대해서도

$$\pi_i[B] = \begin{cases} X_i, & i \neq j_1, j_2, \cdots, j_m \\ G_i, & i \in \{j_1, j_2, \cdots, j_m\} \end{cases}$$

가 성립한다. 따라서 어느 경우에서나 $\pi_i[B]$는 열린집합이다. ∎

정리 8

임의의 위상공간족 $\{(X_i, \mathscr{T}_i)\}$의 적공간 $X = \Pi_{i \in I} X_i$에 대하여, 적공간 X상의 모든 사영 $\pi_i : X \to X_i$는 열린사상인 동시에 연속, 즉 쌍연속이다.

참고 임의의 위상공간족 $\{(X_i, \mathscr{T}_i)\}$의 적공간 $X = \Pi_{i \in I} X_i$에 대하여, 적공간 X의 수열 $\langle p_n \rangle$이 X의 점 $q \in X$로 수렴하기 위한 필요충분조건은 모든 사영 $\pi_i : X \to X_i$에 대하여 수열 $\langle \pi_i(p_n) \rangle$이 좌표공간 X_i의 $\pi_i(q)$로 수렴하는 것이다 (연습문제 1 참조). □

2. 티코노프의 적정리

티코노프 적위상에 관한 '티코노프의 적정리'는 위상수학에서 매우 유용한 정리이다. 이 정리에 의해 적위상이 적집합상의 위상으로 정당화되었다. 조른의 보조정리를 이용하여, 다음 정리가 증명된다.

보조정리 9

$\mathscr{A}$가 유한교차성을 갖는 집합 X의 부분집합족이라 하자. 이때 유한교차성을 갖는 모든 포함집합족의 족 $\mathscr{R}$, 즉

$$\mathscr{R} = \{\mathscr{A} \subset \mathscr{B} \mid \mathscr{B}\text{는 유한교차성을 갖는다.}\}$$

에 대하여, $\mathscr{R}$의 원소 간의 포함관계에 의한 순서를 도입하면 $(\mathscr{R}, \subset)$은 극대원소 $\mathscr{U}$을 갖는다.

참고 보조정리 9에 서술한 극대원소 $\mathscr{U}$는 다음 성질을 갖는다.

(1) $\mathscr{U}$의 원소의 모든 포함집합은 $\mathscr{U}$에 속한다.

(2) $\mathscr{U}$의 유한개의 원소들의 교집합은 $\mathscr{U}$에 속한다.

(3)′ 모든 $M \in \mathscr{U}$에 대하여 $A \cap M \neq \varnothing$이면, A는 $\mathscr{U}$에 속한다. □

보조정리 9로부터 다음 정리, 즉 티코노프의 적정리를 얻는다. 티코노프의 적정리는 실제로 조른의 보조정리와 동치이다.

정리 10 티코노프의 적정리

콤팩트 위상공간족 $\{A_i \mid i \in I\}$에 대하여, 적공간 $X = \Pi\{A_i \mid i \in I\}$는 콤팩트이다.

증명 $\mathscr{A} = \{F_j\}$가 유한교차성을 갖는 집합 X의 닫힌부분집합족이라 할 때, $\mathscr{A}$가 공집합이 아닌 교집합을 가짐을 증명하면 된다. 즉

$$F_j \in \mathscr{A} \Rightarrow p \in F_j$$

를 만족하는 $p \in X$가 존재함을 증명하면 된다. 이제 $\mathscr{U} = \{M_k \mid k \in K\}$를 유한교차성을 갖는 $\mathscr{A}$의 극대포함집합족이라 하고, $\overline{\mathscr{U}} = \{\overline{M_k} \mid k \in K\}$로 정의하자. 그러면

$$F_j \in \mathscr{A} \Rightarrow F_j = \overline{F_j}, \quad F_j \in \mathscr{U} \Rightarrow F_j \in \overline{\mathscr{U}}$$

가 성립한다. 이때 $\overline{\mathscr{U}}$가 공집합이 아닌 교집합을 갖는 것이 증명되면, $\mathscr{A}$는 또한 공집합이 아닌 교집합을 가질 것이다. 즉

$$k \in K \Rightarrow p \in \overline{\mathscr{U}}$$

를 만족하는 $p \in X$가 존재함을 밝히면 된다. 따라서 $p \in \overline{M_k}$, 즉 B가 X상의 적위상의 정의기저의 원소일 때

$$\text{모든 } k \in K\text{에 대하여, } p \in B \Rightarrow B \cap M_k \neq \varnothing \tag{1}$$

를 만족하는 $p \in X$가 존재함을 밝히면 증명은 완료된다. $\mathscr{U} = \{M_k \mid k \in K\}$가 유한교차성을 가지므로, 각 사영 $\pi_i : X \to A_i$에 대해서도 좌표공간 A_i의 부분집합족

$$\{\pi_i[M_k] \mid k \in K\}$$

는 또한 유한교차성을 가진다. 따라서 폐포족 $\{\overline{\pi_i[M_k]} \mid k \in K\}$는 유한교차성을 갖는 A_i의 닫힌부분집합족이다. 가정에 의하여 A_i가 콤팩트이므로

$$k \in K \Rightarrow a_i \in \overline{\pi_i[M_k]}$$

를 만족하는 $a_i \in A_i$가 존재한다. 같은 뜻으로 G_i가 좌표공간 A_i의 임의의 열린부분

집합일 때, 모든 $k \in K$에 대하여

$$a_i \in G_i \Rightarrow G_i \cap \pi_i[M_k] \neq \varnothing$$

를 만족하는 $a_i \in A_i$가 존재한다. 여기서 $p = \langle a_i \mid i \in I \rangle$라 하자. 이때 p가 (1), 즉

$$\text{모든 } k \in K\text{에 대하여, } p \in B \Rightarrow B \cap M_k \neq \varnothing \tag{2}$$

를 만족함을 보인다. B가 X상의 적위상에 대한 정의기저의 원소, 즉 G_{i_a}가 A_{i_a}의 열린부분집합이면

$$B = \pi_{i_1}^{-1}[G_{i_1}] \cap \cdots \cap \pi_{i_m}^{-1}[G_{i_m}]$$

일 때, $p \in B$라고 하자. $p \in B$이므로, $\pi_{i_1}(p) = a_{i_1}$은 $\pi_{i_1}[B] = G_{i_1}$에 속함을 알 수 있다. 따라서 (2)에 의하여

$$k \in K \Rightarrow G_{i_1} \cap \pi_{i_1}[M_k] \neq \varnothing$$

이고, 이것은 모든 $M_k \in \mathscr{U}$에 대하여

$$\pi_{i_1}^{-1}[G_{i_1}] \cap [M_k] = (\Pi\{A_i \mid i \neq i_1\}) \cap M_k \neq \varnothing$$

임을 의미한다. 그런데 극대원소 $\mathscr{U}$의 성질에 의하여, $\pi_{i_1}^{-1}[G_{i_1}]$은 $\mathscr{U}$에 속한다. 같은 방법으로 $\pi_{i_1}^{-1}[G_{i_1}], \cdots, \pi_{i_m}^{-1}[G_{i_m}]$도 $\mathscr{U}$에 속한다. 따라서 $\mathscr{U}$의 유한교차성에 의하여, 모든 $k \in K$에 대하여

$$B \cap M_k = \pi_{i_1}^{-1}[G_{i_1}] \cap \cdots \cap \pi_{i_m}^{-1}[G_{i_m}] \neq \varnothing$$

를 얻는다. 따라서 (1)이 만족되므로, 정리가 증명되었다. ■

예 각 A_i가 이산위상을 가질 때, $X = \Pi\{A_i \mid i \in I\}$는 콤팩트이다. 왜냐하면 A_i가 유한이므로 콤팩트이고, 티코노트 적정리에 의하여 $X = \Pi\{A_i \mid i \in I\}$는 또한 콤팩트이기 때문이다.

참고 정리 10의 역도 성립한다. 왜냐하면 사영함수 π_i가 연속이고 전사이므로, 적공간 $\Pi\{A_i \mid i \in I\}$가 콤팩트이면 X_i도 콤팩트가 되기 때문이다. □

3. 거리공간상의 적위상

거리공간족 $A=\{(X_i, d_i)\}$에 대하여 X_i의 적집합을 $X=\prod_{i\in I} X_i$로 나타낼 때, 다음 두 가지 문제

(1) 거리공간 (X_i, d_i)상의 적위상을 정의할 수 있을까?

(2) 거리 d에 의하여 유도된 X상의 위상이 적위상과 같도록 적집합 X상에 거리 d를 정의할 수 있을까?

를 생각할 수 있다. 이 문제에 대하여 가산개의 거리공간족일 경우 긍정적인 답을 준다. 이때 거리의 도입 방법은 유일하지 않다.

정리 11

유한개의 거리공간족 $\{(X_m, d_m)\}$에 대하여, $p=\langle a_1, \cdots, a_m\rangle$, $q=\langle b_1, \cdots, b_m\rangle$을 적집합 $X=\prod_{i=1}^{m} X_i$의 임의의 두 점이라 할 때

$$d(p, q)=\sqrt{d_1(a_1, b_1)^2+\ \cdots\ +d_m(a_m, b_m)^2}$$

으로 정의된 함수 d는 적집합 X상의 거리가 된다. 이때 거리 d에 의해 유도된 위상은 적위상이 된다.

예 유한개의 거리공간족 $\{(X_m, d_m)\}$에 대하여, $p=\langle a_1, \cdots, a_m\rangle$, $q=\langle b_1, \cdots, b_m\rangle$을 적집합 $X=\prod_{i=1}^{m} X_i$의 임의의 두 점이라 할 때

$$d_1(p, q)=\max\{d_1(a_1, b_1), \cdots, d_m(a_m, b_m)\}$$
$$d_2(p, q)=d_1(a_1, b_1)+\ \cdots\ +d_m(a_m, b_m)$$

으로 정의된 함수 d_1과 d_2는 적집합 X상의 거리가 되고, d_1과 d_2에 의해 유도된 위상은 적위상이 된다.

4. 칸토어 집합

(1) 칸토어 집합

단위 닫힌구간 $I=[0, 1]$을 점 $\frac{1}{3}$과 $\frac{2}{3}$에서 세 등분한 다음에 "세 등분의 중앙"이라 불리는 열린구간 $\left(\frac{1}{3}, \frac{2}{3}\right)$를 삭제한다. 이때 T_1으로 I의 나머지 점을 나타내자. 즉

$$T_1=\left[0, \frac{1}{3}\right] \cup\left[\frac{2}{3}, 1\right]$$

이다. 다음에 T_1의 두 선분의 각각을 $\frac{1}{9}$과 $\frac{2}{9}$, $\frac{7}{9}$과 $\frac{8}{9}$에서 세 등분하여 각 선분에서 "세 등분의 중앙", 즉 $\left(\frac{1}{9}, \frac{2}{9}\right)$과 $\left(\frac{7}{9}, \frac{8}{9}\right)$을 삭제한다. 이때 T_2로 T_1의 나머지 부분을 나타내자. 즉

$$T_2=\left[0, \frac{1}{9}\right] \cup\left[\frac{2}{9}, \frac{1}{3}\right] \cup\left[\frac{2}{3}, \frac{7}{9}\right] \cup\left[\frac{8}{9}, 1\right]$$

이다. 이 방법을 계속하면 축소집합열

$$T_1 \supset T_2 \supset T_3 \supset \cdots$$

가 얻어진다. 여기서 T_m은 T_{m-1}의 각 구간에서 세 등분의 중앙을 제외한 나머지 점으로 이루어진다. 이때 T_m은 2^m개의 서로소인 닫힌구간으로 구성되고, 이들을 좌측에서 우측으로 연속적으로 헤아린다면 T_m의 홀수구간과 짝수구간이 나타난다.

칸토어 집합 또는 **삼진집합**(ternary set) T란, 위에서 만들어진 집합의 교집합, 즉

$$T=\cap\left\{T_i \mid i \in N\right\}$$

이다.

정리 12

칸토어 집합 T는 R의 닫힌부분집합이다.

증명 T_m은 2^m개의 닫힌구간의 합집합이므로, T_m은 닫힌집합이다. 그런데

$$T=\cap\left\{T_i \mid i \in N\right\}$$

이므로, 이것은 닫힌집합의 교집합이다. 따라서 T는 닫힌집합이다. ■

예 칸토어 집합 T는 콤팩트이다. 왜냐하면 T가 실수의 유계인 닫힌집합이기 때문이다.

(2) 칸토어 집합의 성질

칸토어 집합 T상의 함수, 즉 **칸토어 함수**(Cantor function) f를

$$f(x) = \langle a_1, a_2, \cdots \rangle$$

로 정의한다. 여기서

$$a_m = \begin{cases} 0, & x\text{가 } T_m \text{의 홀수 구간에 속할 때} \\ 2, & x\text{가 } T_m \text{의 짝수 구간에 속할 때} \end{cases}$$

이다.

참고 칸토어 집합 T는 다음 성질을 갖는다.

(1) T는 가산이 아니다. 왜냐하면 $a_i = 0$ 또는 $a_i = 2$일 때 T는 수열

$$\langle a_1, a_2, \cdots \rangle$$

의 집합과 대등하지만, 수열의 기수는 $2^{\aleph_0} = c$이기 때문이다.

(2) T는 '측도' 0을 갖는다. 왜냐하면 단위 닫힌구간 $I = [0, 1]$에 관한 T의 여집합의 측도, 즉 삭제된 세 등분의 중앙의 합집합은

$$\frac{1}{3} + \frac{2}{9} + \frac{4}{27} + \frac{8}{81} + \cdots = 1$$

이고, 한편 단위 닫힌구간 $I = [0, 1]$의 측도가 1이므로, T의 측도는 0이 된다. □

정리 13

두 원소로 이루어진 이산위상공간 $A = \{0, 2\}$에 대하여, 각 A_i (단, $i \in N$)를 $A_i = A$로 나타낼 때, 칸토어 집합 T는 적공간

$$X = \Pi\{A_i \mid i \in N\}$$

와 위상동형이다. 이때 칸토어 함수 $f : T \to X$는 위상동형사상이다.

연습문제 6.2

EXERCISES

1. 임의의 위상공간족 $\{(X_i, \mathscr{T}_i)\}$의 적공간 $X = \Pi_{i \in I} X_i$에 대하여, 적공간 X의 수열 $\langle p_n \rangle$이 X의 점 $q \in X$로 수렴하기 위한 필요충분조건은 모든 사영 $\pi_i : X \to X_i$에 대하여 수열 $\langle \pi_i(p_n) \rangle$이 좌표공간 X_i의 $\pi_i(q)$로 수렴하는 것임을 보이시오.

2. 각 $A_i = \{0, 2\}$가 이산위상을 가질 때, $X = \Pi\{A_i \mid \in I\}$라고 하자. 이때 칸토어 집합 T에 대하여 함수 $f : X \to T$가

$$f(\langle a_1, a_2, \cdots \rangle) = a_1\left(\frac{1}{3}\right) + a_2\left(\frac{1}{3^2}\right) + a_3\left(\frac{1}{3^3}\right) + \cdots = \sum_{i=1}^{\infty} a_i\left(\frac{1}{3^i}\right)$$

로 정의되면, 함수 f는 위상동형사상임을 보이시오.

3. 임의의 위상공간족 $\{(X_i, \mathscr{T}_i)\}$의 적공간 $X = \Pi_i X_i$에 대하여, 적공간 X상의 사영 $\pi_i : X \to X_i$는 열린사상인 동시에 연속, 즉 쌍연속임을 보이시오.

4. 두 위상공간 $(X, \mathscr{T})$와 $(Y, \mathscr{T}^*)$가 분리가능공간일 때, 적공간 $X \times Y$도 분리가능공간임을 보이시오.

제7장
연결공간

1. 연결공간

어떤 위상공간이 하나로 연결되는지, 아니면 여러 개의 조각으로 분리되어 있는지의 차이는 위상적으로 매우 중요한 의미를 갖는다. 미분적분학에서 다루는 중간값정리는 보통위상공간 $(R, \mathscr{U})$가 연결공간이기 때문에 성립하는 예가 된다.

(1)분리집합

정의 1 분리집합

위상공간 $(X, \mathscr{T})$의 서로소인 두 부분집합 A와 B에 대하여, A와 B 중 어느 것이나 다른 집합의 집적점을 포함하지 않을 때, 즉

$$\overline{A} \cap B = A \cap \overline{B} = \varnothing$$

를 만족할 때, A와 B는 분리된다(separated)고 한다. 이때 A와 B를 분리집합(separated set)이라 한다.

예 실직선 R에서

$$A = (0, 1),\ B = (1, 2),\ C = [2, 3)$$

을 생각하자. 이 경우 $\overline{A} = [0, 1]$이고 $\overline{B} = [1, 2]$이므로

$$\overline{A} \cap B = A \cap \overline{B} = \varnothing$$

를 만족한다. 따라서 A와 B는 분리된다. 그러나 B와 C는 분리되지 않는다. 왜냐하면 $2 \in C$가 B의 집적점이기 때문이다. 즉 $\overline{B} \cap C = \{2\} \neq \varnothing$이다.

예 평면 R^2의 부분집합

$$A = \left\{\langle 0, y \rangle \mid \frac{1}{2} \leq y \leq 1\right\}$$
$$B = \{\langle x, y \rangle \mid y = \sin(1/x),\ 0 < x \leq 1\}$$

를 생각하자. 이 경우 A의 모든 점은 B의 집적점이다. 따라서 $A \cap \overline{B} \neq \varnothing$이므로, A와 B는 분리되지 않는다.

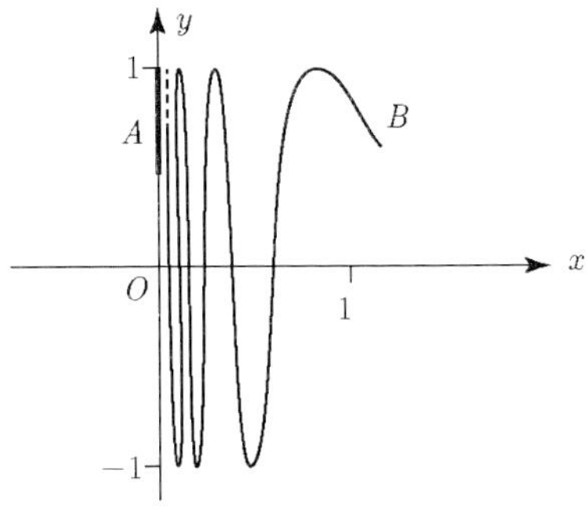

❙그림 7.1❙

참고 서로 분리된 집합은 서로소이다. 그러나 그 역은 성립하지 않는다. 위의 예들이 이를 잘 보여주고 있다. 따라서 위상적으로 분리된 집합과 집합적으로 분리된 집합, 즉 서로소인 집합은 구별해야 한다. □

(2) 연결공간

① 연결집합

정의 2 연결집합

위상공간 $(X, \mathscr{T})$의 부분집합 A에 대하여, $A \cap G \neq \varnothing$, $A \cap H \neq \varnothing$일 때

$$(A \cap G) \cap (A \cap H) = \varnothing, \ A = (A \cap G) \cup (A \cap H)$$

를 만족하는 X의 열린집합 G와 H가 존재하면, A를 **비연결집합**(disconnected set)이라 한다. 이 경우 $G \cup H$를 A의 **비연결**(disconnection) 또는 **절단**(cut)이라 한다. 비연결집합이 아닌 집합을 **연결집합**이라 한다. 특히 전체집합 X가 비연결집합일 때 위상공간 $(X, \mathscr{T})$를 **비연결공간**(disconnected space)이라 하고, X가 연결집합일 때 위상공간 $(X, \mathscr{T})$를 **연결공간**(connected space)이라

참고 A가 위상공간 $(X, \mathscr{T})$의 부분집합일 때, $G \cup H$가 A의 절단이기 위한 필요충분조건은

$$A \cap G \neq \varnothing, \ A \cap H \neq \varnothing, \ A \subset G \cup H, \ G \cap H \subset A^c$$

를 만족하는 X의 열린집합 G와 H가 존재하는 것이다. □

예 비연결집합은 공집합이 아니면서 서로소인 집합들의 합집합이므로, 원소가 최소 두 개 이상이어야 한다. 따라서 공집합 $\varnothing$와 단원집합 $\{p\}$는 연결집합이다.

예 평면 R^2의 부분집합

$$A = \{\langle x, y \rangle \mid x^2 - y^2 \geq 4\}$$

는 비연결집합이다. 왜냐하면 두 열린 반평면

$$G = \{\langle x, y \rangle \mid x < -1\} \text{와 } H = \{\langle x, y \rangle \mid x > 1\}$$

이 A의 절단을 이루기 때문이다.

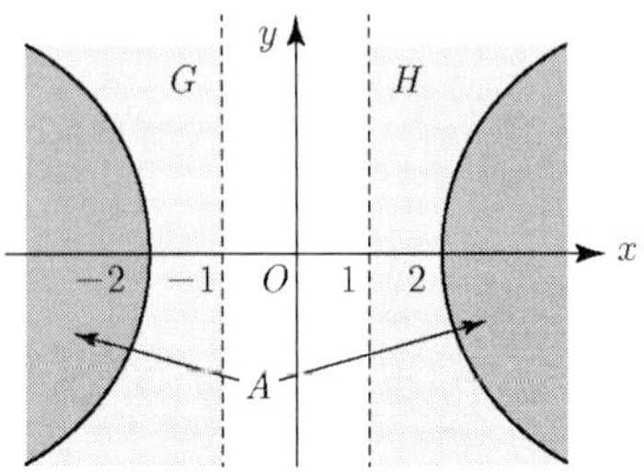

▌그림 7.2▐

예제 $X = \{a, b, c, d, e\}$상의 위상

$$\mathscr{T} = \{X, \varnothing, \{a, b, c\}, \{c, d, e\}, \{c\}\}$$

를 생각하자. 이 경우 $A = \{a, d, e\}$는 비연결집합이다.

증명 열린집합 $G = \{a, b, c\}$와 $H = \{c, d, e\}$에 대하여, $A \cap G = \{a\}$와 $A \cap H = \{d, e\}$는 공집합이 아닌 서로소인 집합이고 합집합은 A가 된다. 따라서 $A = \{a, d, e\}$는 비연결집합이다. ■

보조정리 3

$G \cup H$가 집합 A의 절단일 때, $A \cap G$와 $A \cap H$는 분리된 집합이다.

증명 가정에 의하여 $A \cap G$와 $A \cap H$는 서로소이므로, 각 집합은 서로 상대의 집적점을 포함하지 않는 것만을 밝히면 된다. 이제 p를 $A \cap G$의 집적점이라 하고, $p \in A \cap H$라고 가정하자. 이때 H는 p를 포함한 열린집합이므로, H는 p와 서로 다른 $A \cap G$의 점을 포함한다. 즉 $(A \cap G) \cap H \neq \varnothing$이다. 그러나 가정에 의하여

$$(A \cap G) \cap (A \cap H) = \varnothing = (A \cap G) \cap H$$

이므로, $p \notin A \cap H$가 된다. 같은 방법으로 p가 $A \cap H$의 집적점이면, $p \notin A \cap G$

이다. 따라서 $A \cap G$와 $A \cap H$는 분리된 집합이다. ■

연결과 분리 간에 다음이 성립한다.

정리 4

위상공간 $(X, \mathscr{T})$의 부분집합 A에 대하여, A가 연결이기 위한 필요충분조건은 A가 공집합이 아닌 두 분리된 집합의 합집합으로 표현될 수 없는 것이다.

증명 A가 공집합이 아닌 두 분리된 집합의 합집합이면 A는 연결이 아니다. 이제 대우증명법을 이용하여 역이 성립함을 보인다. A가 연결이 아니라 가정하고, $G \cup H$가 A의 절단이라 하자. 이 경우 A는 분리된 공집합이 아닌 두 집합 $A \cap G$와 $A \cap H$의 합집합으로 표현된다. ■

참고 집합 A가 연결이 아니기 위한 필요충분조건은 A가 공집합이 아닌 두 분리된 집합의 합집합이다. □

보조정리 5

위상공간 $(X, \mathscr{T})$의 두 연결부분집합 A와 B에 대하여, A와 B가 분리되지 않는다면 $A \cup B$는 연결집합이다.

증명 $A \cup B$가 연결이 아니라 가정하고 $G \cup H$를 $A \cup B$의 절단이라 하자. 그러면 A가 $A \cup B$의 연결부분집합이므로, $A \subset G$ 또는 $A \subset H$로 된다(연습문제 1 참조). 같은 방법으로 $B \subset G$ 또는 $B \subset H$이다. 그런데 $A \subset G$이고 $B \subset H$ (또는 $B \subset G$이고 $A \subset H$)라 하면, 두 집합

$$(A \cup B) \cap G = A, \ (A \cup B) \cap H = B$$

는 분리된 집합이다. 그러나 이것은 가정에 모순된다. 그러므로 $A \cup B \subset G$ 또는 $A \cup B \subset H$이므로, $G \cup H$는 $A \cup B$의 절단이 아니다. 따라서 $A \cup B$는 연결이다. ■

정리 6

X의 연결부분집합족 $\mathscr{A} = \{A_i\}$에 대하여, $\mathscr{A}$의 임의의 두 원소가 분리되지 않으면 $B = \cup_i A_i$는 연결집합이다.

예 X의 연결부분집합족 $\mathscr{A}=\{A_i\}$에 대하여, $\cap_i A_i \neq \varnothing$이면 $B=\cup_i A_i$는 연결이다. 왜냐하면 $\cap_i A_i \neq \varnothing$일 때 $\mathscr{A}$의 임의의 두 원소가 서로소가 아니므로, 임의의 두 원소가 분리되지 않기 때문에 $B=\cup_i A_i$는 연결이다.

② 연결공간

집합의 연결성도 절대적 성질이다. 즉 위상공간 $(X, \mathscr{T})$의 부분집합 A가 연결집합이면, 부분공간 $(A, \mathscr{T}_A)$는 연결공간이 된다.

정리 7

위상공간 $(X, \mathscr{T})$의 부분집합 A가 연결집합이기 위한 필요충분조건은 $(A, \mathscr{T}_A)$가 연결공간인 것이다.

증명 A가 $\mathscr{T}$-연결이 아니라고 하자. 그러면 A의 $\mathscr{T}$-절단 $G \cup H$가 존재한다. 그런데 $G, H \in \mathscr{T}$이므로, $A \cap G, A \cap H \in \mathscr{T}_A$이다. 그러므로 $A \cap G$와 $A \cap H$는 A의 $\mathscr{T}_A$-절단이다. 따라서 A는 $\mathscr{T}_A$-연결이 아니다.

역으로 A가 $\mathscr{T}_A$-연결이 아니라고 하자. 예컨대 G^*와 H^*가 A의 $\mathscr{T}_A$-절단이고, 이 경우 $G^*, H^* \in \mathscr{T}_A$이므로

$$G^*=A \cap G,\ H^*=A \cap H$$

를 만족하는 $G, H \in \mathscr{T}$가 존재한다. 그러나

$$A \cap G^*=A \cap G,\ A \cap H^*=A \cap H$$

이므로, $G \cup H$는 A의 절단이다. 따라서 A는 $\mathscr{T}$-연결이 아니다. ■

예 위상공간 $(X, \mathscr{T})$가 비연결일 때, $G \cup H$가 X의 절단이면

$$X=(X \cap G) \cup (X \cap H),\ (X \cap G) \cap (X \cap H)=\varnothing$$
$$(\text{단, } X \cap G \neq \varnothing,\ X \cap G \neq \varnothing)$$

을 만족하는 공집합이 아닌 열린집합 G와 H가 존재한다. 따라서 $G \cup H$가 X의 절단이면 $X \cap G=G$이고 $X \cap H=H$이므로, 위상공간 X가 비연결이기 위한 필요충분조건은

$$X=G \cup H,\ G \cap H=\varnothing$$

를 만족하는 공집합이 아닌 열린집합 G와 H가 존재하는 것이다.

정리 8

위상공간 $(X, \mathscr{T})$에 대하여, 다음은 서로 동치이다.

(1) 위상공간 $(X, \mathscr{T})$가 연결공간이다.

(2) X가 공집합이 아닌 두 개의 서로소인 열린집합들의 합집합으로 나타낼 수 없다.

(3) X의 열린집합인 동시에 닫힌부분집합은 오직 X와 공집합 $\varnothing$뿐이다.

예 실직선 R에서, R의 열린집합인 동시에 닫힌부분집합은 R과 공집합 $\varnothing$뿐이므로 $(R, \mathscr{U})$는 연결공간이다. 또한 밀착위상공간 $(X, \mathscr{I})$는 연결공간이다. 왜냐하면 X와 공집합 $\varnothing$ 외에는 열린집합인 동시에 닫힌집합이 존재하지 않기 때문이다. 그러나 이산위상공간 $(X, \mathscr{D})$는 연결공간이 아니다.

예 $X=\{a, b, c, d, e\}$상의 위상

$$\mathscr{T}=\{X, \varnothing, \{a\}, \{c, d\}, \{a, c, d\}, \{b, c, d, e\}\}$$

를 생각하자. 이 경우 위상공간 X는 비연결이다. 왜냐하면 $\{a\}$와 $\{b, c, d, e\}$는 서로 여집합이고, 따라서 열린집합인 동시에 닫힌집합이기 때문이다. 이때

$$\{a\} \cup \{b, c, d, e\}$$

는 X의 절단이다. 한편 부분집합 $A=\{b, d, e\}$상의 상대위상은 $\{A, \varnothing, \{d\}\}$이다. 따라서 상대위상에 있어서 A의 열린집합인 동시에 닫힌부분집합이 A와 공집합 $\varnothing$뿐이다. 그러므로 A는 상대위상에 있어서 연결집합이다.

참고 위상공간 $(X, \mathscr{T})$에 대하여, X가 연결이 아닐 필요충분조건은 X의 공집합이 아닌 진부분집합으로 열린집합인 동시에 닫힌집합이 존재한다. □

정리 9 **연결의 보존**

임의의 위상공간 $(Y, \mathscr{T}^*)$에 대하여 $(X, \mathscr{T})$가 연결일 때, X에서 Y로의 함수 $f: X \to Y$가 연속이면 $f[X]$는 연결이다.

증명 $f[X]$가 비연결이라 하자. 예컨대 G와 H가 $f[X]$의 절단이라 하면

$$f[X]=G \cup H, \quad G \cap H=\varnothing$$

이므로, $X=f^{-1}[G]\cup f^{-1}[H]$이고 $f^{-1}[G]\cap f^{-1}[H]=\varnothing$가 된다. 그런데 f가 연속이므로, $f^{-1}[G]$와 $f^{-1}[H]$는 X의 열린부분집합이고, 따라서 X는 절단을 이룬다. 그러나 이것은 가정에 모순이다. 따라서 X가 연결이면, 연속상 $f[X]$는 연결이다. ∎

정리 9로부터 위상공간의 연결성은 위상적 성질임을 안다. 그러나 위상공간의 연결성은 유전적 성질은 아니다. 왜냐하면 보통위상공간 $(R, \mathscr{U})$에서 R은 연결이지만, $(0, 1)\cup(1, 2)$는 비연결이기 때문이다.

참고 $(X, \mathscr{T})$가 비연결공간이고, $G\cup H$가 X의 절단일 때

$$f(x)=\begin{cases} 0, & x\in G \\ 1, & x\in H \end{cases}$$

로 정의된 X에서 이산위상공간 $Y=(\{0, 1\}, \mathscr{D})$로의 함수 $f: X\to\{0, 1\}$는 전사이고 연속이다. 따라서 연결공간 X의 전사인 연속함수 f에 의한 상 $f[X]$는 이산위상공간 $(\{0, 1\}, \mathscr{D})$가 될 수 없다. 그러므로 위상공간 $(X, \mathscr{T})$가 연결공간이기 위한 필요충분조건은 X에서 이산위상공간 $(\{0, 1\}, \mathscr{D})$로의 연속함수는 오직 상수함수뿐인 것이다. □

(3) 실직선상의 연결성

E가 실직선 R의 부분집합일 때, 다음 성질

$$a, b\in E,\ a<x<b \Rightarrow x\in E$$

에 의해 E를 R상의 구간으로 특성화할 수 있다.

정리 10

보통위상공간 $(R, \mathscr{U})$에서, 적어도 두 점을 포함하는 R의 부분집합 E가 연결이기 위한 필요충분조건은 E가 구간인 것이다.

연결공간의 연속함수에 의한 상은 역시 연결공간이므로, 바이어슈트라스의 중간값정리를 일반화한 다음 정리를 얻는다.

정리 11

$f: X \to R$가 연결공간 $(X, \mathscr{T})$에서 보통위상공간 $(R, \mathscr{U})$로의 연속함수일 때, y가 서로 다른 두 점 $f(a)$와 $f(b)$ 사이의 점이면 y는 $f[X]$의 점이다.

증명 X가 연결공간이고 함수 f가 연속이므로, $f[X]$는 R의 연결부분집합이다. 이때 두 점 $f(a)$와 $f(b)$를 가지므로, $f[X]$는 구간이 된다. 따라서 구간의 정의에 의해 y는 $f[X]$의 점이다. ■

참고 브라우어의 부동점 정리(Brauwer's fixed point theorem) : 닫힌 단위구간 $I = [0, 1]$에 대하여 함수 $f : I \to I$가 연속이면, $f(p) = p$를 만족하는 $p \in I$가 존재한다. □

부동점 정리는 연결성이론의 응용이다. 이 정리는 기하학적으로 설명될 수 있다. 닫힌 단위구간 $I = [0, 1]$에 대하여 연속함수 $f : I \to I$의 그래프는 단위 정사각형

$$I^2 = \{\langle x, y \rangle \mid 0 \leq x \leq 1,\ 0 \leq y \leq 1\}$$

내에 존재한다. 이 경우 부동점 정리는 정사각형의 좌측변의 한 점에서 우측변의 한 점으로 연결된 f의 그래프가 I^2의 대각선과 만남을 보여준다. 즉 $\langle p, p \rangle$에서 만난다.

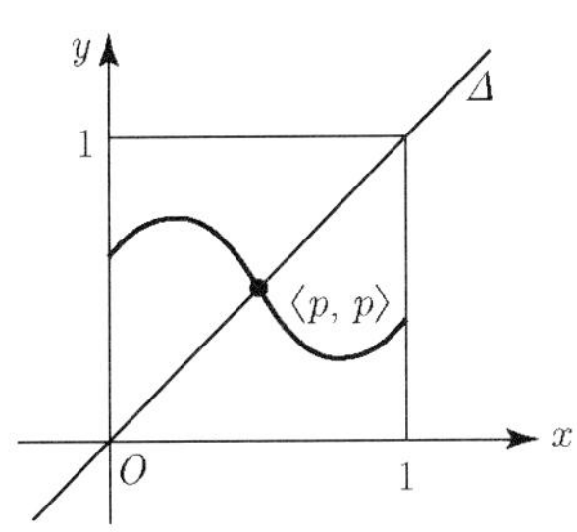

┃그림 7.3┃

2. 연결성분

정의 12 연결성분

E가 위상공간 $(X, \mathscr{T})$의 극대인 연결부분집합일 때, E를 X의 **연결성분**(connected component) 또는 간단히 **성분**이라 한다. 즉 F가 X의 연결부분집합이고 $E \subset F$이면 $E = F$가 된다.

모든 단원집합은 연결집합이므로, X가 공집합이 아니면 X의 연결성분은 당연히 공집합이 아니다. 일반적으로 극대원소들이 두 개 이상 존재할 수 있으므로, X의 연결성분도 두 개 이상 있을 수 있다.

참고 각 점 $p \in X$에 대하여, p를 포함하는 X의 연결성분이 유일하게 존재한다. □

예 $(X, \mathscr{T})$가 연결공간이면, X의 연결성분은 X 자신뿐이다. 따라서 보통위상공간 $(R, \mathscr{U})$에서 연결성분은 R 하나밖에 없다. 또한 밀착위상공간 $(X, \mathscr{I})$은 연결공간이므로 X의 연결성분도 X 자신뿐이다. 그러나 이산위상공간 $(X, \mathscr{D})$의 모든 단원부분집합은 X의 연결성분이다.

예 유한집합 X에 여유한위상 $\mathfrak{J}$가 주어지면 $\mathfrak{J} = \mathscr{D}$이므로, 모든 단원집합은 $(X, \mathfrak{J})$의 연결성분이 된다. 한편 X가 무한집합이면 단지 X만이 $(X, \mathfrak{J})$의 연결성분이다.

참고 임의의 위상공간에서, 서로 다른 두 연결성분은 분리되어 있다. □

위상공간 $(X, \mathscr{T})$의 연결성분이 실제로 어떤 형태로 이루어져 있는지 살펴보자. 사실 이들 연결성분들은 모여서 위상공간 $(X, \mathscr{T})$의 분할을 이루고, X의 임의의 점은 이들 연결성분 중 오직 하나에 속한다(정리 15). 이를 증명하기 위해 몇 가지 보조정리가 필요하다.

보조정리 13

위상공간 $(X, \mathscr{T})$의 임의의 연결성분 E는 닫힌집합이다.

증명 E가 연결이므로, $\overline{E}$는 연결이고 $E \subset \overline{E}$이다. 그러나 연결성분 E는 극대 연결집합이므로, $E = \overline{E}$이다. 따라서 E는 닫힌집합이다. ■

예 보통위상 $\mathscr{U}$가 주어진 $X = (0, 1) \cup (2, 3)$의 연결성분 $(0, 1)$과 $(2, 3)$은 X에서 닫힌집합이다.

예제 유한개의 연결성분을 갖는 위상공간 $(X, \mathscr{T})$에서, 각 연결성분은 열린집합인 동시에 닫힌집합이다.

증명 $E_1, E_2, \cdots, E_n$을 X의 연결성분이라 하면, $X = E_1 \cup E_2 \cup \cdots \cup E_n$이다. 그러면 임의의 $k = 1, 2, \cdots, n$에 대하여 E_k는 닫힌집합이고, 또한

$$E_k = X \setminus (E_1 \cup E_2 \cup \cdots \cup E_{k-1} \cup E_{k+1} \cup \cdots \cup E_n)$$

이므로, 각 연결성분 E_k는 열린집합이다. ■

예제 콤팩트 공간 $(X, \mathscr{T})$의 연결성분들이 모두 열린집합이면, 연결성분들은 많아야 유한개밖에 없다.

증명 X의 모든 연결성분들의 집합이 열린덮개이다. 그런데 X가 콤팩트이므로 유한부분덮개가 존재한다. 따라서 연결성분들은 유한개밖에 없다. ■

보조정리 14

위상공간 $(X, \mathscr{T})$의 임의의 점 p를 포함하는 X의 연결부분집합족 $\mathscr{A} = \{A_i\}$에 대하여 $C_p = \cup_i A_i$라고 하면, C_p는 X의 연결성분이다.

예 보통위상 $\mathscr{U}$가 주어진 $X = [0, 2) \cup (3, 5]$에서

$$C_0 = C_1 = [0, 2), \ C_4 = C_5 = (3, 5]$$

이다.

다음 정리는 공간의 연결성분에 관한 중요한 성질이다.

정리 15

위상공간 $(X, \mathscr{T})$의 연결성분은 X의 분할을 이룬다. 또한 X의 모든 연결부분집합은 어떤 연결성분에 포함된다.

증명 $p \in X$를 포함하는 X의 연결부분집합족 $\mathscr{A} = \{A_i\}$에 대하여 $C_p = \cup_i A_i$라고 하고, 집합족 $\mathscr{C} = \{C_p \mid p \in X\}$를 생각하자. 이때 각 $C_p \in \mathscr{C}$는 연결성분이다. 먼저 $\mathscr{C}$가 X의 모든 연결성분으로 이루어짐을 밝힌다. D가 연결성분이면 D는 어떤 점 $p_0 \in X$를 포함하므로, $D \subset C_{p_0}$이다. 그러나 D 자신은 연결성분이므로, $D = C_{p_0}$이다.

이제 $\mathscr{C}$가 분할임을 밝힌다. $X = \cup\{C_p \mid p \in X\}$이므로, 서로 다른 연결성분이 서로소임을 밝히면 된다. 즉

$$C_p \cap C_q \neq \varnothing \ \Rightarrow \ C_p = C_q$$

임을 밝히면 된다. $a \in C_p \cap C_q$라 하면 C_p와 C_q가 a를 포함하는 연결집합이므로, $C_p \subset C_a$이고 $C_q \subset C_a$이다. 그러나 C_p와 C_q가 연결성분이므로, $C_p = C_a = C_q$이다.

마지막으로 E가 X의 공집합이 아닌 연결부분집합이라 하면, E는 점 $p_0 \in X$를 포함한다. 따라서 $E \subset C_{p_0}$이다. 한편 $E = \varnothing$이면, E는 모든 연결성분에 포함된다. ■

위상공간 $(X, \mathscr{T})$의 임의의 점 p는 오직 하나의 연결성분 C_p에 속한다. 따라서 C_p를 점 p의 연결성분이라고 한다.

예 $X = \{a, b, c, d, e\}$상의 위상

$$\mathscr{T} = \{X, \varnothing, \{a\}, \{c, d\}, \{a, c, d\}, \{b, c, d, e\}\}$$

을 생각하자. 이 경우 X의 연결성분은 $\{a\}$와 $\{b, c, d, e\}$이다. 한편 X의 연결부분집합 $\{b, d, e\}$는 X의 하나의 연결성분 $\{b, c, d, e\}$의 부분집합이다.

연결공간 X의 연결성분은 X밖에 없다는 사실로부터 다음 정리를 얻는다.

정리 16

두 위상공간 X와 Y가 연결이면, 적공간 $X \times Y$는 연결이다.

증명 $p = \langle x_1, y_1 \rangle$과 $q = \langle x_2, y_2 \rangle$를 $X \times Y$의 임의의 두 점이라 하자. 이때 $\{x_i\} \times Y$는 Y와 위상동형이므로 연결이다. 같은 방법으로 $X \times \{y_2\}$도 연결이다. 그런데

$$(\{x_i\} \times Y) \cap (X \times \{y_2\}) = \{\langle x_1, y_2 \rangle\}$$

이므로, $(\{x_i\} \times Y) \cap (X \times \{y_2\})$도 연결이다. 따라서 p와 q는 같은 연결성분에 속한다. 그러나 p, q가 $X \times Y$의 임의의 두 점이므로, $X \times Y$는 하나의 연결성분을 가진다. 따라서 $X \times Y$는 연결이다 ■

참고 각 좌표공간 X_i가 연결공간이면, 적공간 $\Pi\{X_i \mid i \in I\}$는 연결공간이다. □

예 n차원 유클리드 공간 R^n은 연결공간이다.

3. 국소연결공간

정의 17 국소연결공간

위상공간 $(X, \mathscr{T})$에 대하여, 점 $p \in X$를 포함하는 모든 열린집합이 p를 포함하는 연결열린집합을 포함할 때, X는 $p \in X$에서 **국소연결**(locally connected)이라 한다. 또한 X가 각 $p \in X$에서 국소연결일 때, X를 **국소연결공간**(locally connected space)이라 한다.

위상공간 $(X, \mathscr{T})$에 대하여, p를 포함하는 연결열린집합족이 p의 국소기저를 이룰 때, X는 $p \in X$에서 국소연결이다. 즉 X의 연결열린부분집합들이 $\mathscr{T}$의 기저를 이룰 때, X는 국소연결공간이다.

예 임의의 이산위상공간 $(X, \mathscr{D})$는 국소연결공간이다. 왜냐하면 X의 임의의 점 p에 대하여 단원집합 $\{p\}$가 p를 포함하는 연결열린집합이므로, $\{\{p\}\}$가 국소기저가 되기 때문이다. 그러나 적어도 두 개 이상의 원소로 이루어진 이산위상공간 $(X, \mathscr{D})$는 비연결공간이다. 따라서 국소연결공간은 일반적으로 연결공간이 아니다.

예제 국소연결공간 $(X, \mathscr{T})$의 연결성분 E는 열린집합이다.

증명 $p \in E$라 하자. 그러면 E가 X의 국소연결이므로, $p \in G_p \subset E$를 만족하는 연결열린집합 G_p가 존재한다. 그러나 E가 p의 연결성분이므로

$$E = \cup \{G_p \mid p \in E\}$$

이다. 따라서 E가 열린집합의 합집합이므로, E는 열린집합이다. ■

국소연결공간은 일반적으로 연결공간이 아니다. 또한 연결공간도 일반적으로 국소연결공간이 아니다.

예 평면 R^2에서, 국소연결공간 R^2의 부분집합

$$A = \left\{\langle 0, y \rangle \mid \frac{1}{2} \le y \le 1\right\}$$

$$B = \{\langle x, y \rangle \mid y = \sin(1/x),\ 0 < x \le 1\}$$

를 생각하자. 이 경우 $A \cup B$는 연결집합이지만, $p = \langle 0, 1 \rangle$에서 국소연결이 아니다. 예컨대 중심을 p에 두고 반지름이 $\frac{1}{4}$인 열린원판은 p의 임의의 연결근방을 포함

하지 않는다.

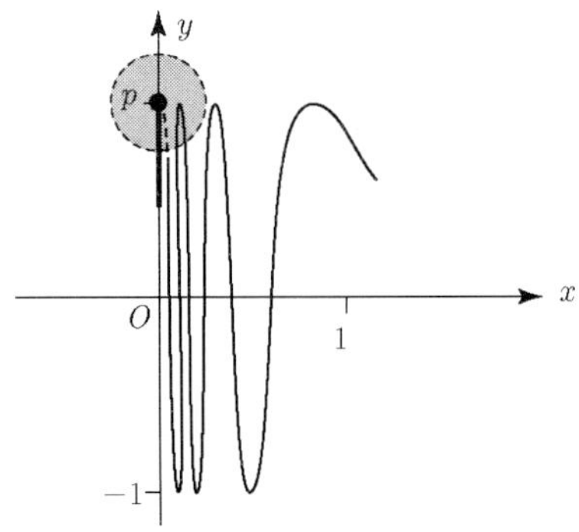

❙그림 7.4❙

위의 예에서 보듯이 국소연결성은 유전적 성질이 아니다. 그러나 G가 국소연결공간 X의 열린부분집합이면, G는 국소연결이 된다.

정리 18

$(X, \mathscr{T})$가 국소연결공간일 때, 함수 $f : (X, \mathscr{T}) \to (Y, \mathscr{T}^*)$가 위상동형사상이면 $(Y, \mathscr{T}^*)$도 국소연결공간이다. 즉 국소연결성은 위상적 성질이다.

증명 $y \in Y$를 택하고 $y \in H \subset \mathscr{T}^*$라 하면, $y = f(x)$를 만족하는 $x \in X$가 유일하게 존재한다. 그러므로 $x \in f^{-1}(H) \in \mathscr{T}$이고, X가 국소연결이므로 $G \subset f^{-1}(H)$와 $x \in G \in \mathscr{T}$를 만족하는 연결집합 G가 존재한다. 따라서 $y \in f(G) \in \mathscr{T}^*$이고, $f(G) \subset H$이다. 그런데 연결성은 위상적 성질이므로, $f(G)$는 연결집합이다. 그러므로 $(Y, \mathscr{T}^*)$는 국소연결공간이다. ■

정리 19

두 위상공간 X와 Y가 국소연결이면, 적공간 $X \times Y$는 국소연결이다.

증명 X와 Y가 국소연결이므로, X가 연결집합으로 이루어지는 기저 $\mathscr{B}$를 갖고, Y도 연결집합으로 이루어지는 기저 $\mathscr{B}^*$를 갖는다. 이때 $\{G \times H \mid G \in \mathscr{B}, H \in \mathscr{B}^*\}$는 $X \times Y$의 기저이다. 그런데 각 $G \times H$는 G와 H가 연결이므로 연결이다. 즉 $X \times Y$는 연결집합으로 이루어진 기저를 갖는다. 따라서 적공간 $X \times Y$는 국소연결이다. ■

4. 경로

정의 20 경로

단위 닫힌구간 $I=[0,1]$과 위상공간 $(X,\mathscr{T})$에 대하여

$$f(0)=a,\quad f(1)=b$$

를 만족하는 연속함수 $f: I\rightarrow X$를 위상공간 X에 있어서 점 a에서 점 b로의 경로(path)라 한다. 여기서 a를 경로 f의 시점이라 하고, b를 경로 f의 종점이라 한다.

참고 $(X,\mathscr{T})$가 위상공간일 때, 임의의 $p\in X$에 대하여

$$e_p(s)=p\ (\text{단, } s\in I)$$

로 정의되는 상수함수 $e_p: I\rightarrow X$는 연속이므로, 따라서 경로이다. 이것을 p에서 상수경로(constant path)라 한다. □

예 단위 닫힌구간 $I=[0,1]$에서 위상공간 $(X,\mathscr{T})$로의 함수 $f: I\rightarrow X$가 a에서 b로의 경로일 때, $\hat{f}(s)=f(1-s)$로 정의되는 함수 $\hat{f}: I\rightarrow X$는 b에서 a로의 경로이다.

예 단위 닫힌구간 $I=[0,1]$과 위상공간 $(X,\mathscr{T})$에 대하여, 함수 $f: I\rightarrow X$가 a에서 b로의 경로이고 함수 $g: I\rightarrow X$가 b에서 c로의 경로일 때

$$(f*g)(s)=\begin{cases} f(2s) & ,\ 0\le s\le \frac{1}{2} \\ g(2s-1), & \frac{1}{2}\le s\le 1 \end{cases}$$

로 정의된 함수 $f*g$는 a에서 c로의 경로이다.

예제 $I=[0,1]$이 단위 닫힌구간일 때, 임의의 경로 $f: I\rightarrow X$의 치역 $f[I]$는 연결이다.

증명 단위 닫힌구간 $I=[0,1]$이 연결이고 $f: I\rightarrow X$가 연속이므로, $f[I]$는 연결이다. ∎

5. 호로 연결된 집합

정의 21 호로 연결된 집합

$I = [\,0, 1\,]$이 단위 닫힌구간이고, 위상공간 $(X, \mathscr{T})$에 대하여 E를 X의 부분집합이라 하자. 임의의 두 점 $a, b \in E$에 대하여 a에서 점 b로의 경로 $f : I \to X$가 E에 포함될 때, 즉 $f[I] \subset E$일 때 E는 **호로 연결된다** (arcwise connected)고 하고, 이때 E를 **호로 연결된 집합**이라 한다. 한편 X의 극대인 연결된 부분집합을 **호로 연결된 성분** (arcwise connected component)이라 한다.

참고 위상공간 $(X, \mathscr{T})$에 대하여, X의 호로 연결된 성분은 X의 분할을 이룬다. □

정리 22

위상공간 $(X, \mathscr{T})$에 대하여, 호로 연결된 집합 $E \subset X$는 연결집합이다.

증명 $E \subset X$가 공집합 $\varnothing$이면 E는 연결이므로, E가 공집합이 아니라고 가정하자. 예컨대 $p \in E$라 하자. 그러면 E가 호로 연결된 집합이므로, $I = [\,0, 1\,]$이 단위 닫힌구간일 때 각 $a \in E$에 대하여 p에서 a로의 경로 $f_a : I \to E$가 존재한다. 또한 $a \in f_a[I] \subset E$이므로

$$E = \cup \{f_a[I] \mid a \in E\}$$

가 된다. 그러나 모든 $a \in E$에 대하여 $p \in f_a[I]$이므로, $\cap \{f_a[I] \mid a \in E\}$는 공집합이 아니다. 더구나 각 $f_a[I]$가 연결이므로, E는 연결집합이다. ■

정리 22의 역은 성립하지 않는다.

예 평면 R^2의 부분집합

$$A = \left\{\langle x, y \rangle \mid 0 \le x \le 1,\ y = \frac{x}{n},\ n \in N\right\}$$

$$B = \left\{\langle x, 0 \rangle \mid \frac{1}{2} \le x \le 1\right\}$$

을 생각하자. 이 경우 A와 B는 모두 호로 연결된 집합이므로 연결이다. 또한 각 $p \in B$가 A의 집적점이므로 A와 B는 분리되지 않는다. 따라서 $A \cup B$는 연결집합

이다. 그러나 $A \cup B$는 호로 연결된 집합이 아니다. 왜냐하면 A의 임의의 점에서 B의 임의의 점으로의 경로가 존재하지 않기 때문이다.

예 평면 R^2의 부분집합

$$A = \left\{ \langle 0, y \rangle \mid \frac{1}{2} \leq y \leq 1 \right\}$$
$$B = \{ \langle x, y \rangle \mid y = \sin(1/x),\ 0 < x \leq 1 \}$$

를 생각하자. 이 경우 A와 B는 구간의 연속상이므로 연결이다. 또한 A와 B는 분리집합이 아니다. 따라서 $A \cup B$는 연결이다. 그러나 $A \cup B$는 호로 연결된 집합이 아니다. 왜냐하면 A의 점에서 B의 점으로의 경로가 존재하지 않기 때문이다.

예제 평면 R^2의 열린원판 D는 호로 연결된 집합이다.

증명 $p = \langle x_1, y_1 \rangle$과 $q = \langle x_2, y_2 \rangle$를 D의 임의의 두 점이라 하자. 그러면 $I = [0, 1]$이 단위 닫힌구간일 때

$$f(t) = \langle x_1 + t(x_2 - x_1),\ y_2 + t(y_2 - y_1) \rangle$$

로 정의된 함수 $f : I \to R^2$는 D에 포함되는 p에서 q로의 경로이다. 따라서 D는 호로 연결된 집합이다. 여기서 $f[I]$는 p와 q를 연결하는 선분이다. ■

정리 23 호로 연결된 집합의 보존

$E \subset X$가 호로 연결된 집합이고 $f : X \to Y$가 연속일 때, $f[E]$는 호로 연결된 집합이다.

증명 $p, q \in f[E]$라 하면, $f(p^*) = p$이고 $f(q^*) = q$를 만족하는 $p^*, q^* \in E$가 존재한다. 그러나 E는 호로 연결된 집합이므로, $I = [0, 1]$이 단위 닫힌구간일 때

$$g(0) = p^*,\ g(1) = q^*,\ g[I] \subset E$$

를 만족하는 경로 $g : I \to X$가 존재한다. 그런데 연속함수의 합성함수는 연속이므로, 합성함수 $f \circ g : I \to Y$는 연속이다. 더구나

$$(f \circ g)(0) = f(p^*) = p,\ (f \circ g)(1) = f(q^*) = q$$
$$(f \circ g)[I] = f[g[I]] \subset f[E]$$

가 성립한다. 따라서 $f[E]$는 호로 연결된 집합이다. ■

평면 R^2에서 일반적으로 **영역**(region)은 평면의 연결열린부분집합으로 정의된다.

정리 24

E가 평면 R^2의 연결열린부분집합이면, E는 호로 연결된 집합이다.

6. 호모토픽한 경로

정의 25 호모토픽

$I=[0,1]$이 단위 닫힌구간이고, 위상공간 $(X, \mathscr{T})$에 대하여 $f: I \to X$와 $g: I \to X$를 같은 시점 $p \in X$와 종점 $q \in X$를 갖는 두 경로라 하자. 이때

$$H(s,0)=f(s) \quad H(0,t)=p$$
$$H(s,1)=g(s) \quad H(1,t)=q$$

를 만족하는 연속함수

$$H: I^2 \to X$$

가 존재하면 f는 g에 **호모토픽**(homotopic), **연속변형적** 또는 **연속변형된다**고 한다. 이것은 f를 연속적으로 g로 변형할 수 있음을 의미한다. 이때 함수 H를 f에서 g로의 **호모토피**(homotopy) 또는 **연속변형함수**라 한다.

예 평면 R^2에서 X를 두 동심원 사이의 점의 집합이라 하자. 이것을 **원환**(annulus)이라 한다. 이 경우 (1)에서 경로 f와 g는 호모토픽이고, (2)에서 경로 f'과 g'은 호모토픽이 아니다.

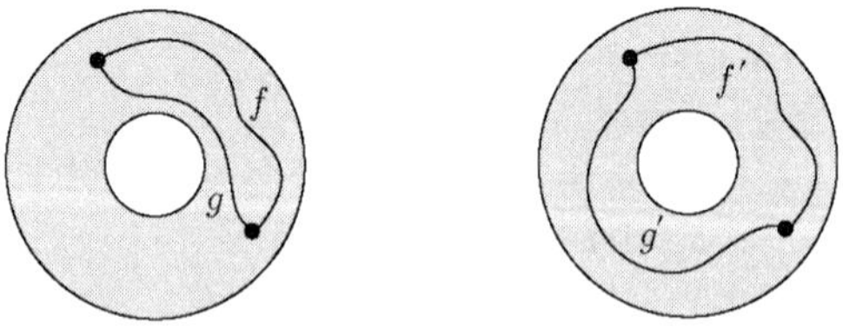

그림 7.5

정리 26

위상공간 $(X, \mathscr{T})$에 대하여, 호모토픽이라는 관계는 p에서 q로의 모든 경로족상의 동치관계이다.

증명 (1) $I=[0, 1]$이 단위 닫힌구간일 때 $f: I \to X$를 임의의 경로라 하면, f는 그 자신에 호모토픽이다. 왜냐하면

$$H(s, t) = f(s) \ (\text{단, } s, t \in I)$$

로 정의되는 함수 $H: I^2 \to X$가 f에서 f로의 호모토피이기 때문이다.

(2) $I=[0, 1]$이 단위 닫힌구간일 때, $f: I \to X$와 $g: I \to X$에 대하여 $H: I^2 \to X$가 f에서 g로의 호모토피이면

$$\widehat{H}(s, t) = H(s, 1-t)$$

로 정의되는 함수 $\widehat{H}: I^2 \to X$도 g에서 f로의 호모토피이다.

(3) $I=[0, 1]$이 단위 닫힌구간일 때, $f: I \to X$와 $g: I \to X$에 대하여 $F: I^2 \to X$가 f에서 g로의 호모토피이고 $G: I^2 \to X$가 g에서 h로의 호모토피이면

$$H(s, t) = \begin{cases} F(s, 2t) & , 0 \le t \le \frac{1}{2} \\ G(s, 2t-1), & \frac{1}{2} \le t \le 1 \end{cases}$$

로 정의되는 함수 $H: I^2 \to X$도 f에서 h로 호모토피이다. ■

7. 단순연결공간

정의 27 닫힌경로

시점과 종점이 같을 때, 예컨대 $f(0)=f(1)=p$를 갖는 경로 $f: I \to X$를 $p \in X$에 있어서 **닫힌경로**(closed path)라 한다. 특히 닫힌경로 $f: I \to X$가 상수경로와 위상동형일 때 f는 **한 점으로 축소가능**(contractable to a point)이라 한다. 여기서 $I=[0, 1]$은 단위 닫힌구간이다.

예 $(X, \mathscr{T})$가 위상공간일 때, $e_p(s)=p$로 정의되는 상수경로 $e_p: I \to X$는 p에 있어서 닫힌경로이다.

정의 28 단순연결공간

위상공간 $(X, \mathscr{T})$의 모든 닫힌경로가 한 점으로 축소가능할 때, X를 **단순연결공간**(simply connected space)이라 한다.

연습문제 7

EXERCISES

1. A와 B가 공집합이 아닌 분리된 집합이면, $A \cup B$는 연결이 아님을 보이시오.

2. A의 절단 $G \cup H$에 대하여, B가 A의 연결부분집합이면, $B \subset G$ 또는 $B \subset H$가 성립함을 보이시오.

3. X의 연결부분집합족 $\mathscr{A} = \{A_i\}$에 대하여, $\mathscr{A}$의 임의의 두 원소가 분리되지 않으면 $B = \cup_i A_i$는 연결임을 보이시오.

4. X의 연결부분집합 A에 대하여 $A \subset B \subset \overline{A}$이면, B는 연결임을 보이시오.

5. (부동점 정리) : 단위 닫힌구간 $I = [0, 1]$에 대하여 함수 $f : I \to I$가 연속이면
$$f(p) = p$$
를 만족하는 $p \in I$가 존재함을 보이시오.

6. 각 좌표공간 X_i가 연결공간이면, 적공간 $\Pi\{X_i \mid i \in I\}$는 연결공간임을 보이시오.

7. $\{X_i\}$가 국소연결공간의 연결족이면, 적공간 $\Pi\{X_i \mid i \in I\}$는 국소연결임을 보이시오.

8. 공집합이 아닌 교집합을 갖는 X의 호로 연결된 집합족 $\mathscr{A}$에 대하여
$$B = \cup\{A \mid A \in \mathscr{A}\}$$
는 호로 연결된 집합임을 보이시오.

9. E가 평면 R^2의 연결열린부분집합이면, E는 호로 연결된 집합임을 보이시오.

제8장

완비거리공간

1. 완비거리공간

보통거리공간은 완비공간이지만, 일반적인 거리공간은 완비공간이 아니다. 그러나 모든 거리공간은 완비화를 만들 수 있고, 이러한 완비화의 과정은 유리수의 집합으로부터 실수의 집합을 구성적으로 만들어내는 과정이 된다. 여기서는 이러한 완비화의 과정에 대해 알아본다.

(1) 코시수열

정의 1 코시수열

(X, d)가 거리공간일 때, $\langle a_n \rangle$을 X의 수열이라 하자. 이때 모든 $\varepsilon > 0$에 대하여

$$n, m \geq n_0 \Rightarrow d(a_n, a_m) < \varepsilon$$

을 만족하는 $n_0 \in N$가 존재할 때, 수열 $\langle a_n \rangle$을 **코시수열**이라 한다.

예제 m차원 유클리드 공간 R^m에서, $\langle p_1, p_2, \cdots \rangle$을 코시수열이라 하자. 예컨대

$$p_1 = \langle a_1^{(1)}, \cdots, a_1^{(m)} \rangle,\ p_2 = \langle a_2^{(1)}, \cdots, a_2^{(m)} \rangle,\ \cdots$$

로 나타내면, 각 m개의 좌표공간으로의 수열 $\langle p_n \rangle$의 사영, 즉

$$\langle a_1^{(1)}, a_2^{(1)}, a_3^{(1)}, \cdots \rangle, \cdots, \langle a_1^{(m)}, a_2^{(m)}, a_3^{(m)}, \cdots \rangle \qquad (*)$$

는 모두 R에서 코시수열이다.

증명 $\langle p_n \rangle$이 코시수열이므로, 임의의 $\varepsilon > 0$에 대하여 $n_0 \in N$가 존재해서

$$r, s \geq n_0 \Rightarrow d(p_r, p_s)^2 = \left| a_r^{(1)} - a_s^{(1)} \right|^2 + \cdots + \left| a_r^{(m)} - a_s^{(m)} \right|^2 < \varepsilon^2$$

을 만족한다. 따라서

$$r, s \geq n_0 \Rightarrow \left| a_r^{(1)} - a_s^{(1)} \right|^2 < \varepsilon^2, \cdots, \left| a_r^{(m)} - a_s^{(m)} \right|^2 < \varepsilon^2$$

이 성립한다. 그러므로 $(*)$의 m개의 수열의 각각은 코시수열이다. ■

참고 $(X, \| \ \|)$이 노름공간이면, 모든 $\varepsilon > 0$에 대하여

$$n, m \geq n_0 \Rightarrow \| a_n - a_m \| < \varepsilon$$

을 만족하는 $n_0 \in N$가 존재할 때, 수열 $\langle a_n \rangle$은 코시수열이다. □

정리 2

(X, d)가 거리공간일 때, X에 있어서 모든 수렴하는 수열은 코시수열이다.

증명 수열 $\langle a_n \rangle$이 $p \in X$로 수렴한다고 하자. 그러면 모든 $\varepsilon > 0$에 대하여

$$n \geq n_0 \Rightarrow d(a_n, p) < \frac{1}{2}\varepsilon$$

을 만족하는 $n_0 \in N$가 존재한다. 따라서 삼각부등식으로부터

$$n, m \geq n_0 \Rightarrow d(a_n, a_m) \leq d(a_n, p) + d(a_m, p) < \frac{1}{2}\varepsilon + \frac{1}{2}\varepsilon = \varepsilon$$

을 얻는다. 즉 수렴하는 수열 $\langle a_n \rangle$은 코시수열이다. ■

예 이산거리공간 (X, d)에서 $\langle a_n \rangle$을 코시수열이라 하자. 그러면 $\varepsilon = \frac{1}{2}$에 대하여

$$n, m \geq n_0 \Rightarrow d(a_n, a_m) < \frac{1}{2}$$

을 만족하는 $n_0 \in N$가 존재한다. 따라서 $n, m \geq n_0$에 대하여 $a_n = a_m$이 된다. 그러므로 이산거리공간에서 모든 코시수열 $\langle a_n \rangle$은 수렴한다.

정리 2의 역은 성립하지 않는다.

예 보통거리를 갖는 단위 열린구간 $X = (0, 1)$에 대하여, $\left\langle \frac{1}{2}, \frac{1}{3}, \frac{1}{4}, \cdots \right\rangle$는 X의 수열로서 코시수열이지만 X의 점으로 수렴하지 않는다.

예제 수열 $\langle a_n \rangle$이 거리공간 (X, d)에서 코시수열일 때, $\langle a_{i_n} \rangle$이 $p \in X$로 수렴하는 $\langle a_n \rangle$의 부분수열이면 $\langle a_n \rangle$은 p로 수렴한다.

증명 삼각부등식에 의하여 $d(a_n, p) \leq d(a_n, a_{i_n}) + d(a_{i_n}, p)$이므로

$$\lim_{n \to \infty} d(a_n, p) \leq \lim_{n \to \infty} d(a_n, a_{i_n}) + \lim_{n \to \infty} d(a_{i_n}, p)$$

이다. 그런데 $a_{i_n} \to p$이므로, $\lim_{n \to \infty} d(a_{i_n}, p) = 0$이다. 한편 $\lim_{n \to \infty} d(a_n, a_{i_n}) = 0$이다(연습문제 2 참조). 따라서 $\lim_{n \to \infty} d(a_n, p) = 0$이므로, 수열 $\langle a_n \rangle$은 p로 수렴한다. ■

참고 $\langle a_n \rangle$과 $\langle b_n \rangle$이 거리공간 (X, d)에서의 두 수열일 때, $\lim_{n\to\infty} d(a_n, b_n) = 0$이기 위한 필요충분조건은 두 수열 $\langle a_n \rangle$, $\langle b_n \rangle$ 모두가 어떤 코시수열 $\langle c_n \rangle$의 부분수열인 것이다. □

정리 3

(X, d)가 거리공간일 때, X에서 모든 코시수열 $\langle a_n \rangle$은 완전유계인 수열이다. 즉 $\{a_n \mid n \in N\}$은 완전유계집합이다.

증명 $\varepsilon > 0$에 대하여 $\{a_n\}$을 각각 ε보다 작은 지름을 갖는 유한개의 집합으로 분할할 수 있음을 밝힌다. $\langle a_n \rangle$이 코시수열이므로

$$n, m \geq n_0 \Rightarrow d(a_n, a_m) < \varepsilon$$

을 만족하는 $n_0 \in N$가 존재한다. 따라서 $B = \{a_{n_0+1}, a_{n_0+2}, \cdots\}$는 기껏해야 ε인 지름을 갖는다. 따라서 $\{a_1\}, \cdots, \{a_{n_0}\}$와 B는 $\{a_n\}$을 각각 ε보다 작은 지름을 갖는 유한개의 집합으로 분할하고 있다. 따라서 코시수열 $\langle a_n \rangle$은 완전유계이다. ■

(2) 완비거리공간

정의 4 완비거리공간

거리공간 (X, d)의 모든 코시수열 $\langle a_n \rangle$이 점 $p \in X$로 수렴할 때 X를 **완비거리공간** (complete metric space)이라 한다.

예 보통거리 $d(x, y) = |x - y|$를 갖는 R과 균등수렴 거리를 갖는 $C[a, b]$는 완비거리공간이다. 그러나 보통거리를 갖는 단위 열린구간 $X = (0, 1)$에 대하여

$$\left\langle \frac{1}{2}, \frac{1}{3}, \frac{1}{4}, \cdots \right\rangle$$

는 X의 수열로써 코시수열이지만 X에서 수렴하지 않으므로 X는 완비거리공간이 아니다.

예 $x = \langle x_n \rangle \in R^\infty$, $y = \langle y_n \rangle \in R^\infty$에 대하여 거리 d를

$$d(x, y) = \sqrt{\sum_{n=1}^{\infty} |x_n - y_n|^2}$$

으로 정의하면 거리공간 (R^∞, d), 즉 l_2-공간은 완비가 된다.

참고 모든 이산거리공간은 완비공간이다. 따라서 유한집합으로 된 거리공간은 완비공간이다. □

정리 5

m차원 유클리드 공간 R^m은 완비거리공간이다.

증명 수열 $\langle p_1, p_2, \cdots \rangle$를 R^m에서 코시수열이라 하고

$$p_1 = \langle a_1^{(1)}, \cdots, a_1^{(m)} \rangle, \ p_2 = \langle a_2^{(1)}, \cdots, a_2^{(m)} \rangle, \ \cdots$$

라 하면, 각 m개의 좌표공간으로의 수열 $\langle p_n \rangle$의 사영, 즉

$$\langle a_1^{(1)}, a_2^{(1)}, a_3^{(1)}, \cdots \rangle, \cdots, \langle a_1^{(m)}, a_2^{(m)}, a_3^{(m)}, \cdots \rangle$$

는 코시수열이다. 그런데 R이 완비이므로 이들은 각각

$$\langle a_1^{(1)}, a_2^{(1)}, a_3^{(1)}, \cdots \rangle \to b_1, \ \cdots, \langle a_1^{(m)}, a_2^{(m)}, a_3^{(m)}, \cdots \rangle \to b_m$$

으로 수렴한다. 따라서 $\langle p_n \rangle$은 점 $q = \langle b_1, \cdots, b_m \rangle \in R^m$으로 수렴한다. ■

참고 완비성은 위상적 성질이 아니다. 왜냐하면 보통거리공간 (R, d)에서 R과 단위 열린구간 $(0, 1)$은 위상동형이지만, R은 완비이고 $(0, 1)$은 완비가 아니기 때문이다. 또한 완비성은 유전적 성질이 아니다. 왜냐하면 보통거리공간 (R, d)에서 단위 닫힌구간 $[0, 1]$은 완비이지만, 단위 열린구간 $(0, 1)$은 완비가 아니기 때문이다. 그러나 완비거리공간의 닫힌부분집합은 완비거리공간이 된다. □

(3) 축소닫힌집합열의 원리

거리공간 (X, d)에서, X의 부분집합 A의 지름은 $d(A)$로 표현되고, 이것은

$$d(A) = \sup\{d(a, a') \mid a, a' \in A\}$$

으로 정의되었다. 더욱이 X의 부분집합으로 이루어진 집합열 $\langle A_n \rangle$이 $A_1 \supset A_2 \supset \cdots$를 만족할 때, $\langle A_n \rangle$을 **축소집합열**이라 하고, 이때 집합열 $\langle A_n \rangle$은 **축소성**(nested property)을 갖는다고 한다.

정리 6

(X, d)가 거리공간일 때, 다음은 서로 동치이다.

(1) X는 완비거리공간이다.

(2) 지름이 0으로 수렴하는 공집합이 아닌 모든 닫힌집합의 축소집합열이 공집합이 아닌 교집합을 갖는다. 즉

$$A_1 \supset A_2 \supset \cdots, \quad \lim_{n \to \infty} d(A_n) = 0$$

인 X의 공집합이 아닌 모든 닫힌부분집합열 $\langle A_n \rangle$은

$$\cap_{n=0}^{\infty} A_n \neq \varnothing$$

를 만족한다.

증명 (1) ⇒ (2) : $\langle A_n \rangle$이 $A_1 \supset A_2 \supset \cdots$이고 $\lim_{n \to \infty} d(A_n) = 0$을 만족하는 X의 공집합이 아닌 모든 닫힌부분집합열이라 하자. 이때 $\cap_{n=0}^{\infty} A_n \neq \varnothing$임을 밝히고자 한다. 각 A_i가 공집합이 아니므로, $a_1 \in A_1$, $a_2 \in A_2$, $\cdots$인 수열 $\langle a_1, a_2, \cdots \rangle$를 택할 수 있다. 먼저 $\langle a_n \rangle$이 코시수열임을 밝힌다. $\varepsilon > 0$이라 하면, $\lim_{n \to \infty} d(A_n) = 0$이므로 $d\left(A_{n_0}\right) < \varepsilon$을 만족하는 $n_0 \in N$가 존재한다. 그런데 집합열 $\langle A_i \rangle$가 축소집합열이므로

$$n, m \geq n_0 \Rightarrow A_n, A_m \subset A_{n_0} \Rightarrow a_n, a_m \in A_{n_0} \Rightarrow d(a_n, a_m) < \varepsilon$$

을 만족한다. 따라서 $\langle a_n \rangle$은 코시수열이다. 그런데 X가 완비이므로, 수열 $\langle a_n \rangle$은 어떤 점 $p \in X$로 수렴한다.

이제 $p \in \cap_{n=0}^{\infty} A_n$임을 밝히기 위해, $p \notin A_k$를 만족하는 $k \in N$가 존재한다고 가정하자. 그러면 A_k가 닫힌집합이므로, p와 A_k 사이의 거리가 0이 아니다. 예컨대 $d(p, A_k) = \delta > 0$이다. 이때 A_k와 열린구 $S = S\left(p, \frac{1}{2}\delta\right)$는 서로소이므로

$$n \geq k \Rightarrow a_n \in A_k \Rightarrow a_n \notin S\left(p, \frac{1}{2}\delta\right)$$

이다. 이것은 $a_n \to p$에 모순이다. 따라서 $p \in \cap_{n=0}^{\infty} A_n$이다. 그러므로 $\cap_{n=0}^{\infty} A_n$은 공집합이 아니다.

(2) ⇒ (1) : 수열 $\langle a_n \rangle$이 코시수열이라 하고, $\langle a_n \rangle$이 수렴함을 밝히고자 한다. 먼저 $A_k = \{a_n \mid n \geq k\}$으로 놓으면, 집합열 $\langle A_k \rangle$에 대하여 $\overline{A}_1 \supset \overline{A}_2 \supset \cdots$

는 지름이 0으로 수렴하는 공집합이 아닌 닫힌집합열이다. 따라서 가정에 의하여

$$\cap_n \overline{A}_n \neq \varnothing$$

이므로, 예컨대 $p \in \cap_n \overline{A}_n$라 하자. 이제 코시수열 $\langle a_n \rangle$이 p로 수렴함을 밝힌다. $\varepsilon > 0$이라 하면, $\lim_{n \to \infty} d\left(\overline{A}_n\right) = 0$이므로 $d\left(\overline{A}_{n_0}\right) < \varepsilon$를 만족하는 $n_0 \in N$가 존재한다. 그러므로

$$n \geq n_0 \Rightarrow a_n, p \in \overline{A}_{n_0} \Rightarrow d(a_n, p) < \varepsilon$$

이 성립한다. 따라서 코시수열 $\langle a_n \rangle$은 p로 수렴한다. ■

참고 $\lim_{n \to \infty} d(A_n) = 0$이고 더욱이 A_i가 닫힌집합이라는 조건이 모두 정리 6에서 필요하다. □

예 X가 실직선 R이고 $A_n = [n, \infty)$라고 하면, X는 완비이고 $\langle A_n \rangle$은 닫힌집합의 축소집합열이지만 $\cap_{n=1}^{\infty} A_n = \varnothing$이다. 여기서 $\lim_{n \to \infty} d(A_n) \neq 0$임에 유의한다.

예 X가 실직선 R이고 $A_n = \left[0, \frac{1}{n}\right)$이라고 하면, X는 완비이고 $\langle A_n \rangle$은

$$\lim_{n \to \infty} d(A_n) = 0$$

을 만족하는 축소집합열이지만 $\cap_{n=1}^{\infty} A_n = \varnothing$이다. 여기서 A_n이 닫힌집합이 아님에 유의한다.

참고 완비거리공간 (X, d)에서 유계인 닫힌부분집합열 $\langle F_n \rangle$이 다음 두 조건

(1) $F_1 \supset F_2 \supset F_3 \supset \cdots$

(2) $\lim_{n \to \infty} \operatorname{diam} F_n = 0$

를 만족하면, 집합 $\bigcap_{n=1}^{\infty} F_n$의 원소는 유일하다. □

(4) 완비성과 축소사상

정의 7 축소사상

(X, d)가 거리공간일 때, 함수 $f : X \to X$에 대하여

$$p, q \in X \Rightarrow d(f(p), f(q)) \leq \alpha d(p, q) < d(p, q)$$

를 만족하는 실수 α (단, $0 \leq \alpha < 1$)가 존재하면, 함수 f를 **축소사상** (contracting mapping) 또는 **축약사상**이라 한다.

(X, d)가 거리공간일 때, 축소사상 $f : X \to X$에 의한 임의의 두 점 $p, q \in X$에 대한 f의 상 사이의 거리 $d(f(p), f(q))$는 이들 두 점 사이의 거리 $d(p, q)$보다 작다.

예제 모든 $p \in R^2$에 대하여 $f(p) = \frac{1}{2}p$로 정의되는 함수 $f : R^2 \to R^2$는 축소사상이다.

증명 임의의 두 점 $p, q \in R^2$에 대하여

$$\begin{aligned} d(f(p), f(q)) &= \| f(p) - f(q) \| = \left\| \frac{1}{2}p - \frac{1}{2}q \right\| \\ &= \frac{1}{2} \| p - q \| = \frac{1}{2} d(p, q) \end{aligned}$$

를 만족한다. ■

예제 거리공간 (X, d)에 대하여, X상의 축소사상 $f : X \to X$는 연속이다.

증명 f가 임의의 점 $x_0 \in X$에서 연속임을 밝힌다. 임의의 $\varepsilon > 0$에 대하여

$$d(x, x_0) < \varepsilon \Rightarrow d(f(x), f(x_0)) \leq \alpha d(x, x_0) \leq \alpha \varepsilon < \varepsilon$$

이므로, f는 연속이다. ■

(X, d)가 완비거리공간일 때, 해석학에서 많이 응용되는 다음 부동점 정리를 얻을 수 있다. 부동점 정리를 **고정점 정리**라고도 한다.

정리 8 부동점 정리 (fixed point theorem)

(X, d)가 완비거리공간일 때, $f : X \to X$가 축소사상이면 $f(p) = p$를 만족하는 점 $p \in X$가 유일하게 존재한다. 이때 p를 **부동점** (fixed point) 또는 **고정점**이라 한다.

증명 a_0를 X의 임의의 점이라 하고

$$a_1 = f(a_0),\ a_2 = f(a_1) = f^2(a_0),\ \cdots,\ a_n = f(a_{n-1}) = f^n(a_0),\ \cdots$$

라 놓자. 먼저 수열 $\langle a_n \rangle$이 코시수열임을 밝힌다. 이때

$$d(f^{s+t}(a_0), f^t(a_0)) \le \alpha^t d(f(a_0), a_0)[1/(1-\alpha)]$$

임에 유의한다. $\varepsilon > 0$이라 하고, δ를

$$\delta = \begin{cases} \varepsilon(1-\alpha) & , d(f(a_0), a_0) = 0 \\ \varepsilon(1-\alpha)/d(f(a_0), a_0), & d(f(a_0), a_0) \neq 0 \end{cases}$$

로 정의한다. 그러면 $\alpha < 1$이므로, $\alpha^{n_0} < \delta$를 만족하는 $n_0 \in N$가 존재한다. 이 경우 $r \ge s > n_0$이면

$$d(a_s, a_r) \le \alpha^s[1/(1-\alpha)]d(f(a_0), a_0) < \delta[1/(1-\alpha)]d(f(a_0), a_0) \le \varepsilon$$

이 성립한다. 따라서 수열 $\langle a_n \rangle$은 코시수열이다. 그런데 X가 완비이므로, $\langle a_n \rangle$은 어떤 점 $p \in X$로 수렴한다.

이제 $f(p) = p$임을 밝힌다. f가 연속이므로 수열연속이다. 따라서

$$f(p) = f(\lim_{n \to \infty} a_n) = \lim_{n \to \infty} f(a_n) = \lim_{n \to \infty} a_{n+1} = p$$

가 성립한다.

마지막으로 p가 유일함을 밝힌다. $f(p) = p$이고 $f(q) = q$라 하면

$$d(p, q) = d(f(p), f(q)) \le \alpha d(p, q)$$

를 만족한다. 그런데 $\alpha < 1$이므로, $d(p, q) = 0$이 된다. 따라서 $p = q$이다. ■

(5) 거리공간의 완비화

정의 9 조밀성

M이 거리공간 (X, d)의 부분집합이고, 임의의 $p \in X$에 대하여

$$a_n \in M,\ \lim_{n \to \infty} d(a_n, p) = 0$$

을 만족하는 수열 $\langle a_n \rangle$이 존재할 때, 거리 d에 관하여 M은 X에서 조밀하다고 한다.

M이 거리공간 (X, d)의 부분집합일 때, $\overline{M} = X$이면 M이 X에서 조밀하다. 다시 말해서 임의의 $x \in X$와 $\varepsilon > 0$에 대하여 $d(x, y) < \varepsilon$인 $y \in M$가 존재하면, 즉 $B_\varepsilon(x) \cap M \neq \varnothing$ 이면 M은 (X, d)에서 조밀하다.

예 $\langle G_n \rangle$이 완비거리공간 X에서 조밀한 열린집합들의 집합열이면, $\bigcap_{n=1}^{\infty} G_n$은 X에서 조밀하다.

참고 완비거리공간 (X, d)에 대하여 $\{O_n\}$이 X에서 조밀한 가산개의 열린부분집합의 집합족이면, $\cap_{n=1}^{\infty} O_n \neq \varnothing$가 성립한다. □

정의 10 완비화

거리공간 (X, d)가 완비거리공간 (X^*, d^*)의 조밀부분집합과 거리동형이면 X^*를 X의 완비화(completion)라 한다.

예 보통거리공간 (R, d)는 보통거리공간 (Q, d)의 완비화이다. 왜냐하면 R은 완비이고 Q는 R의 조밀부분집합이기 때문이다.

콤팩트가 아닌 위상공간에 몇 개의 점을 첨가하여 콤팩트화하듯이, 완비가 아닌 거리공간을 완비화할 수 있다. 그러나 완비화는 콤팩트화에 비해 다소 복잡하다. 이제 임의로 주어진 거리공간 X의 완비화에 대하여 완비화를 얻을 수 있는 한 가지 방법을 간단히 서술한다.

참고 (1) 거리공간 (X, d)에 대하여 $C[X]$를 X에 있어서 모든 코시수열의 족을 나타낼 때, $C[X]$상의 관계 $\sim$를

$$\langle a_n \rangle \sim \langle b_n \rangle \Leftrightarrow \lim_{n \to \infty} d(a_n, b_n) = 0$$

으로 정의하면, 관계 $\sim$는 $C[X]$상의 동치관계이다. 여기서 상집합 $C[X]/\sim$를 X^*로 나타내자. 즉 X^*는 코시수열 $\langle a_n \rangle \in C[X]$의 동치류 $[\langle a_n \rangle]$을 원소로 하는 집합이다.

(2) 이제 모든 $[\langle a_n \rangle], [\langle b_n \rangle] \in X^*$에 대하여 함수 $e : X^* \times X^* \to R$를

$$e([\langle a_n \rangle], [\langle b_n \rangle]) = \lim_{n \to \infty} d(a_n, b_n)$$

에 의하여 정의한다. 즉 $\langle a_n \rangle \sim \langle a_n{}^* \rangle$이고 $\langle b_n \rangle \sim \langle b_n{}^* \rangle$이면

$$\lim_{n\to\infty} d(a_n, b_n) = \lim_{n\to\infty} d(a_n{}^*, b_n{}^*)$$

이다. 이때 함수 e는 X^*상의 거리이다.

(3) 각 $p \in X$에 대하여 수열 $\langle p, p, p, \cdots \rangle \in C[X]$는 코시수열이다. 따라서

$$\widehat{p} = [\langle p, p, \cdots \rangle],\ \ \widehat{X} = \{\widehat{p} \mid p \in X\}$$

라고 놓으면 $\widehat{X}$는 X^*의 부분집합이다. 이때 X는 $\widehat{X}$와 거리동형이고 $\widehat{X}$는 X^*에서 조밀하다. 따라서 X^*에서 모든 코시수열은 수렴하므로, X^*는 X의 완비화이다. □

정리 11

거리공간 (X, d)에 대하여, 다음이 성립한다.

(1) $\langle a_n \rangle$이 거리공간 (X, d)의 코시수열일 때, $\alpha = [\langle a_n \rangle] \in X^*$은 $\widehat{X}$의 수열 $\langle \widehat{a_1}, \widehat{a_2}, \cdots \rangle$의 극한이다. 여기서 $\widehat{X} = \{\widehat{p} = [\langle p, p, p, \cdots \rangle] \mid p \in X\}$이다.

(2) X는 $\widehat{X}$와 거리동형이고 $\widehat{X}$는 X^*에서 조밀하다.

(3) 거리공간 (X^*, e)는 X의 완비화이다.

증명 (1) 수열 $\langle a_n \rangle$이 X의 코시수열이므로

$$\lim_{m\to\infty} e(\widehat{a_n}, \alpha) = \lim_{m\to\infty} (\lim_{n\to\infty} d(a_m, a_n)) = 0$$

이 된다. 따라서 α는 $\langle \widehat{a_1}, \widehat{a_2}, \cdots \rangle$의 극한이다.

(2) 모든 p, q에 대하여

$$e(\widehat{p}, \widehat{q}) = \lim_{n\to\infty} d(p, q)$$

이므로, X는 $\widehat{X}$와 거리동형이다. 이제 $\widehat{X}$가 X^*에서 조밀함을 밝히기 위해, X^*의 모든 점이 $\widehat{X}$의 수열의 극한임을 보인다. $\alpha = [\langle a_n \rangle]$을 X^*의 임의의 점이라 하면 $\langle a_n \rangle$이 X의 코시수열이므로, α는 $\widehat{X}$의 수열 $\langle \widehat{a_1}, \widehat{a_2}, \cdots \rangle$의 극한이다. 따라서 $\widehat{X}$는 X^*에서 조밀하다.

(3) (X^*, e)의 모든 코시수열이 수렴함을 보인다. $\langle \alpha_1, \alpha_2, \cdots \rangle$를 X^*의 코시수열이라 하자. 그러면 $\widehat{X}$가 X^*에서 조밀하므로, 모든 $n \in N$에 대하여 $e(\widehat{a_n}, \alpha_n)$

$< 1/n$을 만족하는 $\widehat{a_n} \in \widehat{X}$가 존재한다. 이때 $\langle \widehat{a_1}, \widehat{a_2}, \cdots \rangle$는 코시수열이다. 또한 $\langle \widehat{a_1}, \widehat{a_2}, \cdots \rangle$는 $\beta = [\langle a_n \rangle] \in X^*$으로 수렴한다. 그러므로 $\langle \alpha_1, \alpha_2, \cdots \rangle$는 β로 수렴한다. 따라서 (X^*, e)는 완비거리공간이다. ■

보조정리 12

거리공간 (Y^*, d^*)가 거리공간 (X, d)의 임의의 완비화이면, Y^*는 X^*와 거리동형이다.

증명 Y^*가 X의 완비화라 하자. 그러면 모든 $p \in Y^*$에 대하여, p로 수렴하는 X의 수열 $\langle a_n \rangle$이 존재한다. 특히 수열 $\langle a_n \rangle$은 코시수열이다. 이때 함수 $f : Y^* \to X^*$를

$$f(p) = [\langle a_n \rangle]$$

으로 정의한다. 이 경우 f가 일대일 함수임은 자명하므로, 먼저 f가 위로의 함수임을 밝힌다. $[\langle b_n \rangle]$이 X^*에서의 수열이면, $\langle b_n \rangle$은 $X \subset Y^*$의 코시수열이다. 그런데 Y^*가 완비이므로, 수열 $\langle b_n \rangle$은 어떤 $q \in Y^*$로 수렴한다. 따라서 $f(q) = [\langle b_n \rangle]$이다. 그러므로 f는 위로의 함수이다.

이제 $p, q \in Y^*$에 대하여, X의 수열 $\langle a_n \rangle$과 $\langle b_n \rangle$이 각각 p와 q로 수렴한다고 하자. 그러면

$$\begin{aligned} e(f(p), f(q)) &= e([\langle a_n \rangle], [\langle b_n \rangle]) = \lim_{n \to \infty} d(a_n, b_n) \\ &= d(\lim_{n \to \infty} a_n, \lim_{n \to \infty} b_n) = d(p, q) \end{aligned}$$

가 성립한다. 그러므로 f는 Y^*와 X^*간의 등거리변환이다. 따라서 Y^*는 X^*와 거리동형이다. ■

따라서 다음 결과를 얻는다.

정리 13

모든 거리공간 (X, d)는 완비화를 가지며, X의 완비화는 모두 서로 거리동형이다.

거리동형인 것을 동일시하면, 어떠한 거리공간에도 유일한 완비화가 존재한다.

예 완비화의 과정에 의해 유리수의 집합 Q로부터 실수의 집합 R을 만들 수 있다. 예컨대 Q에서의 코시수열의 동치류족

$$R = \{[\langle a_n \rangle] \mid \langle a_n \rangle \text{은 } Q \text{에 있어서 코시수열}\}$$

에 소정의 거리를 도입하여 완비거리공간 R을 얻는다.

2. 베르의 범주 정리

위상공간 $(X, \mathscr{T})$의 부분집합 M이 $\operatorname{int}(\overline{M}^c) = \varnothing$를 만족할 때, 즉 $\overline{M}^c$가 X에서 조밀할 때 M은 '**어디서도 조밀하지 않다**.'고 정의하였다(3.1절 참조).

참고 거리공간 (X, d)에 대하여, X의 부분집합 A의 폐포의 열린핵(내부)이 공집합 $\varnothing$일 때, 즉

$$\operatorname{int}(\overline{A}) = \varnothing$$

일 때, A는 X에서 조밀한 곳이 없다고 한다. 바꾸어 말하면 A가 X의 모든 곳에서 조밀하지 않으면, $\overline{A}$는 열린집합을 포함하고 있지 않다. □

예 실직선 R에 대하여, 모든 정수의 집합 Z는 R의 조밀하지 않는 부분집합이다. 같은 방법으로 R의 모든 유한부분집합은 R에 있어서 조밀하지 않다. 그러나 모든 유리수의 집합 Q는 R에서 조밀하다. 왜냐하면

$$\operatorname{int}(\overline{Q}) = \operatorname{int}(R) = R \neq \varnothing$$

가 성립하기 때문이다.

예제 M이 거리공간 (X, d)의 조밀하지 않는 부분집합이면, $\overline{M}^c$는 X에서 조밀하다.

증명 $\overline{M}^c$가 X에서 조밀하지 않다고 하자. 즉

$$p \in G, \ G \cap \overline{M}^c = \varnothing$$

를 만족하는 $p \in X$와 열린집합 G가 존재한다고 하자. 그러면 $p \in G \subset \overline{M}$이므로

$$p \in \operatorname{int}(\overline{M})$$

이다. 그러나 이것은 $\operatorname{int}(\overline{M}) = \varnothing$에 모순이다. 따라서 $\overline{M}^c$는 X에서 조밀하다. ■

정의 14 제1범주의 집합과 제2범주의 집합

거리공간 (X, d)가 가산개의 어디서도 조밀하지 않는 부분집합의 합집합으로 나타낼 수 있을 때, X는 **제1범주의 집합**(a set of first category) 또는 **제1범주에 속한다**고 하고, 그렇지 않는 경우 X는 **제2범주의 집합**(a set of second category) 또는 **제2범주에 속한다**고 한다.

거리공간에서 제1범주의 집합들의 가산개의 합집합은 제1범주의 집합이다. 따라서 보통거리공간 R의 임의의 가산집합은 R에서 제1범주의 집합이 된다.

예 실직선 R에 대하여, 모든 유리수의 집합 Q는 제1범주의 집합이다. 왜냐하면 Q의 단원부분집합 $\{p\}$가 Q에서 조밀하지 않고 Q는 단원집합의 가산개의 합집합이기 때문이다.

정리 15 베르 범주 정리(Baire category theorem)

공집합이 아닌 모든 완비거리공간 (X, d)는 제2범주의 집합이다.

증명 $M \subset X$이고 M이 제1범주에 속한다고 하자. 이때 $M \neq X$, 즉 $p \notin M$로 되는 $p \in X$가 존재함을 밝히면 된다. 그런데 M이 제1범주에 속하므로, 각 N_i가 X에서 조밀하지 않을 때 $M = N_1 \cup N_2 \cup \cdots$를 만족한다. 한편 N_1이 X에서 조밀하지 않으므로

$$S(a_1, \delta_1) \cap N_1 = \varnothing$$

를 만족하는 $a_1 \in X$과 $\delta_1 > 0$이 존재한다. 이제 $\varepsilon_1 = \delta_1/2$이라 놓으면

$$\overline{S(a_1, \varepsilon_1)} \cap N_1 = \varnothing$$

이다. 그런데 $S(a_1, \varepsilon_1)$이 열린구이고, N_2가 X에서 조밀하지 않으므로

$$S(a_2, \delta_2) \subset S(a_1, \varepsilon_1) \subset \overline{S(a_1, \varepsilon_1)},\ S(a_2, \delta_2) \cap N_2 = \varnothing$$

를 만족하는 $a_2 \in X$와 $\delta_2 > 0$가 존재한다. 여기서 $\varepsilon_2 = \delta_2/2 \le \varepsilon_1/2 = \delta_1/4$이라고 놓으면

$$\overline{S(a_2, \varepsilon_2)} \subset \overline{S(a_1, \varepsilon_1)},\quad \overline{S(a_2, \varepsilon_2)} \cap N_2 = \varnothing$$

이다. 이 방법을 계속하면 모든 $n \in N$에 대하여, $\overline{S(a_n, \varepsilon_n)} \cap N_n = \varnothing$이고 $\varepsilon_n \le$

$\delta_1/2^n$을 만족하는 닫힌집합의 축소열

$$\overline{S(a_1, \varepsilon_1)} \supset \overline{S(a_2, \varepsilon_2)} \supset \overline{S(a_3, \varepsilon_3)} \supset \cdots$$

를 얻는다. 이때 $\lim_{n\to\infty} \varepsilon_n \le \lim_{n\to\infty} \delta_1/2^n = 0$이다. 그런데 X가 완비이므로

$$p \in \cap_{n=1}^{\infty} \overline{S(a_n, \varepsilon_n)}$$

을 만족하는 $p \in X$가 존재한다. 또한 모든 $n \in N$에 대하여 $p \notin N_n$이므로, $p \notin M$이다. 따라서 $p \notin M$로 되는 $p \in X$가 존재한다. ■

예 실직선 R과 평면 R^2은 제2범주의 집합이다.

거리공간 (X, d)와 $x \in X$에 대하여 $B_\varepsilon(x) \cap X = \{x\}$를 만족하는 $\varepsilon > 0$이 존재할 때, x를 X의 **고립점**이라고 한다. 베르 범주 정리를 이용하여 다음 정리를 증명한다.

정리 16

(X, d)가 어떠한 고립점도 갖지 않는 완비거리공간이면, X는 비가산집합이다.

예 콤팩트 거리공간은 완비이다. 따라서 (X, d)가 어떠한 고립점도 갖지 않는 콤팩트 거리공간이면, X는 비가산집합이다.

3. 완비성과 콤팩트성

완비거리공간 (X, d)에서는 모든 코시수열이 수렴하므로, X의 부분집합 A가 콤팩트가 되기 위한 필요충분조건은 A의 임의의 수열이 코시수열을 부분수열로 갖는 것이다. 따라서 완비성의 개념은 콤팩트성과 밀접한 관계가 있다.

예제 모든 콤팩트 거리공간 X는 완비이다.

증명 수열 $\langle a_n \rangle$을 X의 코시수열이라 하자. 그런데 X가 콤팩트이므로, X는 또한 수열 콤팩트이다. 따라서 코시수열 $\langle a_n \rangle$은 어떤 $p \in X$로 수렴하는 부분수열 $\langle a_{i_n} \rangle$을 갖는다. 따라서 코시수열 $\langle a_n \rangle$의 부분수열 $\langle a_{i_n} \rangle$이 p로 수렴하므로, $\langle a_n \rangle$은 또한 p로 수렴한다. 따라서 X는 완비이다. ■

정리 17 완비성과 콤팩트성

거리공간 (X, d)가 콤팩트이기 위한 필요충분조건은 X가 완비이고 완전유계인 것이다.

증명 X가 콤팩트이면, X는 완비이고 완전유계이다. 역으로 X가 완비이고, 유계라고 가정하자. 이때 $\langle a_n \rangle$을 X의 수열이라 하면, X가 완비이므로 $\langle a_n \rangle$은 수렴하는 코시 부분수열 $\langle a_{i_n} \rangle$을 갖는다. 그러므로 X는 수열콤팩트이고, 따라서 콤팩트이다. ■

따름정리

완비거리공간 (X, d)의 부분집합 A가 콤팩트이기 위한 필요충분조건은 A가 완전유계이고 닫힌집합인 것이다.

참고 거리공간 (X, d)가 완비이기 위한 필요충분조건은 X의 무한부분집합으로써 완전유계인 집합은 반드시 집적점을 갖는 것이다. □

4. 바나흐 공간

(1) 바나흐 공간

노름선형공간에서 수렴하는 수열은 코시수열이지만, 코시수열이라 해서 모두 수렴하는 것은 아님에 유의한다.

정의 18 바나흐 공간

노름선형공간 $(X, \|\ \|)$이 노름에 의해 유도된 거리(metric induced by the norm)에 관하여 완비일 때, 즉 완비노름선형공간(complete normed linear space) $(X, \|\ \|)$을 바나흐 공간(Banach space)이라고 한다.

예 벡터공간 $(R^n, +, \cdot)$에서

$$\| x \| = \sqrt{x_1^{\ 2} + x_2^{\ 2} + \cdots + x_n^{\ 2}}$$

으로 정의된 $\|\ \|$은 R^n에서 노름이다. 그러므로 $(R^n, \|\ \|)$은 노름선형공간이다. 그런데 R^n은 $d(x, y) = \| x - y \|$에 관하여 완비이므로 바나흐 공간이 된다.

예 Q가 모든 유리수의 집합일 때, $x \in Q$에 대하여 $\| x \| = |x|$라 정의하면 $(Q, \| \ \|)$은 노름선형공간이지만 바나흐 공간은 아니다.

정리 19

$\| f \| = \sup\{|f(x)| : 0 \le x \le 1\}$로 주어진 연속함수공간 $(\mathscr{C}[0,1], \| \ \|)$은 바나흐 공간이다.

증명 $\langle f_n \rangle$을 $\mathscr{C}[0,1]$의 임의의 코시수열이라고 하면, 임의의 실수 $\varepsilon > 0$에 대하여

$$n, m \ge K \Rightarrow d(f_n, f_m) = \| f_n - f_m \| < \varepsilon$$

을 만족하는 자연수 K가 존재한다. 따라서 임의의 $x \in [0,1]$에 대하여

$$|f_n(x) - f_m(x)| \le \| f_n - f_m \| < \varepsilon$$

이므로, 각 $x \in [0,1]$에 대하여 실수열 $\langle f_n(x) \rangle$는 코시수열이 된다. 그러므로 실수계 R의 완비성에 의하여

$$\lim_{n \to \infty} f_n(x) = f(x) \quad (\text{단}, x \in [0,1])$$

를 만족하는 실수 $f(x)$가 존재한다.

먼저 이 극한값을 함숫값으로 하는 함수 $f : [0,1] \to R$가 균등노름에 관하여 코시수열 $\langle f_n \rangle$의 극한임을 보인다. 임의의 $x \in [0,1]$에 대하여, $n \ge K$일 때

$$|f_n(x) - f(x)| = \lim_{m \to \infty} |f_n(x) - f_m(x)| \le \lim_{m \to \infty} \| f_n - f_m \| < \varepsilon$$

이므로, $\| f_n - f \| \le \varepsilon$, 즉 $\lim_{n \to \infty} \| f_n - f \| = 0$이 된다.

이제 $f \in \mathscr{C}[0,1]$임을 보이면 균등노름이 주어진 $\mathscr{C}[0,1]$은 바나흐 공간이 된다. $\lim_{n \to \infty} \| f_n - f \| = 0$이므로, 임의의 실수 $\varepsilon > 0$에 대하여 자연수 K가 존재하여, $n \ge K$일 때

$$\text{모든 } x \in [0,1]\text{에 대하여, } |f_n(x) - f(x)| < \varepsilon$$

으로 된다. 따라서 $\langle f_n \rangle$은 단위 닫힌구간 $[0,1]$에서 함수 f에 균등수렴한다. 그러므로 함수 f는 단위 닫힌구간 $[0,1]$에서 연속, 즉 $f \in \mathscr{C}[0,1]$이 된다. ∎

노름선형공간 X, Y에 대하여, 모든 유계인 선형작용소 $T : X \to Y$의 집합을 $\mathscr{B}[X, Y]$로 정의한다. 임의의 $S, T \in \mathscr{B}[X, Y]$, $\alpha \in R$에 대하여

$$(S+T)(x)=S(x)+T(x),\ \ (\alpha T)(x)=\alpha T(x)$$

로 정의하면 $\mathscr{B}[X,\ Y]$는 벡터공간이 되고, 임의의 $T\in\mathscr{B}[X,\ Y]$는 유계인 선형작용소이므로 노름 $\|T\|$가 정해진다. 그런데 R이 완비이므로, $\|T\|$는 일의적으로 결정된다.

정리 20

노름선형공간 X와 바나흐 공간 Y에 대하여, 벡터공간 $\mathscr{B}[X,\ Y]$는 바나흐 공간이다.

벡터공간 X에서 정의된 실가 선형작용소 $T:X\to R$를 **선형범함수**라고 한다.

정의 21 공액공간

실직선 R은 완비이므로, X가 노름선형공간이면 X상에 정의된 모든 유계인 선형범함수의 공간 $\mathscr{B}[X,R]$은 바나흐 공간이다.

이때 공간 $\mathscr{B}[X,R]$을 X의 **공액공간** 또는 **쌍대공간**이라 하고, X^*로 나타낸다. 한편 X^*의 원소를 **연속선형범함수**(continuous linear functional)라고 부르기도 한다.

예 R^n의 공액공간 $(R^n)^*$는 R^n이다. 왜냐하면 $T\in(R^n)^*$이면 모든 $x=\langle x_1,\ \cdots,\ x_n\rangle\in R^n$에 대하여

$$T(x)=\sum_{k=1}^{n}a_k x_k$$

를 만족하는 $a=\langle a_1,\ \cdots,\ a_n\rangle\in R^n$이 존재하여 $\|T\|=\|a\|$가 성립하기 때문이다.

노름선형공간 X의 공액공간 X^*는 바나흐 공간이므로, 그의 공액공간이 존재한다. 이 공액공간을 X^{**}로 정의한다.

(2) 바나흐 공간의 성질

바나흐 공간 X와 Y에 대하여 선형작용소 $T:X\to Y$가 전사이고 연속이면, T에 의한 X의 단위구의 상은 원점을 중심으로 하는 Y의 구를 포함한다.

정리 22 **열린사상정리**(open mapping theorem)

바나흐 공간 X와 Y에 대하여 선형작용소 $T: X \to Y$가 전사이고 연속이면, 열린사상이다. 따라서 T가 전단사이면, T는 위상동형사상이 된다.

증명 $O \subset X$를 열린집합이라 하고 $y \in T[O]$라 하면, $y = T(x)$를 만족하는 $x \in O$가 존재한다. 그런데 O가 열린집합이므로, $x \in S \subset O$인 구 S가 존재한다. 따라서 $T[S \setminus \{x\}]$는 원점을 중심으로 하는 구를 포함한다. 그러므로 $T[S]$는 y를 중심으로 하는 구를 포함한다. $T[S] \subset T[O]$이고 y는 $T[S]$에 포함되어 있는 구의 점이므로, y는 $T[O]$의 내점이다. 따라서 $T[O]$는 열린집합이다. ∎

정리 23 **닫힌 그래프 정리**(closed graph theorem)

바나흐 공간 X, Y에 대하여 $T: X \to Y$를 선형사상이라고 하자. 이때 X의 원소로 이루어진 수열 $\langle x_n \rangle$이 x에 수렴하고 수열 $\langle T(x_n) \rangle$이 y에 수렴하면

$$T(x) = y$$

를 만족하는 선형사상 T는 연속이 된다.

연습문제 8

1. 거리공간 (X, d)에서의 수열 $\langle a_n \rangle$에 대하여

$$A_1 = \langle a_1, a_2, \cdots \rangle,\ A_2 = \langle a_2, a_3, \cdots \rangle,\ A_3 = \langle a_3, a_4, \cdots \rangle,\ \cdots$$

라고 하면, $\langle a_n \rangle$이 코시수열이기 위한 필요충분조건은

$$\lim_{n \to \infty} d(A_n) = 0$$

임을 보이시오.

2. 수열 $\langle a_n \rangle$이 거리공간 (X, d)에서의 코시수열일 때, $\langle a_n \rangle$의 부분수열 $\langle a_{i_n} \rangle$에 대하여

$$\lim_{n \to \infty} d(a_n, a_{i_n}) = 0$$

이 성립함을 보이시오.

3. $\langle b_n \rangle$이 거리공간 (X, d)에서의 코시수열이고, $\langle a_n \rangle$이 모든 $n \in N$에 대하여

$$d(a_n, b_n) < \frac{1}{n}$$

을 만족하는 X에서의 수열일 때, 다음이 성립함을 보이시오.

(1) $\langle a_n \rangle$은 X에서의 코시수열이다.

(2) $\langle a_n \rangle$이 $p \in X$로 수렴하기 위한 필요충분조건은 $\langle b_n \rangle$이 p로 수렴하는 것이다.

4. 거리공간 (X, d)에서의 코시수열의 족 $C[X]$에 대하여, X^*를 코시수열 $\langle a_n \rangle \in C[X]$의 동치류 $[\langle a_n \rangle]$을 원소로 하는 집합이라 할 때, 모든 $[\langle a_n \rangle], [\langle b_n \rangle] \in X^*$에 대하여

$$e([\langle a_n \rangle], [\langle b_n \rangle]) = \lim_{n \to \infty} d(a_n, b_n)$$

로 주어진 함수 e는 잘 정의됨을 보이시오. 즉 $\langle a_n \rangle \sim \langle a_n^* \rangle$이고 $\langle b_n \rangle \sim \langle b_n^* \rangle$이면

$$\lim_{n \to \infty} d(a_n, b_n) = \lim_{n \to \infty} d(a_n^*, b_n^*)$$

임을 보이시오.

5. G가 거리공간 X의 열린부분집합일 때, M이 X에서 조밀하지 않는 부분집합이면

$$S(p, \delta) \subset G, \ S(p, \delta) \cap M = \varnothing$$

을 만족하는 $p \in X$와 $\delta > 0$가 존재함을 보이시오.

6. 거리공간 (X, d)의 부분집합 E가 완전유계일 때, E의 모든 수열 $\langle a_n \rangle$은 코시 부분수열을 가짐을 보이시오

7. X가 완비거리공간이면, $A \subset X$가 콤팩트이기 위한 필요충분조건은 A가 완전유계이고 닫힌집합임을 보이시오.

제9장
함수공간

1. 함수공간

지금까지는 일반적인 집합에 주어지는 위상에 관한 내용이었다. 여기서는 함수족에 주어진 위상공간, 즉 함수공간에 대해 알아본다. 함수공간은 해석학 등 여러 분야에서 매우 중요한 역할을 한다.

(1) 함수공간

정의 1　함수공간

임의의 두 집합 X, Y에 대하여, X에서 Y로의 모든 함수들의 집합, 즉 함수족을

$$\mathscr{F}(X, Y)$$

로 나타내자. 이때 $\mathscr{F}(X, Y)$의 임의의 부분집합 $\mathscr{F}^*$에 적당한 위상 $\mathscr{T}$가 주어져서 위상공간이 될 때, $(\mathscr{F}^*, \mathscr{T})$를 **함수공간**(function space)이라 한다.

참고 $\mathscr{F}(X, Y)$는 적집합 $\mathbf{F} = \Pi\{Y_x \mid x \in X\}$와 동일시할 수 있다. 왜냐하면

$$\begin{aligned}\mathbf{F} &= \Pi\{Y_x \mid x \in X\}\\ &= \{\langle a_x \mid x \in X\rangle \mid a_x \in Y_x = Y \ \forall x \in X\}\\ &= \{f \mid f \text{는 } X \text{에서 } Y \text{로의 함수}\} \equiv \mathscr{F}(X, Y)\end{aligned}$$

이기 때문이다. □

각 원소 $x \in X$에 대하여

$$e_x(f) = f(x) \ (\text{단, } f \in \mathscr{F}(X, Y))$$

로 정의된 함수 $e_x : \mathscr{F}(X, Y) \to Y$를 x에서 **값매김사상**(evaluation mapping) 또는 **부가함수**라고 한다. 즉 $\mathscr{F}(X, Y)$를 적집합 $\mathbf{F} = \Pi\{Y_x \mid x \in X\}$와 동일시함으로써 값매김사상 e_x는 $\mathbf{F}$에서 좌표공간 $Y_x = Y$로의 사영 π_x에 지나지 않는다.

예 단위 닫힌구간 $I = [0, 1]$에서 R로의 함수족, 즉 $I = [0, 1]$상에서 정의된 모든 실가함수족 $\mathscr{F}(I, R)$에 대하여, $f, g, h \in \mathscr{F}(I, R)$을

$$f(x) = x^2, \quad g(x) = 2x + 1, \quad h(x) = \sin \pi x$$

로 정의하자. 이때 값매김사상 $e_j : \mathscr{F}(I, R) \to R$를 생각하면, $j = 1/2$에서

$$e_j(f) = f(j) = f(1/2) = 1/4$$
$$e_j(g) = g(j) = g(1/2) = 2$$
$$e_j(h) = h(j) = h(1/2) = 1$$

로 주어진다. 즉 $e_j(f)$, $e_j(g)$와 $e_j(h)$는 각각 그래프 f, g와 h가 $x = j$를 지나는 수직선 R_j와 만나는 점이다.

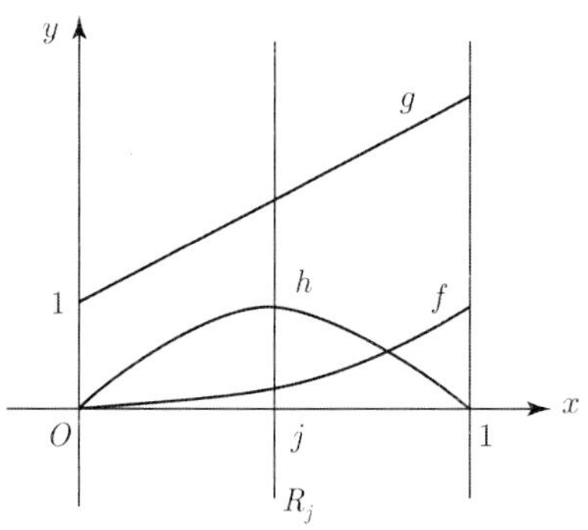

| 그림 9.1 |

(2) 점 열린위상

임의의 집합 X와 위상공간 Y에 대하여 함수족 $\mathscr{F}(X, Y)$와 적집합 $\mathbf{F} = \Pi\{Y_x \mid x \in X\}$를 동일시하여, 함수족 $\mathscr{F}(X, Y)$상에 적위상 $\mathscr{T}$를 도입한다. $\mathbf{F}$상의 적위상의 정의부분기저 $\mathscr{R}$은 $x_0 \in X$와 좌표공간 $Y_{x_0} = Y$의 열린부분집합 G를 택하여

$$\pi_{x_0}^{-1}[G] = \{f \mid \pi_{x_0}(f) \in G\}$$

로 표현되는 $\mathbf{F}$의 모든 부분집합으로 구성된다. 그래서 e_{x_0}를 $x_0 \in X$에 있어서 값매김사상이라 할 때

$$\pi_{x_0}(f) = e_{x_0}(f) = f(x_0)$$

로 주어진다. 따라서 함수족 $\mathscr{F}(X, Y)$상의 적위상 $\mathscr{T}$의 정의부분기저 $\mathscr{R}$은 형식 $\{f \mid f(x_0) \in G\}$의 모든 부분집합, 즉 임의의 점 $x_0 \in X$를 Y의 임의의 열린집합 G로 보내는 함수들의 집합이 된다. 이때 $\mathscr{R}$에 의해 생성된 적위상 $\mathscr{T}$를 $\mathscr{F}(X, Y)$상의 **점 열린위상**이라 한다.

정의 2 점 열린위상

값매김사상 $e_x : \mathcal{F}(X, Y) \to Y$가 연속이 되는 함수족 $\mathcal{F}(X, Y)$상의 위상 중에서 가장 약한 위상을 점 열린위상(point open topology)이라 한다.

예 단위 닫힌구간 $I = [0, 1]$상에서 정의된 모든 실가함수족 $\mathcal{F}(I, R)$에 대하여, 함수족 $\mathcal{F}(I, R)$상의 점 열린위상을 $\mathcal{T}$라 하면, $\mathcal{T}$의 정의부분기저의 원소는

$$\{f \mid f(j_0) \in G\}$$

의 형태를 갖는다. 여기서 $j_0 \in I$이고 G는 R의 열린부분집합이다. 이것은 적공간 $X = \Pi\{R_i \mid i \in I\}$의 부분기저의 원소와 같다.

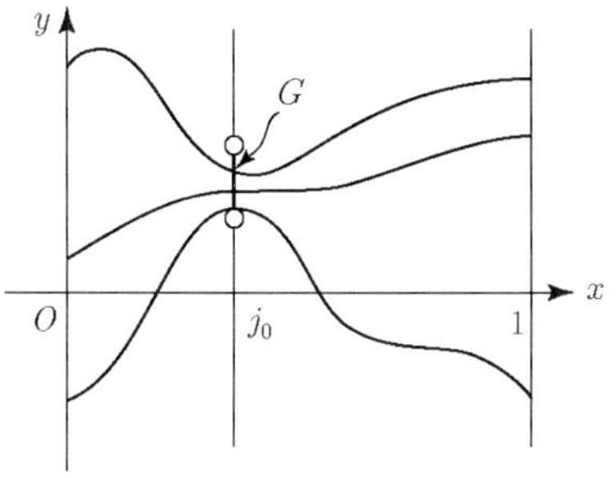

▌그림 9.2▌

보조정리 3

$\mathcal{A}$가 함수족 $\mathcal{F}(X, Y)$의 부분집합일 때, 다음 두 조건

(1) $\mathcal{A}$가 $\mathcal{F}(X, Y)$의 닫힌부분집합이다.

(2) 모든 $x \in X$에 대하여 $\overline{\{f(x) \mid f \in \mathcal{A}\}}$는 Y에서 콤팩트이다.

를 만족하면, $\mathcal{A}$는 함수족 $\mathcal{F}(X, Y)$상의 점 열린위상에 관하여 콤팩트이다.

Y가 T_2-공간이면, 다음 결과를 얻는다.

정리 4

T_2-공간 $(Y, \mathcal{T})$에 대하여 $\mathcal{A} \subset \mathcal{F}(X, Y)$일 때, 다음은 서로 동치이다.

(1) $\mathcal{A}$가 점 열린위상에 관하여 콤팩트이다.

(2) $\mathcal{A}$가 닫힌집합이고, 임의의 $x \in X$에 대하여 $\overline{\{f(x) \mid f \in \mathcal{A}\}}$는 콤팩트이다.

증명 보조정리 3에 의하여, (2) $\Rightarrow$ (1)이 성립한다. 따라서 (1) $\Rightarrow$ (2)만 보이면 된다. Y가 T_2-공간이므로 적불변이다. 따라서 $\mathscr{F}(X, Y)$는 T_2-공간이다. 그런데 $\mathscr{A}$가 T_2-공간의 콤팩트 부분집합이므로 닫힌집합이다. 더욱이 각 값매김사상 $e_x : \mathscr{F}(X, Y) \to Y$는 점 열린위상에 관하여 연속이므로, 각 $x \in X$에 대하여

$$e_x[\mathscr{A}] = \{f(x) \mid f \in \mathscr{A}\}$$

는 Y에서 콤팩트이다. 따라서 Y가 T_2-공간이므로, $\{f(x) \mid f \in \mathscr{A}\}$는 닫힌집합이다. 그러므로 $\overline{\{f(x) \mid f \in \mathscr{A}\}} = \{f(x) \mid f \in \mathscr{A}\}$는 콤팩트이다. ■

참고 Y의 위상이 T_1, T_2, 정칙 또는 연결이라면, 어느 경우에서도 점 열린위상을 갖는 $\mathscr{F}(X, Y)$는 또한 이들 성질을 만족한다. 왜냐하면 $\mathscr{F}(X, Y)$상의 점 열린위상은 적위상이므로, Y의 적불변의 성질은 $\mathscr{F}(X, Y)$에 유전되기 때문이다. □

(3) 점별수렴

정의 5 점별수렴

$\langle f_n \rangle$이 임의의 집합 X에서 위상공간 Y로의 함수열일 때, 각 $x_0 \in X$에 대하여 $\langle f_n(x_0) \rangle$가 $g(x_0)$로 수렴하면, 즉

$$\lim_{n \to \infty} f_n(x_0) = g(x_0)$$

이면, 함수열 $\langle f_n \rangle$은 함수 $g : X \to Y$로 **점별수렴** 또는 **점마다 수렴**한다고 한다. 이때 g를 함수열 $\langle f_n \rangle$의 **극한함수**라고 한다.

참고 $\langle f_n \rangle$이 임의의 집합 X에서 거리공간 (Y, d)로의 함수열이고, x_0를 X의 임의의 점이라 하자. 이때 모든 $\varepsilon > 0$에 대하여

$$n \geq n_0 \Rightarrow d(f_n(x_0), g(x_0)) < \varepsilon$$

을 만족하는 $n_0 = n_0(x_0, \varepsilon) \in N$가 존재하면, 함수열 $\langle f_n \rangle$은 g로 점별수렴한다. 여기서 n_0는 ε과 점 x_0에 종속적이다. □

예 각 $n \in N$에 대하여, 함수 $f_n : [0, 1] \to R$을 $f_n(x) = x^n$으로 정의하자. 그러면 함수열 $\langle f_n \rangle$은 단위 닫힌구간 $[0, 1]$에서

$$g(x) = \begin{cases} 0, & x \in [0, 1) \\ 1, & x = 1 \end{cases}$$

로 정의된 함수 $g : [0, 1] \to R$에 점별수렴한다. 이때 극한함수 g는 각 함수 f_i가 비록 연속이라 할지라도 연속이 아님을 알 수 있다.

예제 단위 닫힌구간 $I = [0, 1]$상에서 정의된 모든 실가함수족 $\mathscr{F}(I, R)$에 대하여, $\mathscr{F}(I, R)$에 속하는 함수열 $\langle f_n \rangle$을

$$f_n(x) = \begin{cases} 4n^2 x & , 0 \le x \le 1/2n \\ -4n^2 x + 4n, & 1/2n < x < 1/n \\ 0 & , 1/n \le x \le 1 \end{cases}$$

으로 정의하면, $\langle f_n \rangle$은 모든 $x \in I$에 대하여 $g(x) = 0$으로 정의되는 영함수 $g : I \to R$로 점별수렴한다.

증명 모든 $n \in N$에 대하여 $f_n(0) = 0$이므로, $\lim_{n \to \infty} f_n(0) = g(0) = 0$이다. 한편 $x_0 > 0$이면, $1/n_0 < x_0$를 만족하는 $n_0 \in N$가 존재한다. 이 n_0에 대하여, $n > n_0$이면

$$\lim_{n \to \infty} f_n(x_0) = g(x_0) = 0$$

이 성립한다. 따라서 함수열 $\langle f_n \rangle$은 영함수로 점별수렴한다.

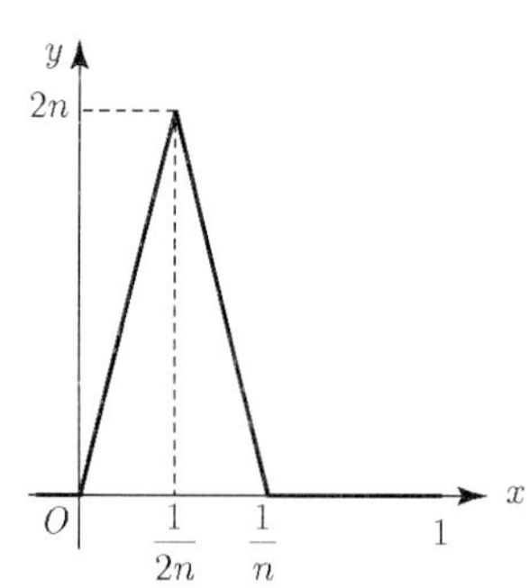

❙그림 9.3❙ ■

참고 위 예제에서, 모든 $n \in N$에 대하여 $\int_0^1 f_n(x)\,dx = 1$이지만 $\int_0^1 g(x)\,dx = 0$이므로, 이 경우 적분값의 극한은 극한의 적분값과 같지 않다. 즉

$$\lim_{n \to \infty} \int_0^1 f_n(x)\,dx \neq \int_0^1 \lim_{n \to \infty} f_n(x)\,dx$$

임에 유의한다. □

점별수렴의 개념은 점 열린위상과 관계가 있다.

정리 6

$\mathscr{T}$를 $\mathscr{F}(X, Y)$상의 점 열린위상이라 하자. 이때 $\mathscr{F}(X, Y)$에 속하는 함수열 $\langle f_n \rangle$이 $\mathscr{T}$에 관하여 $g \in \mathscr{F}(X, Y)$로 수렴하기 위한 필요충분조건은 함수열 $\langle f_n \rangle$이 g로 점별수렴하는 것이다.

증명 함수족 $\mathscr{F}(X, Y)$를 적집합 $\mathbf{F} = \Pi\{Y_x \mid x \in X\}$와 동일시하고, $\mathscr{T}$를 그 적위상과 동일시한다. 그런데 $\mathbf{F}$에 속하는 함수열 $\langle f_n \rangle$이 $g \in \mathbf{F}$로 수렴하기 위한 필요충분조건이 모든 사영 π_x에 대하여, $\langle \pi_x(f_n) \rangle = \langle e_x(f_n) \rangle = \langle f_n(x) \rangle$가

$$\pi_x(g) = e_x(g) = g(x)$$

로 수렴하는 것이다. 따라서 모든 $x \in X$에 대하여 $\lim_{n \to \infty} f_n(x) = g(x)$, 즉 함수열 $\langle f_n \rangle$이 g로 점별수렴할 때, 그때에 한하여 $\mathscr{T}$에 관하여 $\langle f_n \rangle$은 g로 수렴한다.

■

참고 $\mathscr{F}(X, Y)$상의 점 열린위상을 **점별수렴위상**(topology of pointwise convergence)으로 정의하기도 한다. 거리화 가능성은 가산이 아닌 적에 관하여 불변이 아니다. 따라서 닫힌구간 $[0, 1]$상에서 정의되는 실가함수의 점별수렴위상은 거리위상이 될 수 없다. 거리공간의 일반화로서 위상공간론을 연구하게 된 최초의 동기가 점별수렴이었다. □

(4) 균등수렴

정의 7 균등수렴

$\langle f_n \rangle$이 임의의 집합 X에서 거리공간 (Y, d)로의 함수열일 때, 모든 $\varepsilon > 0$과 모든 $x \in X$에 대하여

$$n \geq n_0 \Rightarrow d(f_n(x), g(x)) < \varepsilon$$

을 만족하는 $n_0 = n_0(\varepsilon) \in N$가 존재하면, 함수열 $\langle f_n \rangle$은 함수 $g : X \to Y$로 **균등수렴**한다고 한다.

참고 균등수렴성은 점별수렴성을 포함한다. 균등수렴에서 n_0는 ε에만 의존하는 반면에, 점별수렴에서 n_0는 ε과 동시에 점 x에 종속적이다. □

정리 8

위상공간 X에서 거리공간 Y로의 연속인 함수열 $\langle f_n \rangle$에 대하여, $\langle f_n \rangle$이 함수 $g : X \to Y$로 균등수렴하면 g도 연속이다.

예 각 $n \in N$에 대하여, 함수 $f_n : [0, 1] \to R$을 $f_n(x) = x^n$으로 정의하자. 그러면 함수열 $\langle f_n \rangle$은 단위 닫힌구간 $[0, 1]$에서

$$f(x) = \begin{cases} 0, & x \in [0, 1) \\ 1, & x = 1 \end{cases}$$

로 정의된 함수 $f : [0, 1] \to R$에 점별수렴한다. 그러나 $g : [0, 1] \to R$가 연속이 아니므로, 함수열 $\langle f_n \rangle$은 g로 균등수렴하지 않는다.

임의의 집합 X에서 거리공간 (Y, d)로의 모든 유계인 함수족을 $\mathscr{B}(X, Y)$로 나타내고, 함수 e를

$$e(f, g) = \sup\{d(f(x), g(x)) \mid x \in X\}$$

로 정의되는 $\mathscr{B}(X, Y)$상의 거리라 하자. 이때 거리 e로부터 유도된 $\mathscr{B}(X, Y)$상의 위상을 **균등수렴위상**(topology of uniform convergence)이라 한다.

정리 9

함수족 $\mathscr{B}(X, Y)$에 속하는 함수열 $\langle f_n \rangle$에 대하여, 다음은 서로 동치이다.

(1) $\langle f_n \rangle$이 거리 e에 관하여 $g \in \mathscr{B}(X, Y)$로 수렴한다.

(2) $\langle f_n \rangle$이 g로 균등수렴한다.

증명 $\varepsilon > 0$을 임의의 실수라 하자.

(1) ⇒ (2) : 함수열 $\langle f_n \rangle$이 거리 e에 관하여 g로 수렴하므로

$$n \geq n_0 \Rightarrow e(f_n, g) < \varepsilon$$

을 만족하는 $n_0 \in N$가 존재한다. 따라서 모든 $x \in X$에 대하여

$$n \geq n_0 \Rightarrow d(f_n(x), g(x)) \leq \sup\{d(f_n(x), g(x)) \mid x \in X\}$$
$$= e(f_n, g) < \varepsilon$$

이 성립한다. 즉 함수열 $\langle f_n \rangle$이 g로 균등수렴한다.

(2) ⇒ (1) : 함수열 $\langle f_n \rangle$이 g로 균등수렴하므로, 모든 $x \in X$에 대하여

$$n \geq n_0 \Rightarrow d(f_n(x), g(x)) < \varepsilon/2$$

을 만족하는 $n_0 \in N$가 존재한다. 따라서

$$n \geq n_0 \Rightarrow \sup\{d(f_n(x), g(x)) \mid x \in X\} \leq \varepsilon/2 < \varepsilon$$

이 성립한다. 즉 $n > n_0$이면 $e(f_n, g) < \varepsilon$이므로, 함수열 $\langle f_n \rangle$이 거리 e에 관하여 함수 g로 수렴한다. ■

참고 균등수렴의 개념은 Y가 거리공간인 경우는 정의되지만, Y가 일반위상공간일 때는 정의될 수 없다. 그러나 균등수렴의 개념은 **균등공간**(uniform space)으로 일반화된다. □

2. 함수공간 $\mathscr{C}[0, 1]$

단위 닫힌구간 $I = [0, 1]$로부터 R로의 모든 연속인 함수족에

$$\| f \| = \sup\{| f(x) | : x \in I\}$$

로 정의되는 노름을 도입한 벡터공간 $\mathscr{C}[0, 1]$은 함수공간으로, 해석학에서 매우 중요한 역할을 한다. 이 노름은 균등수렴위상을 유도한다.

예제 함수 $f : I \to R$가 단위 닫힌구간 $I = [0, 1]$상에서 연속이면, 모든 $\varepsilon > 0$에 대하여

$$|x - y| < \delta \Rightarrow |f(x) - f(y)| < \varepsilon$$

를 만족하는 $\delta = \delta(\varepsilon) > 0$가 존재한다. 즉 함수 f는 균등연속이다.

증명 $\varepsilon > 0$을 임의의 실수라 하자. 함수 f가 연속이므로, 모든 $p \in I$에 대하여

$$|x - p| < \delta_p \Rightarrow |f(x) - f(p)| < \frac{1}{2}\varepsilon \qquad (1)$$

을 만족하는 $\delta_p > 0$가 존재한다. 이때 각 $p \in I$에 대하여

$$S_p = I \cap \left(p - \frac{1}{2}\delta_p,\ p + \frac{1}{2}\delta_p\right)$$

라 하면, $\{S_p \mid p \in I\}$는 I의 열린덮개가 된다. 그런데 단위 닫힌구간 $I = [0, 1]$이 콤팩트이므로, $\{S_p \mid p \in I\}$는 유한부분덮개 $\{S_{p_1}, \cdots, S_{p_m}\}$을 갖는다. 이제

$$\delta = \frac{1}{2}\min\{\delta_{p_1}, \cdots, \delta_{p_m}\}$$

이라 놓자. 그러면 $|x-y| < \delta$일 때 $x \in S_{p_k}$를 만족하는 $k \in N$가 존재한다. 그러므로 $|x - p_k| < \frac{1}{2}\delta_{p_k} < \delta_{p_k}$이고

$$|y - p_k| \leq |y - x| + |x - p_k| < \delta + \frac{1}{2}\delta_{p_k} \leq \frac{1}{2}\delta_{p_k} + \frac{1}{2}\delta_{p_k} = \delta_{p_k}$$

이다. 따라서 (1)에 의하여

$$|f(x) - f(p_k)| < \frac{1}{2}\varepsilon, \quad |f(y) - f(p_k)| < \frac{1}{2}\varepsilon$$

이므로, 삼각부등식에 의하여

$$|f(x) - f(y)| \leq |f(x) - f(p_k)| + |f(p_k) - f(y)| < \frac{1}{2}\varepsilon + \frac{1}{2}\varepsilon = \varepsilon$$

이 성립한다. ■

참고 단위 닫힌구간 $I = [0, 1]$이 콤팩트이므로, 각 $f \in \mathscr{C}[0, 1]$는 균등연속이다. □

연속함수의 경우는 δ가 ε과 x에 의해 결정되는 반면, 균등연속함수인 경우는 δ가 ε에만 종속된다는 점에 있어서 연속성보다 더욱 강하다.

보조정리 10

함수열 $\langle f_n \rangle$이 $\mathscr{C}[0, 1]$에서 코시수열이고 $\langle f_n \rangle$이 $g \in \mathscr{C}[0, 1]$로 점별수렴하면, $\langle f_n \rangle$은 g로 균등수렴한다.

증명 함수열 $\langle f_n \rangle$이 $\mathscr{C}[0, 1]$에서 코시수열이면, 모든 $x_0 \in [0, 1]$에 대하여 $\langle f_n(x_0) \rangle$는 R에서 코시수열이다. 그런데 R이 완비공간이므로, 수열 $\langle f_n(x_0) \rangle$는 수렴한다. 이때 $g : [0, 1] \to R$를

$$g(x) = \lim_{n \to \infty} f_n(x)$$

로 정의하면, 함수열 $\langle f_n \rangle$은 g로 균등수렴한다(정리 9 참조). ■

보조정리 10과 정리 8로부터 다음 결과를 얻는다.

정리 11

함수공간 $\mathscr{C}[0, 1]$은 완비노름공간이다.

참고 m이 임의의 자연수일 때, $x_0 \in \left[0, 1 - \dfrac{1}{m}\right]$가 존재해서

$$\left| \frac{f(x_0 + h) - f(x_0)}{h} \right| \le m \quad {}^\forall h \in \left(0, \frac{1}{m}\right)$$

을 만족하는 함수 f로 이루어진 $A_m \subset \mathscr{C}[0, 1]$에 대하여, A_m은 $\mathscr{C}[0, 1]$의 닫힌부분집합이지만, $\mathscr{C}[0, 1]$에서 조밀하지 않다. □

보조정리 12

$A_m \subset \mathscr{C}[0, 1]$에 대하여, $\mathscr{C}[0, 1] \neq \cup_{m=1}^{\infty} A_m$이 성립한다.

증명 A_m은 $\mathscr{C}[0, 1]$에서 조밀하지 않으므로, $\cup_{m=1}^{\infty} A_m$은 제1범주의 집합이다. 그러나 $\mathscr{C}[0, 1]$은 완비거리공간이므로 제2범주의 집합이다. 따라서 $\mathscr{C}[0, 1] \neq \cup_{m=1}^{\infty} A_m$이다. ■

“R의 모든 점에서 연속이지만 R의 모든 점에서 미분가능하지 않는 함수가 존재할까?”에 대한 의문이 리만에 의해 제기되었고, 1872년에 바이어슈트라스에 의해 해결되었다.

예 $f(x) = \displaystyle\sum_{n=0}^{\infty} \frac{1}{2^n} \cos(3^n x)$로 정의된 함수 $f : R \to R$는 R의 모든 점에서 연속이지만 R의 모든 점에서 미분가능하지 않는 함수이다.

완비거리공간에 관한 베르 범주 정리를 사용하여 다음 정리를 얻는다.

정리 13

함수공간 $\mathscr{C}[0,1]$에는 **어디서도 미분가능하지 않은**(nowhere differentiable), 즉 모든 곳에서 미분이 불가능한 연속함수 $f:[0,1]\to R$가 존재한다.

증명 함수 $f\in\mathscr{C}[0,1]$가 x_0에서 도함수를 갖는다고 하고, $|f'(x_0)|=t$라고 가정하면

$$\left|\frac{f(x_0+h)-f(x_0)}{h}\right| \le t+1 \quad {}^\forall h\in(-\varepsilon,\varepsilon)$$

을 만족하는 $\varepsilon>0$이 존재한다. 이제 $t+1\le m_0$이고 $1/m_0<\varepsilon$이 되도록 $m_0\in N$를 선택하면 $f\in A_m$이다. 따라서 $\cup_{m=1}^{\infty}A_m$은 단위 닫힌구간 $[0,1]$의 어떤 점에서 미분가능한 모든 함수를 포함한다. 그러나 보조정리 12에서 $\mathscr{C}[0,1]\neq\cup_{m=1}^{\infty}A_m$이므로, 어디서도 미분가능하지 않은 연속함수 $f:[0,1]\to R$가 존재한다. ■

참고 $\mathscr{C}[a,b]$와 $\mathscr{C}[0,1]$은 위상동형이다. 왜냐하면 모든 $f\in\mathscr{C}[a,b]$에 대하여

$$F(f):[0,1]\to R\text{를 } F(f)(x)=[f(b)-f(a)]x+f(a)$$

로 정의할 때, $F:\mathscr{C}[a,b]\to\mathscr{C}[0,1]$가 위상동형사상이기 때문이다. 따라서 $\mathscr{C}[0,1]$에 관한 모든 결과는 닫힌구간 $[a,b]$상의 모든 연속함수의 공간 $\mathscr{C}[a,b]$에 대해서도 또한 모두 성립한다. □

3. 균등유계와 동등연속

함수공간의 부분집합이 콤팩트이기 위한 필요충분조건을 구하기 위하여 '균등유계'와 '동등연속'의 개념을 도입한다.

(1) 균등유계

정의 14 균등유계

$\mathscr{A}=\{f_i\mid X\to R\}$가 임의의 집합 X상에서 정의된 실가함수족일 때, 모든 $f\in\mathscr{A}$와 모든 $x\in X$에 대하여

$$|f(x)|\le M$$

을 만족하는 $M\in R$이 존재할 때, $\mathscr{A}$는 **균등유계**(uniformly bounded)라고 한다.

참고 함수족 $\mathscr{A} \subset \mathscr{C}[0, 1]$가 균등유계일 필요충분조건은 임의의 함수 $f \in \mathscr{A}$에 대하여 $\| f \| \le M$을 만족하는 $M \in R$이 존재하는 것이다. □

예 함수족 $\mathscr{A} \subset \mathscr{C}[0, 1]$를

$$\mathscr{A} = \{ f_1(x) = x,\ f_2(x) = 2x,\ f_3(x) = 3x,\ \cdots \}$$

로 정의하면, $\mathscr{A}$에 속하는 각 함수는 유계이다. 그러나 함수족 $\mathscr{A}$는 균등유계가 아니다. 왜냐하면 M이 아무리 큰 실수라 할지라도 $n_0 > M$를 만족하는 $n_0 \in N$가 존재하여 $f_{n_0}(1) = n_0 > M$을 만족하기 때문이다.

예제 함수족 $\mathscr{A} \subset \mathscr{F}(R, R)$를

$$\mathscr{A} = \{ f_1(x) = \sin x,\ f_2(x) = \sin 2x,\ \cdots \}$$

로 정의하면, $\mathscr{A}$는 균등유계이다.

증명 $M = 1$이라 하면, 모든 $f \in \mathscr{A}$와 모든 $x \in R$에 대하여 $|f(x)| \le M$을 만족한다. ■

(2) 동등연속

정의 15 동등연속

함수족 $\mathscr{A} = \{ f_i \mid X \to R \}$가 임의의 거리공간 (X, d)상에서 정의된 실가함수족일 때, 모든 함수 $f \in \mathscr{A}$와 모든 $\varepsilon > 0$에 대하여

$$d(x_0, x_1) < \delta \Rightarrow | f(x_0) - f(x_1) | < \varepsilon$$

을 만족하는 $\delta = \delta(\varepsilon) > 0$가 존재하면, 실가함수족 $\mathscr{A} = \{ f_i \mid X \to R \}$를 **동등연속**(equicontinuous)이라 한다.

동등연속은 δ는 ε에만 의존하고 임의의 특수한 점 또는 함수에 의존하지 않는다. 이 경우 각 함수 $f \in \mathscr{A}$는 균등연속이다.

정리 16 아스콜리 정리(Ascoli's theorem)

함수공간 $\mathscr{C}[0, 1]$과 실가함수족 $\mathscr{A} = \{ f_i \mid X \to R \}$에 대하여 $\mathscr{A}$가 $\mathscr{C}[0, 1]$의 닫힌 부분집합일 때, 다음은 서로 동치이다.

(1) $\mathscr{A}$가 콤팩트이다.
(2) $\mathscr{A}$가 균등유계이고, 동등연속이다.

증명 (2) ⇒ (1) : 함수족 $\mathscr{A}$가 콤팩트이므로, $\mathscr{A}$는 $\mathscr{C}[0, 1]$의 유계인 닫힌부분집합이고, 따라서 균등유계이다. 그러므로 함수족 $\mathscr{A}$가 동등연속임을 밝히면 된다. 함수족 $\mathscr{A}$가 콤팩트이므로, 유한인 $\varepsilon/3$-네트를 갖는다. 이것을 $\mathscr{B} = \{f_1, \cdots, f_t\}$라 하자. 그러면 임의의 함수 $f \in \mathscr{A}$에 대하여

$$\| f - f_{i_0} \| = \sup\{|f(x) - f_{i_0}(x)| : x \in I\} \le \varepsilon/3$$

을 만족하는 함수 $f_{i_0} \in \mathscr{B}$가 존재한다. 따라서 임의의 $x, y \in I = [0, 1]$에 대해서도

$$\begin{aligned}|f(x) - f(y)| &\le |f(x) - f_{i_0}(x)| + |f_{i_0}(x) - f_{i_0}(y)| + |f_{i_0}(y) - f(y)| \\ &\le \varepsilon/3 + |f_{i_0}(x) - f_{i_0}(y)| + \varepsilon/3 = |f_{i_0}(x) - f_{i_0}(y)| + 2\varepsilon/3\end{aligned}$$

이 성립한다. 이제 각 함수 $f_i \in \mathscr{B}$가 균등연속이므로

$$|x - y| < \delta_i \Rightarrow |f_i(x) - f_i(y)| < \varepsilon/3$$

을 만족하는 $\delta_i > 0$가 존재한다. 따라서 $\delta = \min\{\delta_1, \cdots, \delta_t\}$라고 놓으면, 임의의 함수 $f \in \mathscr{A}$에 대하여

$$\begin{aligned}|x - y| < \delta \Rightarrow |f(x) - f(y)| &\le |f_{i_0}(x) - f_{i_0}(y)| + 2\varepsilon/3 \\ &< \varepsilon/3 + 2\varepsilon/3 = \varepsilon/3\end{aligned}$$

이 된다. 따라서 함수족 $\mathscr{A}$는 동등연속이다.

(1) ⇒ (2) : 함수족 $\mathscr{A}$가 완비공간 $\mathscr{C}[0, 1]$의 닫힌부분집합이므로, $\mathscr{A}$가 완전유계임을 밝히면 된다. $\varepsilon > 0$을 임의의 실수라 하자. 함수족 $\mathscr{A}$가 균등연속이므로, 임의의 $f \in \mathscr{A}$에 대하여 적당한 $n_0 \in N$가 존재하여

$$|a - b| < 1/n_0 \Rightarrow |f(a) - f(b)| < \varepsilon/5$$

을 만족한다. 여기서 각 함수 $f \in \mathscr{A}$에 대하여 $\| f - p_f \| < \varepsilon$을 만족하는 꺾인 직선함수를 구성할 수 있는 p_f는

$$A = \{\langle x, y \rangle \mid x = 0, 1/n_0, 2/n_0, \cdots, 1 ; y = k\varepsilon/5,\ k \in Z\}$$

의 점을 연결한다(연습문제 5 참조). 이제 $\mathscr{B} = \{p_f \mid f \in \mathscr{A}\}$가 함수족 $\mathscr{A}$에 대한 유한 ε-네트임을 밝히자. 그런데 함수족 $\mathscr{A}$가 균등유계이므로, $\mathscr{B}$는 균등유계

이다. 따라서 A에 속하는 유한개의 점만이 $\mathscr{B}$의 꺾인 직선으로 나타난다. 그러므로 $\mathscr{B}$에 속하는 오직 유한개의 꺾인 직선만이 존재할 수 있다. 따라서 $\mathscr{B}$가 함수족 $\mathscr{A}$에 대한 유한 ε-네트이므로, $\mathscr{A}$는 완전유계이다. ∎

4. 콤팩트 열린위상

임의의 집합 X와 Y에 대하여 $A \subset X$, $B \subset Y$일 때, A로부터 B로의 함수족을 X로부터 Y로의 함수족 $\mathscr{F}(X, Y)$ 대신 $F(A, B)$, 즉

$$F(A, B) = \{f \in \mathscr{F}(X, Y) \mid f[A] \subset B\}$$

로 나타낸다.

예 $\mathscr{R}$이 $\mathscr{F}(X, Y)$상의 점 열린위상에 대한 정의부분기저일 때, $\mathscr{R}$의 원소는 $x \in X$와 열린집합 $G \subset Y$에 대하여

$$\{f \in \mathscr{F}(X, Y) \mid f(x) \in G\}$$

형식으로 주어진다. 따라서 이 집합은 $F(x, G)$로 표현되고, 이 경우 $\mathscr{R}$은

$$\mathscr{R} = \{F(x, G) \mid x \in X,\ G \subset Y \text{는 열린집합}\}$$

로 정의된다.

정의 17 콤팩트 열린위상

두 위상공간 X와 Y에 대하여, $\mathscr{A}$가 X의 콤팩트 부분집합족이고 $\mathscr{G}$가 Y의 열린부분집합족일 때

$$\mathscr{R} = \{F(A, G) \mid A \in \mathscr{A},\ G \in \mathscr{G}\}$$

에 의하여 생성되는 $\mathscr{F}(X, Y)$상의 위상 $\mathscr{T}$를 함수족 $\mathscr{F}(X, Y)$상의 **콤팩트 열린위상**(compact open topology)이라 하고, $\mathscr{R}$을 $\mathscr{T}$의 **정의부분기저**라 한다.

X의 단원부분집합은 콤팩트이므로, $\mathscr{R}$은 함수족 $\mathscr{F}(X, Y)$상의 점 열린위상에 대한 정의부분기저의 원소를 모두 포함하고 있다. 따라서 다음을 얻는다.

정리 18

X로부터 Y로의 함수족 $\mathscr{F}(X, Y)$상의 점 열린위상은 $\mathscr{F}(X, Y)$상의 콤팩트 열린위상보다 약한 위상이다.

점 열린위상은 값매김함수를 연속이 되게 하는 위상 중에서 가장 약한 위상이다. 따라서 X로부터 Y로의 함수족 $\mathscr{F}(X, Y)$에 대하여, 값매김함수 $e_x : \mathscr{F}(X, Y) \to Y$는 $\mathscr{F}(X, Y)$상의 콤팩트 열린위상에 관하여 연속이다.

정리 19

$(Y, \mathscr{T})$가 T_2-공간이면, 콤팩트 열린위상이 주어진 $\mathscr{F}(X, Y)$도 T_2-공간이다.

증명 $f, g \in \mathscr{F}(X, Y)$이고 $f \neq g$라고 하면, $f(p) \neq g(p)$를 만족하는 $p \in X$가 존재한다. 이때 Y가 T_2-공간이므로

$$f(p) \in G,\ g(p) \in H,\ G \cap H = \varnothing$$

를 만족하는 Y의 열린부분집합 G와 H가 존재한다. 따라서

$$f \in F(p, G),\ g \in F(p, H),\ (p, G) \cap F(p, H) = \varnothing$$

이다. 그런데 단원집합 $\{p\}$는 콤팩트이므로, $F(p, G)$와 $F(p, H)$는 $\mathscr{F}(X, Y)$상의 콤팩트 열린위상에 속한다. 따라서 $\mathscr{F}(X, Y)$상의 콤팩트 열린위상은 T_2-공간이다. ■

정의 20 콤팩트 균등수렴

$\langle f_n \rangle$이 위상공간 X에서 거리공간 (Y, d)로의 함수열일 때, 모든 콤팩트 부분집합 $E \subset X$와 모든 $\varepsilon > 0$에 대하여

$$n \geq n_0 \Rightarrow d\big(f_n(x), g(x)\big) < \varepsilon \ {}^\forall x \in E$$

을 만족하는 $n_0 = n_0(E, \varepsilon) \in N$이 존재하면, 함수열 $\langle f_n \rangle$은 함수 $g: X \to Y$로 **콤팩트 균등수렴**(converge uniformly on compact)한다고 한다.

$\langle f_n \rangle$이 위상공간 X에서 거리공간 (Y, d)로의 함수열일 때, 모든 콤팩트 부분집합 $E \subset X$에 대하여 $\langle f_n \rangle$의 E로의 제한이 g의 E로의 제한으로 균등수렴하면 함수열

$\langle f_n \rangle$은 콤팩트 집합 E상에서 g로 균등수렴한다.

정리 21

위상공간 $(X, \mathscr{T})$에서 거리공간 (Y, d)로의 연속인 함수족 $\mathscr{C}(X, Y)$에 대하여, $\langle f_n \rangle$이 $\mathscr{C}[X, Y]$에 속하는 함수열일 때, 다음은 서로 동치이다.

(1) $\langle f_n \rangle$이 콤팩트 집합상에서 $g \in \mathscr{C}[X, Y]$로 균등수렴한다.

(2) $\langle f_n \rangle$이 $\mathscr{C}(X, Y)$상의 콤팩트 열린위상 $\mathscr{T}$에 관하여 g로 수렴한다.

증명 (1) $\Rightarrow$ (2) : 함수 g를 포함하는 $\mathscr{T}$의 열린부분기저의 원소를 $F(E, G)$라 하자. 따라서 E가 콤팩트이고 G가 열린집합일 때, $g[E] \subset G$이다. 그런데 함수 g가 연속이므로, $g[E]$는 콤팩트이다. 이때 $g[E] \cap G^c = \varnothing$이므로, $d(g[E], G^c) = \varepsilon > 0$이라 놓자. 그러면 함수열 $\langle f_n \rangle$이 콤팩트 집합상에서 함수 g로 균등하게 수렴하므로, 모든 $x \in E$에 대하여

$$n \geq n_0 \Rightarrow d(f_n(x), g(x)) < \varepsilon$$

을 만족하는 $n_0 \in N$가 존재한다. 그러므로 모든 $x \in E$에 대하여

$$d(f_n(x), g[E]) \leq d(f_n(x), g(x)) < \varepsilon$$

이 성립한다. 따라서 모든 $x \in E$에 대하여, $f_n(x) \notin G^c$이다. 바꾸어 말하면 $n \geq n_0$일 때

$$f_n[E] \subset G(x),\ 즉\ f_n \in F(F, G)$$

이다. 그러므로 함수열 $\langle f_n \rangle$은 $\mathscr{C}(X, Y)$상의 콤팩트 열린위상 $\mathscr{T}$에 관하여 함수 g로 수렴한다.

(2) $\Rightarrow$ (1) : E가 X의 콤팩트 부분집합이고, $\varepsilon > 0$을 임의의 실수라 하자. 이때 함수열 $\langle f_n \rangle$이 E상에서 함수 g로 균등하게 수렴함을 밝힌다. 즉

$$n \geq n_0 \Rightarrow d(f_n(x), g(x)) < \varepsilon \quad {}^\forall x \in E$$

을 만족하는 $n_0 \in N$가 존재함을 밝히고자 한다. 그런데 E가 콤팩트이고 함수 g가 연속이므로, $g[E]$는 콤팩트이다. 이제 $\mathscr{B} = \{p_1, \cdots, p_t\}$를 $g[E]$에 대한 유한 $\varepsilon/3$-네트라 하자. 이때 열린구

$$S_1 = S(p_1, \varepsilon/3), \cdots, S_t = S(p_t, \varepsilon/3)\text{와}$$
$$G_1 = S(p_1, 2\varepsilon/3), \cdots, G_t = S(p_t, 2\varepsilon/3)$$

를 생각하자. 따라서 $\overline{S_1} \subset G_1, \cdots, \overline{S_t} \subset G_t$이고, 또한 $\mathscr{B}$는 $g[E]$에 대한 $\varepsilon/3$-네트이므로

$$g[E] \subset \overline{S_1} \cup \cdots \cup \overline{S_t}, \text{ 즉 } E \subset g^{-1}[\overline{S_1}] \cup \cdots \cup g^{-1}[\overline{S_t}]$$

가 성립한다. 여기서 $E_i = E \cap g^{-1}[\overline{S_i}]$라고 놓으면

$$E = E_1 \cup \cdots \cup E_t \text{이고 } g[E_i] \subset \overline{S_i} \subset G_i$$

로 된다. 그러므로 E_i는 콤팩트이다. 한편 $g[E_i] \subset G_i$이므로, $F(E_i, G_i)$는 함수 g를 포함하는 $\mathscr{C}(X, Y)$의 $\mathscr{T}$-열린부분집합이다. 따라서 $\cap_{i=1}^{t} F(E_i, G_i)$는 또한 함수 g를 포함하는 $\mathscr{T}$-열린집합이다. 그런데 함수열 $\langle f_n \rangle$이 $\mathscr{T}$에 관하여 함수 g로 수렴하므로, $n \geq n_0$일 때

$$f_n \in \cap_{i=1}^{t} F(E_i, G_i), \text{ 즉 } f_n[E_1] \subset G_1, \cdots, f_n[E_t] \subset G_t$$

를 만족하는 $n_0 \in N$가 존재한다. 이제 $x \in E$라고 하자. 이 경우 $x \in E_i$이므로, $n \geq n_0$인 모든 n에 대하여

$$f_n(x) \in f_n[E_i] \subset G_i \Rightarrow d(f_n(x), p_i) < 2\varepsilon/3$$
$$g(x) \in g[E_i] \subset \overline{S_i} \Rightarrow d(g(x), p_i) \leq \varepsilon/3$$

이 된다. 따라서 삼각부등식에 의하여, 모든 $x \in E$에 대하여

$$\begin{aligned} n \geq n_0 \Rightarrow d(f_n(x), g(x)) &\leq d(f_n(x), p_i) + d(p_i, g(x)) \\ &< 2\varepsilon/3 + \varepsilon/3 = \varepsilon \end{aligned}$$

이 성립한다. ■

참고 콤팩트 열린위상을 **콤팩트 수렴위상**(topology of compact convertgence)으로 정의하기도 한다. □

연습문제 9

EXERCISES

1. 각 $n \in N$에 대하여, 함수 $f_n : R \to R$을

$$f_n(x) = \begin{cases} 1 - \dfrac{1}{n}|x|, & |x| < n \\ 0, & |x| \geq n \end{cases}$$

으로 정의한다. 이때 함수열 $\langle f_n \rangle$은 상수함수 $g(x) = 1$로 균등수렴하지 않음을 보이시오.

2. 단위 닫힌구간 $I = [0, 1]$상의 연속인 실가함수족 $\mathscr{C}(I, R)$에 대하여, 노름 $\| \ \|$을

$$\| f \| = \int_0 |f(x)|\, dx$$

로 정의한다. 이때 주어진 노름 $\| \ \|$에서 $f_n \to g$이지만, 함수열 $\langle f_n \rangle$이 함수 g로 점별수렴하지 않는 $\mathscr{C}(I, R)$에 속하는 함수열 $\langle f_n \rangle$의 예를 들어 보시오.

3. 함수열 $\langle f_n \rangle$이 $\mathscr{C}[0, 1]$에 속하는 코시수열일 때, 각 $x_0 \in I = [0, 1]$에 대하여 수열 $\langle f_n(x_0) \rangle$는 R에서 코시수열임을 보이시오.

4. 위상공간 X에서 거리공간 Y로의 연속인 함수열 $\langle f_n \rangle$에 대하여, $\langle f_n \rangle$이 함수 $g : X \to Y$로 균등수렴하면 g도 연속임을 보이시오.

5. $f \in \mathscr{C}[0, 1]$이고 $\varepsilon > 0$일 때 $k \in Z$에 대하여, $n_0 \in N$와 수열

$$p_0 = \langle 0, k\varepsilon/5 \rangle, \ \cdots, \ p_i = \langle i/n_0, k\varepsilon/5 \rangle, \ \cdots, \ p_{n_0} = \langle 1, k\varepsilon/5 \rangle$$

이 존재한다고 하자. 그러면 g가 각 p_i의 점을 차례로 하나씩 연결하는 꺾인 직선함수, 즉 구분적 직선함수일 때

$$\| f - g \| < \varepsilon$$

를 만족함을 밝히시오. 즉 모든 구분적 직선함수의 집합은 $\mathscr{C}[0, 1]$에서 조밀함을 보이시오.

6. $\mathscr{F}(R, R)$의 함수열 $\langle f_n \rangle$에 대하여, $\langle f_n \rangle$을

$$f_n(x) = \begin{cases} 1 - \dfrac{|x|}{n} & , |x| < n \text{일 때} \\ 0 & , |x| \geq n \text{일 때} \end{cases}$$

으로 정의하면, 함수열 $\langle f_n \rangle$은 R의 콤팩트 부분집합 E상에서 상수함수 $g(x) = 1$로 균등수렴함을 보이시오.

7. X가 국소콤팩트인 T_2-공간일 때, $e(x, f) = f(x)$로 정의된 값매김사상

$$e : X \times \mathscr{F}(X, Y) \to Y$$

는 연속임을 보이시오.

연습문제 풀이

연습문제 1.1

1. (1) $\langle x, y \rangle \in \Re$라고 하자. 그러면

$$\Re \circ \Re = \{ \langle x, z \rangle \mid \exists y \in X, \langle x, y \rangle \in \Re, \langle y, z \rangle \in \Re \}$$

가 된다. 그런데 $\Re$이 반사적이므로, $\langle y, y \rangle \in \Re$이다. 따라서 $\langle x, y \rangle \in \Re \circ \Re$이다. 그러므로 $\Re \subset \Re \circ \Re$이다. 또한 $\Delta_X \subset \Re \subset \Re \circ \Re$이므로, $\Re \circ \Re$은 반사적이다.

(2) $\Re \circ \Re^{-1} = \{ \langle x, z \rangle \mid \exists y \in X, \langle x, y \rangle \in \Re^{-1} \wedge \langle y, z \rangle \in \Re \}$
$= \{ \langle x, z \rangle \mid \exists y \in X, \langle x, y \rangle \in \Re \wedge \langle y, z \rangle \in \Re^{-1} \}$
$= \Re^{-1} \circ \Re$

(3) $\langle x, y \rangle \in \Re \circ \Re$이고 $\langle y, z \rangle \in \Re \circ \Re$라고 하자. 그런데 $\Re$이 추이적이면, $\Re \circ \Re \subset \Re$이므로, $\langle x, y \rangle \in \Re$이고 $\langle y, z \rangle \in \Re$가 성립한다. 따라서 $\langle x, z \rangle \in \Re \circ \Re$, 즉 $\Re \circ \Re$은 추이적이다.

2. $a \in \bigcap_{n \in N} \left(0, \frac{1}{n}\right)$라고 가정하자. 그러면 모든 $n \in N$에 대하여, $0 < a < \frac{1}{n}$이 성립한다. 이것은 고정된 $a > 0$에 대하여, $\frac{1}{n} < a$을 만족하는 충분히 큰 $n \in N$이 존재한다는 사실에 모순이다. 따라서 $\bigcap_{n \in N} \left(0, \frac{1}{n}\right) = \varnothing$가 성립한다.

3. (1) $y \in f[A \cap f^{-1}[B]] \Leftrightarrow$ 적당한 $x \in A \cap f^{-1}[B]$에 대하여, $y = f(x)$
$\Leftrightarrow$ 적당한 $x \in A$와 $x \in f^{-1}[B]$에 대하여, $y = f(x)$
$\Leftrightarrow y \in f[A]$이고 $y \in B$
$\Leftrightarrow y \in f[A] \cap B$

이므로, $f[A \cap f^{-1}[B]] = f[A] \cap B$가 성립한다.

(2) (1)에서 A에 X를 대입하면, $f[X \cap f^{-1}[B]] = f[X] \cap B$가 된다. 그런데

$$X \cap f^{-1}[B] = f^{-1}[B]$$

이므로, $f[f^{-1}[B]] = f[X] \cap B$가 성립한다.

4. (1) $x \in f^{-1}[\bigcup_{\gamma \in \Gamma} B_\gamma] \Leftrightarrow f(x) \in \bigcup_{\gamma \in \Gamma} B_\gamma$

$$\Leftrightarrow \exists \gamma \in \Gamma,\ f(x) \in B_\gamma$$
$$\Leftrightarrow \exists \gamma \in \Gamma,\ x \in f^{-1}[B_\gamma]$$
$$\Leftrightarrow x \in \bigcup_{\gamma \in \Gamma} f^{-1}[B_\gamma]$$

이므로, $f^{-1}[\bigcup_{\gamma \in \Gamma} B_\gamma] = \bigcup_{\gamma \in \Gamma} f^{-1}[B_\gamma]$이다.

(2) $x \in f^{-1}[\bigcap_{\gamma \in \Gamma} B_\gamma] \Leftrightarrow f(x) \in \bigcap_{\gamma \in \Gamma} B_\gamma$

$$\Leftrightarrow {}^\forall \gamma \in \Gamma,\ f(x) \in B_\gamma$$
$$\Leftrightarrow {}^\forall \gamma \in \Gamma,\ x \in f^{-1}[B_\gamma]$$
$$\Leftrightarrow x \in \bigcap_{\gamma \in \Gamma} f^{-1}[B_\gamma]$$

이므로, $f^{-1}[\bigcap_{\gamma \in \Gamma} B_\gamma] = \bigcap_{\gamma \in \Gamma} f^{-1}[B_\gamma]$이다.

5. $y \in \bigcap_{\gamma \in \Gamma} f[A_\gamma] \Leftrightarrow {}^\forall \gamma \in \Gamma,\ y \in f[A_\gamma]$

$$\Leftrightarrow {}^\forall \gamma \in \Gamma,\ (\exists x_\gamma \in A_\gamma,\ y = f(x_\gamma))$$

이다. 그런데 함수 $f: X \to Y$가 단사이므로 이들 모두에 속하는 x_i는 같다. 이때 이것을 x_0라 놓으면

$$y \in \bigcap_{\gamma \in \Gamma} f[A_\gamma] \Leftrightarrow {}^\forall \gamma \in \Gamma, (\exists x_0 \in A_\gamma,\ y = f(x_0))$$
$$\Leftrightarrow \exists x_0 \in \bigcap_{\gamma \in \Gamma} A_\gamma,\ y = f(x_0)$$
$$\Leftrightarrow y \in f[\bigcap_{\gamma \in \Gamma} A_\gamma]$$

이므로, $f[\bigcap_{\gamma \in \Gamma} A_\gamma] = \bigcap_{\gamma \in \Gamma} f[A_\gamma]$가 성립한다.

6. $f: X \to Y$가 전단사이므로, $\mathrm{Dom}(f^{-1}) = \mathrm{Im}(f) = Y$이다. 또한 $\langle y, x_1 \rangle \in f^{-1}$이고 $\langle y, x_2 \rangle \in f^{-1}$라 하면 $\langle x_1, y \rangle \in f$이고 $\langle x_2, y \rangle \in f$이므로, $f(x_1) = y = f(x_2)$가 된다. 그런데 함수 $f: X \to Y$가 단사이므로 $x_1 = x_2$가 성립하여 $f^{-1}: Y \to X$는 하나의 함수이다. 다음에 임의의 $y_1,\ y_2 \in Y$가

$$f^{-1}(y_1) = f^{-1}(y_2) = x$$

를 만족한다고 하면 $f(x) = y_1$이고 $f(x) = y_2$이므로 $y_1 = y_2$로부터 f^{-1}는 단사이다. 마

지막으로

$$\mathrm{Im}(f^{-1}) = \mathrm{Dom}(f) = X$$

이다. 따라서 f^{-1}는 전단사가 된다.

7. (1) 임의의 $x \in A$에 대하여 $x \in f^{-1}(f(x)) \subset f^{-1}[f[A]]$이므로, $A \subset f^{-1}[f[A]]$이다. 한편

$$\begin{aligned} x \in f^{-1}[f[A]] &\Rightarrow f(x) \in f[A] \\ &\Rightarrow \exists x' \in A,\ f(x) = f(x') \end{aligned}$$

이다. 그런데 f가 단사이므로 $x = x'$, 즉 $x \in A$가 된다. 따라서 $f^{-1}[f[A]] \subset A$이므로, $f^{-1}[f[A]] = A$가 성립한다. 역으로

$$\begin{aligned} f(a) = f(b) \Rightarrow \{a\} &= f^{-1}[f[\{a\}]] = f^{-1}[\{f(a)\}] \\ &= f^{-1}[\{f(b)\}] = f^{-1}[f[\{b\}]] \\ &= \{b\} \end{aligned}$$

이다. 그런데 $\{a\} = \{b\}$이므로 $a = b$가 된다. 따라서 함수 f는 단사이다.

(2) $f[f^{-1}[B]] \subset f[X]$는 분명하다. 한편 $y \in f[f^{-1}[B]]$라면 적당한 $x \in f^{-1}[B]$에 대하여 $y = f(x)$이므로, $f(x) = y \in B$이고 $f[f^{-1}[B]] \subset B$이다. 따라서

$$f[f^{-1}[B]] \subset B \cap f[X]$$

가 성립한다. 그런데

$$\begin{aligned} y \in B \cap f[X] &\Rightarrow \exists x \in X,\ y = f(x) \in B \\ &\Rightarrow x = f^{-1}(y) \subset f^{-1}[B] \end{aligned}$$

이다. 결국 $f(x) = y \in f[f^{-1}[B]]$이고, $B \cap f[X] \subset f[f^{-1}[B]]$이므로

$$B \cap f[X] = f[f^{-1}[B]]$$

를 얻는다. 더욱이 f가 전사라면 $B \subset f[X]$이므로 $f[f^{-1}[B]] = B$이다. 역은 자명하다. 왜냐하면 $Y \subset Y$이므로 $Y = f[f^{-1}[Y]] = f[X]$가 성립하기 때문에, f는 전사가 된다.

연습문제 1.2

1. 먼저 $y \in D$를 고정하면 모든 $x \in D$에 대하여 $f(x) \le g(y)$이므로, $g(y)$는 $f[D]$의 상계이다. 결과적으로 $f[D] \le g(y)$가 된다. 이제 부등식이 $y \in D$에 대하여 성립해야 하므로, $f[D]$가 집합 $g[D]$의 한 하계가 된다. 따라서 $\sup f[D] \le \sup g[D]$가 성립

한다.

2. A, B, C가 $\#(A)=x$, $\#(B)=y$, $\#(C)=z$이고 $A\cap B=\varnothing=B\cap C=A\cap C$를 만족하는 공집합이 아닌 집합이면

$$x+y=\#(A\cap B)=\#(B\cap A)=y+x,\ xy=\#(A\times B)=\#(B\times A)=yx$$

가 성립한다.

3. $h:X\times S\to Y\times T$를 $h(x,s)=(f(x),g(s))$로 정의된 함수라 하면, 두 함수 f와 g가 전단사이므로 함수 h는 전단사이다. 따라서 $(X\times S)\sim(Y\times T)$이다.

4. A를 X의 임의의 부분집합, 즉 $A\in\mathscr{P}(X)$라 하고 함수 $f:\mathscr{P}(X)\to C(X)$를

$$f[A]=\begin{cases}0, & x\notin A\\ 1, & x\in A\end{cases}$$

로 정의하면, f는 전단사이다. 따라서 $\mathscr{P}(X)\sim C(X)$이다.

5. X가 가산이면 X는 유한 또는 가부번이다. 따라서 X의 부분집합은 가산이다.

6. 다음 각 함수는 $f(x)=a+(b-a)x$로 정의된다고 하자. 그러면

$$f:[0,1]\sim[a,b],\ f:[0,1)\sim[a,b),\ f:(0,1)\sim(a,b),\ f:(0,1\ \sim(a,b]$$

이다. 따라서 각 구간은 단위 닫힌구간 $[0,1]$과 동치이다. 즉 네 구간

$$[a,b],\ [a,b),\ (a,b),\ (a,b]$$

는 모두 기수 $\boldsymbol{c}$를 갖는다.

7. $x\in\cup\{B\mid B\in\mathscr{B}\}$라고 하면, $x\in B_0$인 $B_0\in\mathscr{B}$가 존재한다. 그런데 $A\in\mathscr{A}$가 $\mathscr{B}$의 상계이므로 $B_0\subset A$이고, 따라서 $x\in A$이다. 그러므로 $\cup\{B\mid B\in\mathscr{B}\}\subset A$가 성립한다.

연습문제 2.1

1. $S=\{n\in N\mid p(n)$이 성립한다.$\}$이라고 놓으면, $S\subset N$이다. 그런데 가정 (1)에 의하여 $1\in S$이고 가정 (2)에 의하여 $n\in S$이면, $n+1\in S$이 성립하므로, S는 바로 뒤의 원소 집합이다. 따라서 $N\subset S$이므로, $N=S$가 성립한다. 그러므로 $p(n)$은 모든 $n\in N$에 대하여 참이다.

2. 가장 큰 자연수 n이 존재한다고 가정하자. 그런데 $n+1$은 자연수이고 $n+1>n$이므로,

n이 가장 큰 자연수라는 사실에 모순이다. 따라서 가장 큰 자연수는 존재할 수 없다.

3. $p(n)$을 '$n \geq 1$'이라고 놓고, 수학적 귀납법을 이용하자.

(1) $1 \geq 1$이므로, $p(1)$은 참이다.

(2) $p(n)$이 참이라고 가정하면 $n+1 > n \geq 1$이므로, $p(n+1)$이 참이 된다.

따라서 $n \in N$이면 $n \geq 1$이 성립한다.

4. $b-a \in P$, $b+a \in P$로부터 $b^2 - a^2 = (b-a)(b+a) \in P$이므로, $a^2 < b^2$이 된다. 또한 $b-a \in P$, $\sqrt{b} + \sqrt{a} \in P$이고 $(\sqrt{b} - \sqrt{a})(\sqrt{b} + \sqrt{a}) = b-a$이므로, $\sqrt{b} - \sqrt{a} \in P$이다. 따라서 $\sqrt{a} < \sqrt{b}$가 성립한다.

5. $a > 0$라고 가정하면 $a > \frac{1}{2}a > 0$이므로, $\varepsilon_0 = \frac{1}{2}a$라 놓으면 $a > \varepsilon_0 > 0$이다. 따라서 임의의 실수 $\varepsilon > 0$에 대하여 $a < \varepsilon$은 성립하지 않으므로, $a = 0$이다.

6. (1) $x = \frac{z}{y} > 0$이므로, $\frac{z}{y} = x < n$인 $n \in N$이 존재해서 $z < ny$가 성립한다.

(2) 아르키메데스 성질로부터 N의 부분집합 $\{m \in N \mid z < m\}$은 공집합이 아니므로, N의 정렬정리에 의해 최소원을 갖는다. 따라서 이 최소원을 n이라 하면, $n-1 \leq z < n$이 성립한다.

7. $x - \sqrt{2} < r_1 < y - \sqrt{2}$를 만족하는 $r_1 \in Q$이 존재한다. 따라서 $z = r_1 + \sqrt{2}$라고 두면 z는 무리수이고, $x < z < y$를 만족한다.

연습문제 2.2

1. (1) 집적점을 갖지 않는다.

(2) 0, 1

2. x가 실수이므로, 조밀성정리에 의해 $x - 1 < r_1 < x$을 만족하는 유리수 r_1이 존재한다. 또한 $\max\left\{r_1,\ x - \frac{1}{2}\right\} < r_2 < x$를 만족하는 유리수 r_2를 택할 수 있다. 일반적으로 선택된 유리수 $r_n < x$에 대하여

$$\max\left\{r_n,\ x - \frac{1}{n+1}\right\} < r_{n+1} < x$$

이 되는 유리수 r_{n+1}을 택할 수 있다. 이렇게 선택된 유리수열 $\langle r_n \rangle$은 단조증가수열이다. 이때 $x - \frac{1}{n} < r_n < x$이므로, 조임정리에 의해 $\lim_{n \to \infty} r_n = x$가 성립한다.

3. 축약수열의 정의로부터

$$\begin{aligned} |x_{n+2}-x_{n+1}| \le C|x_{n+1}-x_n| &\le C^2|x_n-x_{n-1}| \\ &\le C^3|x_{n-1}-x_{n-2}| \le \cdots \le C^n|x_2-x_1| \end{aligned}$$

을 얻는다. 따라서 $m > n$일 때

$$\begin{aligned} |x_m-x_n| &\le |x_m-x_{m-1}| + |x_{m-1}-x_{m-2}| + \cdots + |x_{n+1}-x_n| \\ &\le (C^{m-2}+C^{m-3}+\cdots+C^{n-1})|x_2-x_1| \\ &= C^{n-1}(C^{m-n-1}+C^{m-n-2}+\cdots+1)|x_2-x_1| \\ &= C^{n-1}\left(\frac{1-C^{m-n}}{1-C}\right)|x_2-x_1| \\ &\le C^{n-1}\left(\frac{1}{1-C}\right)|x_2-x_1| \end{aligned}$$

이다. 또한 $0 < C < 1$이므로, $\lim_{n\to\infty} C^n = 0$이다. 따라서 $\langle x_n \rangle$은 코시수열이고, 코시수렴판정법에 의하여 $\langle x_n \rangle$은 수렴한다.

4. $\lim_{x\to c} f = L$이므로, $\langle x_n \rangle$을 $x_n \ne c$ (단, $n \in N$), $\lim_{n\to\infty} x_n = x$를 만족하는 A의 임의의 수열이라고 하면 $\langle f(x_n) \rangle$은 L로 수렴한다. 이때 모든 $n \in N$에 대하여 $a \le f(x_n) \le b$이므로, $a \le L \le b$가 성립한다.

5. $L - \frac{1}{n} \le f(x_n) \le L + \frac{1}{n^2}$ (단, $n = 1, 2, \cdots$)이고

$$\lim_{n\to\infty}\left(L-\frac{1}{n}\right) = L,\ \lim_{n\to\infty}\left(L+\frac{1}{n}\right) = L$$

이므로, 조임정리에 의해 $\lim_{n\to\infty} f(x_n) = L$이 된다. 한편 $\lim_{n\to\infty} x_n = c$이고 $x_n \in [a, b]$이므로 $c \in [a, b]$이다. 그런데 f가 점 c에서 연속이므로 $\lim_{n\to\infty} f(x_n) = f(c)$이고, 따라서 $f(c) = L$이 성립한다.

6. $a > 0$ (단, $a \in A$)가 유리수이고, $\langle x_n \rangle$이 a로 수렴하는 A의 무리수열이면 $h(a) > 0$이지만, $\lim_{x\to\infty} h(x_n) = 0$이므로 함수 h는 a에서 불연속이다. 한편 $b > 0$ (단, $b \in A$)가 무리수이면, 임의의 실수 $\varepsilon > 0$에 대하여 $\frac{1}{n_0} < \varepsilon$을 만족하는 $n_0 \in N$를 택할 수 있다. 이때 열린구간 $(b-1, b+1)$에는 n_0보다 작은 분모를 갖는 단지 유한개의 유리수만이 존재하므로, $\delta > 0$를 $(b-\delta, b+\delta)$가 n_0보다 작은 분모를 갖는 유리수를 포함하지 않도록 작게 잡을 수 있다. 따라서

$$|x-b| < \delta \text{ (단, } x \in A) \Rightarrow |h(x)-h(b)| = |h(x)| \le \frac{1}{n_0} < \varepsilon$$

이 성립하므로, h는 무리수 b에서 연속이다.

7. $A = \{x \in R \mid f(x) = g(x)\}$라 하고 A^c가 열린집합임을 보이자. $p \in A^c$이면 $f(p) \neq g(p)$이고, 이때 $|f(p) - g(p)| = r > 0$이라 하자. 그러면 두 함수 f, g가 연속이므로

$$|x-p| < \delta_1 \Rightarrow |f(x)-f(p)| < \frac{r}{3}, \quad |x-p| < \delta_2 \Rightarrow |g(x)-g(p)| < \frac{r}{3}$$

을 만족하는 δ_1, $\delta_2 > 0$가 존재한다. 이제 $\delta = \min\{\delta_1, \delta_2\}$라 하고, $(p-\delta, p+\delta) \subset A^c$를 보이자. $y \in (p-\delta, p+\delta)$이면 $|y-p| < \delta$이고

$$\begin{aligned} |f(y)-g(y)| &= |f(y)-f(p)-g(y)+g(p)+f(p)-g(p)| \\ &\ge |f(p)-g(p)| - |f(y)-f(p)| - |g(y)-g(p)| \\ &> r - \frac{r}{3} - \frac{r}{3} = \frac{r}{3} \end{aligned}$$

이므로 $f(y) \neq g(y)$이다. 그러므로 $y \in A^c$이다. 따라서 $p \in (p-\delta, p+\delta) \subset A^c$이므로, A^c는 열린집합이다.

8. $\varepsilon > 0$을 임의의 실수라 하자. 모든 x, $u \in A$에 대하여 $|f(x)-f(u)| \le K|x-u|$을 만족하는 상수 $K > 0$가 존재하므로, $\delta = \frac{\varepsilon}{K}$이 되게 잡을 수 있다. 따라서

$$|x-u| < \delta \Rightarrow |f(x)-f(u)| < K \cdot \frac{\varepsilon}{K} = \varepsilon$$

이 성립하므로, 리프시츠 함수 f는 A에서 균등연속이다.

9. 구간 I에서 $f'(x)$가 유계이므로 모든 $x \in I$에 대하여

$$|f'(x)| \le M$$

을 만족하는 실수 $M > 0$이 존재한다. 그런데 구간 I에서 $f'(x)$가 존재하므로, 임의의 $x, y \in I$ (단, $x < y$)에 대하여 평균값정리로부터

$$\left|\frac{f(x)-f(y)}{x-y}\right| = |f'(c)| \le M \text{ (단, } c \in (x, y) \subset I)$$

즉 모든 $x, y \in I$에 대하여, $|f(x)-f(y)| \le M|x-y|$가 성립한다. 따라서 임의의 $\varepsilon > 0$에 대하여, $\delta = \frac{\varepsilon}{M}$으로 놓으면

$$|x-y| < \delta \Rightarrow |f(x)-f(y)| \le M|x-y| < M \cdot \delta = \varepsilon$$

이므로, 함수 $f : I \to R$는 I에서 균등연속이다.

연습문제 2.3

1. G가 열린집합이므로, 각 점 $p \in G$에 대하여 $p \in D_p \subset G$를 만족하는 열린원판 D_p가 존재한다. 따라서 $G = \cup \{D_p \mid p \in G\}$이다.

2. G를 p를 포함하는 열린집합이라 하고 p와 서로 다른 A의 유한개의 점 $a_1, a_2, \cdots, a_n$만을 포함한다고 하자. 그러면 G가 p를 포함하는 열린집합이므로, $p \in D_p \subset G$를 만족하는 중심을 p에 두고 반지름이 δ인 열린원판이 존재한다. 이제 D_p의 반지름 δ와 p에서 임의의 점 $a_1, a_2, \cdots, a_n$까지의 거리의 최솟값을 $r > 0$이라 하고

$$D = \left\{ q \in R^2 \mid d(p, q) < \frac{1}{2} r \right\}$$

라 하면, p를 포함하는 열린원판 D는 $a_1, a_2, \cdots, a_n$을 포함하지 않는다. 따라서

$$D \subset D_p \subset G$$

이므로 p와 서로 다른 A의 임의의 다른 점을 포함하지 않는다. 이것은 p가 A의 집적점이라는 사실에 모순이다. 따라서 p를 포함하는 임의의 열린집합은 A의 무한개의 점을 포함한다.

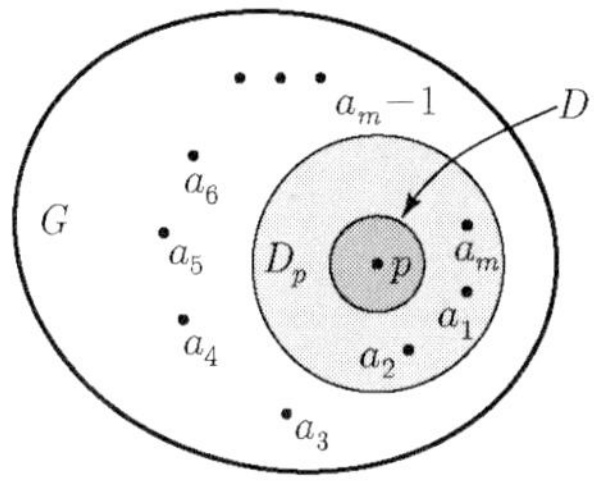

| 그림 1 |

3. G가 열린집합이므로, 각 $p \in G$에 대하여 $p \in D_p \subset G$를 만족하는 중심을 p에 둔 열린원판 D_p가 존재한다. 그런데 각 열린원판 D_p에 대하여 중심이 유리좌표이고 반지름이 유리수이며 $p \in E_p \subset D_p$로 되는 가산개의 열린원판 E_p가 존재한다. 이때 $p \in E_p \subset D_p \subset G$이므로

$$G = \cup \{E_p \mid p \in G\}$$

가 성립한다.

4. $p = \langle a, b \rangle$라고 하면

$$a < c < a + \frac{1}{6}\delta, \quad b < d < b + \frac{1}{6}\delta$$

를 만족하는 유리수 c와 d가 존재한다. 이때 $q = \langle c, d \rangle$라 하면 $d(p, q) < \frac{1}{3}\delta$가 된다. 이제 $\frac{1}{3}\delta < r < \frac{2}{3}\delta$가 되도록 유리수 r을 선택하고, 유리좌표인 q에 중심을 두고 반지름이 유리수 r인 열린원판을 D라 하면, $p \in D \subset D_p$를 만족한다.

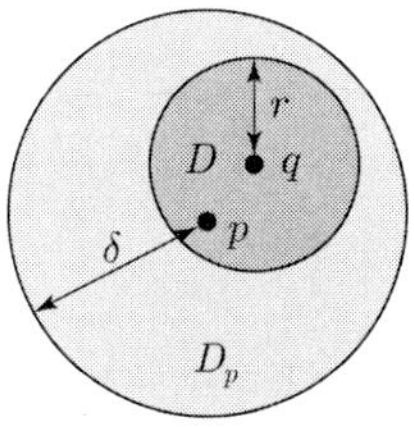

|그림 2|

5. ($\Rightarrow$) p를 닫힌집합 F의 집적점이라 하자. 그러면 p를 포함하는 모든 열린원판은 p 이외의 F의 점을 포함한다. 따라서 p를 포함하고 F^c에 완전히 포함되는 열린원판 D_p가 존재할 수 없다. 즉 p는 F^c의 내점이 아니다. 그러나 F^c가 열린집합이므로, p는 F에 속할 수 없다. 따라서 $p \in F$가 성립한다.

($\Leftarrow$) 집합 F가 F의 모든 집적점을 포함한다고 하자. 이때 F가 닫힌집합임을 밝힌다. 즉 F^c가 열린집합임을 보인다. $p \in F^c$라 하자. 그러면 F가 F의 모든 집적점을 포함하므로, p는 F의 집적점이 아니다. 따라서 F의 임의의 점을 포함하지 않는 p의 열린원판 D_p가 적어도 하나 존재하므로, p는 F^c의 내점이다. 따라서 각 점 p가 F^c의 내점이므로, F^c는 열린집합이다. 그러므로 F는 닫힌집합이다.

6. p가 A'의 집적점일 때, $p \in A'$임을 밝히면 된다. p를 포함하는 열린집합을 G_p라 하면, p가 A'의 집적점이므로, G_p는 p와 서로 다른 적어도 한 점 $q \in A'$를 포함한다. 그런데 G_p가 $q \in A'$를 포함하는 열린집합이므로, G_p는 A의 무한개의 점을 포함한다. 따라서

$$a \neq p,\ a \neq q,\ a \in G_p$$

를 만족하는 $a \in A$가 존재한다. 즉 p를 포함하는 열린집합은 p 이외의 A의 점을 포함한다. 즉 $p \in A'$이다.

7. ($\Rightarrow$) V가 f의 공역 R^2에서 열린집합일 때, 역상 $f^{-1}[V]$가 정의역 R^2에서 열린집합임을 밝힌다. $p \in f^{-1}[V]$라고 하면 $f(p) \in V$이다. 그런데 f가 연속이므로, p를 포함하는 열린집합 U_p가 존재하여, $f[U_p] \subset V$를 만족한다. 따라서

$$U_p \subset f^{-1}[f[U_p]] \subset f^{-1}[V]$$

가 성립한다. 즉

$$p \in f^{-1}[V] \Rightarrow p \in U_p \subset f^{-1}[V]$$

를 만족하는 열린집합 U_p가 존재한다. 그러므로 $f^{-1}[V]=\cup\{U_p \mid p\in f^{-1}[V]\}$가 성립한다. 따라서 $f^{-1}[V]$는 열린집합이다.

($\Leftarrow$) 모든 열린집합의 역상이 열린집합이라고 가정하고, f가 임의의 점 $p\in R^2$에서 연속임을 밝힌다. V가 $f(p)$를 포함하는 열린집합, 즉 $f(p)\in V$라 하면 $f^{-1}[V]$는 p를 포함하는 열린집합이다. 그런데 $f[f^{-1}[V]]\subset V$이므로, f는 p에서 연속이다.

연습문제 3.1

1. (1) $\mathscr{T}_1$은 X상의 위상이 아니다. 왜냐하면

$$\{a, b\}, \{a, c\}\in\mathscr{T}_1\text{이지만, } \{a, b\}\cup\{a, c\}=\{a, b, c\}\notin\mathscr{T}_1$$

이기 때문이다.

(2) $\mathscr{T}_2$는 X상의 위상이 아니다. 왜냐하면

$$\{a, b, c\}, \{a, b, d\}\in\mathscr{T}_2\text{이지만, } \{a, b, c\}\cap\{a, b, d\}=\{a, b\}\notin\mathscr{T}_2$$

이기 때문이다.

(3) $\mathscr{T}_3$는 X상의 위상이다. 왜냐하면 위상의 세 가지 조건을 모두 만족하기 때문이다.

2. $\{X, \varnothing\}, \{X, \varnothing, \{a\}\}, \{X, \varnothing, \{b\}\}, \{X, \varnothing, \{a\}, \{b\}\}$

3. 네 개의 원소를 갖는 위상은 $\mathscr{T}=\{X, \varnothing, A, B\}$ 형식이다. 이때 $\{A, B\}$가 X의 분할일 경우 위상은

$$\mathscr{T}_1=\{X, \varnothing, \{a\}, \{b, c\}\},\ \mathscr{T}_2=\{X, \varnothing, \{b\}, \{a, c\}\},$$
$$\mathscr{T}_3=\{X, \varnothing, \{c\}, \{a, b\}\}$$

로 주어지고, $\mathscr{T}$의 원소가 포함관계에 의한 완전순서일 경우 위상은

$$\mathscr{T}_4=\{X, \varnothing, \{a\}, \{a, b\}\},\ \mathscr{T}_5=\{X, \varnothing, \{a\}, \{a, c\}\},$$
$$\mathscr{T}_6=\{X, \varnothing, \{b\}, \{b, c\}\},\ \mathscr{T}_7=\{X, \varnothing, \{b\}, \{a, b\}\},$$
$$\mathscr{T}_8=\{X, \varnothing, \{c\}, \{a, c\}\},\ \mathscr{T}_9=\{X, \varnothing, \{c\}, \{b, c\}\}$$

로 주어진다.

4. p가 X의 임의의 점일 때 이산위상공간의 모든 부분집합이 열린집합이므로, 단원집합 $G=\{p\}$는 X의 열린부분집합이다. 그러나

$$p\in G,\ G\cap A=(\{p\}\cap A)\subset\{p\}$$

이므로, 모든 $p\in X$에 대해서 $p\notin A'$, 즉 $A'=\varnothing$이다.

5. $\{a, b\}$와 $\{a, b, e\}$는 X의 열린부분집합이고, 또한

$$a, b \in \{a, b\}\text{이고 } \{a, b\} \cap A = \varnothing,\ e \in \{a, b, e\}\text{이고 } \{a, b, e\} \cap A = \{e\}$$

이므로, a, b와 e는 A의 집적점이 아니다. 한편 X에 속하는 다른 점 c, d는 c, d를 포함하는 모든 열린집합이 c, d와 서로 다른 A의 점을 포함하므로 A의 집적점이다. 따라서 $A' = \{c, d\}$이다.

6. X의 닫힌부분집합은 $\varnothing, X, \{b, c, d, e\}, \{a, b, e\}, \{b, e\}, \{a\}\}$이다. 이때 임의의 집합 A의 폐포 $\overline{A}$는 A의 모든 포함닫힌집합의 교집합이므로

$$\overline{\varnothing} = \varnothing,\ \{\overline{a}\} = \{a\},\ \{\overline{b}\} = \{b, e\},\ \{\overline{b, d}\} = \{b, c, d, e\}$$

로 주어진다.

7. X의 닫힌부분집합은 $\varnothing, X, \{b, c, d, e\}, \{a, b, e\}, \{b, e\}, \{a\}$이므로

$$\{\overline{b}\} = \{b, e\},\ \{\overline{a, c}\} = X,\ \{\overline{b, d}\} = \{b, c, d, e\}$$

로 주어진다. 따라서 $\{a, c\}$는 X에서 유일한 조밀집합이다.

8. $\mathscr{T} = \{A \mid A = i[A]\}$라 하자. 먼저 $\mathscr{T}$가 X상의 위상임을 보이자.

(1) $X = i[X]$이므로 $X \in \mathscr{T}$이다. 또한 $i[\varnothing] \subset \varnothing$이므로 $\varnothing = i[\varnothing]$이고, 따라서 $\varnothing \in \mathscr{T}$이다.

(2) 우선 $A \subset B$이면 $i[A] \subset i[B]$임을 보이자. $A \subset B$이면

$$A = A \cap B,\ i[A] = i[A \cap B] = i[A] \cap i[B]$$

이므로 $i[A] \subset i[B]$이다. 이제 $G_\alpha \in \mathscr{T}$라 하자. 그러면 $G_\alpha = i[G_\alpha]$이다. 그런데 임의의 α에 대하여 $G_\alpha \subset \cup G_\alpha$이므로

$$i[G_\alpha] \subset i[\cup G_\alpha],\ \cup i[G_\alpha] \subset i[\cup G_\alpha]$$

가 된다. 따라서 $\cup (G_\alpha) \subset \cup i[G_\alpha] \subset i[\cup G_\alpha]$이고 또한 $i[\cup G_\alpha] \subset \cup G_\alpha$이므로, $i[\cup G_\alpha] \subset \cup G_\alpha$이다. 그러므로 $\cup G_\alpha \in \mathscr{T}$이다.

(3) $G, H \in \mathscr{T}$라 하자. 그러면 $G = i[G]$이고 $H = i[H]$이다. 그런데

$$i[G \cap H] = i[G] \cap i[H] = G \cap H$$

이므로, $G \cap H \in \mathscr{T}$이다.

따라서 (1), (2), (3)에 의하여 $\mathscr{T}$는 X상의 위상이다.

이제 위상 $\mathscr{T}$가 유일함을 보이자. $\mathscr{T}^*$가 $i[A] = \operatorname{int}(A)$를 만족하는 X상의 위상이라 하자. 이때 $G \in \mathscr{T}$이면 $G = i[G]$이고 $G = i[G] = \operatorname{int}(G)$이다. 따라서 $G \in \mathscr{T}^*$이다. 또한 $G \in \mathscr{T}^*$이면 $G = i[G] = \operatorname{int}(G)$이므로, $G \in \mathscr{T}^*$이다. 따라서 $\mathscr{T} = \mathscr{T}^*$이다.

9. (1) $\varnothing$ (2) $\varnothing$ (3) R (4) R (5) R (6) 열린집합이 아니다. (7) 닫힌집합이 아니다. (8) $\{M \mid R \setminus M$: 유한집합, $N \subset M\}$

10. 점 c와 d에 대하여 $c, d \in \{c, d\} \subset A$를 만족하는 열린집합 $\{c, d\}$가 존재하므로, c와 d는 각각 A의 내점이다. 그러나 점 $b \in A$는 A의 내점이 아니다. 따라서 $\text{int}(A)$는 $\{c, d\}$이다. 한편 점 $a \in X$만이 $A^c = \{a, e\}$의 내부이므로, $\text{int}(A^c) = \{a\}$가 된다. 따라서 A의 경계는 $\text{Bd}(A) = \{b, e\}$로 주어진다.

11. e를 포함하는 열린집합은 $\{a, b, e\}$와 X이므로, e의 근방계 $\mathscr{N}_e$는

$$\mathscr{N}_e = \{\{a, b, e\}, \{a, b, c, e\}, \{a, b, d, e\}, X\}$$

로 주어진다.

12.

$$X \cap A = A,\ \{a\} \cap A = \{a\},\ \{a, c, d\} \cap A = \{a, d\},$$
$$\varnothing \cap A = \varnothing,\ \{c, d\} \cap A = \{d\},\ \{b, c, d, e\} \cap A = \{d, e\}$$

이므로, A로의 $\mathscr{T}$의 상대화는 $\mathscr{T}_A = \{A, \phi, \{a\}, \{d\}, \{a, d\}, \{d, e\}\}$이다.

연습문제 3.2

1. $\mathscr{B}^*$를 X의 기저라 하자. 이때 임의의 단원집합 $\{p\}$는 이산위상공간에서 열린집합이므로, $\{p\}$는 $\mathscr{B}^*$의 원소의 합집합이다. 그러나 단원집합은 오직 자신의 합집합 또는 공집합 $\varnothing$와 자신과의 합집합이다. 따라서 $\{p\}$는 $\mathscr{B}^*$의 원소이므로, $\mathscr{B} \subset \mathscr{B}^*$이다. 역으로 $\mathscr{B}$는 이산위상공간의 기저이므로, $\mathscr{B}$의 임의의 포함집합은 또한 X의 기저이다.

2. 보통위상은 모든 열린구간 (a, b)의 족을 기저로 갖는다. 그런데 임의의 열린구간 (a, b)는 반열린구간의 합집합, 즉 $(a, b) = \cup\{(a, b - 1/n] \mid n \in N\}$으로 표현된다. 따라서 $\mathscr{U} \subset \mathscr{T}$이다.

3. (1)

$$(1, \infty) = (1, 2] \cup (1, 3] \cup (1, 4] \cup \cdots,$$
$$(-\infty, 2] = (0, 2] \cup (-1, 2] \cup (-2, 2] \cup \cdots$$

이므로, 각각은 $\mathfrak{I}$의 기저원소의 합집합이므로 $\mathfrak{I}$ - 열린집합이다.

(2) $(a, b]^c = (-\infty, a] \cup (b, \infty)$이고, $(-\infty, a]$, (b, ∞)가 $\mathfrak{I}$ - 열린집합이므로 $(a, b]^c$는 $\mathfrak{I}$ - 열린집합이다. 따라서 $(a, b]$는 $\mathfrak{I}$ - 닫힌집합이다. 한편 $(a, b]$는 $\mathfrak{I}$의 기저에 속하므로, 또한 $\mathfrak{I}$ - 열린집합이다.

4. (1) $\mathscr{T} = \{X, \{a, b, c\}, \{c, d\}, \{d, e\}, \{c\}, \{d\}, \varnothing, \{a, b, c, d\}, \{c, d, e\}\}$

(2) $\mathscr{T} = \{X, \{a\}, \{a, b, c\}, \{c, d\}, \{c\}, \{a, c\}, \varnothing, \{a, c, d\}\}$

5. $\mathscr{R} = \{\{x\} \mid x \in X\}$

6. $G \in \mathscr{T}$라고 가정하면, $\mathscr{R}$이 $\mathscr{T}$의 부분기저이므로 $G = \cup_i (S_{i_1} \cap \cdots \cap S_{i_n})$이 된다. 여기서 $S_{i_n} \in \mathscr{R}$이다. 그러나 $\mathscr{R}$이 또한 $\mathscr{T}^*$의 부분기저이므로 $\mathscr{R} \subset \mathscr{T}^*$이다. 따라서 $S_{i_n} \in \mathscr{T}^*$이고 $\mathscr{T}^*$가 위상이므로, $S_{i_1} \cap \cdots \cap S_{i_n} \in \mathscr{T}^*$이 된다. 그러므로 $G \in \mathscr{T}^*$를 만족한다. 따라서 $\mathscr{T} \subset \mathscr{T}^*$이다. 같은 방법으로 $\mathscr{T}^* \subset \mathscr{T}$이므로, $\mathscr{T} = \mathscr{T}^*$이다.

7. (1) $(2, 4)$ (2) $[\sqrt{2}, 5]$ (3) $(-3, \pi]$

8. $\mathscr{B}^* = \{B \mid p \in B, B \in \mathscr{B}\}$라 하자. 그러면 p를 포함하는 임의의 열린집합 G에 대하여 $\mathscr{B}$가 기저이므로, $p \in B \subset G$를 만족하는 $B \in \mathscr{B}$가 존재한다. 따라서 $B \in \mathscr{B}^*$이고 $p \in B \subset G$이다. 그러므로 $\mathscr{B}^*$는 p의 국소기저이다.

9. $(\Rightarrow)$ p를 포함하는 모든 열린집합 $G \in \mathscr{T}$가 수열 $\langle a_n \rangle$의 거의 모든 항을 포함할 때, $\langle a_n \rangle$은 p로 수렴한다. 그런데 $\mathscr{R}_p \subset \mathscr{T}$이므로, 각 $B \in \mathscr{R}_p$는 수열의 거의 모든 항을 포함한다.

   $(\Leftarrow)$ 모든 $B \in \mathscr{R}_p$가 수열 $\langle a_n \rangle$의 거의 모든 항을 포함한다고 가정하고, G를 p를 포함하는 임의의 열린집합이라 하자. 이 경우 $p \in B_0 \subset G$를 만족하는 $B_0 \in \mathscr{R}_p$가 존재한다. 따라서 G는 또한 수열 $\langle a_n \rangle$의 거의 모든 항을 포함하므로, $\langle a_n \rangle$은 p로 수렴한다.

연습문제 3.3

1. H가 Y의 열린부분집합이면 $H = \cup_i B_i$(단, $B_i \in \mathscr{B}$), 즉 H는 $\mathscr{B}$의 원소의 합집합이다. 따라서 $f^{-1}[H] = f^{-1}[\cup_i B_i] = \cup_i f^{-1}[B_i]$와 각 $f^{-1}[B_i]$가 가정에 의하여 열린집합이므로, $f^{-1}[H]$는 열린집합이 된다. 그러므로 함수 f는 연속이다.

2. i가 $\mathscr{T}$-$\mathscr{T}^*$연속이기 위한 필요충분조건은

$$G \in \mathscr{T}^* \Rightarrow i^{-1}[G] \in \mathscr{T}$$

이다. 그런데 $i^{-1}[G] = G$이므로, i가 $\mathscr{T}$-$\mathscr{T}^*$연속이기 위한 필요충분조건은

$$G \in \mathscr{T}^* \Rightarrow G \in \mathscr{T}$$

이다. 즉 $\mathscr{T}^* \subset \mathscr{T}$일 때, 그때에 한하여 $\mathscr{T}$-$\mathscr{T}^*$연속이다.

3. G가 Y의 열린부분집합이면 $f^{-1}[G]$는 각 $\mathscr{T}_i$에 속하므로, $f^{-1}[G] \in \cap_i \mathscr{T}_i = \mathscr{T}$가 된다. 따라서 함수 f는 $\mathscr{T}$에 관하여 연속이다.

4. $G \in \mathscr{T}^*$라고 하면 $f^{-1}[G] \in \mathscr{T}$이므로, 유도된 위상의 정의에 의하여

$$A \cap f^{-1}[G] \in \mathscr{T}_A$$

이다. 따라서 $A \cap f^{-1}[G] = f_A^{-1}[G] \in \mathscr{T}_A$이므로, f_A는 연속이다.

5. 열린집합 $A = (-1, 1)$에 대하여, $f[A] = [0, 1)$은 열린집합이 아니다. 따라서 f는 열린사상이 아니다.

6. $X = \{1, 2, 3\}$, $\mathscr{T} = \{X, \varnothing, \{1\}, \{1, 2\}\}$이고 $Y = \{a, b\}$, $\mathscr{T}^* = \{Y, \varnothing, \{a\}\}$라 하자. 이때 함수 $f : X \to Y$를 $f = \{(1, a), (2, b), (3, b)\}$로 정의하면, f는 열린사상이다. 그런데 $A = \{2, 3\}$이라 하면 $\mathscr{T}_A = \{A, \varnothing, \{2\}\}$이다. 이 경우 $\{2\} \in \mathscr{T}_A$이지만 $f|_A[\{2\}] = \{b\} \notin \mathscr{T}^*$이므로, $f|_A$는 열린사상이 아니다.

7. $f(x) = (b-a)x + a$로 정의된 함수 $f : I \to A$는 전단사이고 쌍연속이다. 따라서 f는 위상동형사상이다.

8. 상수함수 $f : X \to Y$는 X상의 모든 위상에 관하여 연속이다. 따라서 모든 상수함수 f_i는 X상의 밀착위상 $\{X, \varnothing\}$에 관하여 연속이다. 그런데 X상의 밀착위상은 X상의 가장 약한 위상이므로, 이것은 상수함수가 연속이 되게 하는 X상의 가장 약한 위상이다.

9. 모든 $p \in R$에 대하여, 단원집합 $\{p\}$가 $\mathscr{T}^*$-열린집합임을 밝힌다. $\mathscr{T}$-열린집합 $A = [1, 2)$와 선형함수

$$f(x) = x - p + 1,\ g(x) = -x - p + 1$$

로 정의되는 함수 $f : R \to (R, \mathscr{T})$와 $g : R \to (R, \mathscr{T})$를 생각하자.

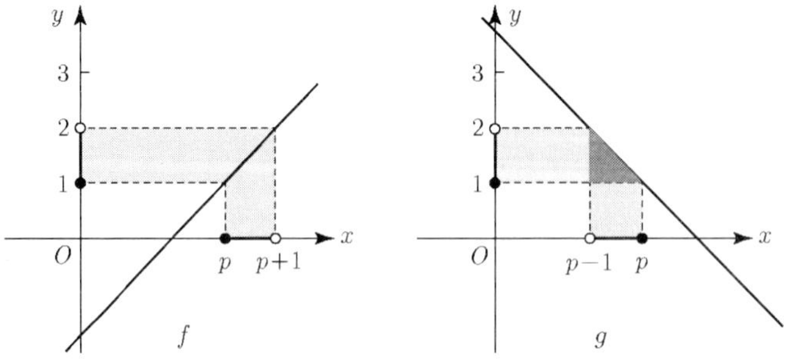

▌그림 3▐

그러면 $A \in \mathscr{T}$일 때

$$f^{-1}[A] = [p, p+1),\ g^{-1}[A] = (p-1, p]$$

이고, 이것은 위상 $\mathscr{T}^*$의 정의부분기저에 속한다. 따라서 $[p, p+1) \cap (p-1, p] = \{p\}$는 $\mathscr{T}^*$에 속한다. 그러므로 $\mathscr{T}^*$는 R상의 이산위상이다.

10. $\mathscr{H} = \{X, \varnothing, \{1, 2, 3, 4\}, \{5\}, \{2, 4\}, \{1, 3, 5\}\}$

연습문제 4.1

1. d가 거리이므로, e는 $[M_1]$, $[M_2]$와 $[M_4]$를 만족한다. 따라서 e가 삼각부등식 $[M_3]$를 만족함을 밝히면 된다. 임의의 $a, b, c \in X$에 대하여

$$\frac{d(a, b)}{1+d(a, b)+d(b, c)} \le \frac{d(a, b)}{1+d(a, b)} = e(a, b),$$
$$\frac{d(b, c)}{1+d(a, b)+d(b, c)} \le \frac{d(b, c)}{1+d(b, c)} = e(b, c)$$

가 된다. 그런데 d가 거리이므로, $d(a, c) \le d(a, b) + d(b, c)$이다. 그러므로

$$e(a, c) = \frac{d(a, c)}{1+d(a, c)} \le \frac{d(a, b)+d(b, c)}{1+d(a, b)+d(b, c)}$$
$$= \frac{d(a, b)}{1+d(a, b)+d(b, c)} + \frac{d(b, c)}{1+d(a, b)+d(b, c)} \le e(a, b) + e(b, c)$$

가 성립한다. 따라서 e는 거리이다.

2. p를 포함하는 X의 열린부분집합을 G라 하면, X에서 모든 열린구의 집합이 거리위상의 기저를 이루므로 $p \in S \subset G$를 만족하는 열린구 S가 존재한다. 이때 $p \in S$에 대하여 $p \in S_p \subset S \subset G$를 만족하는 중심을 p에 갖는 열린구 $S_p \in \mathscr{D}_p$가 존재하므로, $\mathscr{D}_p$는 p에서 국소기저를 이룬다.

3. $d(p, A) = 0$이라 가정하자. 그러면 p를 중심으로 갖는 모든 열린구는 물론이고, p를 포함하는 모든 열린집합 G는 p와 서로 다른 A의 점을 포함한다. 따라서 $p \in A'$이므로 $p \in \overline{A}$가 된다. 이제 $d(p, A) = \varepsilon > 0$이라 가정하자. 그러면 p를 중심으로 갖는 열린구 $S\left(p, \frac{1}{2}\varepsilon\right)$은 A의 점을 포함하지 않으므로, p는 A의 외부에 속하고 $p \notin \overline{A}$가 된다. 따라서

$$\overline{A} = \{p \mid d(x, A) = 0\}$$

가 성립한다.

4. 단원집합 $\{p\}$로부터의 거리가 0인 유일한 점은 p 자신이다. 즉

$$d(x, \{p\}) = 0 \Rightarrow x = p$$

가 성립한다. 따라서 거리공간 X에서 단원집합 $\{p\}$는 닫힌집합이 된다. 그러므로 단원집합의 유한개의 합집합, 즉 유한집합은 닫힌집합이다.

5. X가 두 점 이상을 가진 집합이고, d를 X상의 이산거리함수라 하자. 그러면 임의의 p에 대하여

$$S(p, 1) = \{x \mid d(p, x) < 1\} = \{p\}, \ \bar{S}(p, 1) = \{x \mid d(p, x) \leq 1\} = X$$

가 된다. 그런데 d는 이산위상을 유도하므로, $\overline{S(p, 1)} = \overline{\{p\}} = \{p\} \neq X$가 성립한다.

6. $x \notin \bar{S}(p, \delta)$라고 하면 $d(p, x) > \delta$이므로 $d(p, x) = \delta + \varepsilon$이라고 하자. 이때 임의의 $q \in \bar{S}(p, \delta)$를 택하면 $d(p, q) \leq \delta$이므로

$$d(x, q) \geq d(p, x) - d(p, q) \geq \varepsilon$$

이 된다. 그러면

$$d(x, \bar{S}(p, \delta)) = \inf\{d(x, q) \mid q \in \bar{S}(p, \delta)\} \geq \varepsilon \neq 0$$

이고, 따라서 $x \notin \overline{\bar{S}(p, \delta)}$이다. 결국 $\overline{\bar{S}(p, \delta)} \subset \bar{S}(p, \delta)$이므로, $\overline{\bar{S}(p, \delta)} = \bar{S}(p, \delta)$이 성립한다.

7. 중심을 $p \in \mathscr{C}[a, b]$에 갖는 $\mathscr{C}[a, b]$의 e-열린구 $S_e(p, \varepsilon)$에 대하여, $\delta = \varepsilon/(b-a)$이라 하자. 이때 중심이 p에 있고 반지름이 δ인 d-열린구 $S_d(p, \delta)$는 $S_e(p, \varepsilon)$의 부분집합, 즉

$$S_d(p, \delta) \subset S_e(p, \varepsilon)$$

이 성립함을 밝히면 충분하다. $f \in S_d(p, \delta)$라고 하면

$$\sup\{|p(x) - f(x)| : x \in X\} < \delta = \varepsilon/(b-a)$$

이므로

$$\begin{aligned} e(p, f) &= \int_a^b |p(x) - f(x)|\, dx \leq \int_a^b \sup\{p(x) - f(x)|\, dx \\ &< \int_a^b \varepsilon/(b-a)\, dx = \varepsilon \end{aligned}$$

즉 $f \in S_e(p, \varepsilon)$이다. 따라서 $S_d(p, \delta) \subset S_e(p, \varepsilon)$이므로, $\mathscr{T}_e \subset \mathscr{T}_d$이다.

8. 임의의 $\varepsilon > 0$에 대하여, $\delta = \varepsilon$으로 두고 $d(x, y) < \delta$라 하자. 그러면

$$d(x, a) \leq d(x, y) + d(y, a)$$

이므로

$$f(x)-f(y)=d(x,a)-d(y,a) \le d(x,y)$$

가 성립한다. 같은 방법으로 $f(y)-f(x) \le d(x,y)$를 얻는다. 그러므로

$$|f(x)-f(y)| \le d(x,y) < \delta = \varepsilon$$

이 된다. 따라서 f는 X의 모든 점에서 연속이므로, f는 X에서 연속이다.

연습문제 4.2

1. $\| p+q \| = 0$이면, 이 부등식은 분명히 성립한다. 따라서 $\| p+q \| \ne 0$인 경우만을 생각한다. 임의의 실수 $a_i,\ b_i \in R$에 대하여, $|a_i+b_i| \le |a_i|+|b_i|$이므로

$$\begin{aligned}\| p+q \|^2 &= \sum |a_i+b_i|^2 = \sum |a_i+b_i|\,|a_i+b_i| \\ &\le \sum |a_i+b_i|\,(|a_i+b_i|) \\ &= \sum |a_i+b_i|\,|a_i| + \sum |a_i+b_i|\,|b_i|\end{aligned}$$

이다. 이때 코시-슈바르츠 부등식에 의하여

$$\sum |a_i+b_i||a_i| \le \| p+q \| \, \| p \|, \quad \sum |a_i+b_i||b_i| \le \| p+q \| \, \| q \|$$

이므로

$$\| p+q \|^2 \le \| p+q \| \, \| p \| + \| p+q \| \, \| q \| = \| p+q \| (\| p \| + \| q \|)$$

가 성립한다. 이때 $\| p+q \| \ne 0$이므로, 양변을 $\| p+q \|$로 나누면 원하는 부등식이 얻어진다.

2. (i) $\| f \| = \sup\{|f(x)| : 0 \le x \le 1\} = 0 \Leftrightarrow |f(x)| = 0 \ {}^\forall x \in [0,1] \Leftrightarrow f = 0$

(ii) $\| \alpha f \| = \sup\{|\alpha f(x)| : 0 \le x \le 1\} = |\alpha| \sup\{|f(x)| : 0 \le x \le 1\}$
$= |\alpha| \, \| f \|$

(iii)
$$\begin{aligned}\| f+g \| &= \sup\{|f(x)+g(x)| : 0 \le x \le 1\} \\ &\le \sup\{|f(x)|+|g(x)| : 0 \le x \le 1\} \\ &\le \sup\{|f(x)| : 0 \le x \le 1\} + \sup\{|g(x)| : 0 \le x \le 1\} \\ &= \| f \| + \| g \|\end{aligned}$$

3. $\| p \| \ge \delta$이면 $S(p,\delta)$는 원 $\{x : \| x \| = \| p \|\}$의 호이다. 한편 $\| p \| < \delta$이면 $S(p,\delta)$는 원 $\{x : \| x \| = \delta - \| p \|\}$에 대한 내점과 원 $\{x : \| x \| = \| p \|\}$의 호상의 점으로 이루어진다.

4. f가 선형이고 $0=0+0$이므로, $f(0)=f(0+0)=f(0)+f(0)$이 된다. 따라서 양변에 $-f(0)$을 더하면 $f(0)=0$이 된다.

연습문제 5.1

1. (1) $B_1=G_1$, $B_2=G_1 \cap G_2$, $\cdots$, $B_n=G_1 \cap G_2 \cap \cdots \cap G_n$으로 놓자. 그러면

$$B_1 \supset B_2 \supset \cdots$$

이고 각 B_k는 p를 포함하는 열린집합이다. 또한 G가 p를 포함하는 열린집합이면

$$B_{n_0} \subset G_{n_0} \subset G$$

를 만족하는 $n_0 \in N$가 존재한다. 따라서 $\{B_1, B_2, B_3, \cdots\}$는 p의 축소국소기저이다.

(2) X가 제1가산공리 $[C_1]$을 만족하고 $p \in X$이면, $[C_1]$에 의하여 p의 가산국소기저가 존재한다. 따라서 (1)에 의해 p의 축소국소기저가 존재한다.

2. 유리수의 반지름을 가지며 그 중심의 좌표가 유리수인 R^2의 열린원판족을 $\mathscr{B}$라 하자. 이 경우 $\mathscr{B}$는 가산집합이고, 또한 R^2의 보통위상에 대한 기저이다. 따라서 R^2는 제2가산공간이다.

3. X가 제2가산공간이므로, X는 가산기저 $\mathscr{B}=\{B_n \mid n \in N\}$을 갖는다. 또한 $\mathscr{A}$가 X의 기저이므로, 각 $n \in N$에 대하여 $\mathscr{A}_n \subset \mathscr{A}$일 때 $B_n=\cup\{G \mid G \in \mathscr{A}_n\}$가 성립한다. 이때 $\mathscr{A}_n$은 B_n의 열린덮개이고, $\mathscr{A}_n$은 가산열린덮개 $\mathscr{A}_n^*$를 갖는다. 즉 각 $n \in N$에 대하여

$$\mathscr{A}_n^* \subset \mathscr{A}\text{이고, } \mathscr{A}_n^*\text{가 가산일 때 } B_n=\cup\{G \mid G \in \mathscr{A}_n^*\}$$

를 만족한다. 여기서 $\mathscr{A}^*=\{G \mid G \in \mathscr{A}_n^*,\ n \in N\}$라 놓으면, $\mathscr{B}$가 X의 기저이므로 $\mathscr{A}^*$도 X의 기저이다. 이때 $\mathscr{A}^* \subset \mathscr{A}$이고 $\mathscr{A}^*$는 가산이다. 따라서 X의 모든 기저 $\mathscr{A}$는 가산기저 $\mathscr{A}^*$를 갖는다.

4. X 자신이 가산이면, X는 $(X, \mathfrak{J})$의 가산 조밀부분집합이다. 이제 X가 가산이 아니라고 가정하자. 이 경우 X는 가부번, 즉 유한이 아닌 가산부분집합 A를 포함한다. 그런데 $\mathfrak{J}$-닫힌집합은 유한이든지 또는 X 자신뿐이다. 따라서 유한이 아닌 집합 A의 폐포는 전체공간 X이다. 즉 $\overline{A}=X$이다. 그런데 A가 가산이므로, $(X, \mathfrak{J})$는 분리가능하다.

5. X가 분리가능이므로, X는 가산 조밀부분집합 A의 원소를 포함한다. 이때 $\mathscr{B}$를 A의 원소에 중심을 가지며, 반지름을 유리수로 갖는 모든 열린구족, 즉

$$\mathscr{B}=\{S(a, \delta) \mid a \in A,\ \delta \in Q\}$$

라 하자. 그러면 $\mathscr{B}$는 가산이므로, 이제 $\mathscr{B}$가 X상의 위상에 대한 기저임을 밝힌다. 즉 모든 열린집합 $G \subset X$와 모든 $p \in G$에 대하여

$$p \in S(a, \delta) \subset G$$

를 만족하는 $S(a, \delta) \in \mathscr{B}$가 존재함을 밝힌다. 먼저 $p \in G$이므로, $p \in S(p, \varepsilon) \subset G$를 만족하는 중심 p를 갖는 열린구 $S(p, \varepsilon)$이 존재한다. 그런데 A가 X에서 조밀하므로, $d(p, a_0) < \frac{1}{3}\varepsilon$을 만족하는 $a_0 \in A$가 존재한다. 이때 δ_0를 $\frac{1}{3}\varepsilon < \delta_0 < \frac{2}{3}\varepsilon$을 만족하는 유리수라 하면

$$p \in S(a_0, \delta_0) \subset S(p, \varepsilon) \subset G$$

를 만족한다. 여기서 $S(a_0, \delta_0) \in \mathscr{B}$이므로, $\mathscr{B}$는 X상의 위상의 기저이다. 따라서 분리가능거리공간 (X, d)는 가산기저를 갖는다.

6. a_i들이 유리수이고 유한개를 제외한 나머지는 모두 0으로 이루어진 모든 원소들의 집합 D가 가산 조밀부분집합이다.

연습문제 5.2

1. R상의 이산위상공간 $(R, \mathscr{D})$에서 밀착위상공간 $(R, \mathscr{I})$로의 항등함수

$$I_R : (R, \mathscr{D}) \to (R, \mathscr{I})$$

은 연속이고 전사이다. 그러나 $(R, \mathscr{D})$는 T_1-공간이지만, $(R, \mathscr{D})$의 연속함수에 대한 상 $(R, \mathscr{I})$는 T_1-공간이 아니다.

2. X의 모든 부분집합은 유한이므로 닫힌집합이다. 그러므로 그 여집합을 생각하면 X의 모든 부분집합도 열린집합이다. 따라서 X는 이산위상공간이다.

3. $\mathscr{B} = \{B_n\}$을 축소기저라 하고, $B_{i_1} = B_1$이라 놓자. 그러면 p가 A의 집적점이므로, B_{i_1}은 p와 서로 다른 점 $a_1 \in A$을 포함한다. 따라서 $a_1 \notin B_{i_2}$을 만족하는 $B_{i_2} \in \mathscr{B}$가 존재한다. 같은 방법으로 B_{i_2}는 p와 서로 다른 점 $a_2 \in A$를 포함한다. 더구나 $a_1 \notin B_{i_2}$이므로 a_2는 a_1과 다르다. 따라서 $a_2 \notin B_{i_3}$이다. 또한 축소성에 의하여 $a_2 \in B_{i_2}$, $a_2 \notin B_{i_3}$이면, $B_{i_3} \subset B_{i_2}$가 성립한다. 이 방법을 계속하면 $\mathscr{B}$의 부분수열 $\langle B_{i_1}, B_{i_2}, \cdots \rangle$와

$$a_1 \in B_{i_1},\ a_2 \in B_{i_2},\ \cdots$$

를 만족하는 A의 상이한 항을 갖는 수열 $\langle a_1, a_2, \cdots \rangle$를 얻는다. 그런데 $\{B_{i_n}\}$도 또한 단조감소하는 p에서의 국소기저를 이루고 있다. 따라서 수열 $\langle a_n \rangle$은 p로 수렴한다.

4. $a, b \in R$이고 $a \neq b$, $a < b$라고 하자. 이때 $G = (a-1, a]$와 $H = (a, b]$를 택하면

$$G, H \in \mathscr{T}, \ a \in G, \ b \in H, \ G \cap H = \varnothing$$

를 만족한다. 따라서 $(R, \mathscr{T})$는 T_2- 공간이다.

5. $\overline{D} = [0, 1]$임을 밝히려면, 임의의 점 $a \in [0, 1]$에 중심을 둔 임의의 열린구간 $(a-\delta, a+\delta)$이 D의 점을 포함함을 보이면 충분하다. 먼저 $\lim_{n \to \infty} \frac{1}{2^n} = 0$이므로, $0 < \frac{1}{q} < \delta$를 만족하는 2의 거듭제곱 $q = 2^{n_0}$이 존재한다. 따라서 닫힌구간

$$\left[0, \frac{1}{q}\right], \ \left[\frac{1}{q}, \frac{2}{q}\right], \ \left[\frac{2}{q}, \frac{3}{q}\right], \ \cdots, \ \left[\frac{q-2}{q}, \frac{q-1}{q}\right], \ \left[\frac{q-1}{q}, 1\right]$$

을 생각하면, $[0, 1]$은 위 구간들의 합집합이므로 이들 중의 하나는 a를 포함하고 있다. 예컨대 이것을 $\left[\frac{m}{q}, \frac{m+1}{q}\right]$, 즉 $\frac{m}{q} \leq a \leq \frac{m+1}{q}$이라 하자. 그런데 $\frac{1}{q} < \delta$이므로

$$a - \delta < \frac{m}{q} \leq a < a + \delta$$

가 성립한다. 즉 열린구간 $(a-\delta, a+\delta)$는 D에 속하는 점 m/q를 포함한다. 따라서 D는 단위 닫힌구간 $[0, 1]$에서 조밀하다.

6. 부분공간의 성질에 의하여, A의 $\mathscr{T}_Y$ -폐포는 $Y \cap \overline{A}$로 주어진다. 그런데 $p \in Y$이고 A의 점 p가 $\mathscr{T}_Y$ -폐포에 속하지 않으므로, p는 A의 $\mathscr{T}$ -폐포에 속하지 않는다. 즉 $p \notin \overline{A}$이다.

7. X의 서로 다른 두 점 x, y에 대하여 $(X, \mathscr{T})$가 T_2-공간이므로, 각 점을 포함하는 서로소인 열린집합 $G, H \in \mathscr{T}$가 존재한다. 그런데 $G, H \in \mathscr{T} \subset \mathscr{T}^*$이므로, $(X, \mathscr{T}^*)$도 T_2-공간이다.

8. A^c가 열린집합임을 보이자. $x \in A^c$라 하면 $f(x) \neq g(x)$이고, $(Y, \mathscr{T}^*)$가 T_2-공간이므로 $f(x) \in G$, $g(x) \in H$를 만족하는 서로소인 열린집합 $G, H \in \mathscr{T}^*$가 존재한다. 그런데 f가 연속이므로 $f^{-1}(G) \in \mathscr{T}$, $g^{-1}(H) \in \mathscr{T}$이고, 따라서 $f^{-1}(G) \cap g^{-1}(H) \in \mathscr{T}$이고 $x \in f^{-1}(G) \cap g^{-1}(H)$이다.

이제 $f^{-1}(G) \cap g^{-1}(H) \subset A^c$임을 보이자. $y \in f^{-1}(G) \cap g^{-1}(H)$이면

$$f(y) \in G, \ g(y) \in H, \ G \cap H = \varnothing$$

이므로 $f(y) \neq g(y)$이다. 그러므로 $y \in A^c$이다. 따라서 x가 A^c의 내점이므로, A^c는 열린집합이다.

9. $(A, \mathscr{T}_A)$를 완전정칙공간 $(X, \mathscr{T})$의 부분공간이라 하자. 그러면 F가 점 $p \in A$를 포함하지 않는 A의 닫힌부분집합이면 X의 닫힌부분집합 K가 존재하여 $F = K \cap A$이고 $p \notin K$이므로, 연속함수 $f : X \to [0, 1]$가 존재하여 $f(p) = 0$, $f(F) \subset \{0\}$이다. 따라서 축소함수 $f|_A : A \to [0, 1]$는 연속이고

$$(f|_A)(p) = f(p) = 0, \ (f|_A)(F) = f(F) \subset \{0\}$$

이다.

연습문제 6.1

1. $\mathscr{G} = \{G_i\}$를 X의 열린덮개라 하고, $G_0 \in \mathscr{G}$를 택한다. 그러면 $\mathfrak{I}$가 여유한위상이므로, ${G_0}^c$는 유한집합이다. 예컨대 ${G_0}^c = \{a_1, \cdots, a_m\}$이라 하자. 그러면 $\mathscr{G}$가 X의 덮개이므로, 각 $a_k \in {G_0}^c$에 대하여 $a_k \in G_{i_k}$를 만족하는 $G_{i_k} \in \mathscr{G}$가 존재한다. 따라서 ${G_0}^c \subset G_{i_1} \cup \cdots \cup G_{i_m}$이고

$$X = G_0 \cup {G_0}^c = G_0 \cup G_{i_1} \cup \cdots \cup G_{i_m}$$

을 만족한다. 따라서 X는 콤팩트이다.

2. T_2-공간 X의 콤팩트 부분집합 A에 대하여 $p \notin A$이면

$$p \in G, \ A \subset H$$

를 만족하는 서로소인 열린집합 G와 H가 존재한다. 이때 $G \cap A = \varnothing$이므로, $p \in G \subset A^c$가 성립한다.

3. X에 집적점을 갖지 않는 X의 부분집합을 A라 하자. 그러면 각 점 $p \in X$는 기껏해야 A의 한 점을 포함하는 열린집합 G_p에 속한다. 이때 집합족 $\{G_p \mid p \in X\}$는 콤팩트 집합 X의 열린덮개이다. 따라서 유한부분덮개, 예컨대 $\{G_{p_1}, G_{p_2}, \cdots, G_{p_m}\}$을 갖는다. 즉

$$A \subset X \subset G_{p_1} \cup G_{p_2} \cup \cdots \cup G_{p_m}$$

이다. 그러나 각 G_{p_i}는 기껏해야 A의 한 점만을 포함한다. 따라서 X의 모든 무한부분집합은 X 내에 집적점을 갖는다. 즉 X는 가산콤팩트이다.

4. A를 X의 임의의 무한부분집합이라 하자. 그러면 서로 다른 항을 갖는 A의 수열 $\langle a_n \rangle$이 존재한다. 그런데 X가 수열콤팩트이므로, 수열 $\langle a_n \rangle$은 $p \in X$로 수렴하는 부분수열 $\langle a_{i_n} \rangle$을 갖는다. 이때 p의 모든 열린근방은 수렴하는 부분수열 $\langle a_{i_n} \rangle$의 무한개 항을 포함한다. 그러나 이들 항은 서로 다르다. 따라서 p의 모든 열린근방은 A의 무한개의 점을 포

함하므로, $p \in X$는 A의 집적점이다. 그러므로 X는 가산콤팩트이다.

5. A의 수열 $\langle a_n \rangle$에 대하여, 집합 $\{a_1, a_2, \cdots\}$가 유한이면 한 점, 예컨대 a_{i_0}는 무한개의 $j \in N$에 대하여 $a_{i_0} = a_j$를 만족한다. 이 경우 $\langle a_{i_0}, a_{i_0}, \cdots \rangle$는 A의 점 a_{i_0}로 수렴하는 $\langle a_n \rangle$의 부분수열이다. 한편 A의 수열 $\langle a_n \rangle$에 대하여 집합 $B = \{a_1, a_2, \cdots\}$가 무한이면, A가 가산콤팩트이므로 A의 무한부분집합 B는 A에 있어서 집적점 p를 갖는다. 그러나 X가 거리공간이므로, A의 점 p로 수렴하는 수열 $\langle a_n \rangle$의 부분수열을 택할 수 있다. 따라서 A는 수열콤팩트이다.

6. A를 수열콤팩트라 하고, $\mathscr{A} = \{G_i\}$를 A의 열린덮개라 하자. 이때 $\mathscr{A}$가 유한부분덮개를 가짐을 밝힌다. A가 수열콤팩트이므로, A는 완전유계이고 $\mathscr{A}$는 르베그 수 $\delta > 0$를 갖는다. 따라서 A를 유한개의 부분집합, 예컨대 $d(B_i) < \delta$를 만족하는 유한개의 부분집합 $B_1, B_2, \cdots, B_m$으로 분할할 수 있다. 그러나 δ가 $\mathscr{A}$의 르베그 수이므로

$$B_1 \subset G_{i_1}, \ \cdots, B_m \subset G_{i_m}$$

을 만족하는 열린집합 $G_{i_1}, \cdots G_{i_m} \in \mathscr{A}$이 존재한다. 이때

$$A \subset B_1 \cup B_2 \cup \ \cdots \cup B_m \subset G_{i_1} \cup G_{i_2} \cup \cdots \cup G_{i_m}$$

이 성립한다. 그러므로 $\mathscr{A}$는 유한부분덮개 $\{G_{i_1}, G_{i_2}, \cdots, G_{i_m}\}$을 갖는다. 따라서 A는 콤팩트이다.

7. $d(A, B) = 0$이라 가정하면, $d(p, B) = d(A, B) = 0$을 만족하는 $p \in A$가 존재한다. 그런데 B가 닫힌집합이므로, B에서 거리가 0인 모든 점을 포함한다. 따라서 $p \in B$이고 $p \in A \cap B$이다. 그러나 이것은 가정에 모순이다. 따라서 $d(A, B) > 0$이다.

8. $p \in A$를 택하면 X에서 p의 콤팩트 근방 K가 존재한다. 그러면 $p \in G \subset K$를 만족하는 열린집합 G가 존재한다. 따라서 $p \in G \cap A \subset K \cap A$이고 $K \cap A$는 $(A, \mathscr{T}_A)$에서 p의 근방이다. 또한 A가 닫힌집합이므로, $K \cap A$는 콤팩트 집합이다.

9. $\varepsilon > 0$을 임의로 놓자. 그러면 f가 각 점 $p \in X$에서 연속이므로

$$x \in S(p, \delta_p) \Rightarrow f(x) \in S\left(f(p), \frac{1}{2}\varepsilon\right)$$

을 만족하는 열린구 $S(p, \delta_p)$가 존재한다. 이때 집합족 $\mathscr{A} = \{S(p, \delta_p) \mid p \in X\}$는 X의 열린덮개가 된다. 한편 가정에 의해 X가 콤팩트이므로, 또한 X는 수열콤팩트이다. 따라서 $\mathscr{A}$는 르베그 수 $\delta > 0$를 갖는다. 이제 임의의 $x, y \in X$에 대하여 $d(x, y) < \delta$라 하자. 그러면

$$d(x, y) = d(\{x, y\}) < \delta$$

이므로, 르베그 수의 성질에 의하여 $\{x, y\}$는 $\mathscr{A}$의 원소 $S(p_0, \delta_{p_0})$에 포함된다. 따라서

$$x, y \in S(p_0, \delta_{p_0}) \Rightarrow f(x), f(y) \in S\left(f(p_0), \frac{1}{2}\varepsilon\right)$$

을 만족한다. 그런데 열린구 $S\left(f(p_0), \frac{1}{2}\varepsilon\right)$은 지름 ε을 가지므로

$$d(x, y) < \delta \Rightarrow d^*(f(x), f(y)) < \varepsilon$$

이 성립한다. 따라서 함수 f는 균등연속이다.

▪ 연습문제 6.2

1. $p_n \to q$라 하면, 모든 사영이 연속이므로 $\pi_i(p_n) \to \pi_i(q)$가 성립한다. 역으로 모든 사영 π_i에 대하여 $\pi_i(p_n) \to \pi_i(q)$라고 가정하고, $p_n \to q$를 밝힌다. 즉 $q \in X$를 포함하는 적공간 $X = \Pi_{i \in I} X_i$의 정의기저의 원소 B에 대하여

$$n > n_0 \Rightarrow p_n \in B$$

를 만족하는 $n_0 \in N$가 존재함을 보인다. 그런데 적공간 $X = \Pi_{i \in I} X_i$에 대한 정의기저의 정의에 의하여

$$B = \pi_{j_1}^{-1}[G_{j_1}] \cap \cdots \cap \pi_{j_m}^{-1}[G_{j_m}]$$

이므로, $q \in B$임을 생각하면

$$\pi_{j_1}(q) \in \pi_{j_1}[B] = G_{j_1}, \ \cdots, \pi_{j_m}(q) \in \pi_{j_m}[B] = G_{j_m}$$

이 된다. 여기서 G_{j_k}는 좌표공간 X_{j_k}의 열린부분집합이다. 그런데 $\pi_{j_i}(p_n) \to \pi_{j_i}(q)$이므로, 각 $i = 1, \cdots, m$에 대하여

$$n > n_i \Rightarrow \pi_{j_i}(p_n) \in G_{j_i} \Rightarrow p_n \in \pi_{j_i}^{-1}[G_{j_i}]$$

를 만족하는 $n_i \in N$가 존재한다. 이때 $n_0 = \max\{n_1, \cdots, n_m\}$이라 하면

$$n > n_0 \Rightarrow p_n \in \pi_{j_1}^{-1}[G_{j_1}] \cap \cdots \cap \pi_{j_m}^{-1}[G_{j_m}] = B$$

가 성립한다. 따라서 $p_n \to q$이다.

2. $\varepsilon > 0$을 임의의 실수라 하고, $p = \langle a_1, a_2, \cdots \rangle$를 X의 임의의 점이라 하자. 먼저 $f : X \to T$가 연속임을 보이기 위해서

$$x \in B \Rightarrow | f(x) - f(p) | < \varepsilon$$

을 만족하는 p를 포함하는 X의 열린부분집합 B가 존재함을 밝힌다. 그런데 $\sum_{i=1}^{\infty} \left(\frac{2}{3}\right)^i$가 수렴하므로, $\sum_{i=n_0+1}^{\infty} \left(\frac{2}{3}\right)^i < \varepsilon$을 만족하는 $n_0 \in N$가 존재함에 유의한다. 이제 X의 부분집합 B를

$$B = \{a_1\} \times \{a_2\} \times \cdots \times \{a_{n_0}\} \times A_{n_0+1} \times A_{n_0+2} \times \cdots$$

라 하자. 그런데 $p \in B$이면, B가 X상의 적위상의 정의기저의 원소이므로 B는 p를 포함하는 X의 열린집합이 된다. 이때 $x = \langle a_1, a_2, \cdots, a_{n_0}, b_{n_0+1}, \cdots \rangle$로 주어진 x에 대하여 $x \in B$이면

$$| f(x) - f(p) | = \left| \sum_{i-n_0+1}^{\infty} (b_i - a_i) \left(\frac{1}{3}\right)^i \right| \le \sum_{i=n_0+1}^{\infty} \left(\frac{2}{3}\right)^i < \varepsilon$$

을 만족하므로, 함수 $f : X \to T$는 연속이다. 한편 $f : X \to T$는 콤팩트 공간 X에서 거리공간 T 위로의 일대일 연속함수이다. 따라서 f는 위상동형사상이다.

3. 적공간의 정의에 의해 모든 사영은 연속이다. 따라서 적공간 X상의 모든 사영 $\pi_i : X \to X_i$가 열린사상임을 보이면 된다. 이제 G를 적공간 $X = \Pi_{i \in I} X_i$의 열린부분집합이라 하자. 그러면 모든 $p \in G$에 대하여 $p \in B \subset G$를 만족하는 적위상의 정의기저의 원소 B가 존재한다. 따라서 임의의 사영 $\pi_i : X \to X_i$에 대하여

$$\pi_i(p) \in \pi_i[B] \subset \pi_i[G]$$

이고, 이때 $\pi_i[B]$는 열린집합이다. 즉 $\pi_i[G]$의 모든 점 $\pi_i(p)$는 $\pi_i[G]$에 포함되는 열린집합 $\pi_i[B]$에 속한다. 그러므로 $\pi_i[G]$는 열린집합이다. 따라서 $\pi_i : X \to X_i$는 열린사상이다.

4. 두 공간 X와 Y가 분리가능하면 가산 조밀부분집합 D와 D^*가 존재한다. 이때 $D \times D^*$가 $X \times Y$의 가산 조밀부분집합임을 보이자. $D \times D^*$ 이 가산임은 쉽게 알 수 있다. 이제 $X \times Y$의 공집합이 아닌 열린집합 G를 택하면, G는 X, Y에서 각각 열린집합인 U, V의 적 $U \times V$들의 합집합으로 표시된다. 그러면

$$(D \times D^*) \cap (U \times V) = (D \cap U) \times (D^* \cap V) \neq \varnothing$$

이고, 따라서 $D \times D^*$는 $X \times Y$의 조밀부분집합이다.

연습문제 7

1. A와 B가 분리되어 있으므로, $A \cap \overline{B} = \varnothing$이고 $\overline{A} \cap B = \varnothing$이다. 이때 $G = \overline{B}^c$이고

$H = \overline{A}^c$라 하면 G와 H는 열린집합이고

$$(A \cup B) \cap G = A, \ (A \cup B) \cap H = B$$

는 합집합이 $A \cup B$인 공집합이 아닌 서로소인 집합이다. 따라서 G와 H는 $A \cup B$의 절단을 이루므로, $A \cup B$는 연결이 아니다.

2. $B \subset A$이므로

$$A \subset G \cup H \Rightarrow B \subset G \cup H, \ G \cap H \subset A^c \Rightarrow G \cap H \subset B^c$$

를 만족한다. 그런데 $B \cap G$와 $B \cap H$가 모두 공집합이 아닌 집합이면, $G \cup H$는 B의 절단이다. 그러나 B가 연결이므로, $B \cap G = \varnothing$ 또는 $B \cap H = \varnothing$가 된다. 따라서 $B \subset G$ 또는 $B \subset H$가 성립한다.

3. B가 연결이 아니고 $G \cup H$가 B의 절단이라 하자. 그러면 각 $A_i \in \mathscr{A}$가 연결이므로, A_i는 G 또는 H에 포함되고 서로소이다. 또한 임의의 두 원소 $A_{i_1}, A_{i_2} \in \mathscr{A}$가 분리되지 않으므로, $A_{i_1} \cup A_{i_2}$도 연결이다. 이때 $A_{i_1} \cup A_{i_2}$는 G 또는 H에 포함되고 서로소이다. 따라서 $\mathscr{A}$의 모든 원소가 G 또는 H의 한쪽에 포함되어야 하고 서로소이다. 즉 $B = \cup_i A_i$는 G 또는 H의 한쪽에 포함되어야 하고 서로소이다. 그러나 이것은 $G \cup H$가 B의 절단이라는 사실에 모순이다. 따라서 B는 연결이다.

4. B가 연결이 아니고, $G \cup H$가 B의 절단이라 가정하자. 그런데 A가 B의 연결부분집합이므로, $A \cap H = \varnothing$이든지 또는 $A \cap G = \varnothing$이다. 예컨대 $A \cap H = \varnothing$라 하자. 그러면 H^c가 A를 포함하는 닫힌집합이므로

$$A \subset B \subset \overline{A} \subset H^c$$

이다. 그러므로 $B \cap H = \varnothing$이다. 그러나 이것은 $G \cup H$가 B의 절단이라는 사실에 모순이다. 따라서 B는 연결이다.

5. $f(0) = 0$ 또는 $f(1) = 1$이면 정리가 성립한다. 따라서 $f(0) > 0$이고 $f(1) < 1$이라고 가정하자. 그러면 f가 연속이므로, 단위 닫힌구간 $I = [0, 1]$상에서 $F(x) = \langle x, f(x) \rangle$로 정의되는 함수 $F : I \to R^2$는 연속이다. 이때

$$G = \{ \langle x, y \rangle \mid x < y \}, \ H = \{ \langle x, y \rangle \mid y < x \}$$

라 놓으면, $\langle 0, f(0) \rangle \in G$, $\langle 1, f(1) \rangle \in H$이다. 따라서 만일 $F[I]$가 대각집합의 점

$$\Delta = \{ \langle x, y \rangle \mid x = y \} = R^2 \setminus (G \cup H)$$

를 포함하지 않으면 $G \cup H$는 $F[I]$의 절단이다. 그러나 이것은 $F[I]$가 연결이라는 사실에 모순이다. 그러므로 $F[I]$는 점 $\langle p, p \rangle \in \Delta$를 포함한다. 따라서 $f(p) = p$를 만족한다.

6. 연결공간족 $\{X_i \mid i \in I\}$에 대하여, $X = \Pi_i X_i$를 적공간이라 하자. 또한 X의 점 $p = \langle a_i \mid i \in I \rangle$에 대하여 $E \subset X$를 p의 연결성분이라 하자. 이때 X의 임의의 점 $x = \langle x_i \mid i \in I \rangle$가 E의 폐포에 속함을 보임으로써, E가 닫힌집합이므로 E에 속함을 밝힌다. 이제

$$G = \Pi \{X_i \mid i \neq i_1, \cdots, i_m\} \times G_{i_1} \times \cdots \times G_{i_m}$$

을 $x \in X$를 포함하는 임의의 기저열린집합이라 하자. 그런데

$$H = \Pi \{\{a_i\} \mid i \neq i_1, \cdots, i_m\} \times X_{i_1} \times \cdots \times X_{i_m}$$

은 $X_{i_1} \times \cdots \times X_{i_m}$과 위상동형이므로 연결이다. 더욱이 $p \in H$이므로, H는 p의 연결성분인 E의 부분집합이다. 그러나 $G \cap H$는 공집합이 아닌 집합이므로, G는 E의 점을 포함한다. 그러므로 $x \in \overline{E} = E$가 성립한다. 따라서 X는 하나의 연결성분이다. 그러므로 X는 연결이다.

7. X의 점 $p = \langle a_i \mid i \in I \rangle$를 포함하는 X의 열린부분집합을 G라 하면, $p \in B \subset G$를 만족하는 정의기저 $B = G_{i_1} \times \cdots \times G_{i_m} \times \Pi \{X_i \mid i \neq i_1, \cdots, i_m\}$의 원소가 존재한다. 이 경우 $a_{i_k} \in G_{i_k}$이다. 그런데 각 좌표공간은 국소연결이므로

$$a_{i_1} \in H_{i_1} \subset G_{i_1}, \cdots, a_{i_m} \in H_{i_m} \subset G_{i_m}$$

을 만족하는 연결열린부분집합 $H_{i_k} \in X_{i_k}$가 존재한다. 그래서

$$H = H_{i_1} \times \cdots \times H_{i_m} \times \Pi \{X_i \mid i \neq i_1, \cdots, i_m\}$$

이라 하자. 그러면 모든 X_i와 모든 H_{i_k}가 연결이므로, H는 연결이다. 더욱이 H가 열린집합이고 $p \in H \subset B \subset G$이므로, X는 국소연결이다.

8. $a, b \in B$라 하면 $a \in A_a$, $b \in A_b$를 만족하는 $A_a, A_b \in \mathscr{A}$가 존재한다. 그런데 $\mathscr{A}$가 공집합이 아닌 교집합을 가지므로, 즉 $p \in \cap \{A \mid A \in \mathscr{A}\}$라 하면 $p \in A_a$이고 A_a가 호로 연결된 집합이므로 a에서 p로의 경로 $f : I \to A_a \subset B$가 존재한다. 같은 방법으로 p에서 a로의 경로 $g : I \to A_b \subset B$가 존재한다. 이때 두 경로의 이음 $f * g$는 B에 포함되는 a에서 b로의 경로이다. 따라서 B는 호로 연결된 집합이다.

9. $p \in E$에 대하여, E의 경로에 의해 p로 이어질 수 있는 E의 점을 G라 하자. 먼저 G가 열린집합임을 보인다. $q \in G \subset E$라 하자. 그러면 E가 열린집합이므로, 중심을 q에 두고 $q \in D \subset E$를 만족하는 열린원판 D가 존재한다. 그런데 D가 호로 연결된 집합이므로, 각 점 D도 q와 이어지고 q는 p와 이어져 있다. 따라서 각 점 $x \in D$는 p와 이어지고, 따라서 $q \in D \subset G$가 성립한다. 그러므로 G는 열린집합이다. 이제 $H = E \setminus G$라 놓자. 즉

H는 E의 경로에 의해 E로 이을 수 없는 E의 점으로 이루어진다고 하자. 이때 H가 열린집합임을 보인다. $q^* \in H \subset E$라 하자. 그러면 E가 열린집합이므로, 중심을 q^*에 두고 $q^* \in D^* \subset E$를 만족하는 열린원판 D^*가 존재한다. 그런데 D^*가 호로 연결된 집합이므로 어느 $x \in D^*$도 E의 경로로 p와 이어질 수 없다. 그러므로 $q^* \in D^* \subset H$이다. 따라서 H는 열린집합이다.

그러나 E가 연결집합이므로, E는 공집합이 아닌 두 개의 서로소인 열린집합의 합집합이 될 수 없다. 그러므로 $H = \varnothing$, 즉 $E = G$이다. 따라서 E는 호로 연결된 집합이다.

연습문제 8

1. $\langle a_n \rangle$을 코시수열이라 가정하고 $\varepsilon > 0$이라 하면

$$n, m \ge n_0 \Rightarrow d(a_n, a_m) < \varepsilon$$

을 만족하는 $n_0 \in N$가 존재한다. 따라서 $n \ge n_0$이면 $d(A_n) < \varepsilon$이므로

$$\lim_{n \to \infty} d(A_n) = 0$$

이 된다. 역으로 $\lim_{n \to \infty} d(A_n) = 0$이라 가정하고 $\varepsilon > 0$이라 하면, $d(A_{n_0+1}) < \varepsilon$을 만족하는 $n_0 \in N$가 존재한다. 그러므로

$$n, m \ge n_0 \Rightarrow a_n, a_m \in A_{n_0+1} \Rightarrow d(a_n, a_m) < \varepsilon$$

이 성립한다. 그러므로 $\langle a_n \rangle$은 코시수열이다.

2. $\varepsilon > 0$이라 하자. $\langle a_n \rangle$이 코시수열이므로

$$n, m > n_0 - 1 \Rightarrow d(a_n, a_m) < \varepsilon$$

을 만족하는 $n_0 \in N$가 존재한다. 이때 $i_{n_0} \ge n_0 > n_0 - 1$이므로 $d(a_{n_0}, a_{i_{n_0}}) < \varepsilon$이다. 즉 $\lim_{n \to \infty} d(a_{n_0}, a_{i_{n_0}}) = 0$이다.

3. (1) 삼각부등식에 의하여, $d(a_m, a_n) \le d(a_m, b_m) + d(b_m, b_n) + d(b_n, a_n)$이다. 이때 $\varepsilon > 0$이라 하면, $\dfrac{1}{n_1} < \dfrac{\varepsilon}{3}$을 만족하는 $n_1 \in N$이 존재하므로

$$n, m \ge n_1 \Rightarrow d(a_m, a_n) \le \frac{1}{3}\varepsilon + d(b_m, b_n) + \frac{1}{3}\varepsilon$$

이 된다. 그런데 가정에 의하여 $\langle b_n \rangle$이 코시수열이므로

$$n, m \ge n_2 \Rightarrow d(b_m, b_n) < \frac{1}{3}\varepsilon$$

을 만족하는 $n_2 \in N$가 존재한다. 따라서 $n_0 = \max\{n_1, n_2\}$라고 놓으면

$$n, m \geq n_0 \Rightarrow d(a_m, a_n) < \varepsilon$$

이 성립한다. 따라서 $\langle a_n \rangle$은 X에 있어서 코시수열이다.

(2) 삼각부등식에 의하여 $d(b_n, p) \leq d(b_n, a_n) + d(a_m, p)$이므로

$$\lim_{n\to\infty} d(b_n, p) \leq \lim_{n\to\infty} d(b_n, a_n) + \lim_{n\to\infty} d(a_n, p)$$

이다. 그런데 $\lim_{n\to\infty} d(b_n, a_n) \leq \lim_{n\to\infty} (1/n) = 0$이므로

$$a_n \to p \Rightarrow \lim_{n\to\infty} d(b_n, p) = 0$$

이 된다. 따라서 $\langle b_n \rangle$은 p로 수렴한다. 가정의 조건은 $\langle a_n \rangle$, $\langle b_n \rangle$에 대하여 대칭적이므로, 역으로 $b_n \to p$이면, $\langle a_n \rangle$은 p로 수렴한다.

4. $r = \lim_{n\to\infty} d(a_n, b_n)$, $r^* = \lim_{n\to\infty} d(a_n{}^*, b_n{}^*)$이고, $\varepsilon > 0$이라 하자. 그러면 삼각부등식에 의하여

$$d(a_n, b_n) \leq d(a_n, a_n{}^*) + d(a_n{}^*, b_n{}^*) + d(b_n{}^*, b_n)$$

이 성립한다. 그런데 가정으로부터

$$n \geq n_1 \Rightarrow d(a_n, a_n{}^*) < \varepsilon/3,\ n \geq n_2 \Rightarrow d(b_n, b_n{}^*) < \varepsilon/3$$
$$n \geq n_3 \Rightarrow |\, d(a_n{}^*, b_n{}^*) - r^* \,| < \varepsilon/3$$

을 만족하는 $n_1, n_2, n_3 \in N$가 존재한다. 이때 $n > \max\{n_1, n_2, n_3\}$이라 놓으면, $d(a_n, b_n) < r^* + \varepsilon$이므로 $\lim_{n\to\infty} d(a_n, b_n) = r \leq r^* + \varepsilon$이 성립한다. 그런데 $\varepsilon > 0$이 임의이므로, $r \leq r^*$이다. 같은 방법으로 $r^* \leq r$임을 밝힐 수 있다. 따라서 $r = r^*$이다.

5. $H = G \cap \overline{N}^c$라고 놓으면, $H \subset G$이고 $H \cap N = \varnothing$가 된다. 또한 G가 열린부분집합이고 $\overline{N}^c$가 X에서 조밀하므로, $H \neq \varnothing$이다. 이때 $p \in H$라 하자. 그러면 G와 $\overline{N}^c$가 열린집합이므로, H는 열린집합이다. 그러므로 $S(p, \delta) \subset H$를 만족하는 $\delta > 0$가 존재한다. 따라서

$$S(p, \delta) \subset G,\ S(p, \delta) \cap N = \varnothing$$

를 만족하는 $p \in X$와 $\delta > 0$가 존재한다.

6. E가 완전유계이므로, E를 지름이 $\varepsilon_1 = 1$보다 작은 유한개의 부분집합으로 분할할 수 있다. 이들 집합 중의 하나를 A_1이라 하면, A_1은 수열 $\langle a_n \rangle$의 무한개 항을 포함해야 한다. 따라서 $a_{i_1} \in A_1$을 만족하는 $i_1 \in N$이 존재한다. 또한 A_1이 완전유계이므로, A_1을 지름이

$\varepsilon_2 = 1/2$보다 작은 유한개의 부분집합으로 분할할 수 있다. 이들 중의 하나를 A_2라 하면, A_2는 수열 $\langle a_n \rangle$의 무한개 항을 포함해야 한다. 따라서

$$i_2 > i_1 \text{이고 } a_{i_2} \in A_2$$

를 만족하는 $i_2 \in N$가 존재한다. 이 방법을 계속하면 $d(A_n) < 1/n$을 만족하는 축소집합열

$$E \supset A_1 \supset A_2 \supset \cdots$$

를 갖는다. 따라서 $a_{i_n} \in A_n$을 만족하는 $\langle a_n \rangle$의 부분수열 $\langle a_{i_n} \rangle$을 얻는다. 이때 $\langle a_{i_n} \rangle$이 코시수열임을 밝힌다. 임의의 $\varepsilon > 0$에 대하여

$$1/n_0 < \varepsilon \Rightarrow d(A_{n_0}) < \varepsilon$$

를 만족하는 $n_0 \in N$가 존재한다. 이 경우

$$i_n, i_m > i_{n_0} \Rightarrow a_{i_n}, a_{i_m} \in A_{i_{n_0}} \Rightarrow d(a_{i_m}, a_{i_n}) < \varepsilon$$

이므로, $\langle a_{i_n} \rangle$은 코시수열이다. 따라서 $\langle a_n \rangle$은 코시 부분수열을 가진다.

7. A가 완비거리공간 X에서 콤팩트이면, A는 닫힌집합이고 완전유계이다. 역으로 A가 완비거리공간 X에서 닫힌집합이고 완전유계라고 가정하자. 그런데 완비거리공간의 닫힌부분집합은 완비이다. 따라서 A가 완비이고 완전유계이므로, A는 콤팩트이다.

연습문제 9

1. $\varepsilon = 1/2$이라 할 때, 모든 $n \in N$에 대하여 $f_n(x_0) = 0$을 만족하는 점 $x_0 \in R$가 존재하므로

$$|f_n(x_0) - g(x_0)| = 1 > \varepsilon$$

으로 되기 때문이다.

2. 각 $n \in N$에 대하여 $f_n(x) = x^n$으로 정의된 함수 $f_n : [0, 1] \to R$의 함수열 $\langle f_n \rangle$을 생각한다. 이때

$$\lim_{n \to \infty} \| f_n \| = \lim_{n \to \infty} \int_0^1 x^n \, dx = \lim_{n \to \infty} 1/(n+1) = 0$$

이므로, 함수열 $\langle f_n \rangle$은 주어진 노름에서 영함수 $g(x) = 0$으로 수렴한다. 그러나 함수열 $\langle f_n \rangle$은 단위 닫힌구간 $[0, 1]$에서

$$f(x)=\begin{cases}0, & x\in[0,1)\\ 1, & x=1\end{cases}$$

로 정의된 함수 $f:[0,1]\to R$에 점별수렴한다. 따라서 $f\neq g$이다.

3. $x_0\in I$이고, $\varepsilon>0$을 임의의 실수라 하자. 함수열 $\langle f_n\rangle$이 $\mathscr{C}[0,1]$에 속하는 코시수열이므로

$$\begin{aligned} m, n\geq n_0 &\Rightarrow \|f_n-f_m\|=\sup\{|f_n(x)-f_m(x)| : x\in I\}<\varepsilon\\ &\Rightarrow |f_n(x_0)-f_m(x_0)|<\varepsilon\end{aligned}$$

을 만족하는 $n_0\in N$가 존재한다. 따라서 $\langle f_n(x_0)\rangle$는 R에서 코시수열이다.

4. $x_0\in X$이고, $\varepsilon>0$을 임의의 실수라 하자. 이 경우

$$x\in G\Rightarrow d(g(x), g(x_0))<\varepsilon$$

을 만족하는, x_0를 포함하는 열린집합 $G\subset X$가 존재함을 보인다. 가정으로부터 함수열 $\langle f_n\rangle$이 g로 균등수렴하므로, 모든 $x\in X$에 대하여

$$d(f_n(x), g(x))<\frac{1}{3}\varepsilon$$

을 만족하는 $n\in N$이 존재한다. 따라서 삼각부등식에 의하여

$$\begin{aligned} d(g(x), g(x_0)) &\leq d(g(x), f_n(x))+d(f_n(x), f_n(x_0))+d(f_n(x_0), g(x_0))\\ &< d(f_n(x), f_n(x_0))+\frac{2}{3}\varepsilon\end{aligned}$$

이 성립한다. 또한 각 f_n이 연속이므로

$$x\in G\Rightarrow d(f_n(x), f_n(x_0))<\frac{1}{3}\varepsilon$$

을 만족하는 x_0를 포함하는 열린집합 $G\subset X$가 존재한다. 따라서

$$x\in G\Rightarrow d(g(x), g(x_0))<\varepsilon$$

을 만족한다. 그러므로 g는 연속이다.

5. f가 단위 닫힌구간 $[0,1]$상에서 균등연속이므로

$$|a-b|\leq 1/n_0\Rightarrow |f(a)-f(b)|<\varepsilon/5 \tag{1}$$

을 만족하는 $n_0\in N$가 존재한다. 이제 $I\times R$의 부분집합

$$A=\{\langle x, y\rangle \mid x=0, 1/n_0, 2/n_0, \cdots, i/n_0, \cdots, 1 ; y=k\varepsilon/5, k\in Z\}$$

를 생각하고, 각 $i=0, 1, \cdots, n_0$에 대하여

$$y_i \le f(x_i) < y_i + \varepsilon/5$$

을 만족하는 $p_i = \langle x_i, y_i \rangle \in A$를 택하자. 이때 $|f(x_i)-g(x_i)| = |f(x_i)-y_i| < \varepsilon/5$이고, (1)에 의하여 $|f(x_i)-f(x_{i+1})| < \varepsilon/5$이므로

$$\begin{aligned} |g(x_i)-g(x_{i+1})| &\le |g(x_i)-f(x_i)| + |f(x_i)-f(x_{i+1})| + |f(x_{i+1})-g(x_{i+1})| \\ &< \varepsilon/5+\varepsilon/5+\varepsilon/5 = 3\varepsilon/5 \end{aligned}$$

이 성립한다. 그런데 g가 x_i와 x_{i+1} 사이의 직선이므로

$$x_i \le z \le x_{i+1} \Rightarrow |g(x_i)-g(z)| \le |g(x_i)-g(x_{i+1})| < 3\varepsilon/5$$

이 된다. 한편 임의의 점 $z \in I$에 대하여 $x_i \le z \le x_{i+1}$을 만족하는 x_k가 존재하므로

$$\begin{aligned} |f(z)-g(z)| &\le |f(z)-f(x_k)| + |f(x_k)-g(x_k)| + |g(x_k)-g(z)| \\ &< \varepsilon/5+\varepsilon/5+3\varepsilon/5 = \varepsilon \end{aligned}$$

을 만족한다. 그런데 z가 I에 속하는 임의의 점이므로, $\| f-g \| < \varepsilon$이 된다.

6. $0 < \varepsilon < 1$이라고 하자. E가 콤팩트이므로 유계이다. 즉 $E \subset (-M, M)$을 만족하는 $M > 0$이 존재한다. 따라서 $n_0 > M/\varepsilon$를 만족하는 $n_0 \in N$가 존재한다. 그러므로 모든 $x \in E$에 대하여

$$n \ge n_0 \Rightarrow |f_n(x)-g(x)| = \frac{|x|}{n} < M/n_0 < \varepsilon$$

이 성립한다. 따라서 함수열 $\langle f_n \rangle$은 E상에서 함수 g로 균등수렴한다.

7. (x, f)는 $X \times \mathscr{F}(X, Y)$의 임의의 한 점이고, G는 $e(x, f) = f(x)$를 포함하는 Y의 열린부분집합이라 하자. 이때 $e(H) \subset G$를 만족하는 (x, f)를 포함하는 X의 열린부분집합 H가 존재함을 보이자. 함수 f가 연속이고, X가 국소콤팩트인 T_2-공간이므로

$$x \in U,\ \overline{U}: \text{컴팩트},\ f(\overline{U}) \subset G$$

를 만족하는 열린집합 U가 존재한다. 따라서 $H = U \times F(\overline{U}, G)$는 $X \times \mathscr{F}(X, Y)$의 열린부분집합이며 (x, f)를 원소로 갖는다. 또한 임의의 $(x^*, f^*) \in H$에 대하여

$$e(x^*, f^*) = f^*(x^*) \in G$$

이므로, $e(H) \subset G$가 성립한다.

참고문헌

1. 김재룡, 위상수학, 경문사, 2000.
2. 문명호 · 박종일, 위상수학입문(제2판), 경문사, 2011.
3. 이기안, Topology의 기초개념, 학문사, 1988.
4. 박대희 · 안승호, 위상수학, 경문사, 2013.
5. 안승호 · 임평기, 위상수학, 교우사, 2002.
6. 이병무, 집합론의 이해, 경문사, 2009.
7. 이병무, 해석학, 경문사, 2007.
8. 이승온 · 이석종, 위상수학의 기초, 교우사, 2005.
9. 이장우 번역, 일반위상수학(개정판), 경문사, 2011.
10. 장영식, 위상수학기초론, 경문사, 2012.
11. 조용승, 위상수학, 경문사, 2010.
12. Fred H. Croom, *Principles of topology*, Kyung Moon Publishers, 1996.
13. Dugundji, J., *Topology*, Allyn & Bacon, Massachusetts, 1966.
14. Munkres, J. R., *Topology*, 2nd ed. Prentice-Hall, 2000.
15. Seymour Lipschutz, *Schaum's Outline of Theory and Problems of General Topology*, McGraw-Hill Korea, 2001.

찾아보기

ㅇ

기타

위상수학입문

지은이 이병무
펴낸이 박문규
펴낸곳 경문사
펴낸날 2014년 9월 1일 1판 1쇄
등 록 1979년 11월 9일 제313-1979-23호
주 소 121-818, 서울특별시 마포구 와우산로 174
전 화 (02)332-2004 팩스 (02)336-5193
이메일 kyungmoon@kyungmoon.com

값 21,000원

ISBN 978-89-6105-821-6

★ 경문사 홈페이지에 오시면 즐거운 일이 생깁니다.
http://www.kyungmoon.com

한국과학기술출판협회 회원사